Die Bodenbewegungen im Kohlenrevier und deren Einfluß auf die Tagesoberfläche

Von

Ingenieur **A. H. Goldreich**

Mit 201 Figuren im Text

Berlin
Verlag von Julius Springer
1926

ISBN 978-3-642-50581-2   ISBN 978-3-642-50891-2 (eBook)
DOI 10.1007/978-3-642-50891-2

Softcover reprint of the hardcover 1st edition 1926

Vorwort.

Es sind nun bald zwanzig Jahre vergangen, seitdem ich als junger Ingenieur die Senkungen auf der Bahnlinie Svinov—Vitkovice—Mor. Ostrava—Přivoz (Schönbrunn—Witkowitz—M.-Ostrau—Odf) festgestellt habe. Die Forschung nach der Ursache dieser Senkungen auf der Hauptbahnlinie des Ostrau-Karwiner Steinkohlenrevieres hat meine Aufmerksamkeit auf das technisch überaus interessante und auch volkswirtschaftlich bedeutsame Problem der Bodenbewegungen in Kohlenrevieren gelenkt. Als erste Frucht meiner langjährigen Untersuchungen ist im Jahre 1913 mein Buch über „Die Theorie der Bodensenkungen in Kohlengebieten"[1]) erschienen.

Ich kann mit einer gewissen Befriedigung feststellen, daß dieses Buch der berufenen Fachwelt zu einer eingehenden öffentlichen Erörterung über die Frage der bergbaulichen Beeinflussung der Tagesoberfläche Anlaß gegeben hat.

Knapp vor Ausbruch des großen Krieges sollte in Fortsetzung meines erwähnten Buches das nun vorliegende neue Werk erscheinen; der Krieg hat die Herausgabe meiner neuen Arbeit um mehr als ein Jahrzehnt verzögert. Bedeutsame und schwierige Fragen haben mich inzwischen als Gutachter in den verschiedensten Bergbaugebieten beschäftigt; große Interessenkollisionen und damit zusammenhängende rechts- und volkswirtschaftliche Probleme haben meine Forscherarbeit immer neu angeregt, sie haben mich immer dazu angeeifert, die Wahrheit zu suchen oder ihr möglichst nahe zu kommen.

Der Krieg hat die wissenschaftliche Entwicklung des Bodenbewegungsproblemes wesentlich gestört; er hat eine Zeit gebracht, in welcher ohne Rücksicht auf die Interessen des Schutzes der Tagesoberfläche der Kohlenabbau betrieben worden ist. Die Kohlengewinnung stand im Vordergrunde des militärischen Interesses; der im Kriege betriebene Kohlenabbau war häufig nicht nur vom rein bergmännischen Standpunkt sondern, auch von jenem des Schutzes der Tagesoberfläche ein Raubbau.

Bald nach dem Kriege hat das große Interesse für den Schutz der Tagesoberfläche wieder eingesetzt und auf politisch und wirtschaftlich verändertem Boden werden nun die großen Fragen der Sicherheit der Tagesoberfläche und der Schadenersatzleistungen des Bergbaues erörtert.

In meinem vor mehr als einem Jahrzehnt erschienenen Buche über „Die Theorie der Bodensenkungen in Kohlengebieten" habe ich die Eisenbahnsenkungen des Ostrau-Karwiner Steinkohlenrevieres besonders berücksichtigt und auch den Erfahrungen der verschiedensten Bergbaugebiete meine Aufmerksamkeit gewidmet. In Fortsetzung

---

[1]) Die Theorie der Bodensenkungen in Kohlengebieten von Ing. A. H. Goldreich. Berlin: Julius Springer, 1913.

meiner Erörterungen über diese Theorie soll mein nun vorliegendes Buch durch die Anführung interessanter Beispiele der Praxis dazu beitragen, die dunklen Vorgänge im Innern der in den Kohlengebieten bewegten Erdmassen und die obertägigen Folgeerscheinungen aufzuklären.

Das Buch soll ein Wegweiser sein für die Behandlung der schwierigen Bergschadensfrage; nicht schablonenhaft und nicht schematisch kann in der Bodenbewegungsfrage ein Rezept entscheiden.

Unzählige Probleme eröffnen sich dem Forschergeist bei der Behandlung der in den Kohlenbergbaugebieten bewegten Gebäude, Straßen, Brücken, Eisenbahnen, Kanäle usw. Ausgedehnte Landschaften mit großen Stadtgebieten kommen in die durch den Kohlenabbau erzeugten Senkungsmulden zu liegen.

Die Frage des Kohlenabbaues unter verbauten Stadtgebieten beschäftigt schon seit langer Zeit nicht nur die hierbei unmittelbar interessierten Bergwerke, sondern auch die staatlichen und städtischen Behörden, sie ist eine Frage des allgemeinen Interesses geworden.

Die hierbei in Betracht kommenden großen wirtschaftlichen Interessen mahnen den Fachmann zur besonderen Vorsicht; ohne Vorurteil muß er alle möglichen Einflüsse im Kohlenrevier prüfen, welche außer der bergbaulichen Einwirkung für die Bodenbewegungen und deren nachteilige Folgeerscheinungen in Betracht kommen. Es ist erklärlich, daß bei der Behandlung dieser schwierigen Fragen gegensätzliche, oftmals unüberbrückbare Anschauungen der Sachverständigen zu Tage kommen: in der durch die freie Forschung gebotenen Achtung vor jeder entsprechend begründeten wissenschaftlichen Überzeugung liegt oftmals die Quelle des Ausgleiches gegensätzlicher gutachtlicher Äußerungen. Wie im Leben im allgemeinen das Kompromiß den naturnotwendigen Weg der Menschen und Völker zeichnet, so ist es auch bei den hier zu behandelnden schwierigen Aufgaben, die der menschliche Geist in ihren Einzelheiten oftmals nicht voll erfassen kann. In dieser wichtigen Erkenntnis der Grenzen menschlichen Könnens liegt der Urquell menschlicher Weisheit, sie schützt uns vor Überhebung und mahnt uns zur Einsicht und Bescheidenheit.

Und so möge dieses Buch dem Zwecke dienlich sein, in den Geist der schwierigen Materie einzudringen, die großen Richtlinien zu erfassen, nach welchen die Lösung der gestellten Fragen versucht werden soll.

Es drängt mich nunmehr, allen in diesem Buche genannten Fachmännern, deren Werken ich äußerst lehrreiche Mitteilungen entnommen habe, meinen ergebensten Dank zu sagen. Insbesondere fühle ich mich verpflichtet, dem Erzgebirgischen Steinkohlen-Aktienverein in Zwickau für die Überlassung des äußerst lehrreichen und umfangreichen Materials bestens zu danken.

Ich danke schließlich der Verlagsbuchhandlung Julius Springer in Berlin für die mühevolle Betätigung bei der Herausgabe dieses Buches.

Im April 1926.

Ing. **A. H. Goldreich.**

Inhaltsverzeichnis.

I. Einleitung.

Es ist die interessante Wechselwirkung zwischen Theorie und Praxis, welche in gegenseitiger Förderung die großen Fortschritte der Technik bewirkt hat. Anders als in der Werkstätte des sein Material auswählenden Technikers forscht der Fachmann auf dem Gebiete der Bodenbewegungen; er kann sein Material nicht schaffen und nicht wählen, er muß mit vorhandenen, unabänderlichen Verhältnissen rechnen. Der Forscher kann hier nicht Versuche anstellen, er kann nur auf Grund langjähriger Erfahrungen für gewisse Verhältnisse die festgestellten obertägigen Folgewirkungen zu Hilfe nehmen, um daraus schließen zu können, welche Vorgänge im Innern der gewaltigen Erdmassen sich abgespielt haben können oder müssen, um die Tagesoberfläche zu beeinflussen. Dem Forscher auf dem Gebiete der Bodenbewegungen ist es also nicht möglich, die Vorgänge in den Erdmassen versuchsmäßig zu überprüfen; er kann weder im Laboratorium noch in der Praxis Versuche nach seinem Willen anstellen, um die sich immer wieder ändernden Bedingungen und die Ergebnisse seiner Versuche zu überprüfen.

Bergdirektor Dr. Eckardt hat vor vielen Jahren einen solchen Laboratoriumsversuch unternommen[1]), indem er in einem Glaskasten die dort eingetretenen Bewegungen eingeschütteter Sandschichten beobachtete, während er das Ausfließen der Sandschichten aus einer Bodenöffnung — die das abgebaute Flöz darstellen sollte — bewerkstelligte. Die großen Erdmassen, die bei der Erforschung der Bodenbewegungen in Bergbaugebieten in Frage kommen, können einem Laboratoriumsversuch kaum einen akademischen Wert verleihen; ich habe diesen Standpunkt in einer öffentlichen Erörterung auch eingehend behandelt[2]). Hiervon soll noch an anderer Stelle näheres ausgeführt werden.

Wenn wir also die Schwierigkeiten in der Erforschung der Bodenbeeinflussungen unterirdischer Abbaue — deren Zugänglichkeit meist gar nicht mehr gegeben ist — erkennen, so gesellen sich noch die Er-

---

[1]) Der Einfluß des Abbaues auf die Tagesoberfläche von Dr. Ing. A. Eckardt, Zwickau, Glückauf 1914, Heft 12 u. 13.
[2]) Siehe Zeitschrift „Glückauf" 1914, Heft 29.

schwernisse hinzu, welche sich durch das Hinzutreten verschiedener anderer Einflüsse auf die Erdmassen ergeben. Es kann eine Erdmasse durch Anschneiden wasserführender, zu Rutschungen geneigter Schichten in Bewegung geraten, sie kann bei eintretenden Substanzverlusten sich auch senken und diese Erdmasse kann gleichzeitig auch durch Kohlenabbaue beeinflußt sein. Es ergeben sich also die schwierigen Fragen des Anteiles verschiedener Ursachen an den eingetretenen Bodenbewegungen und es ist auch die besonders schwerwiegende Frage zu beantworten, welche Ursache zuerst die Bodenbewegungen veranlaßt und vielleicht dadurch auch noch andere Ursachen zur Auslösung gebracht hat.

Ist es schon schwierig, jede der verschiedenen möglichen Ursachen der Bodenbewegungen für sich allein festzustellen, so entsteht nun noch die Frage, ob und in welcher Art diese Bewegungen des Bodens die obertägigen Objekte beeinflußt bzw. beschädigt haben.

Der Sachverständige muß aus den an den Bauwerken festgestellten Schäden auf deren Ursache schließen; der Sachverständige muß also auch die Zusammenhänge der Bodenbewegungen mit den statischen Vorgängen an den obertägigen Bauwerken erkennen. Zu diesem Behufe muß der Sachverständige die statischen Vorgänge in den beschädigten Baukonstruktionen ohne Rücksicht auf allfällige Bodenbewegungen erkennen; er muß umsomehr die nachteilige Beeinflussung des Gleichgewichtszustandes eines Bauwerkes verstehen, um die eingetretenen Schäden nach ihren Ursachen trennen zu können.

Es wird die Frage oftmals auch erwachsen, ob der Sachverständige überhaupt in der Lage ist, an einem beschädigten Bauwerke die verschiedenen Schadensursachen zu erkennen.

Der Bergbau schafft im Erdreich Hohlräume und der den Bergschaden beurteilende Techniker muß wissen, wie diese Hohlräume geschaffen werden und welchen Zwecken sie dienen.

Der Grubenbetrieb (Ausrichtung, Vorrichtung und Abbau), soweit er eine Beeinflussung der Erdmassen, bzw. einen Substanzverlust unmittelbar hervorruft oder mittelbar auslösen kann — dieser spezielle Teil des Grubenbetriebes — muß in Theorie und Praxis dem Sachverständigen bekannt sein.

Die für die Kohlengewinnung unmittelbar geschaffenen Hohlräume sind veranlassend für die Auslösung von Bewegungen der über diesen Hohlräumen befindlichen Erdmassen. Wir haben es also hier mit statischen Aufgaben zu tun, welche mit der geologischen Beschaffenheit der Gebirgsmassen zusammenhängen.

Sowie der Bergbaubetrieb kann auch die Geologie nur als eine Hilfswissenschaft im Bodenbewegungsproblem bezeichnet werden. Die über den bergbaulich erzeugten Hohlräumen hervorgerufenen Vorgänge im Inneren der Erdmassen entziehen sich der Beobachtung, sie können nur erforscht werden aus ihren obertags sichtbaren Folgeerscheinungen. Diese Folgewirkungen müssen wir auf der Tagesoberfläche und den auf ihr ruhenden Bauwerken beobachten, um die dunklen inneren Vorgänge der bewegten Erdmassen erforschen zu können.

Wiesen, Wälder, Äcker, Bäche, Flüsse, Seen, Kanäle und ganze Städte kommen in die bergbaulichen Senkungsmulden zu liegen. Es werden Eisenbahnen, Straßen, Brücken, Gebäude usw. durch den Kohlenabbau beeinflußt; diese Bauwerke sind Beweismittel für eingetretene Bodenbewegungen, ja sie sind oft die einzigen Beweismittel, die uns in die Lage versetzen, auf stattgehabte Erdbewegungen schließen zu können.

Im allgemeinen kann man feststellen, daß Geländeaufnahmen — welche zu einer Zeit gemacht worden sind, wo ein bergbaulicher Betrieb und deshalb auch eine bergbauliche Bodenbeeinflussung nicht stattgefunden hat — nicht zur Verfügung stehen. Es ist also meist ein Vergleich des beeinflußten Gebietes mit dem ursprünglichen Zustand nicht möglich. In diesem Falle geben uns etwa bestehende Eisenbahnen und alle sonstigen obertägigen Bauwerke die Mittel an die Hand, um mit Zuhilfenahme von Kohlenabbaukarten auf Geländebewegungen zu schließen und deren Ursache zu erforschen.

Schon die nicht zu widerlegende Tatsache, daß die obertägigen Bauwerke in ihren eingetretenen Veränderungen — wie Störungen des Gleichgewichtszustandes von Baukonstruktionen u. dgl. — die stattgehabten Veränderungen der Tagesoberfläche widerspiegeln, diese Tatsache allein beweist uns, daß das Bodenbewegungsproblem auch Kenntnisse des sttaischen Verhaltens der verschiedenen Baukonstruktionen erfordert.

Auch die Wissenschaft der Statik der Baukonstruktionen ist nur eine Hilfswissenschaft auf dem Gebiete des Bodenbewegungsproblemes.

Es ist ein eigenartiger Werdegang, der mit den gegenständlichen Fragen vertrauten Techniker — die über langjährige Erfahrungen im Bergbaugebiete verfügen müssen — dazu geeignet macht, ein Gutachten darüber abzugeben, ob obertags festgestellte Schäden als Folgewirkungen des unterirdischen Kohlenabbaues zu bezeichnen sind.

Und so wollen wir damit beginnen, die Lagerung der Kohlenflöze in einigen Kohlenbezirken kennen zu lernen, da von der Mächtigkeit, der Teufe, von der Größe des Fallwinkels der Flöze, sowie auch von der geologischen Beschaffenheit der Zwischenmittel und des überlagernden Deckgebirges auch die Art und die Größe der obertägige Folgewirkungen abhängig sind.

Es soll nun eine dem ausgezeichneten Lehrbuche der Professoren F. Heise und F. Herbst entnommene kurze Beschreibung einiger Kohlenbecken in ganz kurzen Zügen vorgeführt werden, wie dies auch zum besseren Verständnis der folgenden Erörterungen notwendig erscheint. Auch sollen in gedrängter Weise einige der wichtigsten Verfahren des Kohlenabbaues vorgeführt werden, welche zum großen Teile ebenfalls dem erwähnten Lehrbuche der hervorragenden Fachgelehrten entnommen sind.

II. Die wichtigsten mitteleuropäischen Steinkohlenbezirke.

1. Das oberschlesische Steinkohlenbecken.

Die Schichten des oberschlesischen Steinkohlenbeckens stellen die reichste mitteleuropäische Steinkohlenablagerung dar. Die weitaus wichtigste und am längsten bekannte Flözgruppe ist diejenige der Sattelflöze, welche in der Gegend von Zabrze 5—7 bauwürdige Flöze von 1,5—10 m Mächtigkeit mit insgesamt rund 25 m Kohle führt. Ihre streichende Erstreckung reicht von Gleiwitz über Zabrze, Königshütte, Kattowitz und Myslowitz und fällt annähernd mit dem oberschlesischen Industriebezirk zusammen (Fig. 1). Eine wesentliche Eigenschaft der oberschlesischen Kohle ist das Fehlen der Grubengasentwicklung, welches zur Folge hat, daß dort noch überall mit offenem Licht gearbeitet werden kann. Die große Mächtigkeit der Flöze mit ihrer durchwegs flachen Lagerung hat zu einer besonderen Ausbildung der Abbautechnik geführt. Die Unterlage des flözführenden Steinkohlengebirges ist wegen der flachen Lagerung noch nicht angetroffen worden, und selbst das tiefste Bohrloch, nicht nur Oberschlesiens, sondern der ganzen Welt, das rund 2240 m tiefe Bohrloch, Czuchow südlich von Gleiwitz, ist noch nicht durch das flözführende Karbon hindurchgedrungen, wie dies dem Lehrbuche von F. Heise und F. Herbst zu entnehmen ist.

Das Deckgebirge besteht vorzugsweise aus tertiären und diluvialen Schichten. Das Tertiär ist im allgemeinen 200 m mächtig, schwillt aber stellenweise, soweit bisher beobachtet ist, bis auf etwa 400 m an. Das Diluvium ist bis zu 50 m mächtig angetroffen worden. Es ist bemerkenswert, daß die „Kurzawka" ein zähflüssiger Schwimmsand, der dem Schachtabteufen große Schwierigkeiten entgegensetzt, an den Stellen, wo das Diluvium unmittelbar über dem Karbon liegt, durch Einbrüche in die Baue wiederholt Gefahren hervorgerufen hat.

2. Das rheinisch-westfälische Steinkohlenbecken.

Das rheinisch-westfälische Steinkohlenbecken, dessen althergebrachte Bezeichnung „Ruhrkohlenbezirk" durch den Rückgang an der Ruhr und seine machtvolle Entwicklung an der Emscher und nach der Lippe hin überholt worden ist und daher hier durch die Ruhr-Lippe-Steinkohlenablagerung näher gekennzeichnet

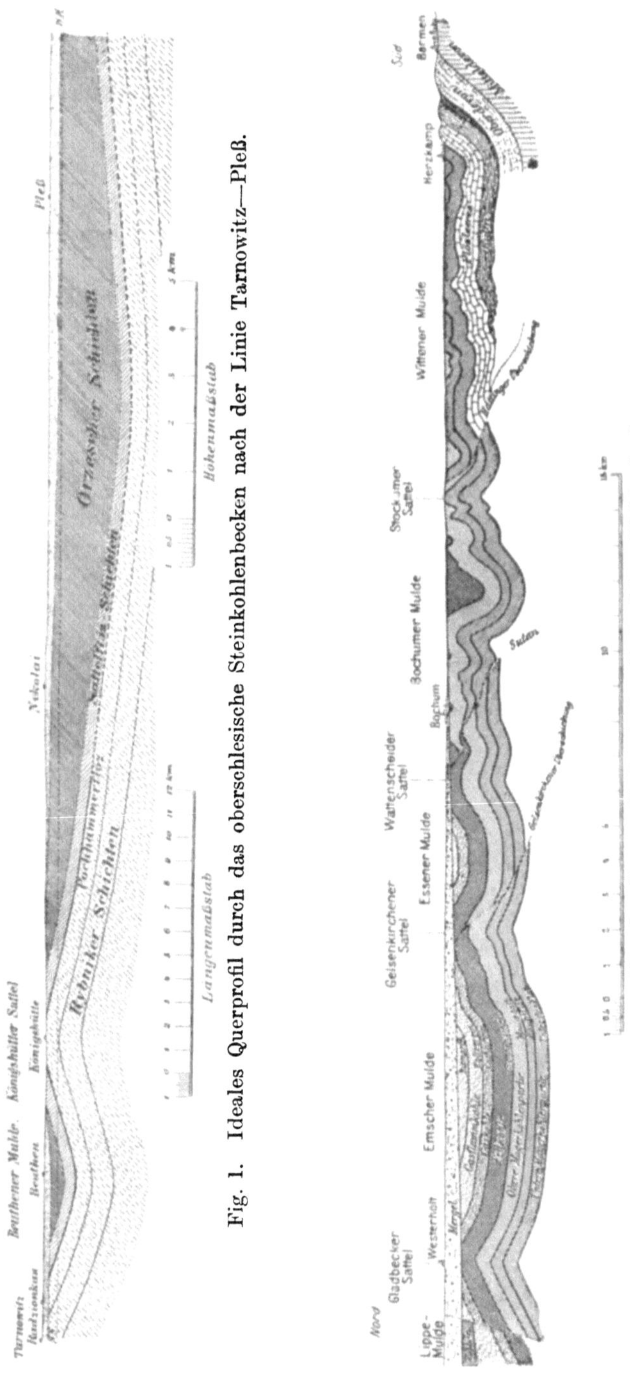

Fig. 1. Ideales Querprofil durch das oberschlesische Steinkohlenbecken nach der Linie Tarnowitz—Pleß.

Fig. 2. Querprofil durch das Ruhr-Lippe-Kohlenbecken.

werden soll, erstreckt sich nach den gegenwärtig in Angriff genommenen
Grubenfeldern über einen Flächenraum von rund 3000 km². Die größte
streichende Erstreckung beträgt rund 90, die größte querschlägige rund
40 km. Geographisch sind für den Ruhrkohlenbezirk von Wichtigkeit
das Steinkohlengebirge selbst, das seine Unterlage bildende Devon
und die als Deckgebirge zusammengefaßten jüngeren Gebirgsglieder.

Die Flöze des Ruhrbezirks gehören dem sogenannten produktiven
Karbon oder flözführenden Steinkohlengebirge an. Dieses bildet seiner-
seits wieder die Oberstufe der gesamten Karbonformation, wie deren
nachstehende Gliederung von oben nach unten zeigt: Oberkarbon:
Flözführendes Steinkohlengebirge; Flözleeres Steinkohlengebirge (Ruhrbezirk). Unterkarbon: Kulm- bzw. Kohlenkalk. Das Unterkarbon
wird im Ruhrbecken durch den Kulm vertreten, eine Aufeinanderfolge
von überwiegend Schiefertonen, Alaunschiefern, Kieselschiefern und
Kieselkalken und zwar Tiefseebildungen. Weiter nach Westen hin,
im Aachener und belgisch-nordfranzösischen Steinkohlenbecken, tritt
der Kohlenkalk, ein sehr versteinungsreicher Kalkstein, an seine Stelle,
der unter dem Namen „Marmor" oder „belgischer Granit" vielfach zu
Waschtischplatten, Fensterbänken und dgl. Verwendung findet. Das
flözleere Karbon, die Unterstufe des westfälischen Oberkarbons führt
seinen Namen nicht mit vollem Rechte, da es neben Sandsteinbänken
auch zahlreiche Schichtlagen von Sand- und Grauwackenschiefer und
Schieferton führt. Seine Mächtigkeit beläuft sich in der Gegend von
Barmen auf rund 1000 m (Fig. 2.)

Das flözführende Steinkohlengebirge setzt sich zusammen aus einer
Schichtenlage von Sandstein-, Sandschiefer-, Schieferton, Tonschiefer
und Konglomeratbänken, welche zahlreiche bauwürdige und unbau-
würdige Flöze bergen. Es ist noch nicht mit seiner vollen Mächtigkeit
bekannt geworden, da wegen seiner Einsenkung nach Norden hin in
dieser Richtung bis jetzt noch immer hangendere Schichten erschlossen
wurden und noch zu erwarten sind. Die ganze über 3000 m mächtige
Schichtenfolge des Ruhrkohlenbezirkes enthält eine gewinnbare Kohlenmächtigkeit von rund 80 m in annähernd eben so vielen bauwürdigen
Flözen. Hinsichtlich der Faltungserscheinungen nimmt das Ruhrkohlenbecken, mit anderen Steinkohlenbecken verglichen, eine Mittel-
stellung ein. Die Faltung ist nämlich wesentlich stärker als z. B. im
oberschlesischen und in der Mehrzahl der englischen und amerikanischen
Steinkohlenbecken, dagegen bei weitem nicht so kräftig wie im belgisch-
nordfranzösischen Kohlenbezirk.

Das Liegende des Karbons wird durch das Devon gebildet. Seine
Schichten setzen zum weitaus größten Teile das Rheinische Schiefer-
gebirge zusammen. Das weitaus wichtigste und am längsten bekannte
Schichtenglied des Deckgebirges ist die obere Kreide, dem westfälischen Bergmann unter dem Namen „Kreidemergel" bekannt. Die
obere Kreide ist in der Stufenfolge der geologischen Formationen
erheblich jünger als das Steinkohlengebirge, so daß zwischen beiden
Schichtenfolgen eine ganze Reihe von Schichten fehlen. Außerdem

kommen noch jüngere Schichten über der Kreide in Betracht, welche namentlich in der Rheingegend große Mächtigkeit (bis zu 400 m) und Bedeutung erlangen. Wir treffen an vielen Stellen unmittelbar über dem Steinkohlengebirge oder über dem Zechstein das Tertiär an. Das Hauptgebiet der tertiären Ablagerungen ist die linke Rheinseite.

Der rheinisch-westfälische Kohlenbergbaubezirk ist der größte und wichtigste Industriebezirk Deutschlands und wird im Süden ungefähr vom Flußlauf der Ruhr, im Norden von der Lippe begrenzt. Er erstreckt sich vom Rhein etwa 85 km weit nach Osten über Dortmund hinaus bis in die Gegend der Stadt Hamm. Insgesamt ist im Ruhrkohlenbecken zurzeit eine Fläche von etwa 1250 m² für die Gewinnung der Kohle aufgeschlossen. Im Süden des Revieres treten die kohlenführenden Gebirgsschichten unmittelbar zutage, nach Norden zu fallen sie mit wechselnder Neigung ein und sind von einer Decke jüngerer Schichten überlagert. Entsprechend dieser Ablagerung bewegte sich in früheren Jahrzehnten der Abbau an der Südgrenze des Revieres in sehr geringen Teufen, in der Gegend von Essen hat dagegen das Deckgebirge etwa 300 m und noch weiter nördlich bei Recklinghausen etwa 500 m Mächtigkeit.

Die durchschnittliche Mächtigkeit der Flöze beträgt 1 m, es kommen aber auch Kohlenmächtigkeiten von 2,50 m bis 3 m vor.

Das Flözfallen beträgt bis zu 70°. Dieses große Industriegebiet ist bekanntlich außerordentlich stark besiedelt und mehrere Großstädte mit den bedeutendsten industriellen Anlagen Deutschlands liegen mitten im Kohlenabbaugebiet.

3. Das Zwickauer Revier.

Einem Gutachten des Bergrates Illner über die geologischen Verhältnisse des Zwickauer Revieres sei folgendes entnommen: Unter einer oft nur wenige Meter mächtigen Alluvialschicht, die aus Dammerde, Lehm, Ton, feinkörnigem Sand und zuletzt aus grobem Kies

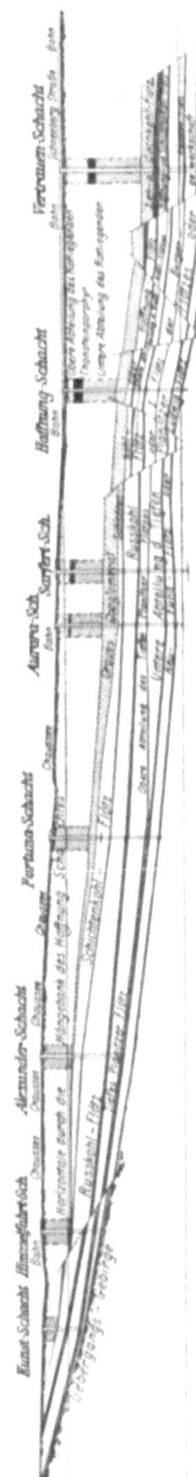

Fig. 3. Profil durch das Zwickauer Steinkohlen-Revier. (Nach O. E. Arnold.)

besteht, steht das Ober- und Mittel-Rotliegende bis zu einer Mächtigkeit von mehreren Hunderten von Metern an. Die einzelnen, oft sehr scharf voneinander getrennten Schichten bestehen aus lettigen bis sandigen Schiefern, Sandsteinen und Konglomeraten. Die beiden letzteren treten in den oberen Schichten stark in den Hintergrund, herrschen dagegen in den unteren Schichten vor. Die Grenze gegen die Steinkohlenformation bildet das „graue Konglomerat", das eine Mächtigkeit von mehr als 20 m erreichen kann. Innerhalb der mittleren Stufe des Mittelrotliegenden setzen mehr oder weniger zahlreiche Bänke von Porphyrtuff auf, zwischen welche sich decken- oder stromartige Ergüsse von Melaphyr, Pechstein und Quarzporphyr sowie Schichten sedimentärer Gesteine einschalten. Die Gesteine der produktiven Steinkohlenformationen bestehen außer den Flözen hauptsächlich aus Sandsteinen und Schiefertonen. Die Flözmächtigkeiten betragen 1,50—4 m. Charakteristisch für das Zwickauer Revier ist die große Anzahl von Verwerfungen der Gebirgsschichten, welche jedenfalls für die obertags hervorgerufenen Abbauwirkungen von Bedeutung sind (Fig. 3).

4. Das Ostrau-Karwiner Steinkohlenrevier.

Das Ostrau-Karwiner Revier (m. vgl. Fig. 4 u. 5) bildet den südwestlichen Teil des oberschlesischen Beckens und umfaßt etwa 140 km².

Die tiefste Flözzone liegt im Westen (Mährisch-Ostrau) mit dünnen marinen Einlagerungen im Liegenden und weiter oben, bis zum Johannflöz, solche mit kleinen Anthrakosien (an Süßwassermuscheln [Unio] erinnernden Zweischalern), während das östliche Gebiet (Karwin) einem höheren Horizonte entspricht. Zwischen beiden Hauptbecken verläuft (über Orlau) eine Hauptverwerfung, an welcher der östliche Teil (Karwiner Flözkörper) in die Tiefe gesunken ist. In einer Gesamtmächtigkeit von über 4000 m umschließt dieses Revier über 300 Flöze (davon 90 abbauwürdige von 50 cm bis 4 m [Johannflöz] mit fast 90 m Kohle. Die liegenden Flöze sind anthrazitisch, die mittleren fett (Kokskohle) oder halbfett. Zu oberst liegen „magere Kohlen" (Flammkohlen).

Aus der Monographie des Ostrau-Karwiner Steinkohlenrevieres (1884) ist darüber folgendes zu entnehmen.

1. Das produktive oder flözführende Steinkohlengebirge.

Die vorliegende Kohlenformation, ungerechnet die zufälligen Einschlüsse und sporadischen Vorkommnisse, besteht vornehmlich aus Sandsteinen und Kohlenschiefern, zwischen denen die einzelnen Kohlenflöze von wenigen Millimetern bis zu 4 m Mächtigkeit eingelagert sind.

Die Sandsteine sind meist hell, grau oder gelb gefärbt, mitunter von schiefriger Struktur, in den meisten Fällen jedoch in Schichten von 1 cm bis mehreren Metern Stärke auftretend. Es gibt milde und sehr feste, dann feinkörnige Sandsteine und solche mit groben Quarzkörnern bis zu 8 cm³, so daß dieselben den Namen Quarzkonglomerate verdienen. Das Bindemittel ist vorherrschend kieseliger Art und enthält Glimmerplättchen fein eingesprengt. Je mehr man sich dem Liegenden der Formation nähert, desto besser werden die Sandsteine und liefern ein gutes Baumaterial.

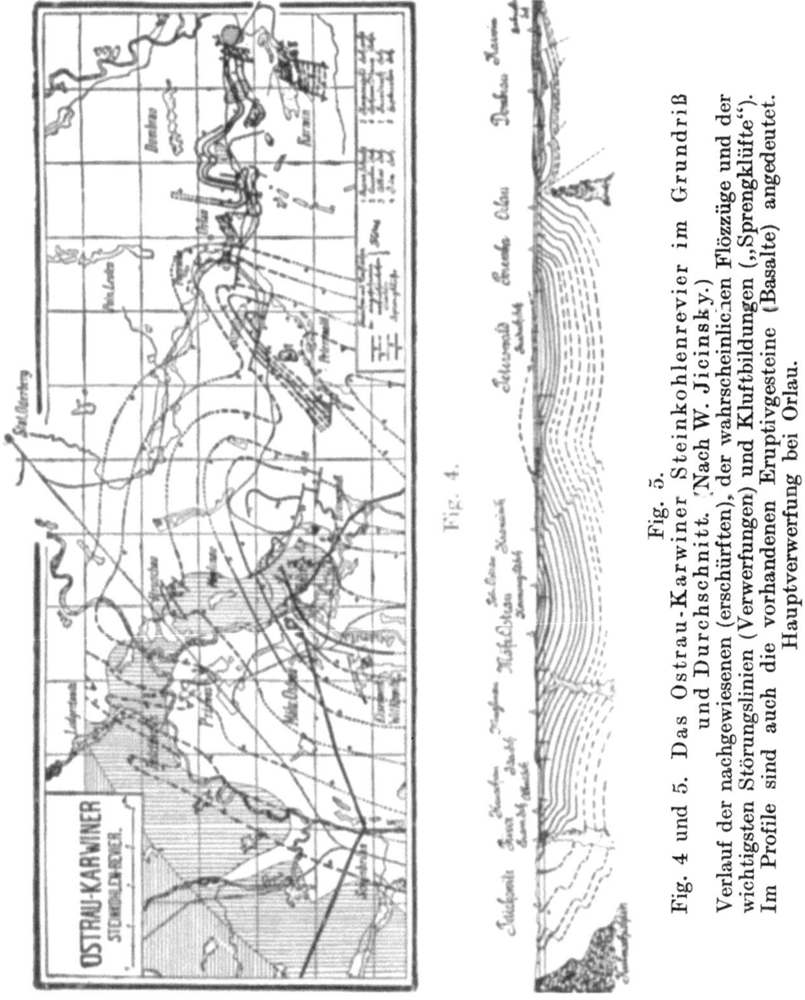

Fig. 4 und 5. Das Ostrau-Karwiner Steinkohlenrevier im Grundriß und Durchschnitt. (Nach W. Jicinsky.)
Verlauf der nachgewiesenen (erschürften), der wahrscheinlichen Flözzüge und der wichtigsten Störungslinien (Verwerfungen) und Kluftbildungen („Sprengklüfte"). Im Profile sind auch die vorhandenen Eruptivgesteine (Basalte) angedeutet. Hauptverwerfung bei Orlau.

Kohlenschiefer gibt es helle und dunkle, welche letzteren durch Aufnahme von bituminöseren Bestandteilen in eigentlichen Brandschiefer (hier Sklak genannt) übergehen und oft das unmittelbar Hangende oder Liegende des Flözes bilden. Die Kohlenschiefer sind meist tonig und feinkörnig, öfter jedoch sandig, enthalten Glimmer und Eisenkies eingesprengt, zerfallen leicht an der Luft und kommen in Lagen von 1 cm bis 20 cm Stärke vor. Diese Schiefer sind die eigentliche Vorratskammer aller Arten von Überresten der Steinkohlen-Flora und -Fauna.

Als fremdartige Bestandteile des Kohlengebirges treten auf: die linsenförmigen Einlagerungen von Sphärosideriten mit Eisenspatkristallen und Naknit, von 1—2 cm Durchmesser, der Eisenkies als feiner Anflug oder in Kristallen von 1 mm bis 1 cm Durchmesser, der Kalkspat als Gangschnürchen im Sandstein und Schiefer.

Das eruptive Gestein, hier allgemein mit dem Namen Basalt benannt, kennen wir im Revier in zwei wesentlich verschiedenen Vorkommen, und zwar erstens als stock- und gangförmige Masse innerhalb des Kohlengebirges und zweitens als Geschiebe lose geschichtet in der Überlagerung.

2. Das tertiäre Gebirge.

Bei allen Schachtabteufen, Bohrungen und Bahneinschnitten beobachteten hiesige Bergleute über dem Kohlengebirge liegend eine Aufeinanderfolge von milden Sandsteinen, Schiefern, Konglomeraten, Sand, Schotter, Tegel, Letten und Lehm, welche allgemein seit Jahren mit dem Worte tertiäre Überlagerung bezeichnet werden und alles in sich fassen, was vom Rasen an über dem Steinkohlengebirge liegt, und welche Bezeichnung wir als praktisch und unseren Verhältnissen angemessen auch beibehalten wollen. Eine nähere Prüfung der Schichten hat selbst jedem Laien in der Geologie dargetan, daß dieselben aus drei wesentlich voneinander verschiedeenn Gruppen bestehen, die wir der Reihe nach von unten nach oben näher betrachten wollen.

a) Erste Gruppe der Tertiären. Die Gesteine dieser Gruppe, welche unmittelbar am Kohlengebirge aufliegt, doch nicht immer vorhanden ist, sondern manchmal ganz fehlt, manchmal wieder nur durch eine oder andere Schichte vertreten ist, bestehen aus:

    a) feinkörnigem, wasserführendem Sand von hellgrauer Farbe, mitunter ganz ohne Einlage, oft jedoch mit Sandsteingeschieben von 20 cm bis 100 cm Durchmesser durchsetzt, welche Geschiebe flach liegen und Brodlaiben ähnlich sehen;

    b) grünlichen und gelblichen Sandsteinen, nicht sehr fest und von geringer Mächtigkeit;

    c) kleinen Schichten von Mergelton;

    d) Trümmern und Geröllen von Granit, Gneis, Kohlensandstein u. a. m., von einem grauen Letten umschlossen;

    e) festem Sandstein mit runden Absonderungen wie bei a oder auch nur mildem Sand mit denselben Absonderungen.

Alle diese Schichten kommen nicht überall vor, dieselben wiederholen sich auch und wechsellagern in verschiedener Ordnung bis auf die Schichte a, welche, wenn überhaupt vorhanden, immer am Steinkohlengebirge aufliegt. Man findet diese Gruppe nur in den tiefsten Punkten der Auswaschungen des Kohlengebirges in Schichten von wenigen Zentimetern bis zu 15 m Mächtigkeit.

b) Zweite Gruppe der Tertiären. Diese Gruppe ist sehr scharf markiert und besteht nur ausschließlich aus einem lichtbläulichen oder gelblichen Tegel in zwei Bänken, wovon die untere sehr fest ist und beim Schachtabteufen mit Pulver gesprengt werden muß, während die obere Bank minder fest erscheint. Der Tegel enthält mitunter Sandstreifen oder ist so mit Sand vermischt, daß er einem Sandsteine mit lettigem Bindemittel nicht unähnlich ist. Auch Lignitkohle in Schichten von 4 bis 10 cm ist darin gefunden worden. Der Tegel füllt alle Auswaschungen des Steinkohlengebirges von einigen Metern bis zu einer bekannten Mächtigkeit von 400 m und sicher noch darüber hinaus, und bildet seine obere Begrenzung im ganzen Reviere eine fast horizontale Fläche, die etwa 10 m unter dem Niveau des Jaklowetzer Erbstollens liegt.

c) Dritte Gruppe der Tertiären. Über dem Tegel und dort, wo derselbe fehlt, finden wir mit Ausnahme des zutage ausgehenden Kohlengebirges auch unmittelbar auf demselben liegend:

a) Schotter und Sandbänke, wechsellagernd stark wasserführend, von 20—40 m Mächtigkeit angesammelt;

b) feiner Sand, nicht wasserführend, ganz rein oder mit Lehm gemengt, ist aller Orten, auch auf den hochgelegenen Kuppen der Steinkohlenformationen anzutreffen;

c) Lehm, gelblich von Farbe, der zur Ziegelfabrikation verwendet wird; doch ist derselbe mehr sandig, so daß er zu benanntem Zwecke nur ein mittelmäßiger Material abgibt. Dessen Mächtigkeit variiert von 1 bis 20 m.

Post a dieser Gruppe ist allgemein präzise mit dem Namen Diluvium und Post b und c mit dem Namen Alluvium bezeichnet.

So wie der Tegel ist auch die dritte Gruppe der tertiären Überlagerung ganz horizontal abgelagert.

d) Darstellung eines geologischen Querschnittes durch das Ostrau-Karwiner Kohlengebirge. Das Ostrau-Karwiner Kohlengebirge ist nur zum geringsten Teile anstehend und wird zum weitaus größten Teile von mehr oder weniger mächtigen tertiären Gebirgsschichten, zumeist von massigen Tegelschichten überlagert. Unsere Erfahrungen bezüglich der Bahnsenkungen erstrecken sich sowohl auf jene Gebiete, wo die tertiäre Überlagerung in verschiedenen Mächtigkeiten variiert, als auch auf Gebiete, wo das Kohlengebirge zutage ansteht, wie am Burniaflügel der Montanbahn, wo der älteste Bergbau des Revieres (1770) betrieben wird.

In Fig. 6 ist ein geologischer Querschnitt in der Richtung einer Montanbahnstrecke ersichtlich gemacht, aus welchem die Aufeinanderfolge der Gesteins-Formationen ersehen werden kann.

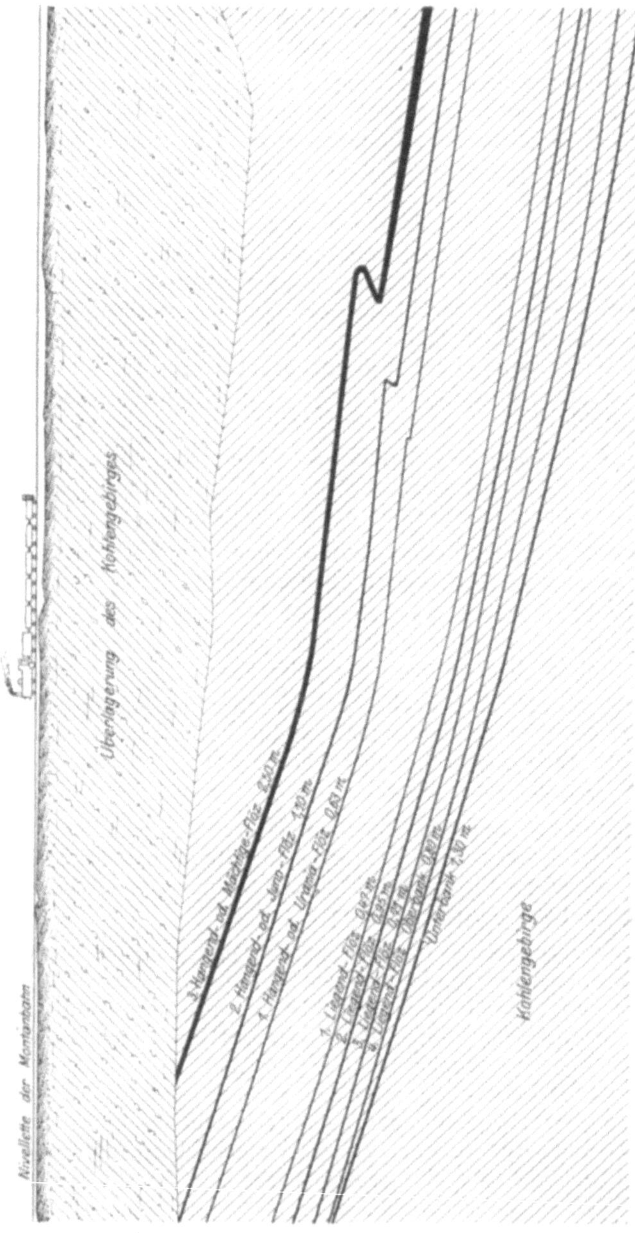

Fig. 6.

Geologischer Querschnitt längs einer Montanbahnstrecke des Ostrau-Karwiner Steinkohlenrevieres.

III. Der Kohlenabbau.

Die neuesten Erfahrungen haben erwiesen, daß nicht nur die nach den verschiedenen Methoden bewirkte sorgfältige Ausfüllung der ausgekohlten Räume ein geeignetes Mittel zum Schutze der Tagesobjekte darstellt, sondern es ist auch bewiesen, daß die möglichst schadlose Absenkung eines Bauwerkes am besten dadurch bewirkt werden kann, wenn mit dem Abbau unter dem zu schützenden Tagesgegenstand direkt begonnen und der Abbaubetrieb nach allen Richtungen hin so rasch als möglich fortgesetzt wird. Auch sind bereits seit langer Zeit Mittel ersonnen worden, welche eine äußerst wirksame Milderung der Bodenbewegungen hervorzurufen imstande sind und es erscheint von entschiedenem Werte für die sich mit dem Senkungsprobleme befassenden Fachleute, die bezüglichen Abbauverfahren kennen zu lernen. Es soll nun in ganz kurzer Weise in großen Umrissen eine Beschreibung des Abbaubetriebes im allgemeinen versucht werden, um jene Kreise, welche dem bergmännischen Betriebe ferne stehen, in einer für den vorliegenden Zweck hinreichenden Weise zu informieren. Dem bereits wiederholt erwähnten ausgezeichneten Lehrbuche der Professoren F. Heise und F. Herbst seien folgende Mitteilungen entnommen:

Die Lehre von den Grubenabbauen zerfällt in jene der „Ausrichtung", der „Vorrichtung" und des „Abbaues".

Zur „Ausrichtung" gehören jene Abbaue, welche den Zweck haben, die Lagerstätten zugänglich zu machen und durch fahrbare Wege mit der Erdoberfläche dauernd in Verbindung zu halten. „Vorrichtungsbaue" sind solche, welche die Lagerstätte in Abschnitte, wie sie für den Abbau geeignet sind, zerlegen und gleichzeitig eine zweckmäßige Förderung, Fahrung und Wetterführung ermöglichen. Im allgemeinen kann die Grenze zwischen Aus- und Vorrichtungsbetrieben so gezogen werden, daß die ersteren außerhalb, die letzteren innerhalb der Lagerstätten getrieben sind. Der Begriff des Abbaues bedarf keiner besonderen Erläuterung, er bezieht sich auf die Gewinnung der Kohle selbst, welche ihren Lagerstätten entnommen wird. Für die Art der Erschließung unterirdischer Lagerstätten vom Tage her ist in erster Linie die Gestaltung der Erdoberfläche maßgebend, indem diese entweder die Lösung durch Stollen gestattet oder das Niederbringen von Schächten notwendig macht.

A. Die Ausrichtung.

Die Bedeutung der Stollen als Aufschließungsbaue ist heute für den Kohlenbergbau nur gering, da der Bergbau in allen älteren Bergbaugebieten zum Tiefbau übergegangen ist. Im ebenen oder flachwelligen Gelände beginnt die Ausrichtung von der Tagesoberfläche durch Schächte. Da diese Schächte die einzige Verbindung mit der Erdoberfläche bilden, so haben sie eine ganze Reihe verschiedener

Zwecke zu erfüllen, indem sie nicht nur zur Förderung, sondern auch zur Ein- und Ausfahrt der Belegschaft, zum Ein- und Ausziehen des Wetterstromes, zur Einführung der erforderlichen Wasser- und Druckluftrohre usw. dienen. Für die Beantwortung der wichtigen Frage nach der richtigen Wahl des Schachtansatzpunktes, d. h. derjenigen Stelle, an welcher ein neuer Schacht abgeteuft werden soll, kommen die Lagerverhältnisse einerseits, die Verhältnisse an der Tagesoberfläche andererseits in Betracht. Die verschiedensten Erwägungen, so auch insbesondere die nach abwärts sich erweiternden Schacht-Sicherheitspfeiler können nun für die Wahl der Lage der Schächte maßgebend sein. Handelt es sich wie im Steinkohlenbergbau um mehrere flachliegende Lagerstätten, so ist es nicht zweckmäßig, den ganzen Inhalt des Grubenfeldes an nutzbaren Mineralien in ein und derselben Höhenlage dem Förderschachte zuzuführen. Vielmehr wird in all diesen Fällen eine Zerlegung des ganzen Gebirgskörpers in einzelne Höhenabschnitte (Sohlen) erforderlich, die in der Reihenfolge von oben nach unten abgebaut werden. Die einfachste Art der Sohlenbildung ist bei flacher oder nur ganz schwach und regelmäßig geneigter Lagerung gegeben, wie sie in Deutschland nur selten (vorzugsweise in Oberschlesien), in England und Nordamerika dagegen als Regel auftritt. Man kann hier in der Weise vorgehen, daß jedes Flöz als eine Sohle benutzt wird, so daß alle Fahr- und Förderwege im Flöze hergestellt werden. Wenn jedoch die Schichtenlagerung nicht völlig söhlig ist, sondern nur unregelmäßig und die durchschnittliche Flözmächtigkeit nur gering ist, ist es vorzuziehen, eine Sohle mit ihren verschiedenen Fahr- und Wetterwegen vollständig im Gestein herzustellen und von ihr aus die Lagerstätten durch kleine seigere „Aufbrüche" zu lösen. Für die richtige Wahl der Höhenabstände dieser Gesteinssohlen sind zwei Gesichtspunkte besonders wichtig, nämlich die Rücksicht auf die mit einer Sohle zu erschließende Kohlenmenge einerseits und die Rücksicht auf die Anlage- und Unterhaltungskosten der verschiedenen Sohlenstrecken und Querschläge andererseits. Auf den einzelnen Sohlen werden nun die verschiedenen Aus- und Vorrichtungsbetriebe aufgefahren, nämlich:

1. Im Gestein: a) quer zur Streichrichtung[1]): Querschläge; b) in der Streichrichtung: Gesteins- oder Richtstrecken; c) seiger[2]): blinde Schächte aller Art.

2. In den Lagerstätten: a) in der Streichrichtung: Sohlen- und Teilsohlenstrecken, Abbaustrecken; b) quer zur Streichrichtung, nur in besonders mächtigen Lagerstätten: Querstrecken; c) in der Fallinie[3]) nach oben (schwebend): Überhauen aller Art,

---

[1]) Die Streichrichtung ist die Richtung einer auf der Schichtungsfläche gezogen gedachten, horizontalen Linie, verglichen mit dem Meridian des betreffenden Ortes.

[2]) Seiger gleich lotrecht.

[3]) Die Fallinie bezeichnet das Verflächen einer Schichte, also die Neigung gegen die horizontale Ebene.

Bremsberge; d) in der Fallinie nach unten (abfallend): Abhauen, Haspelschächte zwischen Streich- und Fallrichtung: Diagonalen.

In allen Strecken im Gestein und in der Lagerstätte unterscheidet man: Das Ort (die Querfläche am Ende der Strecke), die Sohle (auch Strosse), die Firste und die Stöße (auch Wangen oder Ulmen). In allen Fällen, in welchen das Auffahren der Sohlenbetriebe vom Schachte aus in der Lagerstätte sich selbst verbietet, ist eine weitere Ausrichtung der Querschläge erforderlich. Man pflegt die vom Schachte ausgehenden Querschläge als Hauptquerschläge zu bezeichnen. In größeren Steinkohlengruben hat sich bei Flözen von mäßiger Mächtigkeit das Verfahren gebildet, größere streichende Baulängen, die in einzelne Bauabteilungen zu zerlegen sind, außer durch einen Hauptquerschlag noch durch eine Anzahl Abteilungsquerschläge aufzuschließen, um die Förderung der einzelnen Abteilungen für alle durchfahrenen Flöze gemeinschaftlich einer Hauptförderstrecke oder mehreren solchen Strecken zuzuführen, welche die Weiterförderung zum Hauptquerschlage und Schachte vermitteln. Auch bei einer ganz flachen Lagerung werden die Abteilungsquerschläge aufgefahren; hier münden dann statt der Bremsberge die seigeren Bremsschächte auf sie ein, welchen die wichtige Aufgabe zukommt, unter Ausnutzung der Schwerkraft die gewonnene Kohle von den Abbaustrecken bis zur nächst tieferen Sohle zu bringen.

Unter den Wetterquerschlägen, die nicht mehr als reine Ausrichtungsbaue zu bezeichnen sind, versteht man die auf der jeweiligen Wettersohle befindlichen, also die Wetterströme abführenden Querschläge. In den meisten Fällen dienen als Wetterquerschläge die früheren Förderquerschläge.

Zu den sonstigen Querschlägen gehören die Sumpf-Rohr- und Ortquerschläge. Die ersteren stellen die Verbindung zwischen Schacht und Pumpensumpf her und dienen außerdem in solchen Fällen, in denen man des Gebirgsdrucks halber einen großen Sumpfraum vermeiden muß, dazu, in Verbindung mit den Sumpfstrecken ein Streckennetz unter der tiefsten Fördersohle zu bilden. Die Rohrleitungen der unterirdischen Wasserhaltungen und vielfach auch die Dampfleitungen werden durch Rohrquerschläge geführt. Ortsquerschläge nennt man kleine Querschläge, die in der Höhe der einzelnen Abbaustrecken zwei oder mehrere Lagerstätten miteinander verbinden.

B. Die Vorrichtung.

In der Lagerstätte können Förder-, Fahr- und Wetterwege im Streichen sowohl wie im Einfallen aufgefahren werden; im letzteren Falle unterscheidet man noch aufwärtsgehende oder „schwebende" und abwärtsgehende oder „abfallende" Strecken. Vereinzelt kommen auch „Diagonalen", d h zwischen der Streich- und Fallrichtung aufgefahrene Strecken in Betracht.

1. Die Strecken im Streichen.

Zu den Strecken im Streichen gehören an erster Stelle die Grund-
oder Sohlenstrecken. Sie dienen zunächst zur Erkundung des
Verhaltens von Lagerstätte und Nebengestein, damit man danach
das anzuwendende Abbauverfahren und die zweckmäßige Bemessung
der streichenden Abbaulänge beurteilen kann. Diese Strecken vermitteln auch beim Abbau der nächst tieferen Sohle die Abführung
der Wetter ihrer Bauabteilung. Die Teilsohlenstrecken dienen
dazu, die flache Bauhöhe einer Lagerstätte zwischen zwei Fördersohlen
in zweckmäßig bemessene einzelne Bauabschnitte zu zerlegen, um so zu
lange Bremsberge zu vermeiden und durch Schaffung einer größeren
Anzahl von Angriffspunkten den Abbau beschleunigen zu können. Sie
finden daher besonders bei flacher Lagerung, welche eine wesentlich
größere flache Bauhöhe bedingt, Verwendung.

Die Verbindung der Teilsohlenstrecken mit der Förder- und Wettersohle wird am besten durch seigere Schächte hergestellt. In schlag-
wetterführenden Steinkohlengruben mit Deckgebirge nimmt die erste
Wettersohle eine besondere Stellung ein. Da nämlich in Schlagwetter-
gruben der Wetterstrom in der Regel aufwärts geführt wird und das
Deckgebirge die einfache Abführung der aufsteigenden Wetterströme
durch Tagesüberhauen verhindert, so muß für die erste Fördersohle
eine besondere Wettersohle geschaffen werden. Ist das Deckgebirge
wasserführend und muß daher unter ihm ein gewisser Sicherheitspfeiler
anstehen gelassen werden, so ist dieser beim Auffahren der Wetter-
sohlenstrecken und Querschläge zu beachten. Die Frage der späteren
Wettersohlen beantwortet sich ohne weiteres dahin, daß jede Fördersohle später Wettersohle für die nächstfolgende Fördersohle wird. Die
Abbaustrecken bezwecken eine noch weitergehende Teilung des Abbaufeldes. Eine besondere Stellung nehmen die Hauptförderstrecken
ein, welche die Aufgabe haben, die Förderung verschiedener Abteilungsquerschläge zu sammeln und dem Hauptquerschlage zuzuführen. Solche
Strecken müssen dem Gebirgsdruck möglichst entzogen werden, damit
ihre Aufrechterhaltung mit mäßigen Ausgaben und ohne größere
Störungen der Förderung möglich ist. Zu den sonstigen streichenden
Strecken gehören noch die Wetter- und Sumpfstrecken, welche denselben
Zwecken dienen wie die Wetter- und Sumpfquerschläge.

2. Strecken im Einfallen.

Je nach Zweck und Art der Herstellung unterscheidet man Überhauen (auch Schwebende genannt), Durchhiebe, Bremsberge, Abhauen und Rollöcher. Überhauen sind schwebende Betriebe,
welche von unten nach oben aufgefahren werden. Sie dienen zur Förderung, indem sie als Bremsberge oder Rollöcher ausgebaut werden,
zur Fahrung oder zur Wetterführung. Als Durchhiebe bezeichnet

man kleine Überhauen oder Abhauen, welche die Wetterverbindung zwischen zwei benachbarten streichenden Strecken herstellen. Den Bremsbergen fällt, wie bereits erwähnt wurde, die wichtige Aufgabe zu, unter Ausnutzung der Schwerkraft die gewonnene Kohle von den Abbaustrecken bis zur nächsttieferen Sohle oder Teilsohle zu bringen. Die Abhauen werden von oben nach unten hergestellt. Sie sind in erster Linie erforderlich beim Unterwerksbau. Sie dienen sonst ähnlichen Zwecken wie die von unten nach oben hergestellten Überhauen. Die Rollöcher, auch „Rollkasten“, „Rollen“ genannt, ermöglichen in genügend steil einfallenden Lagerstätten eine bequeme und billige Abwärtsförderung. Sie dienen vorzugsweise für die Förderung von Versatzbergen. Die Größe der durch die Vorrichtungsstrecken abgegrenzten Baufelder hängt in erster Linie von dem Flöz- und Gebirgsverhalten, in zweiter Linie von der Rücksicht auf die Förderung und Wetterführung ab. Die streichende Länge wird in mächtigen Flözen geringer genommen als in geringmächtigen; auch wird diese Länge in druckhaftem Gebirge geringer genommen, als bei festem Nebengestein. Man geht bei gutem Gebirge häufig bis zu 200 m, bisweilen sogar bis zu 300 m Länge. Ähnliche Gesichtspunkte bestimmen die Bemessung der flachen Bauhöhe. Im Ruhrkohlenbezirk rechnet man im allgemeinen mit flachen Bauhöhen von 80—150 m.

C. Der Abbau.

Der Abbau der Lagerstätten, d. h. die Gewinnung der in den aufgeschlossenen und vorgerichteten Teilen der Lagerstätten anstehenden Mineralien, ist der Kernpunkt der bergmännischen Arbeiten. Je nach der Rücksicht, welche man beim Abbau auf das Hangende nimmt, das man seiner Unterstützung beraubt, können verschiedene Hauptgruppen von Abbauverfahren unterschieden werden. Man kann nämlich das Hangende einfach hinter sich zu Bruch gehen lassen (Bruchbau) oder seine Senkung durch das Einbringen von Versatz mehr oder weniger abschwächen (Abbau mit Bergversatz).

1. Abbauverfahren ohne Unterstützung des Hangenden.

Von den hier in Betracht kommenden Abbauarten soll nur der Pfeilerbau als die weitaus wichtigste behandelt werden. Er hat seinen Namen daher, daß dem eigentlichen Abbau eine Einteilung in einzelne Pfeiler vorhergeht, die durch das Auffahren einer größeren Zahl von Abbaustrecken gebildet werden. Da man beim Pfeilerbau das Hangende zu Bruch gehen läßt, nennt man ihn auch Pfeilerbruchbau; außerdem wird er wegen des Beginnes des Abbaues an der Baugrenze auch als Pfeilerrückbau bezeichnet. Eine verschiedenartige Ausgestaltung des Pfeilerbaues ergibt sich, je nachdem es sich um Lagerstätten von beliebigem Neigungswinkel mit geringer oder mittlerer Mächtigkeit oder um flach gelagerte sehr mächtige Flöze handelt.

Auf den mäßig mächtigen Flözen werden durch die Vorrichtungsstrecken lange Pfeiler gebildet, deren Verhieb in gleichmäßiger Weise ununterbrochen von der Baugrenze aus fortschreitet; hinter dem Abbaustoß geht das Hangende nach und nach zu Bruch. Auf den mächtigen, flachliegenden Flözen dagegen werden die Pfeiler wieder in einzelne Abschnitte eingeteilt; jedesmal nach Auskohlung eines Abschnittes wird dessen Hangendes zu Bruch geworfen, ehe zur Gewinnung des nächsten Abschnittes übergegangen wird.

a) **Der Pfeilerbau mit gleichmäßig fortschreitendem Verhieb.** Bei dieser Art des Pfeilerbaues unterscheidet man den streichenden, schwebenden und diagonalen Pfeilerbau, je nachdem die Strecken in streichender, schwebender oder diagonaler Richtung aufgefahren werden.

α) **Der streichende Pfeilerbau.** Beim Rückbau beginnt der Verhieb mit dem obersten Pfeiler, weshalb die oberste Strecke auch zuerst die Baugrenze erreichen muß. Die übrigen Strecken sollen in solchen Abständen nachfolgen, daß auf jeder Strecke sofort nach Ankunft an der Baugrenze mit dem „Pfeilern" begonnen werden kann, dabei aber angemessene Abstände zwischen den einzelnen Pfeilerstößen bleiben (Fig. 7).

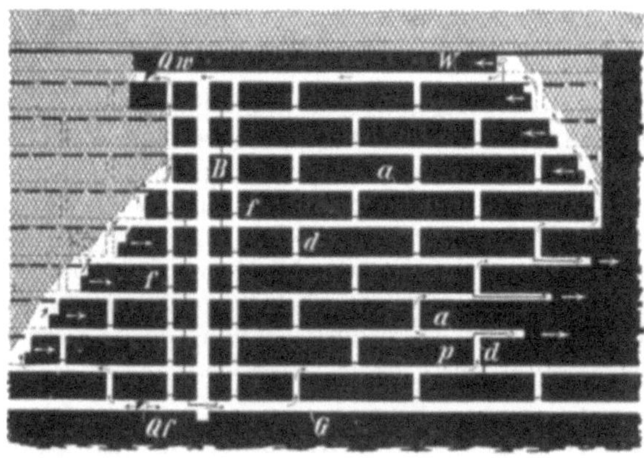

Fig. 7. Schema des Streckenbetriebes und Abbaues beim streichenden Pfeilerbau.

G Grundstrecke, *p* Begleitort, *Qf* Förderquerschlag, *Qw* Wetterquerschlag, *B* Bremsberg, *f* Fahrüberhauen, *W* Wetterstrecke, *aa* Abbaustrecken, *dd* Durchhiebe.

Im übrigen ist beim Auffahren der Vorrichtungsstrecken besonders die Bewetterung von Bedeutung, weil diese Strecken in das unverritzte Feld hineingetrieben werden. Die älteste und einfachste Art der Bewetterung ist die mit Durchhieben d, welche in regelmäßigen Abständen zwischen zwei Strecken hergestellt und, wenn entbehrlich, abgeblendet werden und von denen aus in schlagwettergefährlichen Flözen Wetterscheiden oder -lutten (siehe die Fig.) bis vor Ort nachgeführt werden. Der Rückbau der Pfeiler muß mit dem obersten Pfeiler beginnen. Die unteren Pfeiler läßt man dann in Abständen von 5—10 m nachfolgen. Die Art und Weise des Verhiebes der einzelnen Pfeiler kann derart geschehen, daß man den Abbaustoß unten oder oben vorgehen läßt, ihn streichend, schwebend oder abfallend angreift und in seiner ganzen Breite gleichmäßig oder mit einzelnen Absätzen vorgeht. Es empfiehlt sich in steilstehenden mächtigen Flözen Voranstellung des Stoßes am oberen Ende, um nicht nur eine Gefährdung der Hauer durch Kohlenfall zu verhüten, sondern ihnen auch einen bequemen Einbau der schweren Zimmerung von einem sicheren Standpunkte aus zu ermöglichen. Ist jedoch das Hangende unzuverlässig, so ist die Voranstellung unten vorzuziehen, um eine Abschließung der Hauer beim Zubruchgehen des Hangenden zu verhüten. Doch hilft man sich bei steilstehenden mächtigen Flözen auch wohl durch Vortreiben eines sogenannten „Rettungsortes", d. h. einer Strecke unter der Schwebe, welche immer bis zum nächsten Durchhieb vorgetrieben wird und so einen Fluchtweg bildet, außerdem aber auch ein bequemes und sicheres Abfangen der Schwebe gestattet.

β) Der schwebende Pfeilerbau. Beim schwebenden Pfeilerbau werden die Vorrichtungsarbeiten schwebend aufgefahren und sodann die Pfeiler abfallend zurückgebaut. Dieses Abbauverfahren kommt fast ausschließlich für flache Lagerung in Betracht. Die Bewetterung beim Streckenvortrieb erfolgt mit Hilfe streichender Durchhiebe.

γ) Der diagonale Pfeilerbau. Der diagonale Pfeilerbau ist durch die zwischen Streichen und Einfallen annähernd die Mitte haltende Richtung seiner Abbaustrecken gekennzeichnet. Diese Abbaumethode besitzt eine geringe Bedeutung und soll deshalb auf dieselbe nicht näher eingegangen werden.

b) Der Pfeilerbau in einzelnen Abschnitten (Bruchbau). Sollen Flöze von großer Mächtigkeit bei flacher Lagerung ohne Bergversatz abgebaut werden, so ergibt sich eine besondere Ausgestaltung des Pfeilerbaues, da hier dieselbe Kohlenmächtigkeit, die beim Bau auf dünneren Flözen erst im Laufe von längeren Jahren, von den hangenden zu den liegenden Flözen fortschreitend, abgebaut wird, auf einmal zum Vorhieb kommt. Man überläßt unter solchen Verhältnissen nicht das Hangende sich selbst, sondern führt jedesmal nach Freilegung einer mäßig großen Fläche durch „Rauben" der Zimmerung das Zubruchgehen des Hangenden künstlich herbei. Daraus ergibt sich das als „Bruchbau" bezeichnete Verfahren, welches, obwohl jeder Pfeilerbau seiner Natur nach ein Bruchbau ist, doch eine Sonderstellung einnimmt. Aus diesem mit der Gewinnung abwechselnden Zubruchwerfen des Hangenden ergibt sich naturgemäß die Einteilung eines Pfeilers zwischen zwei Abbaustrecken in eine Reihe einzelner Abschnitte, deren jeder zunächst für sich verhauen und dann zu Bruch geworfen wird. Der oberschlesische Bruchbau wird durch die Fig. 8 veranschaulicht. Während des Auskohlens eines Pfeilerabschnittes wird seine vordere sowohl wie seine untere Kante durch die sogenannten „Orgeln" O_1 und O_2 (Fig. 8) gesichert, welche durch Stempel, die zwischen den einzelnen Kappen eingebaut sind, gebildet werden. Nach beendigtem Verhiebe des Abschnittes wird auch die offene vordere Seite der Abbaustrecke durch Orgelstempel abgeschlossen. Die Orgeln sollen das Hereinbrechen des Hangenden auf den jeweiligen Abschnitt beschränken um das Weiterrollen der hereingebrochenen Blöcke in die seitlich und nach unten hin angrenzenden Abschnitte zu verhüten.

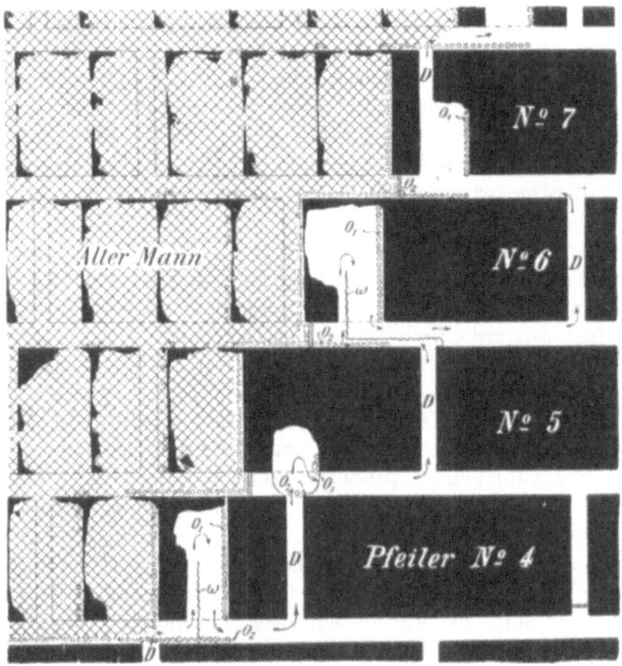

Fig. 8. Grundriß mehrerer Abbaubetriebe beim oberschlesischen Pfeilerbau.

Ist der Verhieb eines Abschnittes beendigt und sind die Orgeln gestellt, so erfolgt das „Rauben", d. h. die Entfernung der Stempel. Die Wetterführung wird durch Fig. 8 veranschaulicht. Der frische Wetterstrom streicht in der nach dem Bremsberg hin zunächst gelegenen Reihe von Durchhieben und wird von diesen aus durch Wetterscheider den einzelnen Bauabschnitten zugeführt (Pfeiler Nr 6). Kann das obere Bein ganz durchgebrochen werden (Pfeiler Nr. 7), so geht der Wetterstrom durch diesen Durchhieb unmittelbar zum nächsthöheren Pfeiler.

2. Abbauverfahren mit Unterstützung des Hangenden.

Diese Abbaumethode, welche auch als „Abbau mit Bergversatz" bezeichnet wird, ist jenes Verfahren, bei welchem die Ausfüllung der durch die Kohlengewinnung geschaffenen Hohlräume mit sogenannten Versatzbergen bewirkt wird. Es soll auf diese Art das plötzliche Absenken der Hangendschichten vermieden werden, welches bei der Bruchbaumethode insbesondere beim Abbau mächtigerer Flöze sich unangenehm fühlbar macht. Durch die sorgfältig mit der Hand bewirkte Ausfüllung der Hohlräume wird den Firstgesteinsschichten Gelegenheit gegeben, sich allmählich auf den aus Bruchsteinen gebildeten Versatzpolster abzusenken. Auf diese Weise werden auch die den Bergbaubetrieb belastenden Ersatzkosten für obertags entstandene Objektsschäden wesentlich herabgemindert, insbesondere dann, wenn für die Herstellung dieses Handversatzes eine besondere Sorgfalt verwendet wird.

Es ist klar, daß gerade jene Bergwerksbesitzer der Verbesserung des Versatzverfahrens ihr vollstes Interesse entgegenbrachten, welche in Gebieten mächtiger Flöze den Abbau betrieben. So kam es auch, daß der oberschlesische Bergbau sich in Deutschland in erster Linie für die sogenannte Spülversatzmethode interessiert hat, bei welcher das Versatzgut (Sand, Schlacke, Halde usw.) unter Beimengung von Wasser unter großem Druck in die ausgekohlten Räume zur Ablagerung gebracht wird.

Die Spülversatzmethode wurde bereits seit langer Zeit in Pennsylvanien auf Black Diamond Colliery betrieben und wurde dieselbe im Jahre 1901 in Preuß.-Schlesien eingeführt. Das große Interesse der deutschen Bergbaubesitzer für die Einführung der Spülversatzmethode ist durch die unausgesetzte Verbesserung und Vervollkommnung der Spülversatz- und Abbautechnik bewiesen. Es soll nicht unerwähnt bleiben, daß der Abbau mit Versatz nicht nur für den Schutz der Tagesoberfläche Vorteile bietet, sondern auch aus Betriebsrücksichten vorteilhaft erscheint. Sehr günstig wirkt der Versatz auf die Wetterführung; der Versatz wirkt außerdem günstig, indem er die Unfälle durch Stein- und Kohlenfall verringert und auch den allgemeinen Gebirgsdruck wesentlich herabsetzt, was ebenfalls von großem Vorteile ist. Die für den Versatz notwendigen Berge stammen in erster Linie von der Lagerstätte selbst oder aus dem Nebengestein derselben. Weiterhin können die bei der Aufbereitung ausgeschiedenen Klaub- und Waschberge vorteilhaft in Anwendung genommen werden. Große Mengen von Versatzbergen können auch aus den Schlackenund Aschenhalden benachbarter Hüttenwerke entnommen werden.

a) **Der Strebbau.** Beim Strebbau wird die in Angriff genommene Bauabteilung von der Vorrichtungsstrecke aus in breiter Fläche nach der Baugrenze hin fortschreitend verhauen. Dabei werden in dem in geringem Abstande nachrückenden Bergversatz eine Anzahl Förderstrecken ausgespart, so daß die Förderung rückwärts erfolgt und der Versatz in eine Anzahl entsprechender Streifen zerlegt wird. Wie beim Pfeilerabbau kann auch hier der streichende, schwebende und diagonale Abbau unterschieden werden.

α) **Der streichende Strebbau.** Beim streichenden Strebbau ist die Angriffsfront parallel zur Flözfallrichtung und rückt in der Streichrichtung des Flözes zu Felde. Als Vorrichtung genügt (Fig. 9) ein Bremsberg, der bei steilerem Einfallen von einem Fahrüberhauen für jeden Bauflügel begleitet wird.

Der Abbau der vorgerichteten Abteilung beginnt gleich am Bremsberge. Nach der Gestaltung des Abbaustoßes unterscheidet man den Strebbau mit „breitem Blick" (Fig. 9 links) und denjenigen mit „abgesetzten Stößen" (Fig. 9 rechts).

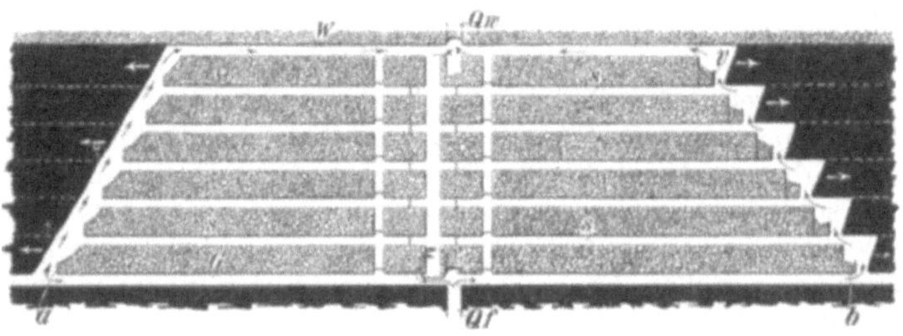

Fig. 9. Schema des Strebbaues mit breitem Blick (links) und mit abgesetzten Stößen (rechts).

β) **Der schwebende Strebbau** besteht aus einer Reihe von Abbaustößen, deren Front dem Flözstreifen parallel läuft und in der Flözfallrichtung aufwärts rückt.

Jeder dieser Abbaustöße heißt **Strebe.** Jede Strebe wird durch eine schwebende **Strebstrecke** bedient. Die Strebstrecke führt von der Grundstrecke auf die Mitte der Abbaufront, zu welchem Punkte die Kohlen von beiden Seiten hingeschaufelt werden.

γ) **Der diagonale Strebbau** ist für den Steinkohlenbergbau von sehr geringer Bedeutung.

b) Der Firstenbau. Der Firstenbau ist ein in erster Linie für den Erzbergbau ausgebildetes, später aber auch für den Abbau auf steilstehenden Steinkohlenflözen übernommenes Abbauverfahren. Der Abbau beginnt am unteren Ende eines Abbaufeldes, so daß die Stöße in der Reihenfolge von unten nach oben nacheinander zu Felde rücken. Als zweckmäßigstes Verfahren kann die im Ruhrkohlenbergbau übliche und auch in anderen Bezirken mit gutem Erfolge angewandte Ausbildung des Firstenbaues nach Fig. 10 bezeichnet werden.

Dieser Abbau beginnt von einem Überhauen aus und ist dadurch gekennzeichnet, daß die Lagerstätte in breiter Fläche, aber mit Absetzung des Stoßes nach Art einer umgekehrten Treppe angegriffen wird. Entweder läßt man nach Fig. 10 die Kohle ünmittelbar auf den

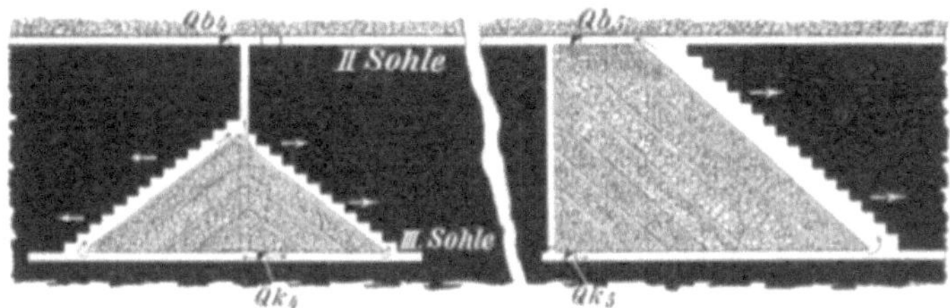

Fig. 10. „Firstenbau ohne Rutschen im Anfang und im vollen Betriebe."

Versatz selbst herabgleiten, oder man stellt eine dem Vorrücken des Abbaustoßes folgende Holzrutsche her, hinter welche die Versatzberge verstürzt werden. Die Höhen der einzelnen Firstenstöße und ihre streichenden Abstände schwanken in den Grenzen von 3 und 15 m. Was die flache Bauhöhe eines Firstenbaues betrifft, so werden meistens, namentlich bei druckhafterem Gebirge oder größerer Flözmächtigkeit, die Bauhöhen etwa 30—50 m genommen.

c) **Der Stoßbau.** Beim Stoßbau wird immer nur ein schmaler Streifen in Angriff genommen und für sich allein verhauen. Das Wesen des Stoßbaues besteht also darin, daß das Baufeld in einzelne Streifen (Stöße) eingeteilt wird, die jeder für sich abgebaut werden. Der Stoßbau kann streichend und schwebend geführt werden.

α) **Der streichende Stoßbau.** Beim streichenden Stoßbau bildet das in Fig. 11 dargestellte Verfahren die Regel.

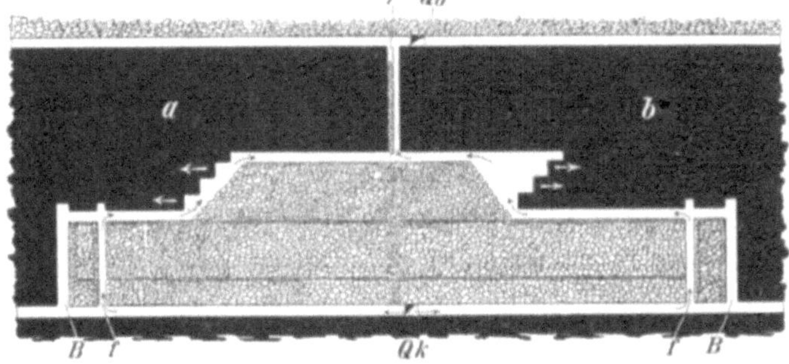

Fig. 11. Schema eines zweiflügeligen streichenden Stoßbaues.
Kohlenbremsberge an beiden Seiten.

Es werden gewöhnlich zwei Förderstrecken benutzt, von welchen die obere, mit dem Stoß neu aufgefahrene für die Zuführung der Ver-

satzberge, die untere, vom vorigen Stoß herrührende für die Weg-
förderung der Kohle dient. Der Abbau kann zweiflügelig betrieben
werden, und zwar entweder von der Mitte nach der Grenze des Baufeldes (Fig. 11) oder umgekehrt.

β) Der schwebende Stoßbau. Der schwebende Stoßbau
nimmt je nach der Flözmächtigkeit verschiedene Gestalt an, so daß
er für die flache und steile Lagerung gesondert besprochen werden muß.
Beim schwebenden Stoßbau in flach gelagerten Flözen gehört zu jedem
der schwebend vorrückenden Stöße eine nach unten und eine nach
oben führende Förder-, Fahr- und Wetterstrecke. Dem Fortschreiten
des Abbaues entsprechend wird die erstere immer länger, die letztere,
welche versetzt wird, immer kürzer. In steil aufgerichteten Flözen
läßt der schwebende Stoßbau sich nicht in der bezeichneten Weise
durchführen, da das Einbringen des Versatzes bei gleichzeitiger Kohlengewinnung und Förderung zu große Schwierigkeiten bieten würde. Man
verfährt deshalb in der Weise, daß man abschnittsweise zunächst nur
die Kohle gewinnt und fördert, und dann erst den Versatz auf einmal
einbringt. Bei etwas schlechterem Hangenden gibt man diesem außer
durch den Holzausbau auch dadurch eine geringe Unterstützung, daß
man die gewonnene Kohle einstweilen im Abbauhohlraum liegen läßt,
und nur die infolge Auflockerung hier nicht Platz findenden Kohlenmengen abführt. Ist dagegen das Hangende sehr fest, so kann man
auch die gewonnene Kohle sofort ganz herausfördern und die Hauer
auf Bühnen arbeiten lassen. Ist das Gebirge genügend zuverlässig,
kann sogar mit je zwei Stößen nebeneinander vorgegangen werden.
Dadurch sowie durch die Einlegung von Teilsohlen nach beiden
Figuren läßt sich die Kohlenlieferung auf eine befriedigende Höhe
bringen.

d) Der Pfeilerbau mit Bergeversatz. Dieses Abbauverfahren unterscheidet sich von den bisher besprochenen Abbauarten dadurch, daß
der Abbau wie beim Pfeilerbau nicht gleich am Bremsberge beginnt,
sondern unter Benutzung von vorher in der Lagerstätte aufgefahrenen
Vorrichtungsstrecken von der Grenze des Baufeldes rückwärts vor-
schreitet. Wird wie beim gewöhnlichen Pfeilerbau in der ganzen Höhe
des Baufeldes rückschreitend vorgegangen, so kann die Einbringung
des Versatzes auf verschiedene Weise erfolgen. Man kann bei gutem
Gebirge und bei steilem Einfallen vorteilhaft von der Feldesgrenze
aus den Versatz in zusammenhängenden Massen einbringen, indem
man statt der oberen die unteren Pfeiler vorgehen läßt und die Berge
von der oberen Sohle nachstürzt.

e) Der vereinigte Streb- und Pfeilerbau. Das Wesen dieses Abbau-
verfahrens besteht darin, daß zunächst Strebstöße ins Feld getrieben
werden, die mehr oder weniger starke Kohlenpfeiler zwischen sich lassen,
und daß nach Ankunft dieser Strebstöße an der Baugrenze die stehen-
gebliebenen Pfeiler rückwärtsschreitend verhauen werden. Der Berge-
bedarf der Strebstöße wird lediglich durch das Nachreißen der Förderstrecken gedeckt.

f) Besondere Ausbildungen einzelner Abbauverfahren für die Gewinnung mächtiger Lagerstätten. Die bisher besprochenen Abbauverfahren mit Versatz bedürfen doch einer entsprechenden Umgestaltung, wenn die Mächtigkeit der Lagerstätte eine gewisse Grenze überschreitet und infolgedessen sich größere Schwierigkeiten einstellen. Von den verschiedenen hier in Frage kommenden Abbauverfahren soll nur hingewiesen werden auf den Scheibenbau, den Stoßbau und den Querbau. Sie laufen alle darauf hinaus, daß die umfangreiche Lagerstätte in Streifen („Scheiben" oder „Platten") von so geringer Stärke zerlegt wird, daß deren Gewinnung ohne besondere Schwierigkeiten erfolgen kann.

α) Der Scheibenbau. Unter „Scheibenbau" versteht man einen Abbau, welcher durch die Zerlegung eines Flözes in einzelne Bänke oder „streichende Scheiben" gekennzeichnet ist, die im einzelnen nach den bekannten Abbauverfahren in Angriff genommen werden. Zahl und Mächtigkeit der Scheiben richtet sich nach der Mächtigkeit und dem Verhalten des Flözes. Der Abbau kann entweder in den verschiedenen Scheiben nahezu gleichzeitig zu Felde rücken, oder es kann mit der Inangriffnahme einer weiteren Scheibe bis nach Beendigung des Abbaues der vorhergehenden gewartet werden. Bei dem in Fig. 12 dargestellten Scheibenbau handelt es sich um ein flachgelagertes Flöz, das sich aus zwei Hauptbänken zusammensetzt.

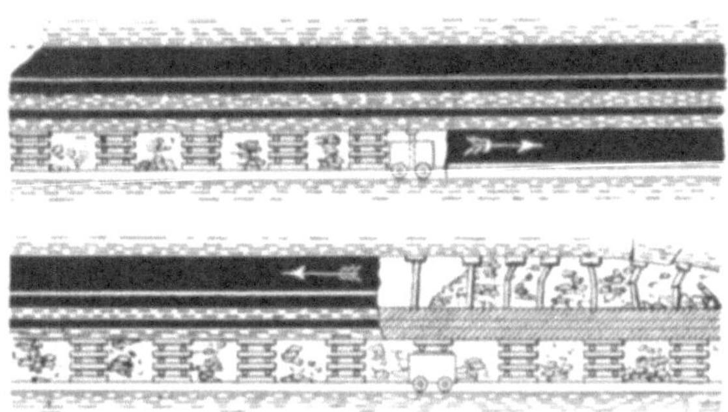

Fig. 12. Scheibenbau; Strebbau nach der Baugrenze hin in der Unterbank (oben), Pfeilerbau mit Versatz zum Bremsberge zurück in der Oberbank (unten).

Es wird hier zunächst die Unterbank mittels Strebbaues abgebaut und sodann die Oberbank durch Pfeilerrückbau mit Bergeversatz gewonnen.

β) Der Stoßbau auf mächtigen Lagerstätten. Man kann einen solchen Abbau streichend oder querschlägig führen. Ein Bild eines streichenden Stoßbaues auf einem etwa 6½ m mächtigen Doppelflöz der Zeche Maßener Tiefbau bei Dortmund gibt Fig. 13.

Die Stöße werden in der ganzen Flözmächtigkeit vorgetrieben; sie erhalten nur Streckenhöhe. Jeder Stoß wird durch Mittelstempel in vier Abschnitte geteilt, von denen F_1 bzw. F_2 zur Förderung dient. Beim Abbau der höheren Stöße wird zunächst immer der den beiden

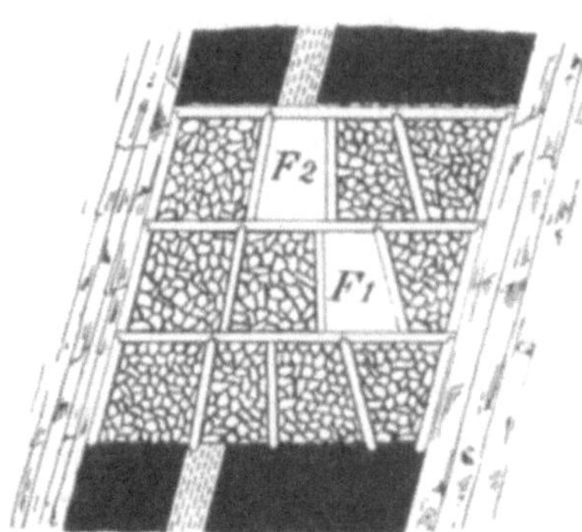

Fig. 13. Stoßbau im 6½ m Flöz der Zeche Maßen.

mittleren Abschnitten entsprechende Teil des Kohlenstoßes angegriffen und soweit vorausgetrieben, daß ein neues Feld der Türstockzimmerung Platz findet. Der neu versetzte Türstock wird durch einen Mittelstempel in eine offen zu haltende Förderstrecke und einen gleich wieder zu versetzenden Abschnitt geteilt. Dem Mittelstock folgen dann die Stoßteile am Hangenden und am Liegenden, deren aus halben Türstöcken bestehende Zimmerung an die Kappe des mittleren Türstockes angeblattet werden; auch diese Abschnitte werden gleich wieder versetzt.

Außerdem wird, wie überhaupt beim Stoßbau, das überfahrene Stück der alten Förderstrecke (F_1) immer gleich mitversetzt.

γ) Der Abbau in horizontalen Scheiben (Querbau). Während beim Scheibenbau mächtige oder zusammengesetzte Lagerstätten in streichende Scheiben zerlegt werden, findet beim Querbau eine Zerlegung in söhlige „Scheiben" oder „Platten" statt, deren jede für sich in der ganzen söhligen Breite der Lagerstätte gewonnen wird. Der Verhieb der einzelnen Scheiben erfolgt beim Querbau im allgemeinen von unten nach oben. In gewissen Fällen kann es jedoch zweckmäßiger werden, in umgekehrter Reihenfolge, die unteren Scheiben nach den oberen in Angriff zu nehmen. Bei dem Abbau nach Fig. 14 ist das Flöz in der Fallrichtung in eine Anzahl von Bauabschnitten zerlegt, deren jeder wieder in 4 Scheiben von 2—3 m abgebaut wird. In mehreren Abschnitten kann gleichzeitig Abbau geführt werden. Die Abschnitte als solche werden in der Reihenfolge von oben nach unten in Angriff genommen, wogegen die Gewinnung der einzelnen Scheiben in der Reihenfolge von unten nach oben erfolgt. Als Vorrichtungsstrecken für die einzelnen Scheiben dienen hier streichende Strecken l, welche nahe am Liegenden, jedoch durch eine angebaute Kohlenbank von diesem getrennt, aufgefahren und mit dem Kohlen- und Bremsberg b verbunden sind. Die Versatzberge werden durch den Querschlag Q von den im Liegenden stehenden Schachte aus zugeführt, der sie von der Tagesoberfläche erhält. Die Abförderung der Kohlen erfolgt durch den im Hangenden befindlichen Schacht S. In jeder Scheibe wird von der Querstrecke q_1—q_3 aus je ein Abbaustoß streichend zu Felde geführt, wobei im Versatz nahe am Hangenden Wetterstrecken zur Zuführung des frischen Stromes ausgespart werden; die Ausziehströme ziehen durch die Strecke l und dem Hauptquerschlag Q zum Bergeeinhängeschacht.

g) Der Abbau mit Spülversatz. Die Wirksamkeit des Bergeversatzes für die Verhütung von Gebirgsbewegungen ist je nach der Beschaffenheit und Einbringung des Versatzgutes und nach den Lagerungs- und Abbauverhältnissen durchaus verschieden. Die Einspülung feinkörnigen Versatzgutes mit einem unter Druck stehendem Wasserstrom gibt den weitaus besten Versatz ab. Für den Spülversatz kommen in erster Linie feinkörnige Berge in Betracht, wie feine Waschberge von Steinkohlengruben, Kesselasche, granulierte Hochofenschlacke, Sand usw. Der günstigste Stoff ist Sand, welcher sich leicht mit Wasser mischen und durch Wasser forttragen läßt, einen sehr dichten Versatz liefert und nachher das Wasser schnell und in ziemlich klarem Zustand abgibt. Die auf natürlichen Ablagerungen vorkommenden Spülmaterialien, Sand, Kies, Lehm und dergl. werden im Großbetriebe durch Baggerarbeit oder durch die spülende Wirkung des Wasserstrahls gewonnen. Der Wasserzusatz zu dem gewonnenen Versatzmaterial muß natürlich auf ein möglichst geringes Maß herabgedrückt werden, da alles Wasser wieder gehoben werden muß und daher der Wasserverbrauch für die Wirtschaftlichkeit des Spülversatzes von erheblicher Bedeutung ist. Die Herstellung der Spülmischung kann über oder unter Tage erfolgen. Im

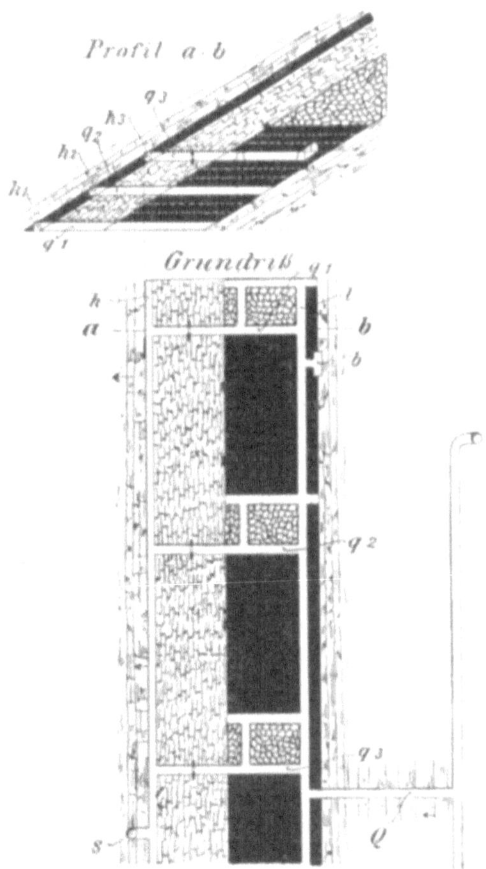

Fig. 14. Querbau mit gleichzeitigem Verhieb mehrerer Bauabschnitte.

ersteren Falle wird der Spülstrom von der Hängebank aus in die Grube geführt, während im letzteren Falle die Mischung unter Tage entweder in der Nähe des Schachtes für alle Betriebe gemeinsam oder weiter im Felde an verschiedenen Stellen in der Nähe der in Frage kommenden Bauabteilungen bewerkstelligt werden kann. Geringe Schachtteufen (etwa bis 300 m) lassen die Herstellung der Mischung über Tage, größere Teufen dagegen diejenige unter Tage vorteilhaft erscheinen.

In der „Zeitschrift des Oberschlesischen Berg-und Hüttenmännischen Vereines" 1911 hat der in den Fachkreisen bestbekannte Bergassessor Kurt Seidl eine Abhandlung veröffentlicht unter dem Titel „Das Spülversatzverfahren in Oberschlesien", welcher folgende Ausführungen entnommen sind:

Das Spülverfahren ist ein Abbauverfahren mit Bergversatz, für welches zweierlei charakteristisch ist: 1. Das Versatzgut kommt unter Wasser, also in besonders dichtem Zustand zur Ablagerung; 2. Seine Beförderung von der Aufgabestelle bis zum Hohlraum, der zu versetzen ist, geschieht mit Hilfe eines Wasserstromes. Spülversatzabbau in diesem Sinne ist zuerst (1901) in Oberschlesien betrieben worden. Ansätze dazu finden sch bereits seit dem Anfang der 1880er Jahre: Ablassen der Schlämme aus Klärsümpfen in alte Grubenbaue zu ihrer Beseitigung auf Grube König (Oberschlesien); Einspülen von Abgängen der Separation in die offenstehenden Pfeiler verhauener Baufelder, um ihr Zubruchegehen und somit Beschädigungen der Tagesoberfläche zu vermeiden, zuerst auf Black Diamond Colliery in Pennsylvanien. (Vergleiche Zeitschrift für das Berg-, Hütten- und Salinenwesen im Preuß. Staate, Band 31, 1883, S. 196; Broja, Der Steinkohlenbergbau in den Vereinigten Staaten von Nordamerika mit besonderer Berücksichtigung der neuesten Fortschritte. Leipzig 1894. S. 33.)

Die besonderen Verhältnisse Oberschlesiens — genauer der Sattelflözgruben oder der Gruben des sogenannten Obsrschlesischen Zentralreviers — sind der Aufnahme und weiteren Ausbreitungen des Spülversatzverfahrens günstig gewesen. Für die bis dahin üblichen Abbauverfahren auf den mächtigen Fözen der Sattelflözgruben waren bezeichnend: Abbauverluste von etwa 25 bis 40%, Grubenbrand und ein Zubruchegehen der Tagesoberfläche, da trockener Bergeversatz mit eigenen Bergen nicht möglich war, mit fremden aber weder im gleichen Umfange noch mit dem gleichen technischen wirtschaftlichen Erfolg wie jetzt im Spülversatzverfahren durchführbar gewesen wäre.

Das gegenwärtige Anwendungsgebiet des Spülversatzabbaues ist in der Hauptsache das folgende: 1. Verhieb eines Teiles der Sicherheitspfeiler, die zum Schutze der Tagesoberfläche oder der Grubenbaue (zum Beispiel Markscheidesicherheitpfeiler) vorgesehen waren; 2. Abbau auch unter unbedeckter Tagesoberfläche, wenn übermäßige Flözmächtigkeit einen Verhieb in voller Mächtigkeit mit Bruchbau ausschließt; 3. Verhütung und Bekämpfung des Grubenbrandes.

Die Anwendung des Spülversatzverfahrens wird dabei durch die nicht zu schwierige Beschaffung des notwendigen Versatzmateriales wesentlich begünstigt. Im Jahre 1908 wurden von der Steinkohlenförderung des gesamten oberschlesischen Reviers in der Höhe von 34 Millionen Tonnen gegen 15% (über 5 Millionen t) unter Anwendung von Spülversatz gewonnen.

Bezüglich der Spültechnik bemerkt Seidl folgendes: Während die sonstigen zum Spülversatz notwendigen betrieblichen Vorkehrungen — Materialgewinnung, Rohrsystem, Gestaltung der Wasserklärung, des Abbaues — auf den meisten Gruben nach den gleichen oder nach verwandten Grundsätzen ausgebildet sind, herrscht hinsichtlich der Art, das Gemisch von Wasser und Versatzgut zu erzeugen und in die Rohrleitung aufzugeben, die größte Mannigfaltigkeit. Nicht allein aus Rücksichten der Darstellung, sondern auch sachlich scheint es gerechtfertigt, die zahlreichen Ausführungsformen der Einspülvorrichtungen auf eine geringere Zahl von Typen zurückzuführen, nämlich je nachdem die Mischung von Wasser und Versatzgut auf einem Mischrost erst unmittelbar über der Rohrleitung erfolgt oder schon vorher in einem Zuflußkanal (wohl auch Mischkasten oder Trichter) oder bereits bei der Materialgewinnung (Abspritzbetrieb). Die Mischung des Versatzgutes und Wassers kann auf verschiedene Arten geschehen und seien nur behufs allgemeiner Erklärung der Spültechnik einige Beispiele von Systemen angedeutet, welche auf einzelnen Schachtanlagen zur Ausführung gelangt sind. Die älteste Ausführung (1901) von Myslowitz auf Ferdinandgrube, wie sie heute gelegentlich auf kleineren Betrieben sich noch findet, ist in Fig. 15 (Ludwigschacht der Ferdinandgrube, frühere Ausführung) dargestellt.

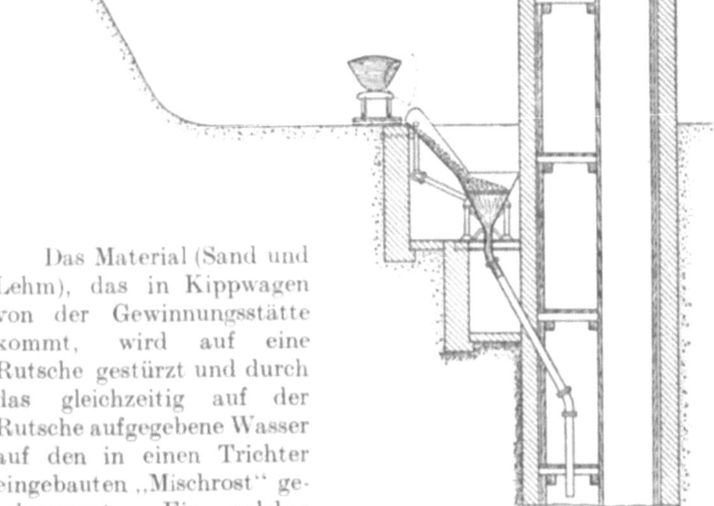

Das Material (Sand und Lehm), das in Kippwagen von der Gewinnungsstätte kommt, wird auf eine Rutsche gestürzt und durch das gleichzeitig auf der Rutsche aufgegebene Wasser auf den in einen Trichter eingebauten „Mischrost" geschwemmt. Ein solcher Mischrost hat drei Aufgaben zu erfüllen: 1. Durch Aufhalten und Ausbreiten

Fig. 15. Einspülvorrichtung auf Ludwigsschacht (frühere Ausführung).

des Versatzgutes eine gute Mischung mit Wasser zu erzielen; 2. zu verhindern, daß die Spitze des Trichters vom trockenen Material zugeschüttet wird, und 3. das Material von größerer als der vorgesehenen Körnung — gewöhnlich 60, 80 oder 100 mm — zurückzuhalten.

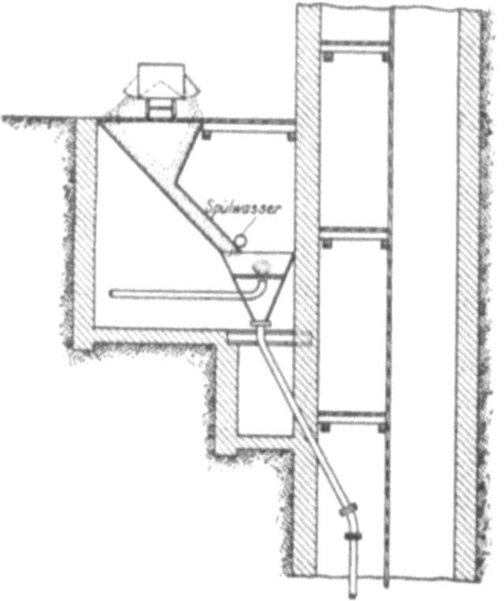

Fig. 16. Einspülvorrichtung auf Richardschacht (frühere Ausführung).

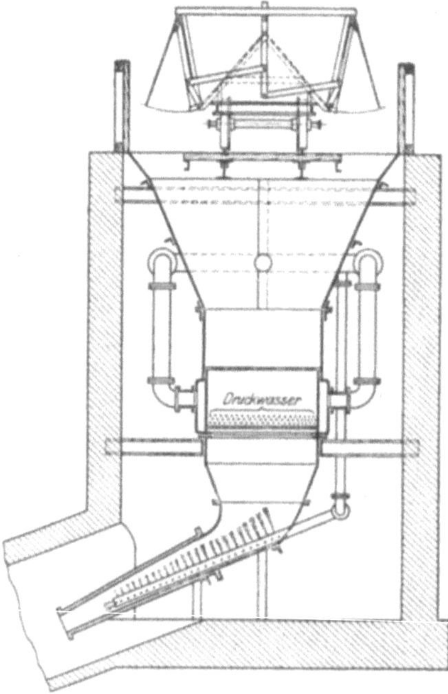

Fig. 17. Einspülvorrichtung am Arnoldschacht.

Am Roste sind dauernd mehrere Mann damit beschäftigt, mittels Kratzen und Stangen das Versatzgut auszubreiten und Lehmklumpen zu zerteilen. Unterhalb des Rostes empfängt das durchgeflossene oder durchgefallene Material eine neuen Wasserzusatz und stürzt durch die Trichterspitze in die unmittelbar angeschlossene Rohrleitung.

Fig. 16 (Richardschacht der Ferdinandgrube) zeigt eine Neuerung. Während bei den älteren Einrichtungen das Material über die Rutsche unmittelbar auf den Mischrost gelangt, der eben eine Wagenladung aufzunehmen vermag, ist hier dem Trichter eine Vorratstasche von 3—4 cbm Inhalt und ihr wiederum ein besonderer Aufgaberost vorgeschaltet, der die Stücke gröbsten Kornes (über 150 mm) zurückhält.

Vorratstasche, Mischrost und Einlauftrichter, in gedrängter Anordnung zusammengebaut, zeigt Fig. 17 (Arnoldschacht der Hedwigs-Wunschgrube).

Der Behälter ist von einem ringförmigen schmiedeeisernen Wulst umgeben, aus welchem durch eine mehrfache Reihe von Bohrungen Druckwasser unmittelbar über dem Rost ausströmt. Im konischen Auslauf des Behälters sorgt ein Strahlenrohr für die weitere Zerteilung und Verdünnung des Materials.

Bergassessor Seidl hat im Jahre 1913 eine Abhandlung veröffentlicht unter dem Titel „Der gegenwärtige Stand des Spülversatzverfahrens in Oberschlesien". Dieser Veröffentlichung seien folgende Ausführungen entnommen. Bezüglich der Abbautechnik führt Seidl folgendes an.

α) Der Pfeilerbau. Diejenige Abbaumethode, welche bei der ersten Ausbreitung des Spülversatzverfahrens in Oberschlesien allgemein Eingang fand und auch heute noch am häufigsten beim Verhieb der mächtigen Flöze im Spülversatzverfahren angewendet wird, ist eine für die besonderen Zwecke des Spülversatzverfahrens hergerichtete Abart des alten oberschlesischen Pfeilerbaus. Die beim streichenden Pfeilerbau getroffene Anordnung ist aus Fig. 18 zu ersehen; streichende

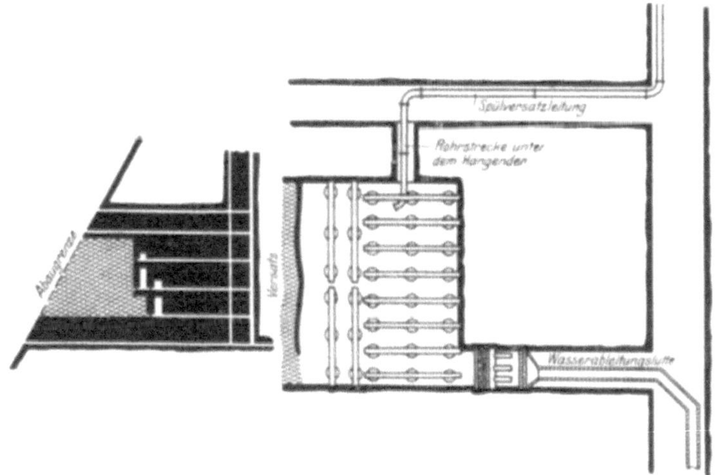

Fig. 18. Streichender Pfeilerbau beim Spülversatzverfahren. Grundriß eines Abschnittes und (in verkleinertem Maßstab) eines Abbaufeldes.

Vorrichtung durch Abbaustrecken, die nach Bedarf durch hier nicht wiedergegebene Durchhiebe verbunden sind; Fortschreiten des Abbaues von unten nach oben; schwebender Verhieb des Abschnittes in 5—6 m Breite unter Belassung eines drei Meter starken Beines gegen den Versatz des daneben liegenden Abschnittes. Durch Vorbohren wird festgestellt, ob dieser Versatz bereits fest geworden ist. Je nach dem Ergebnis schwächt man das Bein auf 2 oder 1 m oder nimmt es streichend mit ganzer Mächtigkeit. Die Ortswand von etwa 3 m Stärke bleibt zunächst stehen, sie wird später beim Verhiebe des darüberliegenden Abschnitts einfallend gewonnen. Die Zimmerung ist die übliche: streichende Kappen im schwebend verhauenen Abschnitt und schwebende Kappen bei der Gewinnung des Beines.

Zur Einführung des Spülgutes bricht man in der oberhalb des Versatzpfeilers gelegenen Abbaustrecke hoch und geht mit einer unter dem Hangenden getriebenen niedrigen Rohrstrecke einfallend nach dem ausgekohlten Abschnitt. (Fig. 19.) Die Rohrstrecke wird durch einen niedrigen Damm abgesperrt, um das Spülversatzgut so hoch wie möglich im Pfeiler anzustauen. Die Rohrleitung gießt zumeist in ein offenes Gefluter aus, welches im Pfeiler unter dem Hangenden abwärts geführt ist und verloren gegeben wird.

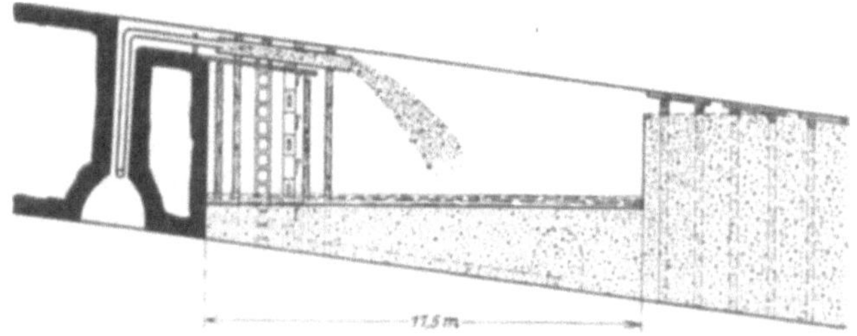

Fig. 19. Einführung des Spülversatzes in den ausgekohlten Abschnitt beim Pfeilerbau.

Abgesehen von der umgekehrten Reihenfolge im Verhieb und vom vorläufigen Stehenlassen der Ortswand, hat der typische oberschlesische Pfeilerbau keinerlei wesentliche Veränderungen infolge der Verbindung mit dem Spülversatzverfahren erfahren. Insbesondere übernahm man auch die Abmessungen der Bremsbergfelder — 100—200 m im Streichen und ebensoviel in schwebender Richtung — vom Bruchbau.

Die erste weitergehende Maßnahme war die Durchführung des Scheibenbaues auf den mächtigen Flözen mittels des Spülversatzverfahrens. Nach dem Vorgange der Myslowitzgrube verhieb man flach gelagerte Flöze von mehr als 6 oder 8 m Mächtigkeit in Scheiben von unten nach oben. Zunächst wurde auch die umständliche Vorrichtung durch Bremsberg, Fahrort und Abbaustrecken in jeder Scheibe von neuem vorgenommen.

Der nächste Fortschritt war, daß man lernte, Strecken im Spülversatz auszusparen und im Anschluß daran die vom Bruchbau übernommenen Bremsbergsicherheitspfeiler aufzugeben (vgl. hierzu besonders: Das Spülversatzverfahren in Oberschlesien, S. 51 ff). Beim Bruchbau ist man gezwungen, beim Verhieb eines Bremsbergfeldes zum Schutz der Grundstrecken sowie des Bremsberges und des Fahrortes Sicherheitspfeiler zu belassen, welche so lange dem Verhieb vorenthalten sind, als diese Strecken aus betrieblichen Gründen offen gehalten werden müssen. Diese Restpfeiler, welche in flacheren Teufen keinerlei Schwierigkeiten bereiten, geraten in größeren Teufen sehr bald in Druck und sind dann schwer und gar nicht mehr offen zu halten. Der Druck ist am stärksten, wenn der Betrieb zweiflügelig geführt worden und der Sicherheitspfeiler als eine schmale Rippe zwischen zwei weiten abgebauten Flächen stehen geblieben ist. Auch im Spülversatzverfahren macht sich in diesen Restpfeilern Gebirgsdruck geltend. Das Deckgebirge senkt sich über den Versatzfeldern zu beiden Seiten sanft nieder. Die Sicherheitspfeiler aber bieten dem gleichmäßigen Niedergehen einen Widerstand dar; sie geraten daher in Druck. Bei Teufen von etwa 300 m ist der Druck häufig bereits empfindlich stark. Er äußerte sich nicht selten in plötzlicher gewaltsamer Weise durch Zusammengehen mehrerer 100 m Strecke mit einem Ruck. Im Bruchbau läßt sich an diesen Tatsachen nichts ändern. Beim Abbau mit Spülversatz jedoch ist die Möglichkeit gegeben, die Streckensicherheitspfeiler zu verhauen und die darin offen zu haltenden Strecken (Bremsberge usw.) im Versatz auszusparen. Die Erkenntnis, daß es vorteilhaft ist, im Spülversatz-Pfeilerbau die Bremsberge sofort mitzuverhauen und die Strecken in Versatz zu legen, hat sich in jüngster Zeit rasch verbreitet. Der typische Anblick eines oberschlesischen Grubenbildes, auf welchem bisher auch im Spülversatzabbau die in regelmäßigem Abstand aufeinander folgenden unvermeidlichen Kohlenrippen im Alten Mann charakteristisch hervortraten, hat sich seitdem gründlich verändert.

Die im Versatz auszusparenden Strecken werden in vollständig geschlossenen Ausbau — Holzausbau (Fig. 20) oder Mauerung (Fig. 21) — gesetzt. Sie bilden in dem zu verspülenden Abschnitt einen geschlossenen Kanal, welcher am Unterstoß als geschlossenes Rohr aus dem Versatzfeld heraustritt und am Oberstoß durch entsprechende Zimmerung gegen den festen Kohlenstoß abgedichtet ist. Das Verspülen des Abschnittes, wobei das Spülgut den Kanal allseitig umlagert, geschieht in der üblichen Weise. Die Mauerung wird kreisrund oder häufiger elliptisch ausgeführt. Myslowitz z. B. wendete

Fig. 20. Zimmerung einer im Versatz auszusparenden Strecke.

elastische Mauerung — mit Holzeinlagen — an. Beim Holzausbau werden deutsche Türstöcke gestellt, von außen mit starken Brettern benagelt und gegen das Hangende sowie seitlich gegen die Stempel entsprechend abgestrebt.

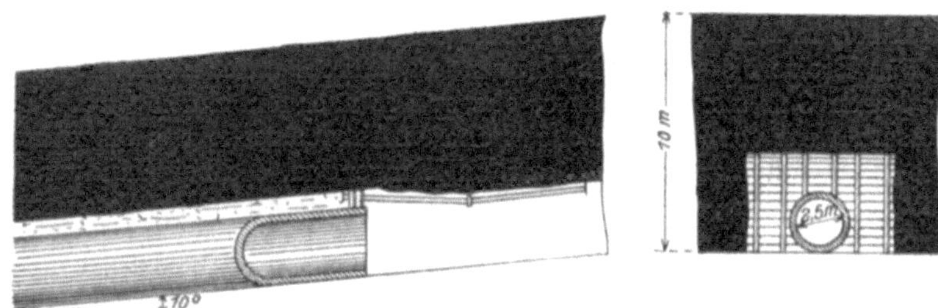

Fig. 21. Ausspannung einer gemauerten Strecke im Versatz.

Eines der ersten Beispiele war der nachträgliche Verhieb einer Anzahl Kohlenrippen im Spülversatzfeld im Schukmannflöz der Delbrückschächte (Fig. 22). Mehrere Bremsberg-Sicherheitspfeiler wurden gleichzeitig verhauen und vollständig verspült; nur in einem davon wurde ein Bremsberg mit Fahrort in Mauerung ausgespart. Die Förderung aller übrigen Sicherheitspfeiler wurde mit Haspeln auf die Rohrstrecke hochgezogen und — zusammen mit der Förderung aus dem zuletzt genannten — durch die in Mauerung gesetzte Aussparung auf die tiefere Sohle abgebremst.

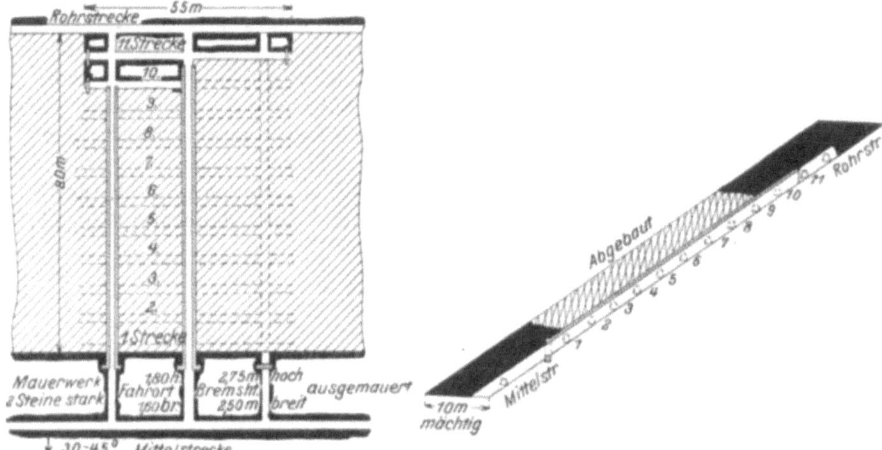

Fig. 22. Nachträglicher Verhieb eines Bremsbergsicherheitspfeilers mit Spülversatzabbau unter Ausspannung des Bremsberges und des Fahrortes. (Delbrückschächte, Schuckmannflöz.)

β) Der Querbau. Bei stärkerem Einfallen der mächtigen Flöze (über 30⁰) ist seit langem in Oberschlesien der Querbau in Anwendung, früher mit trockenem Bergeversatz, jetzt unter Anwendung des Spülversatzverfahrens. Vorrichtung in horizontalen Scheiben in quer zum Streichen (horizontal) geführten Abschnitten.

Die Höhe der Scheiben und damit der Seigerabstand der Abbaustrecken ist auf 4,5 m bemessen. Sohlenabstand der Bauabteilungen 50 m seiger. In der Abbaustrecke wird auf 4,5 m hoch gebrochen und in 5 m Breite bis unter das Hangende gefahren, unter Belassung eines seitlichen 3 m starken Beines, das später nachgenommen wird. Der Versatz wird von der zunächst höheren Abbaustrecke aus eingeführt. Die Bergezufuhrstrecken unter dem Hangenden, die bei Handversatz notwendig waren, fallen fort. Indem man der Firste des Abschnittes eine leichte Neigung (3—5⁰) nach dem Hangenden hin gibt, wird bewirkt, daß der Versatz sich dicht unter die Firste anlegt. Die Rohrleitung ist in der nächst höheren Abbaustrecke verlegt, mit deren Sohle man beim Hochbrechen des Abschnittes durchschlägig wird. Sie gießt in

ein offenes Gefluter aus, welches im Abschnitt unter dem Hangenden
entlang geführt ist und verloren gegeben wird; zur gleichmäßigen Verteilung des Spülgutes im Abschnitt ist es in Zweigleitungen geteilt.
Die Entwässerung des Versatzes geschieht in der üblichen Weise mittels
einer verlorenen Lutte durch den Damm der Abbaustrecken (Fig. 23).

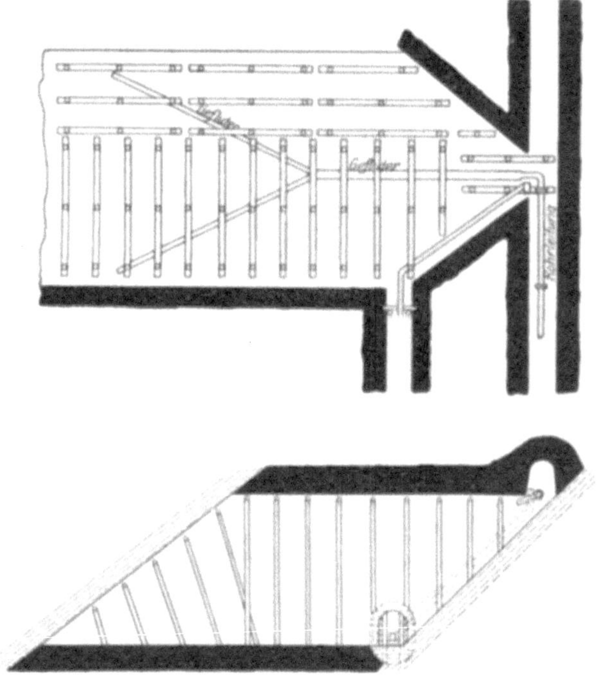

Fig. 23. Zimmerung beim Querbau mit Spülversatz.

Mit der Einführung des Spülversatzverfahrens ist der Grubenbrand
welcher bis dahin ein ständiger Begleiter des Querbaues gewesen war
aus den Grubenräumen vollständig verschwunden.

γ) Der Stoßbau. Der Stoßbau der
Myslowitzgrube (Fig. 24) löst die Aufgabe, mächtige, flachfallende Flöze im
Spülversatzbetriebe zu verhauen, mit
genial einfachen Mitteln. Seine Erfindung,
welche von den Überlieferungen des
Bruchbaues völlig unabhängig ist, ist
somit der wertvollste praktische Fortschritt, welchen das Spülversatzverfahren bisher gemacht hat

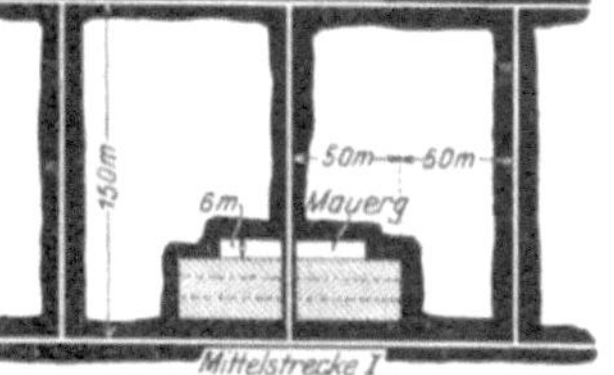

Fig. 24. Stoßbau mit Spülversatz. (Myslowitzgrube.)

Die Vorrichtung beschränkt sich auf die Einteilung des Flözes
in regelmäßige Baufelder. Im Abstand von 50, 100 oder 150 m werden

streichende Strecken — Mittelstrecken — aufgefahren, welche im Abstand von 100 m durch Schwebende verbunden sind. In der Schwebenden wird hochgebrochen und in voller Flözmächtigkeit oder bei Scheibenbau in voller Scheibenmächtigkeit mit einem 5—6 m breiten Abbauort streichend ins Feld gegangen. Der Betrieb ist zweiflüglig, die Länge der Stoßörter beträgt je 50 m. Der ausgekohlte Raum von 6 m Breite und 100 m streichender Länge wird auf einmal verspült. Im Versatz wird an Stelle der Schwebenden eine gemauerte Strecke von elliptischem Querschnitt als Bremsberg in bekannter Weise ausgespart. Auch ein Fahrort dazu wird häufig ausgespart. Die Förderung wird durch das Versatzfeld hindurch im Bremsberg auf die tiefere Mittelstrecke abgebremst.

Der ausgesparte Bremsberg hält die Wetterverbindung zwischen den beiden Mittelstrecken offen. Bei dem großen Querschnitt der Stoßörter (gewöhnlich 30 m²) erfolgt die Bewetterung der letzteren vom Bremsberg aus mühelos durch Diffusion; im Bedarfsfalle werden Lutten vom Bremsberg aus bis vor Ort geführt.

Die Rohrleitung wird von der oberen Mittelstrecke aus durch die Einfallende abwärts geführt und vor Ort bis in die äußersten Flügel der beiden Stöße dicht unter dem Hangenden entlang geführt. Auf Myslowitz spült man die Rohrleitung in dieser Lage einfach mit ein. Bei der Hereingewinnung des nächstfolgenden Stoßes wird sie am Unterstoß aus dem Versatzmaterial wieder herausgenommen und sofort am Oberstoß wieder eingebaut.

Das Spülwasser wird in der Regel in der Mitte der beiden Stoßörter am Bremsberg abgezogen, und zwar durch die Holzwand, welche am oberen Stoß errichtet wird, um den Anschluß zwischen dem festen Kohlenstoß und der Mauerung bzw. Zimmerung des auszusparenden Bremsbergs herzustellen und durch welche auch das Spülrohr in den Abschnitt eingeführt wird (Fig. 20). Die Spülwasser nehmen ihren Weg durch die Aussparung und den Bremsberg abwärts.

Infolge des großen Querschnitts der Stöße erfahren die Spülwasser bei dem langen Weg, welchen sie von den äußersten Flügeln der Stoßörter bis zur Mitte zurückzulegen haben, im Abschnitt eine ähnliche Klärung wie in einer sehr breiten Klärstrecke. Diese Methode hat große spültechnische und abbautechnische Vorzüge. Auf 100 m streichende Erstreckung ist nur ein einziger Verschlag zum Anstauen des Spülgutes und Abziehen der Spülwasser zu stellen. Im Pfeilerbau würden statt des einen zweiflügeligen Stoßes 12 bis 15 Abschnitte zu verspülen sein, welche ebensoviel Rohrhochbrechen und etwa 30 Verschläge und Versatzungen erfordern. Dazu kommt die selbsttätige Klärung der Spülwässer im langen Stoßort. Der Hauptvorteil ist die Beschränkung der Vorrichtung auf ein Minimum durch den Wegfall jeglicher Abbaustrecken. Im Bremsbergfeld gibt es jetzt fast nur noch Abbau- und fast gar keine Vorrichtungskohle. Die Rücksichtnahme auf den Gebirgsdruck zwingt zu einer möglichst weitgehenden Beschränkung der Abbaustrecken mit der größeren Teufe. Denn eine der Grundregeln zur Bekämpfung des mit der Teufe wachsenden Gebirgsdruckes ist die Vermeidung jeder unnötigen Durchörterung des Feldes. Ausgedehnte Vorrichtungsarbeiten in größerer Teufe machen den Gebirgsdruck rege; sie verursachen bedeutende Unterhaltungskosten, und die Kohle neigt zur Selbstentzündung. Beim Pfeilerbau liegen diese Verhältnisse besonders bedenklich, beim oben beschriebenen Stoßbau aber geradezu ideal.

Bei der Anwendung dieses Abbaues als Scheibenbau fährt man aus der Mitte des unteren Stoßorts söhlig rückwärts in die höheren Scheiben. Man spart auch hier eine Schwebende aus, welche an ihrem unteren Beginn durch Überbrechen die Wetterverbindung mit der Fördersohle erhält. Der Verhieb erfolgt zweiflüglig genau wie in der untern Scheibe und folgt dem Abbau in der letzteren unmittelbar nach, nur um vielleicht drei Stoßbreiten zurück. Die Förderung geht durch die Söhlige nach dem Bremsberg in der liegenden Scheibe (Fig. 25).

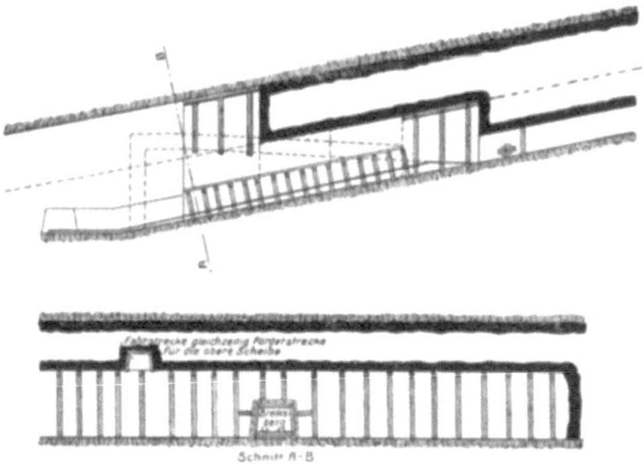

Fig. 25. Scheibenstoßbau mit Spülversatz. Ausrichtung der zweiten Scheibe durch eine Söhlige aus der ersten.

In gleicher Weise kann beispielsweise auch eine dritte oder noch weitere Scheibe angesetzt werden (Fig. 26). In der zweiten usw. Scheibe ist überhaupt keine Vorrichtung mehr erforderlich, da die Förderung aller höheren Scheiben durch die söhlige Verbindungsstrecke nach dem Bremsberg der liegenden Scheibe geht. Die bloß durch Aussparung entstandene Schwebende in den höheren Scheiben dient zur Fahrung, Wetterführung und Ableitung der Spülwasser.

Diese Abbaumethode ist heute bereits von Myslowitz auf zahlreiche andere Gruben übergegangen (Gieschegrube, Kleophasgrube u. a.). Sie ist geeignet, den Pfeilerbau im Spülversatzbetriebe der Sattelflözgruben mit der Zeit ganz zu verdrängen, besonders wenn die gegenwärtig noch im großen Umfang zum Pfeilerbau vorgerichteten Sohlen verhauen sind und die tieferen Sohlen aufgeschlossen werden müssen.

Auf dem Steinkohlenbergwerk Max ist eine andere Art von streichendem Stoßbau in Anwendung. Man ist hier gezwungen gewesen, den Versatz durch Verschläge zurückzuhalten, weil die Kohle klüftig ist und bei der gewöhnlichen Methode eine· Verunreinigung der anstehenden Kohle durch den Versatz, welcher in die Klüfte eindrang, stattfand.

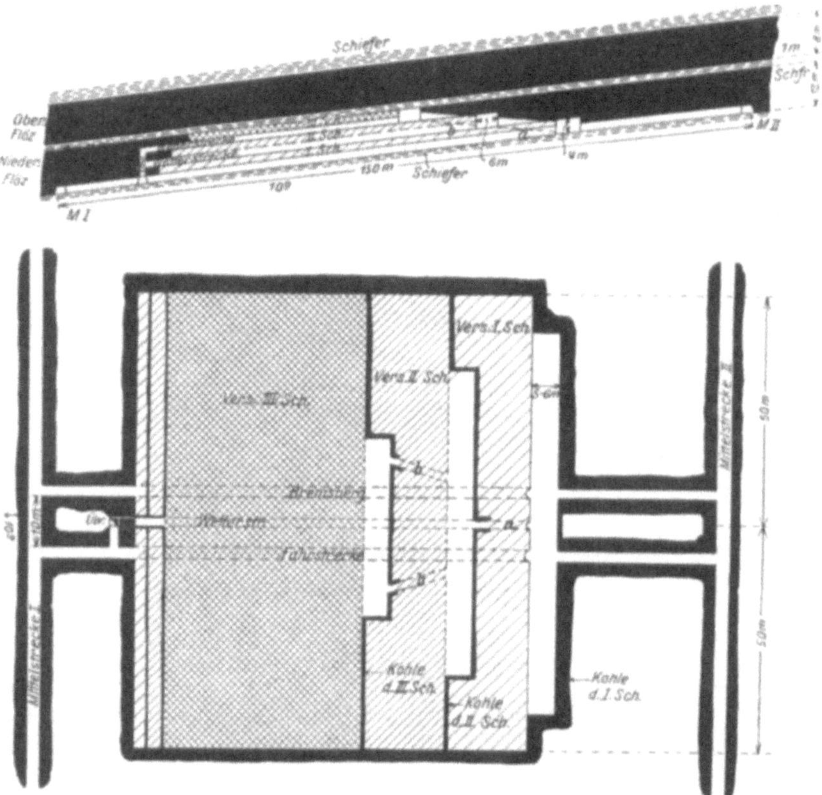

a) Söhlige Verbindungsstrecke aus der I. nach der II. Scheibe. b) Söhlige Verbindungsstrecke aus der II. nach der III. Scheibe.

Fig. 26. Scheibenstoßbau der Myslowitzgrube. Abbau eines 12 m Flözes in drei Scheiben.

Die beiden Flöze Graf Gleichen I und II sind durch ein Mittel von 1 m getrennt. Das liegende Flöz, Graf Gleichen II, welches 3 m mächtig ist, wird gegenwärtig durch Spülversatzabbau gewonnen und hinterher das Hangende — Graf Gleichen I — im Bruchbau verhauen werden. Die Anordnung des Abbaues ist aus Fig. 27 ersichtlich. Streichende Vorrichtung durch Abbaustrecken im Abstand von 50 m; schwebende Vorrichtung durch eine Rohrschwebende in der Mitte und beiderseits je einen Bremsberg im Abstand von 130 m. Verhieb von der Rohrschwebenden aus, in Stößen von 10 m schwebender Höhe.

Es wird ein streichender Verschlag (Fig. 28) mitgeführt und alle
15 bis 25 m ein schwebender Verschlag (Fig. 29) gestellt. Das Ver
spülen erfolgt absatzweise von einem schwebenden Verschlag zum
andern. Die Förderung geht durch die Abbaustrecke zum Bremsberg;

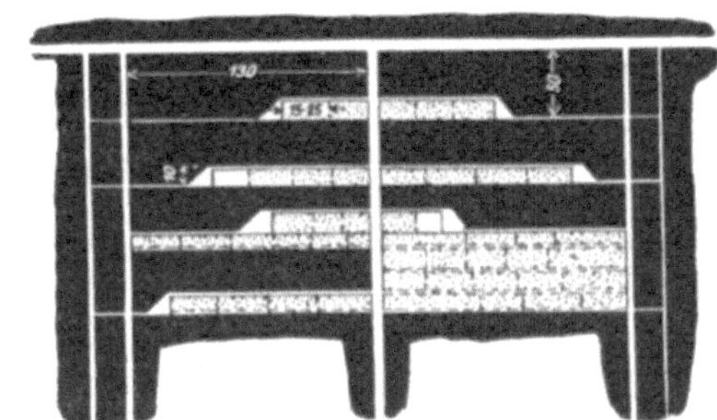

Fig. 27. Stoßbau mit Spülversatz auf der Maxgrube.

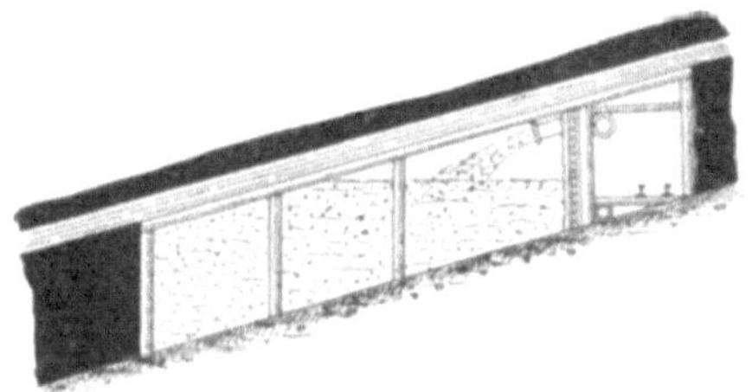

Fig. 28. Streichender Verschlag beim
Stoßbau auf der Maxgrube.

Fig. 29. Schwebender Verschlag
beim Stoßbau der Maxgrube.

das Spülgut wird durch die Rohrschwebende abwärts geführt. Da
von der Rohrschwebenden aus mehrere übereinander liegende Stoßörter
gleichzeitig bedient werden, darf sie nicht mitverspült werden, sondern
muß im Versatz offen gehalten werden. Die dabei angewandte
Zimmerung ist in Fig. 30 erläutert.

Die streichenden und schwebenden Verschläge, durch welche das
Versatzmaterial angestaut wird, bestehen aus zwei Reihen von Brettern,
welche so angeordnet sind, daß die äußeren die Fugen der inneren
überdecken. Die Bretter werden zwischen zwei Stempelreihen festgehalten. Sie sind mit Keilen eingeklemmt, um das Holz, welches
später wieder gewonnen wird, nicht zu zerspalten. Der schwebende
Verschlag, welcher einen höheren Druck aufzunehmen hat als der
streichende, ist durch eine starke Versatzung geschützt. Die Kosten
der Verschläge beim Stoßbau auf der Maxgrube belaufen sich auf
$13\frac{1}{3}$ Pf. pro Tonne.

Streichende Länge des Stoßes. . . . . 20 m
Schwebende Höhe des Stoßes . . . . 10 „
Flözmächtigkeit . . . . 3 „
Rauminhalt . . . . 600 m³

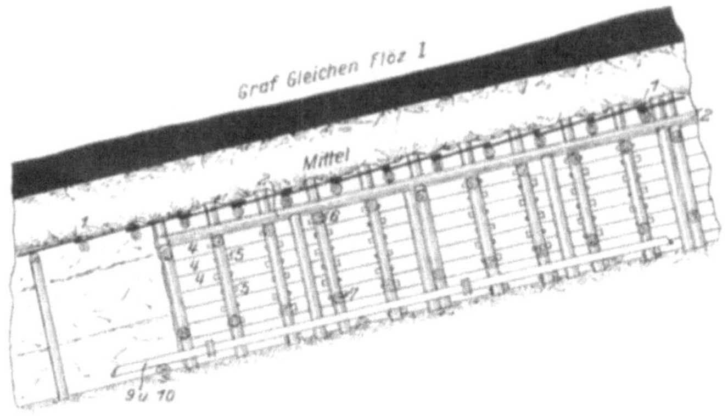

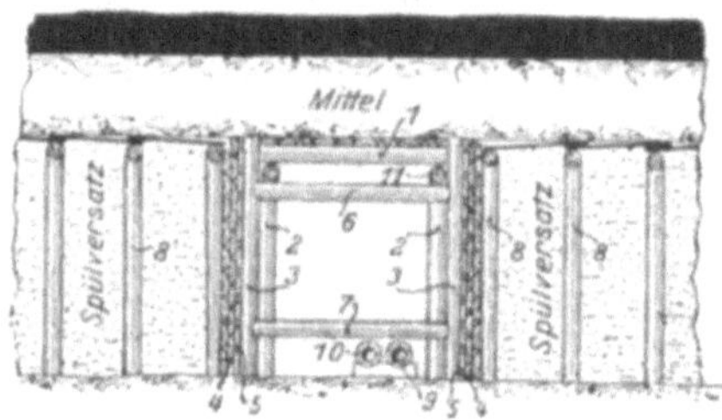

Fig. 30.

1 = Alte Firstenzimmerung der schwebenden Strecke.
2 = Rüstkappen für das Abfangen der alten Streckenzimmerung zu Beginn des Verhiebs der einzelnen Abbaustöße
3 = Stützstempel des Spülversatzverschlages.
4 = Spülversatzverschlag.
5 = Flachkeile.
6 = Kopfspreizen.
7 = Fußspreizen.
8 = Abbauzimmerung.
9 = Spülversatzrohr.
10 = Abflußleitung für die Spülversatztrübe.
11 = Telephonleitung.

Zimmerung zur Aussparung der Rohrschwebenden beim Stoßbau der Maxgrube.

1. Holz: 110 Bretter 132 M. Davon angerechnet 10% Verschnitt und Verschleiß. Versatzung: Diese wird aus geraubtem Holz hergestellt . . . . 13,20 M.
2. Löhne:
   a) 90 m² Verschlag zu 0,50 M./qm . . . . 45,— ,,
   b) Stellen der Versatzung . . . . 4,50 ,,
   c) Wiedergewinnen des Verschlages 0,40 M./qm . . . . 36,— ,,
3. Ein Bund Stroh . . . . 0,75 ,,

Summe: 99,45 M.

oder rund 100,— M.

Gewonnen 600 cbm, d. h. etwa 750 t Kohle.

Gesamtkosten $\dfrac{100}{750} = 0{,}133$ M. pro Tonne.

Die lehmigen und tonigen Beimengungen in den diluvialen Sanden Oberschlesiens sind in der Regel so stark, daß ein größerer Teil des Materials bei der Vermischung mit dem Spülwasser in Lösung geht. Mit der „Spültrübe" entweichen in manchen Fällen nicht weniger als 10 bis 15% des Versatzgutes wieder aus dem Versatzpfeiler, verschlämmen die Wasserseigen und die Pumpensümpfe und erschweren und verteuern die Durchführung des Spülversatzverfahrens bedeutend. Bei dem großen Umfang, in welchem das Verfahren auf vielen oberschlesischen Gruben in Anwendung steht, betragen die mit der Spültrübe abfließenden Schlammassen auf einzelnen Gruben mehrere 100 m³ täglich. Daher ist bei stark lehmhaltigem Material die unmittelbare und mittelbare Belastung der Selbstkosten durch die Trennung von Versatz und Spülwasser, die Spülwasserklärung, die Beseitigung der Klärschlämme, das Schlämmen der Wasserseigen usw. in der Regel außerordentlich empfindlich.

Seidl erörtert ferner noch die Trennung des Versatzgutes vom Spülwasser und die Spülwasserklärung. Die Arbeiten des ausgezeichneten Fachmannes seien zum Studium besonders empfohlen.

IV. Die Theorie der bergbaulichen Bodenbewegungen in Kohlengebieten.

A. Die Theorie der Bodensenkungen.

In meinem Buche über „Die Theorie der Bodensenkungen in Kohlengebieten"[1]) wurden die Theorien der verschiedenen Kohlenreviere behandelt und auch der Versuch gemacht, auf Grund langjähriger Erfahrungen im Ostrau-Karwiner Steinkohlenreviere eine wissenschaftliche Erklärung zu finden für die beobachteten Eisenbahnsenkungen des erwähnten Bergbaugebietes.

Ich habe mich bemüht, in das unerforschliche Dunkel der inneren Vorgänge der durch den Kohlenabbau bewegten riesigen Erdmassen auf Grund obertags und untertags beobachteter Folgewirkungen hineinzuleuchten, und ich bin zu dem Schlusse gekommen, daß es ganz unmöglich ist, genaue Angaben darüber zu machen, innerhalb welcher Grenzen ein zu erwartendes Senkungsgebiet zu liegen kommen wird; auch ist es nicht möglich, genaue Werte der zu erwartenden lotrechten Senkungsmaße anzugeben.

In meinem vorerwähnten Buche S. 258 und 259 wird wörtlich folgendes ausgeführt: „Die angeführten Betrachtungen erweisen, daß es ganz unmöglich ist, genaue Daten darüber anzugeben, innerhalb welcher Grenzen ein zu erwartendes Senkungsgebiet zu liegen kommen wird; auch ist es nicht möglich, genaue Werte der lotrechten Senkungsmaße im Vorhinein anzugeben.

---

[1]) Die Theorie der Bodensenkungen in Kohlengebieten von Ing. A. H. Goldreich, Berlin: Verlag Julius Springer, 1913.

Es drängt deshalb den Verfasser vor der schematischen, schablonenhaften Anwendung jeder Formel zu warnen; niemals wird es gelingen, das Senkungsproblem in ein System rezeptmäßiger Behandlung zu bringen.

Es erscheint deshalb notwendig, die charakteristischen Momente der obertägigen Einwirkungen zu erfassen. In dieser Beziehung sei resumierend hervorgehoben, daß die muldenartige Grundform des obertägigen Senkungsbildes im Ostrauer Reviere immer wieder festzustellen sein wird.

Es wird ferner die Größe des maximalen Senkungsmaßes sich aus jener der Flözmächtigkeit erklären lassen; auch die Größen der Richtungswinkel und Grenzwinkel (Endwinkel) werden Werte aufweisen, welche der Erfahrung entsprechen, bzw. mit Rücksicht auf die vorhandenen geologischen Verhältnisse erklärt werden können.

Auch wird der Fortschritt im Abbau eine Erweiterung der obertägigen Senkungsmulde bewirken, welcher Umstand ebenfalls ein wichtiges Argument für die Klassifizierung einer bergbaulichen Ursache bilden kann.

Für die Lösung des schwierigen Senkungsproblemes sind so viele Umstände maßgebend, daß es ganz ausgeschlossen erscheint, die Größe des voraussichtlich in Bewegung geratenden obertägigen Territoriums sowie das Maß der vertikalen Absenkung desselben mit Sicherheit angeben zu können. Für die Prognose ist die Kenntnis genauer Senkungsmaße gar nicht notwendig, es genügt vollständig für die Beurteilung der Standsicherheit eines Bauwerkes, wenn man dessen Lage innerhalb des zum Vorschein gelangenden Senkungsgebietes zu beurteilen weiß, welche für die Entstehung von Bergschäden in allererster Linie von Bedeutung ist.

Die Lage eines Bauwerkes innerhalb der Senkungsmulde ist dafür bestimmend, ob dasselbe einen erheblichen Schaden erleiden wird, oder ob dasselbe eventuell schadlos den Senkungsprozeß mitmachen kann. Ein innerhalb der lotrechten Bruchrichtungen gelegenes Objekt kann schadlos bleiben ohne Rücksicht auf die Größe der vertikalen Absenkung. Ein in den Nachrutschraum zu liegen kommendes Bauwerk wird zweifellos Schäden erleiden, weil die Senkungsmaße an den Fundamenten nicht gleich sein werden. Wenn auch die Größe der lotrechten Absenkung eines Bauwerkes von Interesse ist, so ist doch die Kenntnis des genauen Maßes von keinem wesentlichen Vorteil. Es wäre deshalb die Schlußfassung nicht zulässig, daß eine Theorie nur dann von Wert sein kann, wenn man mit Hilfe derselben in die Lage versetzt wird, vollständige Klarheit in der Art zu schaffen, daß man mit Genauigkeit alle in Betracht kommenden Größen vorauszusagen imstande ist.

Die Theorie ist der Leitstern für die Behandlung praktischer Fragen, die Theorie weist uns den Weg zur Lösung der gestellten Aufgaben. Die Theorie beinhaltet die allgemeine Erklärung für die

Vorgänge der Praxis, jeder einzelne praktische Fall bedarf einer besonderen Behandlung.

Bei dieser Gelegenheit drängt es den Verfasser auf den bemerkenswerten Umstand hinzuweisen, daß er nach eingehendem Studium der in Betracht kommenden Fragen mit Zuhilfenahme der Grundsätze der technischen Wissenschaft die angeführte Theorie entwickelt hat. Die praktische Beobachtung der gesenkten Bahnstrecken bestätigte die theoretischen Deduktionen, und immer wieder wurden neue Beweise für die Richtigkeit der erläuterten Theorie gefunden. Die praktischen Erfahrungen lieferten die Möglichkeit zur Erweiterung und zum Ausbau der Theorie. Die gegenseitigen und innigen Beziehungen zwischen Theorie und Praxis sind für den Werdegang des vorliegenden Buches maßgebend gewesen.

Wenn es einer Theorie gelingt, für die infolge der menschlichen Arbeit hervorgerufenen Naturkräfte und deren Folgewirkungen eine Erklärung zu finden, dann hat sie einen eminent praktischen Wert, weil uns dann diese Theorie die Möglichkeit bietet, den Weg der Prognose innerhalb gewisser Grenzen mit Erfolg zu beschreiten. Wenn auch jeder zu erwartende Senkungsfall gewissermaßen ein Novum darstellen wird, so bietet uns die Theorie Anhaltspunkte für die Beurteilung der möglichen Grenzen des zur Entwicklung gelangenden Senkungsterritoriums. Wir werden auch die Grenzwerte der lotrechten Senkungsmaße beurteilen können, sowie wir überhaupt imstande sein werden, nach genauer Prüfung der Sachlage ein Urteil darüber abzugeben, ob eine Terrainsenkung bergbaulichen Charakters ist, oder ob andere Ursachen für eine entstandene Bodenbewegung veranlassend waren.

Es entsteht ferner die Frage, ob die im Ostrau-Karwiner Revier gemachten Erfahrungen und deren theoretische Erklärung für andere Bergbaugebiete zur Anwendung gelangen können. Es wurde bereits bemerkt, daß durch den Kohlenabbau und die damit verbundene Nachsenkung des Hangenden in die ausgekohlten Räume statische Vorgänge hervorgerufen werden.

Es kommt nun vor allem auf die Beschaffenheit des Materials an, welches für diesen Senkungsprozeß in Betracht kommt. Je nach der Verschiedenheit dieser Materialbeschaffenheit der hangenden Gebirgsschichten werden sich diese auch verschieden verhalten, und die Folgeerscheinungen werden auch dann verschiedenen Charakters sein. Wir müssen also die geologischen Verhältnisse eines Gebietes kennen, um die obertägigen Wirkungen erklären und mit Erfolg prognostizieren zu können.

Es wird gewiß möglich sein, in logischer Weise auch in anderen Gebieten die Erfahrungen des Ostrau-Karwiner Revieres zu verwerten, wenn man die Eigenschaften der Elastizität, der Kohäsion und der Reibung der in Betracht kommenden Gebirgsschichten berücksichtigt."

Von den zahlreichen Beurteilungen von berufener Seite, welche diese Darlegungen zum Gegenstande hatten, sei insbesondere auf die schon erwähnte interessante Arbeit Dr. Eckardts[1]) hingewiesen, welche sich — wie bereits erwähnt — unter anderem auch mit der versuchsmäßigen Überprüfung meiner Anschauungen befaßt hat.

Dr. Eckardt wollte durch einen Versuch darstellen, wie sich die Senkung von Schichten gestaltet, wenn die Zugfestigkeit nahezu ausgeschaltet ist; er wollte nachprüfen, ob meine Anschauung über die gefährliche Böschung richtig ist. Zu diesem Zwecke wurde ein Kasten aus Glasplatten angefertigt, dessen Boden ein Brett mit einem sich über die ganze Breite erstreckenden Ausschnitt bildete. In diesen Kasten wurde schichtweise ganz trockener, laufender Sand und Bolus eingestampft, deren Farbunterschied die Beobachtung der Vorgänge ermöglichen sollte. Der Kasten wurde dann vorsichtig durch Unterschieben von Glasplatten angehoben, wobei jede Erschütterung möglichst ver-

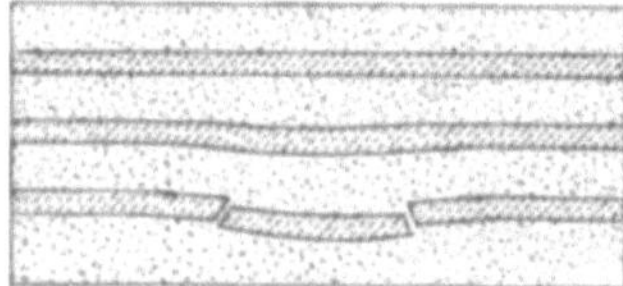 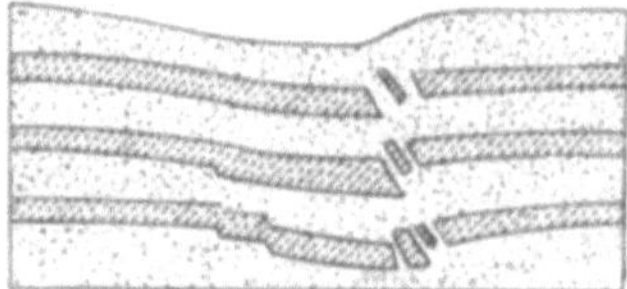

Fig. 31.
Fig. 32.

Die Figuren stellen je einen Kasten aus Glasplatten dar, in welchen Sand- und Bolusschichten eingelagert sind.

mieden wurde. Die Fig. 31 und 32 geben zwei Augenblicke der Senkung wieder. Zunächst hat sich in der untersten Schicht das Mittelstück losgelöst (Fig. 31) und ist etwas abgesunken. Dr. Eckardt führt aus: „Die Schnittflächen sind haarscharf ausgeprägt und zeigen deutlich, daß die Abrutschung längs der Stützlinien vor sich gegangen ist. Der Wendepunkt der Senkungskurve ist deutlich zu erkennen. Die mittlere Schicht hat sich gleichfalls durchgebogen, an der obersten Schicht ist aber eine Durchbiegung noch nicht zu erkennen. Nach der Mitte zu hat sich das Material angehäuft, während die Senkung an den Seiten ziemlich gleichmäßig erfolgte; ebenso muß zwischen den beiden obersten Schichten der Sand ganz gleichmäßig abgewandert sein.

Beim weiteren Anheben des Kastens wurde die Senkung an der Oberfläche allmählich deutlicher wahrnehmbar und hat in dem in Fig. 32 dargestellten Augenblick bereits eine ziemliche Größe erreicht. Inzwischen sind in den einzelnen Schichten beträchtliche Zerstörungen vor sich gegangen. Außer den zunächst abgetrennten Stücken sind weitere Abbröckelungen eingetreten, zwischen die sich weißer Sand eingeschoben hat. Aber auch diese sind anscheinend längs der Stützlinien erfolgt, denn ihre Ränder sind scharf ausgeprägt und glatt und der all-

---

[1]) Der Einfluß des Abbaues auf die Tagesoberfläche, von Dr.-Ing. A. Eckardt, Zwickau, Zeitschrift „Glückauf" 1914, Heft Nr. 12 u. 13.

gemeinen Richtung der Stützlinien parallel. Wenn diese Linien nicht die gleiche Neigung gegen die Wagerechte besitzen, sondern die linke steiler verläuft, so dürfte das ebenso wie die Verschiedenheit der beiden Seiten auf ungleichem Einstampfen oder sonstigen Unregelmäßigkeiten beruhen. Ganz deutlich ist zu bemerken, daß nicht nur die Sand-, sondern auch die Bolusschichten in der eigentlichen Biegungszone stärker geworden sind. Dagegen ist am Biegungsrand ganz augenscheinlich eine Verschwächung eingetreten; die Schichten haben sich hier am meisten genähert und laufen nach außen hin wieder zu der ursprünglichen Entfernung auseinander."

Eckardt bemerkt, daß der angeführte Versuch eine überraschende Übereinstimmung mit seinen Anschauungen aufgezeigt habe, welche er über das Zusammenwirken der Kräfte im Gebirgskörper gewonnen hatte, nur daß die wirkenden Kräfte dort entsprechend größer sind.

Es kann nicht der Gegenstand dieses Buches sein, meine „Theorie der Bodensenkungen" auf Grund der stattgehabten öffentlichen Diskussion und meiner weiteren bisher gemachten Erfahrungen hier näher zu erörtern, hierzu dürfte ich in der zweiten Auflage meines vorerwähnten Buches Gelegenheit finden.

Ich halte es jedoch für notwendig, für die Entwicklung meiner kritisierten Theorie bereits derzeit einige ergänzende Aufklärungen zu geben.

Ich habe zu dem Versuche und den Erörterungen Dr. Eckardts, welche sich mit meiner Theorie befassen, folgendes in der Zeitschrift „Glückauf"[1]) ausgeführt:

In seinem Aufsatz „Der Einfluß des Abbaues auf die Tagesoberfläche[2])" hat Dr.-Ing. A. Eckardt außer den Theorien von Thiriart und Hauße auch die von mir in meinem Buch „Die Theorie der Bodensenkungen in Kohlengebieten" aufgestellten Theorien einer Kritik unterzogen.

Da es mir lediglich darauf ankommt, zur Klärung des äußerst schwierigen Senkungsproblems beizutragen und da mir der Weg der öffentlichen Erörterung am geeignetsten erscheint, der Lösung der gestellten Aufgabe näher zu kommen, möchte ich auf die Ausführungen Eckardts im folgenden erwidern.

Leider war mein erwähntes Buch bereits im Druck, als Eckardt im vergangenen Jahr in dieser Zeitschrift die mechanischen Einwirkungen des Abbaues auf das Verhalten des Gebirges eingehend erörterte[3]), so daß ich seine Ausführungen nicht mehr berücksichtigen konnte.

In einem von mir im österreichischen Ingenieur- und Architekten-Verein im März 1913 gehaltenen Vortrag habe ich meine Mitteilungen über den derzeitigen Stand der Wissenschaft auf dem Gebiete der Theorie der Eisenbahnsenkungen in Kohlenbezirken mit folgenden Ausführungen geschlossen:

---

[1]) Glückauf 1914 Heft 29, S. 1172.   [2]) S. Glückauf 1914, S. 449 ff.
[3]) S. Glückauf 1913, S. 353 ff.

„Ich habe den Versuch gemacht, Ihnen ein gedrängtes Bild über die Entwicklungsgeschichte der Theorie der Bodensenkungen vorzuführen, und bin in meinen Darlegungen zur Schlußfassung gekommen, daß es uns niemals gelingen wird, das Senkungsproblem in der Weise zu erfassen, daß wir mit Sicherheit die Größen der Senkungsmaße und jene der Senkungsgebiete genau zu prognostizieren imstande sein werden. Man könnte sich leicht zu dem Trugschluß verleiten lassen, daß eine Theorie nur dann von Wert sein kann, wenn man mit derselben vollständige Klarheit in der Weise zu schaffen vermag, daß man mit apodiktischer Bestimmtheit sämtliche in Betracht kommenden Größen vorher zu bestimmen vermöchte.

Wer dies behauptet, der verkennt den Wert der Theorie; die Theorie beinhaltet die allgemeine Erklärung der Vorgänge der Praxis, sie weist uns den Weg zur Lösung der gestellten Probleme. Der berühmte Physiker Boltzmann hat in einem Vortrag vor Praktikern das Wort geprägt: „Nichts ist praktischer als die Theorie‘‘. Die praktische Verwertung der Senkungstheorie läßt sich jedoch nicht mit jener des Physikers, des Statikers oder Konstrukteurs vergleichen, welch letzterer die Materialien so formt, wie sie der theoretischen Beanspruchung am besten entsprechen.

Wir können uns die Materialelastizität des Erdballes nicht so wählen, wie sie uns entsprechen würde, wir müssen mit gegebenen, oftmals unbekannten Verhältnissen rechnen, und trotzdem sind wir in der Lage, die Senkungstheorie praktisch zu verwerten . . . .‘‘.

In ähnlichem Sinne habe ich mich im Schlußwort meines Buches geäußert, und ich will damit beginnen, die einleitenden Bemerkungen der kritisierenden Ausführungen Eckardts richtigzustellen und zu betonen, daß es auf Grund meiner langjährigen Erfahrungen keineswegs meine Absicht gewesen sein kann, die bergbaulichen Wirkungen möglichst im voraus zu berechnen.

Die Richtung meiner angestellten Berechnungen war vielmehr bereits von vornherein festgelegt: diese sollten beweisen, daß die schematische Anwendung einer Formel für den Senkungsvorgang durchaus zu verwerfen ist, wie dies auch in den zusammenfassenden Schlußbemerkungen meines Buches u. a. in folgendem Satz ausgesprochen ist: „Es drängt den Verfasser, vor der schematischen Anwendung jeder Formel zu warnen; niemals wird es uns gelingen, das Senkungsproblem in ein System rezeptmäßiger Behandlung zu bringen.‘‘

Eckardt beginnt seine kritisierenden Ausführungen mit folgenden Worten: „Es widerspricht zweifellos der üblichen Vorstellung, die man sich von dem Verhalten einer Folge gebogener Balken macht, daß sich mit zunehmender Höhe über dem untersten Balken die Einspannstellen immer mehr nach außen verschieben.

Es ist aber sicher nicht einleuchtender, daß nach einmal ohne Bruch erfolgter Durchbiegung, die ja Goldreich bei schwachen Flözen zugibt, es erst des in gewisser Höhe darüber erfolgenden Bruches bedarf, um das seitliche Zuwandern zu veranlassen‘‘.

Vor allem ist es wichtig, daß Eckardt selbst betont, es widerspräche der üblichen Vorstellung, die von den Abbaurändern nach außen hin stattfindende Erweiterung des obertägigen Senkungsgebietes unter der Voraussetzung zu erklären, daß sich die sich senkenden Gebirgsschichten wie sich biegende Balken verhalten.

Die weitere Angabe Eckardts ist jedoch nicht richtig, daß ich in meinem Buch die Behauptung aufgestellt habe, nach ohne Bruch erfolgter Durchbiegung müsse ein Bruch der höher gelagerten Gebirgsschichten eintreten, um das seitliche Zuwandern zu veranlassen.

Hierzu muß ich bemerken, daß ich folgende Fälle des Senkungsprozesses unterscheide:

1. das Nachsinken der Hangendschichten ohne Volumenvermehrung und

2. das Nachsinken der Hangendschichten mit Volumenvermehrung.

3. Der Fall der reinen elastischen Durchbiegung ist meinerseits anläßlich der Anführung des Senkungsfalles des 0,74 m mächtigen Uraniaflözes (Abb. 55 meines Buches) erörtert worden.

Bei der Senkung ohne Volumenvermehrung tritt nach meinen Ausführungen ein Nachsinken der Hangendschichten zwischen entstandenen Bruchrichtungen ein, womit eine Volumenvermehrung der Hangendschichten nicht verbunden ist.

In dem unter 2. angeführten Fall der Senkung mit Volumenvermehrung ist ein Nachsinken der Hangendschichten zwischen entstandenen Bruchrichtungen bei gleichzeitiger Vermehrung des Volumens der Hangendschichten vorhanden. Bei der unter 3. erwähnten reinen elastischen Durchbiegung tritt nur eine Durchbiegung der Hangendschichten zwischen den von mir bezeichneten Durchbiegungsrichtungen ein. Mit dem Hinweis auf diese in meinem Buch erörterten Möglichkeiten der Bodensenkungen entfällt für mich die Notwendigkeit einer Widerlegung der hierauf bezüglichen Bemerkungen Eckardts.

Eckardt sagt weiter, daß die Annahme gebogener Balken eine zureichende Erklärung für die Ausbreitung des Senkungsgebietes an der Oberfläche biete, indem durch das Zusammenwirken von Auflagerdrücken und Zugspannungen im Balken an den Einspannstellen eine allmähliche Verschwächung des Querschnitts und in deren Folge eine Zurückverlegung der Einspannstelle vom Abbau fort zusammen mit der Verbreiterung des Senkungsgebietes eintreten kann.

Auf diesen Punkt will ich etwas näher eingehen und dabei auch auf den erwähnten frühern Aufsatz Eckardts zurückgreifen.

Eckardt denkt sich die den Abbau überlagernden Gebirgsmassen in einzelne Schichten zerlegt, die sich während des Senkungsvorganges wie eingespannte oder frei aufliegende Platten verhalten; um die Betrachtung einfacher zu gestalten, nimmt er an, daß es sich um belastete Balken handelt. Bereits einleitend hat er jedoch in längern Ausführungen darauf hingewiesen, daß die Festigkeitslehre nicht ohne weiteres auf

das Verhalten der Gebirgsmassen angewendet werden dürfe, weil dieser
Lehre das Hooke'sche Gesetz zugrunde liege, wonach die Ausdehnung
oder Verkürzung einer Faser der Spannung proportional sein müssen
und die Querschnitte gebogener Stäbe nach deren Biegung eben bleiben.

Trotz dieser von Eckardt selbst angeführten Grundsätze der Elastizitätslehre greift er eine Schicht der Gebirgsmasse heraus, um sie als
einen eingespannten Balken zu behandeln; ferner hat er in seinen
Berechnungen den Elastizitätsmodul und das Trägheitsmoment des
Gebirgsmaterials eingesetzt, um die Durchbiegung eines eingespannten
Balkens zu berechnen, der eine neutrale Faser besitzen soll, oberhalb
welcher Druckspannungen und unterhalb derer Zugspannungen hervorgerufen werden.

Eckardt betont ferner, daß es nahe liege, die ganze überliegende
Schicht bis zu Tage als tragenden Balken aufzufassen und dementsprechend das Trägheitsmoment zu berechnen; diese Annahme sei
jedoch wegen der mit den Zug- und Druckbeanspruchungen zugleich
auftretenden Schubspannungen unzulässig, denn die letztern wirken
senkrecht zu den erstern, und zwar am stärksten in der neutralen Faser.
Diese Schubspannungen kommen gerade hier, wo es sich um sehr mächtige Balken aus geschichtetem Material handelt, zur Wirkung und bewerkstelligen den Zerfall in einzelne Platten oder Plättchen.

Eckardt gibt für den Senkungsvorgang die zusammenfassende Erklärung, daß sich über dem abgebauten Hohlraum zunächst ein Bruch
bildet, dessen Schüttungsverhältnis desto größer ist, je mächtiger das
abgebaute Flöz war. Sobald der Bruch eine solche Höhe erreicht hat,
daß das Flöz infolge seiner Durchbiegung ein Auflager auf ihm findet,
tritt das Ende des Bruches ein. Zugleich bilden sich über dem abgebauten Raum Stützlinien, die ihren Stützpunkt um den Senkungsrand
besitzen und eine Entlastung des Daches über dem abgebauten Raum
herbeiführen. Infolge der an den Abbaurändern eintretenden Drucksteigerung wird ein Teil der Gebirgsmasse ausgequetscht und der Auflagerpunkt der tragenden Schichten nach außen geschoben. Die untern
Schichten üben einen größern Druck auf die Unterlage aus, zumal sich
infolge der größer gewordenen freitragenden Länge neue Schichten des
Dachgebirges auflegen. Die Schichten sinken also ein und veranlassen
wiederum größere Steilheit der Stützlinien und vermehrten Druck in
den Auflagerpunkten, so daß das Spiel der Kräfte von neuem beginnt.

Um also die von Eckardt gegebenen Erklärungen ganz kurz zusammenzufassen, sei festgestellt, daß nach seiner Ansicht Bruchrisse
an den Stößen des Abbaufeldes nicht eintreten können, daß also der Begriff der sog. Bruchrichtungen illusorisch erscheint. Nach Eckardts
Anschauung tritt am Abbaustoß eine Verschwächung des Balkenquerschnittes auf, ein Bruch der Gebirgsmassen sei dort nicht
denkbar.

Während die bisher üblichen Theorien mit der Tatsache der an den
Abbaurändern eintretenden Gebirgsbrüche rechnen, die ein seitliches
Nachrutschen der benachbarten Gebirgsmassen zur Folge haben, be-

handelt Eckardt den Gebirgskörper als eine Reihenfolge aufeinander gelagerter Balken, die nacheinander eine Durchbiegung erleiden. Die Voraussetzung dieser Anschauung ist also die Zusammensetzung des Gebirgskörpers aus einzelnen Schichten, die als selbständige Träger eine Absenkung erfahren. Da Eckardt die über die Abbauränder hinausreichende Erweiterung des Senkungsgebietes der an den Abbaustößen eintretenden Verschwächung der Balkenquerschnitte zuschreibt, so hängt die Ausdehnung des obertägigen Senkungsgebietes seiner Ansicht nach lediglich von der Anzahl der übereinander geschichteten Balken ab.

Je geringer also die Anzahl der übereinander geschichteten Balken ist, desto geringer müßte auch die über die Abbauränder hinaus eintretende Erweiterung der Senkungsmulde sein. Wenn jedoch die den Abbau überlagernden Gebirgsmassen nur eine einzige Schicht bildeten, dann würde sich die Senkungsmulde nur innerhab des Abbaufeldes selbst ausbilden können.

Es soll der Beurteilung der Fachkreise überlassen bleiben, ob die hier in Betracht kommenden Abmessungen der Gebirgsschichten unter Berücksichtigung der Größen der abgebauten Flözfelder die Berechtigung zulassen, den Gebirgsmassen das Verhalten von eingespannten, sich durchbiegenden Balken zuzuerkennen. Die Möglichkeit der nacheinander erfolgenden Durchbiegung der übereinander gelagerten Gebirgsbalken hat auch die Möglichkeit zur unmittelbaren Voraussetzung, daß das hier in Betracht kommende Gebirgsmaterial Zug- und Druckspannungen in ganz bedeutendem Maße aufzunehmen imstande sein muß, ohne daß an dem Gefüge dieses Materials eine besondere Störung eintreten dürfte.

Die Störung des Gefüges eines Balkens hat auch die Störung des Systems der übereinander gelagerten Balkenreihe zur Folge, und deshalb müssen die in Betracht kommenden Erdmassen die entstehenden Spannungen voll aufzunehmen imstande sein, wenn im System der Balken keine Störung auftreten soll. Berücksichtigt werden muß, daß zur Aufnahme bedeutender Spannungen die Gebirgsschichten in einem gewissen Grade homogen sein müssen, ferner, daß die sich durchbiegenden Gebirgsbalken bei bedeutender Durchbiegung imstande sein sollen, bedeutende negative Momente in den Einspannungsstellen aufzunehmen, ohne daß dort eine Störung des Gefüges, ein Bruch eintreten könne.

Thiriart hält den Eintritt eines Bruches der Gebirgsschichten in den Einspannstellen für unerläßlich, wogegen Eckardt die Grundlagen der Entwicklung der Theorie Thiriarts für nicht haltbar bezeichnet.

Eckardt führt u. a. aus: „Wird eine weniger druckfeste Schicht von einer festern, die meist eine geringere Durchbiegung zeigt, überlagert, so entsteht zunächst ein hohler Raum zwischen beiden Schichten, und an der Einspannstelle zeigen sich Auflagerdrücke. Wird aber der Querschnitt des untern Balkens hier geschwächt, so rückt gleichzeitig der Auflagerpunkt des obern Balkens zurück, die freie Länge des Balkens vergrößert sich und mit ihr die Durchbiegung sowie auch die Auflagerdrücke.‟

Eckardt schiebt also den auftretenden Auflagerdrücken eine Verschwächung der Querschnitte an den Einspannstellen zu. Von der Wirkung der an den Einspannstellen auftretenden negativen Momente $\left(M_a = -\dfrac{1}{12}\,ql^2\right)$, die doppelt so groß sein müssen wie das in der Mitte des Balkens hervorgerufene positiv Maximalmoment $\left(M_{max} = \dfrac{1}{24}\,ql^2\right)$, spricht Eckardt nicht.

Nit der Mächtigkeit des abgebauten Hohlraumes muß die Durchbiegung des Balkens zunehmen, wodurch eine Zunahme der positiven Maximalmomente und eine doppelt so große Zunahme der an den Einspannstellen auftretenden negativen Maximalmomente bewirkt wird. Die negativen Momente müßten eine der Durchbiegung des Balkens entsprechende Hebung der Einspannstellen zur Folge haben, wenn das Gebirgsmaterial imstande sein sollte, diese Momente aufzunehmen.

Diese Hebungen müßten sehr bedeutend sein und lotrecht über den Abbaustößen auftreten, so daß die obertägigen Senkungen nicht über das Abbaufeld hinausreichen könnten, im Gegenteil, die obertägige Senkungsmulde müßte sogar eine geringere Ausdehnung als das Abbaufeld besitzen; dieser Fall dürfte durch die vieljährigen Erfahrungen wohl nicht erwiesen erscheinen. Die Praxis hat vielmehr bewiesen, daß Hebungen des Geländes wohl eintreten, diese sind jedoch immer am Rande der weit über die Abbaufelder hinausreichenden Senkungsmulden festgestellt worden.

Eckardt sagt weiter, daß an den Abbaustößen eine Verschwächung der Balkenquerschnitte eintritt, wenn eine weniger druckfeste Schicht von einer festern überlagert wird. Was geschieht jedoch, wenn eine festere Gebirgsschicht von einer weniger festen Schicht überlagert wird, so daß keine Verschwächung des Balkenquerschnittes hervorgerufen wird?

Aber sebst wenn der Auffassung zugestimmt würde, daß die Erweiterung der Senkungsmulde durch die Verschwächung der Balkenquerschnitte hervorgerufen wird, so ist die Frage zu beantworten, ob diese Verschwächungen der Querschnitte die Ursache für die in der Praxis eintretenden, außerordentlich weit über die Abbaufelder hinausreichenden Senkungsmulden bilden können. Die Erfahrungen in Oberschlesien lehren, daß die Richtungswinkel der Abbauwirkungen bis zu 48° betragen, die obertägige Mulde übergreift also zuweilen das Abbaufeld um das jeweilige Maß der Teufe des Abbaues.

Diese bedeutenden Ausdehnungen der über die Abbaufelder hinausreichenden Senkungsgebiete sollen ihre Ursache in der Verschwächung der Querschnitte der nacheinander zur Absenkung gelangenden Balken besitzen! Eckardt führt hierzu einen Versuch an, der seine An-

schauungen stützen und den Beweis erbringen soll, daß an den Abbaurändern die Ausbildung von Bruchrissen, die für ein Nachrutschen der
seitlichen Gebirgsschichten veranlassend sein sollen, nicht stattfinden
kann.

In meinem kritisierten Buch sage ich u. a. ausdrücklich: „Die
obertägigen Brüche an den Grenzen der Senkungsgebiete könnten nur
dann zur Entwicklung gelangen, wenn die abrutschenden Erdprismen
keinen Widerstand finden würden, d. h. wenn die mittlere, in lotrechter
Abwärtsbewegung befindliche Erdmasse nicht vorhanden wäre. Infolge des Bestandes des in die lotrechte Abwärtsbewegung versetzten
mittlern Erdblockes werden die Rebhannschen Erdprismen an ihrer
vollständigen Loslösung gehindert; diese Prismen können der hervorgerufenen Rutschtendenz nur in dem Maße folgen, als die mittlere
Tertiärmasse die lotrechte Abwärtsbewegung mitmacht.

Es ist jedoch eine ganz irrige Auffassung, die obertägigen, eventuell sichtbaren lotrechten Bruchebenen des Tertiärs als Grenzen
des Senkungsgebietes zu bezeichnen, es schließen sich vielmehr an diese
Rißlinien gesenkte Terrainflächen an, welche an den Grenzen des Senkungsgebietes die Nullpunkte der Senkung besitzen.‘‘

Ich habe also ausdrücklich gesagt, daß diese Bruchebenen gegebenenfalls sichtbar sind. In der Mehrzahl der Fälle, im besondern
bei schwächern Flözen, werden diese Rißlinien über Tage niemals zum
sichtbaren Ausdruck gelangen, weil der lotrechten Abwärtsbewegung
des mittlern Erdblockes unmittelbar die seitliche Nachrutschung der
Gebirgsschichten folgt, so daß diese beiden Bewegungen gleichzeitig
geschehen, wie in meinem Buch besonders hervorgehoben worden ist.

Kann also der Versuch Eckardts eine Widerlegung meiner Anschauungen bedeuten? Dieser Versuch ist ein gewiß verdienstvolles
Bemühen, auf experimentellem Wege die Vorgänge zu erforschen, die
innerhalb der gewaltigen Massen des Erdballs vor sich gehen. Es ist
jedoch sehr zweifelhaft, ob ein Versuch mit gestampfter Sand- und
Bolusmasse in einem Glaskasten einen Schluß zuläßt, wie sich die Vorgänge in der Natur tatsächlich abspielen.

Es ist zu erwägen, welche Umstände für den bergbaulichen Senkungsvorgang von besonderer Bedeutung sind, und die in der Praxis
auftretenden Verhältnisse sind mit dem Versuch zu vergleichen. Der
Senkungsvorgang ist in erster Linie abhängig von der Mächtigkeit
des ausgekohlten Flözes. An dem Versuch Eckardts vermisse ich
den Bestand eines Hohlraumes von gewisser begrenzter Mächtigkeit,
der das ausgekohlte Flöz ersetzen soll. Durch die am Boden des Glaskastens vorgesehene Öffnung kann der ausgekohlte Hohlraum keineswegs ersetzt werden. Soll vielleicht das Anheben des Glaskastens
die Wirkung einer Zunahme der Flözmächtigkeit ersetzen? Durch das
Anheben des Glaskastens kann doch keineswegs eine Entfesselung des
Druckes der hangenden Gebirgsschichten hervorgerufen werden, der
in der Natur das Eigengewicht der überlagernden Massen zur Ursache
hat. Ein schlagender Beweis dafür, daß sich in der Natur die Vorgänge

ganz anders als in dem Versuch Eckardts abspielen, ist die Wirkung an der Oberfläche bei ihm, die sich wesentlich anders gestaltete, als dies in den unzähligen Senkungsfällen der Praxis der Fall ist.

Durch den Versuch soll eine wagerechte Ablagerung der Flöze versinnbildlicht werden, und der gleichmäßige Verlauf der Bolusschichten soll andeuten, daß keine wie immer geartete Störung der Gebirgsschichten vorausgesetzt werden soll. In einem solchen Fall der Praxis hat sich immer wieder eine obertägige Senkungsmulde entwickelt, die lotrecht über der Mitte des Abbaufeldes das Senkungshöchstmaß aufweist, wie dies auch von Oberbergrat Buntzel[1]) berichtet wird. In fast gesetzmäßiger Weise nehmen von der Muldenmitte gegen die Muldenränder hin die Senkungsmaße ab, bis letztere endlich an Stellen gleich Null werden, die von den Abbaurändern in fast gleichen Entfernungen liegen.

Die Form des obertägigen Senkungsbildes des Eckardtschen Versuchs ist vollständig unsymmetrisch, die größte Absenkung hat in unmittelbarer Nachbarschaft des rechten Abbaustoßes (am rechten Ende der Öffnung) stattgefunden. Die Senkung erstreckt sich beim Versuch gegen die linke Seite bedeutend weiter und gleichmäßiger, während auf der rechten Seite ein steiler und unregelmäßiger Verlauf der Senkung zu ersehen ist.

Bezüglich des Maßes der lotrechten Absenkung kann ein Urteil überhaupt nicht gewonnen werden, weil die Mächtigkeit des ausgekohlten Hohlraumes nicht dargestellt ist. Im übrigen zeigt der Versuch in Fig. 11 auch beträchtliche Zerstörungen der Schichten, die mit den Anschauungen Eckardts in Widerspruch stehen.

Eckardt bemerkt weiter: „Die Anschauung von einem bis oben hin wirkenden und ausschließlich die Senkung veranlassenden Bruch ist nicht haltbar. Die Senkung müßte sich ganz plötzlich vollziehen und ebenso schnell beendet sein, denn beim Eintreffen des Bruches an der Oberfläche ist schon die höchste Belastung erreicht und die Zusammenpressung der Bruchmassen vollendet."

Hierzu möchte ich erwähnen, daß auch plötzliche Senkungen in Bergbaugebieten beobachtet wurden, für die besonders die Steilheit der Abbaue veranlassend sind.

Ingenieur Sarnetzky[2]) berichtet u. a. folgendes: „Sind die Kohlenflöze recht steil, also nahezu 90° gegen die Horizontale geneigt und reicht der Abbau bis nahe an die Tagesoberfläche heran, so dehnen sich die vertikalen Senkungen nicht auf Mulden aus, sondern nur auf einen engbegrenzten Raum, deren Wirkung auf die Erdoberfläche mit freiem Auge wahrnehmbar ist. Ein solcher Tagesbruch entstand z. B. im Jahre 1909. Der Durchmesser betrug ungefähr 7 m und seine Tiefe gegen 9 m. Wie gefährlich derartige Tagesbrüche sein können, zeigen folgende 2 Beispiele: In Westfalen verschwanden vor den Augen eines Land-

---

[1]) S. Zeitschr. f. d. Berg-, Hütten- u. Salinenw. 1911, S. 332.
[2]) S. Allgemeine Vermessungsnachrichten 1911, S. 168.

mannes seine zwei pflügenden Pferde nebst dem Ackerpflug. Anfangs des Jahres 1906 machte ein Landmann, der morgens in den Stall kam, zu seiner Überraschung die Wahrnehmung, daß sein Pferd verschwunden war. Über Nacht hatte sich in der Erde des Stalles eins tiefe Erdspalte gebildet, in die das Pferd versunken war."

Die von Eckardt gegebenen Erklärungen über den Senkungsvorgang sind bei steilen Flözen gar nicht haltbar, weil bei solchen Abbauen die Vorstellung der übereinander gelagerten und sich durchbiegenden Balken wohl schwer möglich ist.

Eckardt führt hierzu folgendes an: „Auch die von Goldreich beobachteten Spalten an der Ostrawitzabrücke können keinen Zusammenhang mit den Grubenbauen besessen haben, da ja an ihnen ein Einbruch des Flußwassers hätte erfolgen müssen, der gewiß nicht übersehen worden wäre."

Hierzu möchte ich bemerken, daß sich die dem Flußufer zunächst gelegenen, über Tage festgestellten Rißlinien noch etwa 40 m vom Flußufer befanden, und es ist daher unverständlich, auf welche Art das Flußwasser in die Grubenbaue einbrechen sollte. Die über Tage festgestellten Rißlinien bei der Ostrawitzabrücke rühren zweifellos von seinerzeit betriebenem Bergbau her, und es ist keine Seltenheit, daß solche Rißlinien im Ostrau-Karwiner Revier beobachtet werden. Es ist auch schon der Fall gewesen, daß über Nacht Teiche in Bergbaugebieten verschwunden sind, indem das Wasser durch die entstandenen Erdrisse abgeflossen ist. Deshalb ist die von Hillegaart vertretene Ansicht, daß das Sinken des Wasserstandes im Schwanenteich in Zwickau mit der Spaltenbildung infolge Bergbaues im Zusammenhang steht, nicht von vornherein abzulehnen.

Wenn dem entgegengehalten wird, daß in den Abbaufeldern ein Wassereinbruch nicht festgestellt wurde, so kann das trotzdem der Fall sein, weil sich ein Wasserzufluß in bereits verbrochenem oder versetztem Abbau wohl nicht ohne weiteres immer erkennen läßt, auch können die Erdmassen einen Teil Wassermengen aufnehmen, ohne sie wieder abgeben zu müssen.

Auf die weitern Ausführungen Eckardts bemerke ich, daß die Bezeichnung der parabolischen Form der Senkungsmulde auch in dem Fall zulässig ist, wenn diese Mulde scharfe Wendepunkte aufweist. Sonst hätte die Bezeichnung Parabel nicht angewendet werden dürfen, denn nur der Umstand, daß diese Mulde einen der Parabel ähnlichen Verlauf annimmt, hat zur Bezeichnung parabolisch Anlaß gegeben. Übrigens verweise ich darauf, daß die elastische Linie (neutrale Achse) des sich durchbiegenden Balkens trotz der ihr eigentümlichen Wendepunkte in der Wissenschaft ebenfalls als Parabel bezeichnet wird.

Die Behauptung Eckardts, daß sich nach meinen Ausführungen über der ganzen Fläche des Abbaues eine ebene Fläche bildet, die nur an den Rändern unter dem natürlichen Böschungswinkel in das unbeeinflußte Gebiet übergeht, entbehrt jeder Begründung.

Die weitere Schlußfolgerung Eckardts, daß sich entsprechend der Ausbildung des Bruchhaufens höchstens an eine Erhebung in der Mitte denken ließe, ist unverständlich, denn man muß doch bedenken, daß der Höchstdruck der ein Abbaufeld überlagernden Gebirgsmassen über der Mitte des Feldes entfesselt wird und aus diesem Grunde die größte Zusammenpressung der verbrochenen Firstgesteinschichten bzw. der versetzten Berge in der Mitte des Abbaufeldes eintreten muß.

Aus diesem Grunde ist auch die Behauptung Eckardts, daß sich im Sinne meiner Theorie über dem ganzen Abbau eine ebene Fläche bildet, unbegründet. Eckardt erwähnt weiter, daß im Sinne meiner Theorie die Senkungen am äußersten Punkte beginnen und allmählich sich vertiefend nach innen zu den Bruchrichtungen hin fortschreiten müßten. Es ist mir unverständlich, welche Gründe Eckardt veranlaßten, diese Folgerungen zu ziehen, denn meine Theorie ist auf dem unerschütterlichen Grundsatz aufgebaut, daß im ersten Abschnitt des Senkungsvorganges der über dem Abbaufeld lagernde mittlere Gebirgsblock absinken muß und Veranlassung für die seitliche Zuwanderung der dem Abbau benachbarten Gebirgsmassen gibt. In dem Maße, wie eine Absenkung des mittlern Gebirgsblockes stattfindet, tritt auch gleichzeitig eine Zunahme des obertägigen Senkungsgebietes ein, wie dies in unwiderleglicher Weise durch den in Fig. 49 meines Buches vorgeführten Senkungsfall erwiesen erscheint.

Eckardt sagt weiter, daß die gefährliche Böschung keine Erscheinung der Wirklichkeit, sondern nur ein Rechenbehelf sei. Dagegen muß eingewendet werden, daß die gefährliche Böschung eine Erscheinung der zahlreich angestellten Versuche ist; die gefährliche Böschung ist ein Begriff, dem für die Erdstatik eine solche Rolle zukommt, wie z. B. dem Hookeschen Gesetz für die Elastizitätslehre. Jede Theorie muß sich auf Annahmen stützen, und was Eckardt als Rechenbehelf bezeichnet, spielt in jeder Theorie eine gewaltige Rolle.

Mir scheint jedoch, als ob Eckardt die Ziele meiner theoretischen Untersuchungen irrtümlich aufgefaßt hat, sonst würde er es nicht bemängeln, daß ich die Muldenform durch die Dreieckform ersetze, um auf diese Art ein einfaches Rechnungsverfahren zu gewinnen. Ich hatte keineswegs die Absicht, das Wagnis einer genauen Berechnung von Senkungsmaßen zu unternehmen.

Nach Eckardt beruht der Begriff der „Raumvermehrungszahl" auf der Vorstellung, daß das Gestein seinen Rauminhalt gleichmäßig vermehre vom Dach des Flözes bis zur Oberfläche. Hierzu muß ich bemerken, daß auf S. 180 meines Buches ausdrücklich u. a. folgendes angeführt wird: „In Fig. 92 sind die Volumsvermehrungskoeffizienten derart angenommen, als ob die Vermehrung bis zur obern Grenze gh hinaufreichen würde. Tatsächlich ist jedoch die Volumsvermehrung in dem abgesenkten Firstgesteinschichten am größten, diese Vermehrung nimmt nach oben hin ab, bis sie in der Grenze gh = 0 wird. Der vorausgesetzte Wert v = 0,01 ist eigentlich ein mittlerer Wert der Volumsvermehrung der ganzen Kohlengebirgsmasse innerhalb des schadlosen Tiefenbereiches und es wird bei Annahme dieses Koeffizienten die unrichtige Voraussetzung getroffen, daß das Kohlengebirge eine durch die ganze Mächtigkeit desselben gleichmäßige Vermehrung erleidet."

Eckardt bemerkt schließlich, daß man nach den vorangegangenen rechnerischen Erläuterungen hätte erwarten können, daß die Berechnung eines Sicherheitspfeilers möglich sei, und weist darauf hin, daß ich am Schluß meines Buches mir der Unzulänglichkeit meiner Berechnungen selbst bewußt bin. Eckardt hat auch in seinen kritisierenden Ausführungen von Rettungsversuchen meiner Theorie gesprochen, die mit Hilfe gewundener Deutungen angestellt wurden, um klaffende Widersprüche zu beseitigen. Auf diese Bemerkungen Eckardts muß ich erwidern, daß für die Entstehung meines Buches die Tatsache maßgebend war, daß seit Jahren das Senkungsproblem in den verschiedenen Kohlenbezirken in einer Weise behandelt wurde, die mit den einfachsten Grundsätzen der Technik in Widerspruch stand.

Man suchte die Senkungsfrage schematisch zu behandeln und bediente sich einer Formel, die als bequemes Mittel dazu dienen sollte, festzustellen, ob die obertägigen Wirkungen auf bergbauliche Ursachen zurückzuführen sind, oder ob andere Gründe dafür maßgebend waren.

Dieses rechnerische Verfahren der Untersuchung der bergbaulichen Einwirkungen wurde durch die einfache Konstruktion gewisser Grenzen unterstützt, innerhalb der die bergbaulichen Erscheinungen zur Geltung kommen müssen.

Meine Berechnungen hatten den Zweck, zu untersuchen, ob es möglich sei, das Senkungsproblem mit so einfachen Mitteln zu lösen; ich wollte untersuchen, ob die Ergebnisse dieser Theorie mit jenen der Praxis in Übereinstimmung zu bringen sind. Es kann deshalb nicht überraschen, wenn ich auf Grund vielfacher Berechnungen zu dem sichern Schluß gekommen bin, daß eine schematische Behandlung des Senkungsproblems durch die Anwendung von Formeln und die Einschränkung des Senkungsgebietes in gewisse Grenzen nicht möglich ist und daß deshalb meinerseits vor dieser schematischen Behandlung des Senkungsproblems gewarnt wird.

Ingenieur A. H. Goldreich, Oderfurt (Mähren).

Dr.-Ing. A. Eckardt hat darauf erwidert:

„Die Ausführungen Goldreichs können mich zu einer Änderung meines Standpunktes nicht veranlassen. Eine weitere Erörterung dürfte jedoch zu weit führen und außerdem unnötig sein, da Leser, die sich für den Gegenstand interessieren, die Prüfung an den Originalarbeiten vornehmen können.

Ich möchte hier nur dem Vorwurf widersprechen, daß ich den Inhalt der Darlegungen Goldreichs unrichtig wiedergegeben hätte, und führe dazu folgendes an:

1. Betr. Bruch nach erfolgter Durchbiegung: Goldreich sagt in seinem Buch auf S. 144 unter d. Nachsinken der Hangendschichten ohne Volumenvermehrung: „Dieser Durchbiegungsprozeß wird erst dann sein Ende erreichen, bis auch an den Abbaurändern ac und bd die vollständige Druckwirkung erzielt sein wird, in welchem Momente eine Trennung des mittlern, abgesenkten Kohlengebirgsblocks K von den seitlichen Blöcken K_1 und K_2 eintreten muß."

Die Anschauung Goldreichs ist deutlich aus Fig. 80 zu entnehmen.

2. Betr. ebene Oberfläche. Aus Fig. 80 sowie aus sämtlichen schematischen Zeichnungen ist zu ersehen und auf S. 145 auch ausgesprochen, daß das Steinkohlengebirge an der Grenze mit dem Tertiär vollständig gleichmäßig, entsprechend der Flözneigung, absinken soll. Wenn der darüberliegende Tertiärblock abreißt und der Bewegung des Untergrundes folgt, muß auch das Tertiär eine ebene Oberfläche bilden und kann nur an den Rändern Übergänge zum nicht gesenkten Teil zeigen.   Dr.-Ing. A. Eckardt, Zwickau."

Mehr als ein Jahrzehnt ist bereits vergangen, seitdem ich die Ausführungen Eckardts in der angeführten Weise kritisiert habe.

Durch mehr als zehn schwere Jahre der Praxis bin ich inzwischen hindurchgeschritten, und immer mehr festigte sich meine Überzeugung, daß es uns allen bisher nicht gelungen ist und wahrscheinlich auch nie gelingen wird, die dunklen Vorgänge im Innern der bewegten Erdmassen einwandfrei aufzuklären.

Mit weniger Temperament und mit mehr Ruhe würde ich heute die Darlegungen Eckardts behandeln, weil ich zu jener Zeit noch die Kühnheit hatte, zu glauben, daß menschlicher Geist diese schwierigen Probleme voll erfassen könnte.

Seien wir alle bescheiden und begnügen wir uns damit, jeden einzelnen Fall der Praxis zu behandeln und die Wahrheit zu suchen, der wir durch keine rezeptmäßige Formel und durch kein für alle Fälle gültiges System näher kommen können.

Bedenken wir die schwierigen Fälle der Praxis, wo es sich oftmals um gleichzeitige oder aufeinander folgende Einflüsse der Abbaubetriebe mehrerer Kohlengewerkschaften handelt, und wir werden erkennen, daß die Gebirgsschichten die verschiedensten Einflüsse erhalten und auf die Bauwerke der Tagesoberfläche geltend machen können.

In diesem Sinne glaube ich einen Fall der Praxis hier vorführen zu müssen, der wegen seiner Eigenartigkeit das besondere Interesse verdient.

Das Gericht hat in einem Streitfalle folgende Fragen an mich gerichtet:

1. Welchem unterirdischen, insbesondere welchem Bergbaueinfluß sind das klägerische Haus, sowie die daselbst gelegenen Grundparzellen unterworfen?

2. Sollten mehrere schädigende Ursachen festgestellt werden, so wäre wenigstens annähernd das Verhältnis anzugeben, in welchem diese Ursachen auf die Oberfläche gewirkt haben. Es sei meine bezügliche Äußerung im folgenden auszugsweise wiedergegeben:

1. Aus einem Gutachten.

a) Der Befund. Das beklagte Haus hat sich ungleichmäßig gesenkt; es weist an seinen nach allen vier Richtungen hin freien Fassaden zahlreiche, 1—5 mm starke Risse auf, welche durch das Mauerwerk hindurchreichen. An den Fundamenten des gegenständlichen Gebäudes wurden Senkungsdifferenzen bis zum Höchstbetrage von 19 cm festgestellt. Das Haus liegt an einer Bezirksstraße (Fig. 33), im Gebäudebereich

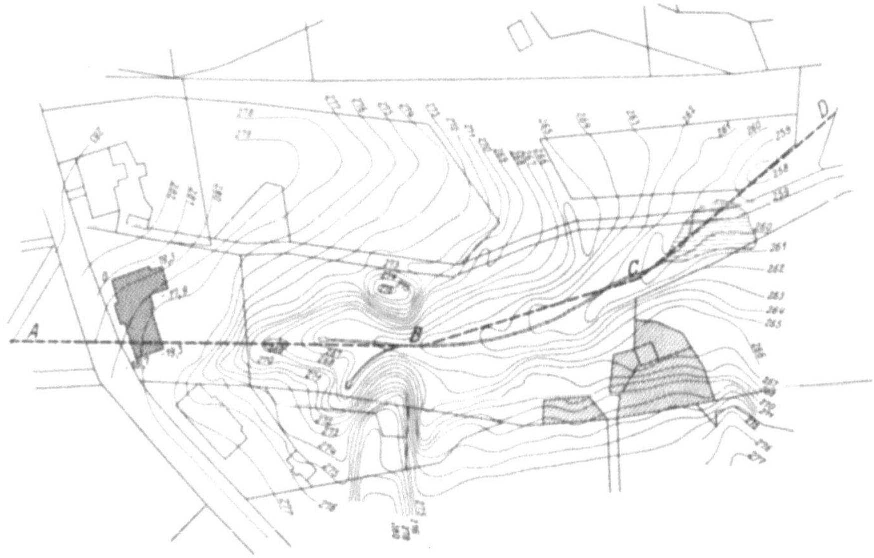

Fig. 33.
Lageplan des beklagten Hauses und der beschädigten Parzellen (schraffiert).

und angrenzend daran bis auf mehr als 100 m Entfernung ist an den Bodenschichten keine, dem freien Auge sichtbare Bodenbeeinflussung bemerkbar. Angrenzend an das beklagte Gebäude in einer Entfernung von ungefähr 20 m ist eine langgestreckte Talmulde, in welcher sich ein tiefer Einschnitt befindet. Der Einschnitt ist ziemlich schmal und weist an einer Stelle einen größeren lokalen Erdriß auf. Die Terrainmulde ist zum Teil, besonders in den untersten Partien, versumpft; das ausfließende Wasser kommt aus dem Einschnitt und bildet an einer Stelle einen Tümpel. An der Lehne, und zwar an den beklagten Parzellen, sind einige kleinere Erdrisse bemerkbar, welche darauf hindeuten, daß eine Bodenbewegung talabwärts vorliegt. Die Lehne, auf deren unteren Abhang die beklagten Parzellen liegen, weist den Charakter eines Rutschgeländes auf, was auch aus der wellenförmigen Gestaltung desselben ersichtlich ist.

Das beklagte Gebäude und die beklagten Parzellen liegen im Grubenfeld einer Steinkohlengewerkschaft. Die Mächtigkeit der tertiären Überlagerung schwankt zwischen 150—250 m. Die Mächtigkeiten der einzelnen abgebauten Flöze betragen 0,9—1,8 m. Unterhalb der beklagten Terrainstellen wurden mehrere Flöze mit einer summarischen Mächtigkeit von 9,6 m in mehreren Jahren abgebaut; außerdem haben sich verschiedene Abbaue den beklagten Stellen genähert, welche eine summarische Mächtigkeit von 2,7 m aufweisen.

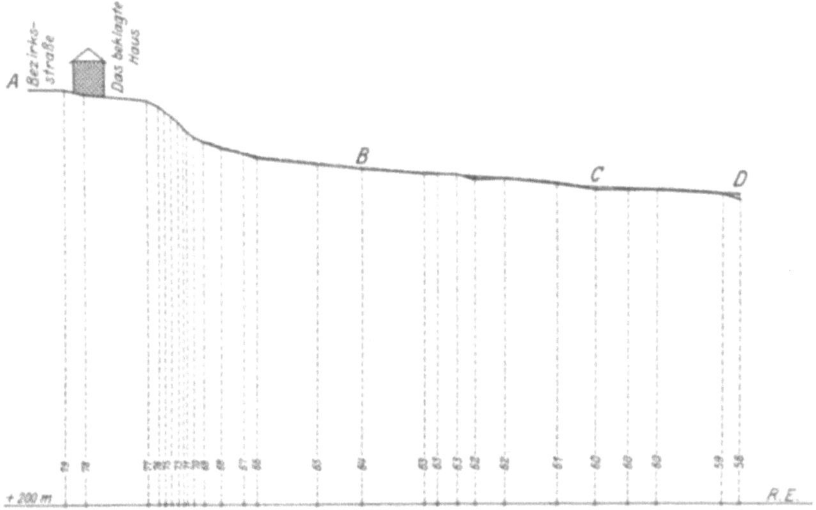

Fig. 34.   Querprofil längs der im Lageplan Fig. 33 bezeichneten Linie A B C D.

b) Die Theorie des Gleichgewichtszustandes der Gebirgsmassen. Sowohl die Schäden an dem gegenständlichen Gebäude als auch die Rutschbewegungen im Gelände lassen darauf schließen, daß eine Gleichgewichtsstörung der Erdmassen eingetreten sein muß, deren Folgewirkungen Bodenbewegungen waren, welche Bewegungen derzeit wahrscheinlich noch andauern und voraussichtlich noch längere Zeit andauern werden. Jede Bodenbewegung ist durch Gleichgewichtsstörungen im natürlichen Zusammenhang der Erdmassen veranlaßt und es ist deshalb in einem gegebenen, zu begutachtenden Fall die vornehmste Aufgabe des Gutachters, die Ursache dieser Gleichgewichtsstörungen festzustellen, soweit die Möglichkeit sich dazu bietet. Die Feststellung dieser Ursache wird erleichtert, wenn dem Gutachter die entsprechenden Mittel zur Hand sind, welche in verläßlicher Weise die charakteristischen Momente der eingetretenen Erscheinungen ergeben. Es wird also dem Gutachter immer dann viel leichter möglich sein, für die stattgefundenen Veränderungen der Erdoberfläche und der darauf befindlichen Bauwerke die notwendige Erklärung zu finden, wenn der Zustand des beklagten Geländes und der darauf befindlichen Bauwerke vor Eintritt der festgestellten Folgewirkungen entweder aus eigener Anschauung oder aus bezüglichen, zeichnerisch festgelegten Aufnahmen bekannt ist. Wohl läßt auch die nach Eintritt der Folgewirkungen festgestellte Form des Geländes in vielen Fällen vermuten, und der in diesem Fall festgestellte Zustand eines Gebäudes im Zusammenhang mit der Bodensenkung mit einer gewissen Sicherheit annehmen, wie die Verhältnisse vor ihrer Veränderung gewesen sein können oder müssen, sonst wäre im Falle mangelnder Unterlagen die Möglichkeit einer Begutachtung **oft** gar nicht gegeben.

Im vorliegenden Fall haben wir kein Mittel zur Verfügung, das uns ermöglichen würde, in einwandfreier Weise eine genaue Feststellung der Verhältnisse zu bewirken, welche vor Eintritt der beklagten Zustände geherrscht haben. Es fehlt uns an einer geodätischen Aufnahme des Gebietes, welche die Grundlage dafür bieten könnte, die derzeit veränderte Höhenlage des Geländes und seiner dadurch veränderten **Form** festzustellen. Wir wissen jedoch, daß solche **Veränderungen stattgefunden haben müssen**, da solche obertags zum Teil schon dem freien Auge sichtbar sind, und es ist nun unsere Aufgabe, die Ursache dieser Veränderungen zu ergründen. Es wurde bereits einleitungsweise angeführt, daß das Gebäude Beschädigungen aufweist, und die beklagten Grundparzellen Rutschbewegungen zeigen.

Es ist nun die Frage, ob die Schäden am Gebäude und die Rutschungen im Gelände auf ein und dieselbe Ursache zurückzuführen sind, oder ob wir es mit **zwei verschiedenen Ursachen** zu tun haben, welche diese obertägigen Folgewirkungen gezeitigt haben. Es ist naheliegend und sachlich begründet, von den Bewegungen des Bodens im allgemeinen auszugehen und zu untersuchen, welche Gleichgewichtsstörungen ihnen zugrunde liegen können, damit wir in die Lage versetzt werden, jene Momente zu erörtern, welche für den hier zu behandelnden Rechtsfall in Betracht kommen.

Im vorliegenden Fall kommen für die Ursache der Gleichgewichtsstörungen folgende Momente in Betracht: a) **Der natürliche Einfluß,** b) **der künstliche Einfluß** und c) **der natürliche und der künstliche Einfluß in gemeinschaftlicher Wirkung;** in diesem letzten Fall ist zu untersuchen, welcher der beiden Einflüsse zuerst stattgefunden hat bzw. ob beide Einflüsse zu gleicher Zeit begonnen und in welcher Weise sie gemeinschaftlich gewirkt haben.

α) **Der natürliche Einfluß.** Die Forschung nach den Ursachen der Bodenbewegungen hat sich auf die sorgfältige Untersuchung der Bodenmassen, ihrer Lagerung und ihrer Beständigkeit, ferner auf **das Verhalten des Wassers,** seine Verteilung unter- und oberhalb der Erdoberfläche, seine Bewegung und Wirkung zu erstrecken. Die Erfahrungen lassen erkennen, daß das Wasser mittelbar oder unmittelbar als der eigentliche Förderer der Erdrutschungen auftritt, indem es auf den inneren Zusammenhang der Erdmassen einwirkt und mechanisch tätig den Bewegungen Vorschub leistet. Für die Entstehung von Rutschungen ist der natürliche Einfluß des Wassers, das heißt dessen ober- und unterirdische Arbeit von wesentlichem Einfluß. In die Erdkruste eindringend, verändert das Wasser die Beschaffenheit der nicht widerstandsfähigen Bodenarten, es vermindert den Zusammenhang der Teile, es wäscht die löslichen Teile aus den von ihm durchzogenen Schichten aus und lagert sie an tieferen Stellen als Schlamm ab; es durchzieht die Oberfläche der undurchlässigen Massen und macht sie schlüpfrig. Ist die Lagerung der Erdschichten nicht wagerecht, sondern geneigt, so wird durch Verminderung der Kohäsion und Reibung die Grundlage des Gleichgewichtes verändert, und es bedarf dann nur einer äußeren Veranlassung, um Bodenverschiebungen herbeizuführen. Die Sicherung des Bodens gegen Rutschungen beruht zum wichtigsten Teil auf dem richtigen Erkennen der Bewegung und Wirkung des Wassers, damit durch die Ableitung desselben in gewiesenen Bahnen sein schädlicher Einfluß beseitigt werde.

Zu den Bodenmassen, welche eine besondere Neigung zu Rutschbewegungen besitzen, gehören vor allem der Ton, die verschiedenen Mergelarten, der Lehm (Löß, Letten), der Sand (Kies, Grus, Schotter) und der Humus (Torf, Moor). Das Wasser gelangt durch lockere oder von Spalten durchlässig gewordene Bodenablagerungen auf undurchlässige Tonschichten und macht sie schlüpfrig. Atmosphärische Niederschläge haben auf solche Vorgänge einen großen Einfluß. Durch lang andauernde Regengüsse werden nicht nur die regelmäßig wasserführenden Schichten stark in Angriff genommen, sondern auch in verborgen liegenden Tonschichten öffnen sich neue oder verlassene Zugänge für das Wasser. Das Wasser verändert die Beschaffenheit dieser Bodenschichten und leistet dadurch den Bodenbewegungen Vorschub, so daß oft durch eine geringfügige Änderung in den Lagerungsverhältnissen das Gleichgewicht gestört wird. Die Vorbedingung für eintretende Rutschungen ist immer das Vorhandensein von Schichten, welche die Bildung geneigter Grundflächen ermöglichen. Dabei ist aber keineswegs erforderlich, daß die Neigung in der ganzen Ausdehnung der Bewegung vorhanden sein muß, es kommt vielmehr oft vor, daß die Rutschflächen stellenweise aufsteigend sind und als Teil einer muldenförmigen Ablagerung erscheinen. Die bewegende Kraft ist die in der Richtung der Gleitfläche wirkende Seitenkraft des Gewichtes der bewegten Massen. Diese bewegende Kraft wird um so größer sein, je größer das Gewicht der Massen und je steiler die Schichtenneigung ist.

Die im gegenständlichen Rechtsfall in Betracht kommenden Erdschichten gehören der tertiären Überlagerung des Ostrau-Karwiner Steinkohlenreviers an und bestehen aus wasserdurchlässigem Material, wie sandigem Lehm und Sand, welche auf wasserundurchlässigen Tonschichten abgelagert sind. Es sind dies jene Tertiärschichten, welche von

Bergrat Franz Bartonec in der Abhandlung „Über die Ursachen von
Oberflächenbewegungen im Ostrau-Karwiner Bergrevier" („Montanistische Rundschau", 1912, Nr. 4—6) besonders eingehend beschrieben
worden sind. Bergrat Bartonec weist in dieser Abhandlung auf die Bildung von Quellen hin, deren Entstehung in den bereits behandelten Umständen ihre Ursache hat. Das Vorhandensein solcher Quellen ist charakteristisch für ein zu Rutschungen neigendes Gebiet. Das beklagte
Gelände und die hier in Betracht kommenden Erdschichten besitzen alle
Eigenschaften, welche für den Eintritt von Rutschbewegungen in Betracht kommen und es unterliegt keinem Zweifel, daß wir uns im beklagten Gebiet in einem Gelände befinden, welches bei eintretenden
Gleichgewichtsstörungen Veränderungen erleiden muß, welche
in Rutschungen zum Vorschein gelangen können. Diese Tatsache
allein — so möchte ich bereits einleitungsweise anführen — kann jedoch
dem Gutachter keineswegs ein maßgebender Grund dafür sein, ohne
genaue Prüfung aller im vorliegenden Fall in Betracht kommenden Umstände ein endgültiges Urteil darüber abzugeben, auf welche Ursachen
die obertags ersichtlichen Erscheinungen zurückzuführen sind.

Es ist vor allem die Beantwortung der Frage erforderlich, ob die
am beklagten Besitz festgestellten Einwirkungen durch den alleinigen
natürlichen Einfluß des Wassers entstanden sind. Es wurde bereits
erörtert, daß das in die Erdschichten eindringende Wasser im vorliegenden Fall zur Quellenbildung Anlaß gegeben hat. Man kann also darauf
schließen, daß sich die Grundlagen des Gleichgewichtes der
Erdschichten hier wohl verändert haben. Zur Auslösung von
Bodenbewegungen ist aber eine Störung dieses, auf veränderten Grundlagen bestehenden Gleichgewichtszustandes erforderlich und wir
müssen deshalb untersuchen, ob eine solche, durch Wassereindringung
bewirkte Störung im Zusammenhang der Erdschichten tatsächlich eingetreten ist. Die im beklagten Gelände festgestellte Quellenbildung
ist sicherlich nicht neueren Datums. Diese Wasserverhältnisse sind durch
die geologische Beschaffenheit der Erdschichten bedingt und reichen
deshalb in eine weite Zeit zurück. Die auf die gegenständliche Quellenbildung zurückzuführende Veränderung der Grundlagen des
Gleichgewichtes der Erdmassen hat demgemäß bereits vor unge-
zählten Jahren stattgefunden und dauert auch noch weiter an. Diese
Grundlagen des Gleichgewichtszustandes verändern sich entsprechend
der Größe der Niederschläge immer wieder, indem bei stärkeren
Regengüssen ein verstärktes Wassereindringen und dementsprechend
auch eine reichere Wassermenge an der oberen Grenze der wasserundurchlässigen Schichten quellenartig zum Austritt gelangt. Man kann
jedoch diese mit den atmosphärischen Verhältnissen zusammenhängenden Erscheinungen des verstärkten, bzw. verminderten Wasseraustrittes
so lange nicht für den Eintritt von Bodenbewegungen verantwortlich
machen, als nicht durch eine Störung des Gleichgewichtes der
vorhandenen Erdmassen eine Bewegung derselben hervorgerufen wird.
Die eintretende Veränderung der Grundlagen eines Gleich-

gewichtszustandes ist nicht identisch mit der Störung des-selben. Der Gleichgewichtszustand der Erdmassen kann sich wesentlich verändern, ohne daß das Gleichgewicht gestört wird.

Die Störung des Gleichgewichtszustandes und die damit zusammenhängende Auslösung von Bodenbewegungen setzt eine Störung des Zusammenhanges der Erdmassen voraus, für welche die Überwindung der die Erdteilchen zusammenhaltenden Kräfte der Kohäsion und Reibung notwendig erscheint. Die Bodenbewegungen sind immer statische Vorgänge, weil es sich um Störungen des Gleichgewichtszustandes handelt, wobei an den bestehenden geologischen Verhältnissen nichts geändert wird. Wohl sind die Ursachen verschieden, welche die hier vielfach erörterte Veränderung des Gleichgewichtszustandes hervorrufen. Die Geologie, der Bergbau und die Wissenschaften der Baukunst sind Hilfswissenschaften, deren sich der Gutachter bei der Erforschung des Bodenbewegungsproblems zu bedienen hat.

Für die Behandlung des hier in Betracht kommenden natürlichen Einflusses des Wassers ergibt die geologische Untersuchung des Erdmaterials die wichtige Tatsache, daß die oberen Erdschichten wasserdurchlässig sind, daß sich dieses Wasser je nach den atmosphärischen Verhältnissen in reicherem oder geringerem Maß auf den undurchlässigen Bodenschichten ansammelt und quellenartig zum Austritt gelangt. Der zwischen den Erdschichten bei stattfindenden Regengüssen herrschende Wasserstrom muß die Kohäsion und Reibung der Erdschichten überwinden, damit eine Gleit-, bzw. Rutschbewegung eintritt, welche eine Schädigung der Erdoberfläche zur Folge haben kann. Erdrutschungen unterliegen dem Einfluß der Schwerkraft, der Kohäsion und der Reibung. Die Schwerkraft ist das treibende, die Bewegung erzeugende Element, welchem die Kohäsion und die Reibung ihren Widerstand entgegensetzen.

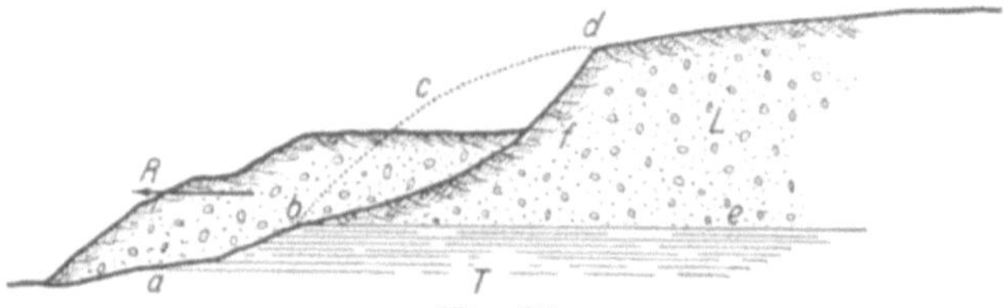

Fig. 35.

a b c d natürliches Gelände, L wasserdurchlässiges Erdmaterial, T Ton (undurchlässig),
R Richtung der Rutschbewegung.

Wenn wir in Fig. 35 die Bodenverhältnisse schematisch zum Ausdruck bringen, so sei durch die Linie a b c d die Oberflächenform des Geländes versinnbildlicht. b e sei die Grenze zwischen dem das Wasser durchlässigen Material L (sandiger Lehm) und dem Ton T (undurchlässig). Der durch das obertags eindringende Wasser auf b e erzeugte Wasserstrom bewirkt in seinem Arbeitsprozeß die Möglichkeit einer gleitenden Bewegung, welche erst dann zur Auslösung gelangt, wenn die

Reibungs- und Kohäsionswiderstände in b e überwunden werden. [Anläßlich dieser Überwindung der genannten Kräfte wird die Lehmmasse L auf der Tonmasse T in der Bahn b e in der Richtung R zur Abgleitung gelangen. Der bei b freiwerdende und quellenartig austretende Wasserstrom wird in seinem Arbeitsprozeß an der Ausmündung die Sandteile fortreißen, wodurch nach und nach dem darüber liegenden Massen ihr Auflager entzogen wird. Die Folge davon ist ein beginnendes Abbrechen der auflagernden Lehmmassen, in welchen schließlich durch Überwindung der Kohäsion und Reibung der Hauptbruch b f d erzeugt wird, welcher die vorläufige Grenze darstellt, bis zu welcher der Bewegungsprozeß fortschreitet und vorläufig gewissermaßen ruht. Es hat diese Bruchgrenze b f d eine gewisse Analogie mit jenem Bruchgebiet, welches die Grenze für die Wirkung des Rebhannschen aktiven Erddruckes darstellt. Die Lage dieser Bruchgrenze ist von so vielen Faktoren abhängig, daß sich diese im voraus gar nicht angeben läßt. Durch den nun eingetretenen Bruch ist dem Regenwasser ein neues Arbeitsgebiet erstanden, es kann das Wasser jetzt auch noch in die Erdspalte b f d eindringen und je nach seiner Gewalt einen fortdauernden Bewegungsprozeß hervorrufen, zu welchem auch noch jener infolge des Gleitbestrebens längs b e bei neuerlichen Regengüssen sich hinzugesellt. Es ist daraus ersichtlich, daß das Wasser immer wieder das die Bodenbewegungen treibende Element bleibt, wenn es nicht in Bahnen gewiesen wird, welche seine zerstörenden Wirkungen verhindern.

Die an den Gutachter gestellte Frage betrifft nur einige Grundparzellen eines größeren Gebietes, welches insgesamt einen einheitlichen geologischen Charakter aufweist. Obwohl sich die vorliegende Rechtssache auf verhältnismäßig kleine Flächen dieses Gebietes beschränkt, kann sich die gegenständliche Begutachtung nicht ausschließlich mit den bezeichneten Grundflächen allein befassen, weil die hier in Betracht kommenden Beeinflussungen des Geländes sich nicht auf enge Gebiete begrenzen. Sowohl die beschriebenen Erdrutschungen, welche aus dem natürlichen Schichtungsverhältnis der Massen entstehen, als auch die Bodenbewegungen, welche infolge Kohlenabbaues veranlaßt werden, sind bedeutend in ihrer Ausdehnung. Die Prüfung der Ursachen der auf einzelnen Flächenteilchen eines solchen bewegten Gebietes eingetretenen Erscheinungen erfordert die bezügliche Beurteilung des gesamten Gebietes, das infolge des einheitlichen geologischen Charakters und der gleichen natürlichen und künstlichen Beeinflussungen auch die gleichen Folgewirkungen aufweisen wird. Auf diese Art können die festgestellten Erscheinungen auf den beklagten Grundflächen nur Teilwirkungen der das ganze Gebiet treffenden Einflüsse darstellen.

Es ist nun die Frage, ob der natürliche Einfluß des Wassers verbunden mit einer Gleichgewichtsstörung im Zusammenhang der Erdmassen eine Bewegung der Erdschichten des Gebietes verursacht hat. Ungefähr 100 m entfernt, in nordöstlicher Richtung vom beklagten Gebäude, ist die Ablösung einer zirka 30 m langen Erdschale auf einer Parzelle sichtbar, auf welcher eine talwärts gerichtete Rutschbewegung erkennbar ist. Deutlich ist hier eine Bruchrichtung sichtbar, welche den abgerutschten Geländeteil begrenzt. Die Bruchrichtung wird außerhalb des gerutschten Gebietes immer weniger deutlich, bis sie dem Auge vollständig unkenntlich wird. Am Fuß des gerutschten Geländeteiles befindet sich von Wasser durchweichtes Material abgelagert, welches von einer als Gleitfläche funktionierenden, eingelagerten Tonschicht herrühren könnte, auf welcher die Lehmmassen zur Abrutschung gelangt sind. An keiner Stelle der beklagten Grundfläche ist ein so deutlicher Rutschprozeß sichtbar, wie an dem der gegenständlichen Parzelle angehörigen Flächenteil. Wollte man diese gerutschte Bodenfläche begutachten, so würde man bei Außerachtlassung aller weiteren in Betracht kommende Umstände zu dem Resultat gelangen, daß es sich um eine typische, durch die geologischen Verhältnisse bedingte Rutscherscheinung handelt. Wir wollen deshalb ein endgültiges Urteil über diese lokale Terrainstelle ebenso vorderhand vermeiden, als wir auch noch nicht absprechen wollen über jene Erscheinungen, welche auf den beklagten Parzellen in einer minder deutlichen Weise dem Auge sichtbar werden. Wir wollen uns nun vorerst mit den weiteren Einflüssen befassen, welche den Anlaß zu Bodenbewegungen bieten können.

β) **Der künstliche Einfluß.** Hier kommen zwei Fälle in Betracht, und zwar: 1. Die Herstellung von Kunstbauten, wie Eisenbahnen, Straßen, Brücken, und 2. der Einfluß des bergbaulichen Betriebes.

1. **Herstellung von Eisenbahnen, Straßen, Brücken usw.**

Ein künstlicher Einfluß kann durch Menschenhand bewirkt werden, er kann zum Beispiel durch Herstellung von Einschnitten und Dämmen für Eisenbahnen, Straßen-, Hoch- und Wasserbauten erfolgen. Diese Erdarbeiten können eine Störung des Gleichgewichtszustandes der Erdmassen zur Folge haben. Bei der Herstellung solcher Erdarbeiten in einem zu Rutschungen veranlagten Gelände werden häufig Bewegungen des Bodens beobachtet, welche oft gar nicht mehr zur Ruhe kommen und häufig nur durch außergewöhnlich schwierige und kostspielige Maßnahmen saniert werden können. Solche Rutschungen sind örtlich, sie sind an der künstlichen Eingriffstelle feststellbar. Die Bodenbewegungen sind nicht immer fortdauernd; sie beginnen im Zeitpunkt der Störung des Gleichgewichtszustandes und dauern so lange, bis das bewegte Erdmaterial durch eine veränderte Gleichgewichtslage zur Ruhe gekommen ist.

Wir können am beklagten Besitz nirgends eine Stelle finden, wo an dem natürlichen Zusammenhang des Geländes durch einen künstlichen Eingriff der beschriebenen Art eine Störung im Gleichgewicht der Erdschichten hervorgerufen worden wäre, welche für die beklagten Verhältnisse veranlassend gewesen sein konnte. Es entfällt hier deshalb die Erörterung dieser zuweilen sehr interessanten Erscheinungen, welche ich an Bahnbauten im Ostrau-Karwiner Kohlenrevier in vielen Fällen zu beobachten Gelegenheit hatte.

2. Der Einfluß des bergbaulichen Betriebes.

Infolge des Kohlenabbaues werden unterirdische, weit ausgedehnte Hohlräume erzeugt, deren Ausfüllung durch die hangenden Gebirgsschichten bewirkt wird. Es wird also durch die Auskohlung der Flöze und das darauf folgende Nachbrechen der Hangendschichten eine Störung des Gleichgewichtszustandes der Gebirgsmassen veranlaßt. Diese Störung im Gleichgewicht der Erdschichten muß um so bedeutender werden, je mächtiger und ausgedehnter die abgebauten Hohlräume sind. Die Schaffung von kleineren Hohlräumen in einem Erdkörper muß keineswegs unbedingt zur Störung des Gleichgewichtszustandes führen. Es würde zu weit führen, wenn eine nähere Erörterung dieser Verhältnisse in diesen Zeilen stattfinden sollte. Ich möchte hier nur bemerken, daß diese Schaffung von Hohlräumen für jene Zeitdauer, in welcher eine Störung des Gleichgewichtszustandes nicht stattfindet, mit jenem Zustand im Erdmaterial sich vergleichen ließe, bei welchem ein Eindringen des Wassers in die Bodenschichten ohne Störung des Gleichgewichtes stattfindet, welcher Umstand zur Quellenbildung Anlaß bietet. In beiden Fällen handelt es sich nur um eine Veränderung der Grundlagen des Gleichgewichtszustandes, welche nicht notwendigerweise mit einer tatsächlichen Störung des Gleichgewichtes verbunden sein muß. Aber selbst in dem Fall, in welchem eine Gleichgewichtsstörung im Gebiet der unterirdisch geschaffenen Hohlräume stattfindet, ist die Fortpflanzung dieses störenden Einflusses bis an die Tagesoberfläche nicht unbedingt die Folge, wie dies im Tunnelbau und auch im Bergbau unter gewissen Verhältnissen vorkommen kann. (Siehe Gutachten S. 78—84.) Es handelt sich dann nur um Störungen, welche eine engere Begrenzung finden und auf das Gleichgewicht der Bodenmassen keinen größeren Einfluß ausüben. Die im Befund festgelegten bergbaulichen Verhältnisse lassen mit Sicherheit darauf schließen, daß das hier beklagte Gebiet wiederholten Störungen des Gleichgewichtszustandes ausgesetzt war, wahrscheinlich noch ist und voraussichtlich noch lange Zeit sein wird.

Das beklagte Gebiet ist bereits seit langer Zeit teils vollständig unterbaut worden, teils haben sich die Abbaue demselben nur genähert, und es ist wohl außer Zweifel, daß mit Rücksicht auf die bisher abgebaute summarische Flözmächtigkeit von ungefähr 13 m eine ganz bedeutende Beeinflussung der Tagesoberfläche erfolgt ist. Es ist derzeit nicht möglich, durch eine Geländeaufnahme den Verlauf und die Größe der Senkungen und aller sonst damit zusammenhängenden Geländeveränderungen festzustellen, weil eine solche Höhenmessung am Gelände vor Beginn der Abbaue nicht erfolgt ist. Wenn auch, wie im vorliegenden Fall, in gewissen Flözen der Abbau mit Versatz der ausgekohlten Hohlräume betrieben worden ist, so muß dennoch eine ganz bedeutende lotrechte Absenkung (4—5 m) der Tagesoberfläche stattgefunden haben, welche mit Rücksicht auf die verschiedenen Lagen der abgebauten Kohlenfelder und der Beschaffenheit des Geländes nicht gleichmäßig gewesen sein kann. Im Falle der Annäherung der Abbaue an das beklagte Gebiet sind die Ränder der obertags hervorgerufenen Senkungszonen in den beklagten Grundflächen zur Ausbildung gelangt; mit der fortschreitenden Unterbauung dieses Gebietes sind diese Randzonen gewandert und schließlich auch außerhalb des beklagten Besitzes zur Ausbildung gekommen. Würde das in Betracht kommende Gebiet eben sein (Fig. 36), so hätten sich immer wieder Senkungsmulden a b c ausgebildet, deren Verlauf zuweilen auch mit freiem Auge sichtbar werden kann. In solchen Fällen ist es auch möglich, ohne entsprechende Unterlagen auf die ursprüng-

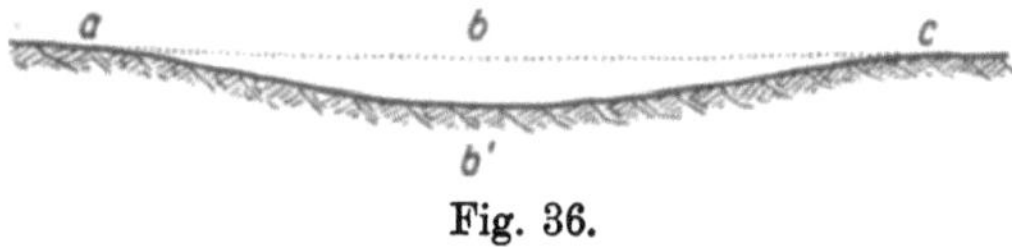

liche Form des Geländes schließen und das beiläufige Ausmaß der größten Senkungen schätzen zu können.

Fig. 36.

Das beklagte Gebiet ist hügelig, die Erdschichten sind verschieden geneigt gelagert und es machen sich die Veränderungen eines solchen Gebietes nicht in so charakteristischer Weise geltend, wie dies in den durch Bergbau versumpften ebenen Gebieten oft der Fall ist. Die fortdauernde Unterbauung des beklagten Gebietes muß auch eine fortdauernde Bewegung desselben und die Ausbildung obertägiger Senkungsgebiete zur Folge gehabt haben. Die Lage dieser Senkungszonen ist durch die Lage der unterirdisch geschaffenen Hohlräume wohl nur in großen Umrissen gegeben und es kann die strikte Anwendung von bezüglichen Begrenzungswinkeln zu großen Irrtümern führen. Auch die Größe der obertags hervorgerufenen lotrechten Senkungsmaße kann durch Formeln nicht genau vorausgesagt oder festgestellt werden. Aber das Maß dieser Senkungen wird sich in ein gewisses Verhältnis setzen lassen können zur Mächtigkeit der abgebauten Hohlräume, durch welche gewisse Grenzmaße dieser Einwirkungen gegeben sind. Mit der Erweiterung der abgebauten Hohlräume erweitern sich auch die obertags in Mitleidenschaft gezogenen Einflußzonen, welche Tatsache schon in wiederholten Fällen als Beweismittel für die Feststellung bergbaulicher Einwirkungen gedient hat.

Wir haben bereits erwähnt, daß bei ebenen Geländeflächen der Bergbaubetrieb Senkungsmulden erzeugt, welche meist ausgedehnte Versumpfungsgebiete hervorrufen. Wir wollen nun jene Form des Geländes in Betracht ziehen, welche im vorliegenden Fall vorherrscht, und es sei in Fig. 37 eine geneigte Geländefläche a c b und durch A die Richtung der Abbaufront dargestellt. Es sei durch die Linie c d das Einflußgebiet des Kohlenabbaues begrenzt und durch einen Abbau eine Senkungsmulde a′ c′ c erzeugt worden. Durch die Beeinflussung der geneigten Geländfläche a c b wird ihre Grundfläche a c aus dem Gleichgewicht gebracht und aus diesem Grund wird je nach der Größe dieser Beeinflussung, die Geländefläche a c b der Stabilität ihrer sie stützenden Geländefläche a c beraubt, welche sich nach a′ c′ bewegt hat. Die Folge dieser Gleichgewichtsstörung in der Geländefläche a c ist die Auslösung einer Rutschung, deren Grenzen sich natürlich nicht leicht im vorhinein angeben läßt. Durch weitere Abbaue wird eine Senkung des bereits gesenkten Geländes $a'c'c$ erzeugt, welches in den folgenden Stadien der Bodenbewegung nach $a''c''c$, $a'''c'''c$ usw. gelangen wird, wodurch in immer stärkerem Maße eine Rutschbewegung an den Geländestellen c', c'', c''' usw. hervorgerufen wird. Wir haben es also hier mit Rutschungen im Gelände zu tun, welche durch bergbauliche Einwirkungen hervorgerufen werden können, also auf künstliche Einflüsse zurückzuführen sind. Die Folge dieses fortdauernden Rutschungsprozesses, der in ganz allmählicher Weise vor sich geht, ist eine fortdauernde Änderung der Form des Geländes, das sich in mehr oder minder deutlicher Weise wellenförmig ausbildet. Durch diese künstliche Änderung der natürlichen Verhältnisse sind auch die Wasserabflußverhältnisse einer fortdauernden Veränderung unterworfen.

Die beschriebene Art der bergbaulichen Einwirkungen läßt erkennen, daß das Gelände und die darauf befindlichen Bauwerke auch außerhalb des Grenzwinkels der bergbaulichen Einwirkungen in Mitleidenschaft gezogen werden können, wenn dieses Gelände zu Rutschungen geneigte Erdschichten besitzt und durch Kohlenabbau Bewegungen verursacht werden.

Fig. 37.

Es können auf diese Art auf dem außerhalb des bergbaulichen Einflußgebietes gelegenen Geländeteile ce Rutschungen durch den Bergbau hervorgerufen werden.

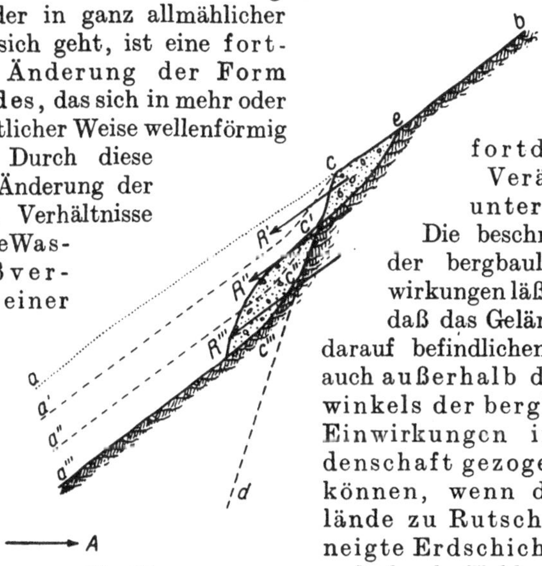

Werden Abbaue in zwei entgegengesetzten Richtungen A und A_1 vorgenommen (Fig. 38), so wiederholt sich der vorgeführte Bodenbewegungsprozeß in ähnlicher Weise und es können dann auf einem solchen Gelände Rutschungen in zwei einander entgegengesetzten Richtungen R und R_1 hervorgerufen werden.

Es sei in Fig. 39 das natürliche Gelände mit $abcb_1a_1$ bezeichnet. Dieses Gelände sei in den zwei entgegengesetzten Richtungen A und A_1 unterbaut und die dazugehörigen Grenzen der bergbaulichen Einwirkungen seien durch bd und b_1d_1 dargestellt. Durch diese Abbaue sei das Gelände $abcb_1a_1$ nacheinander nach $abc'b_1a_1$, $abc''b_1a_1$ und $abc'''b_1a_1$ gelangt; hiedurch seien Rutschbewegungen in den Richtungen R und R_1 entstanden, welche gegen die Abbaufronten A und A_1 gerichtet sind. Diese Rutschbewegungen können die Grenzen der eigentlichen bergbaulichen Einwirkungen bd und b_1d_1 bedeutend überschreiten und wir erkennen, daß die schematische Festlegung bestimmter Grenzbereiche für die obertägigen Bodenbewegungen im Kohlengebiet vollständig irrig erscheint.

Das Problem der bergbaulichen Bodenbewegungen läßt sich nicht schematisch und rezeptmäßig ein für allemal be-

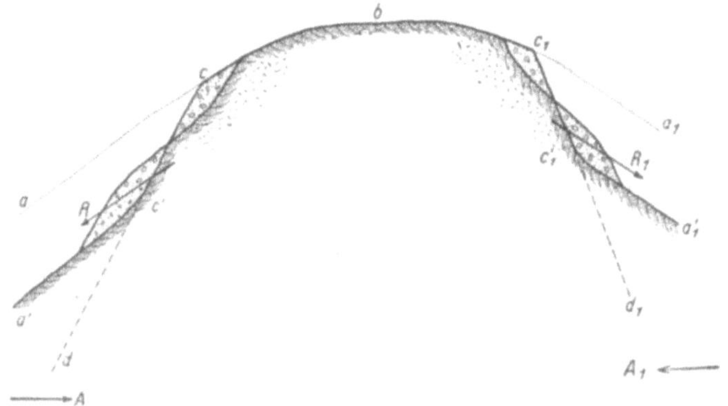

Fig. 38.

handeln — ich lege besonderen Wert auf diese Feststellung —, dieses Problem erfordert in jedem Fall eine individuelle Behandlung.

Die ang führten Untersuchungen ließen sich natürlich noch für die verschiedensten Verhältnisse kombinieren und es sind in der Natur

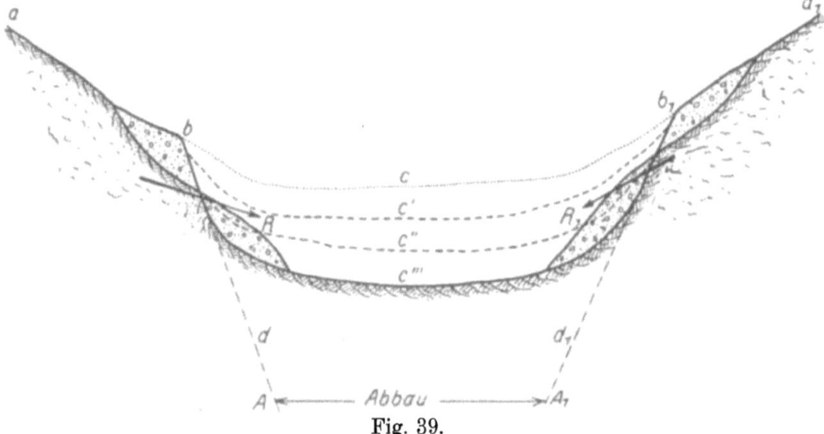

Fig. 39.

oftmals Erscheinungen sichtbar, die auf die merkwürdigsten Vorgänge von Erdbewegungen schließen lassen. Ein hügeliges Gebiet ist für die bergbaulichen Einwirkungen sehr ungünstig. Der bergbauliche Bodenbewegungsprozeß kann durch den noch hinzutretenden Rutschprozeß von äußerst unangenehmen Folgen begleitet sein.

Die Bodenbewegungen können bei Vorhandensein von entsprechenden Unterlagen (Geländeaufnahme vor dem Eintritt der Bodenbewegungen usw.) durch Messungen festgestellt werden. Diese Bewegungen müssen logischerweise auch alle obertags befindlichen Bauwerke mitmachen und stellen zum Beispiel die Eisenbahnen und sonstige Anlagen wertvolle Mittel dar, die eingetretenen Bewegungen des Bodens feststellen zu können. Das sicherste Mittel für die Feststellung von bergbaulichen Bodenbewegungen liefern die Eisenbahnen, weil an der Erhaltung des Bahnniveaus ein bedeutendes Interesse besteht. Aber auch Hochbauten werden logischerweise durch Bodenbewegungen in der verschiedenartigsten Weise in Mitleidenschaft gezogen und wir wollen deshalb an dem im bewegten Gebiet befindlichen Haus die etwa eingetretenen Änderungen nur insoweit untersuchen, als sie für die durch die Bodenbewegungen etwa stattgehabte Beeinflussung in Betracht kommen. Die an einem Gebäude verursachten Schäden können von der verschiedensten Art sein. Die Schäden können von einer Bewegung der Fundamente herrühren, welche keine genügende Tragfähigkeit besitzen. Die Folgewirkungen einer solchen mangelhaften Bauweise werden sich durch Risse im Mauerwerk zeigen, deren Lage dem Baustatiker Anhaltspunkte dafür bieten können, um die Ursache der eingetretenen Störungen im Zusammenhang der Gebäudekonstruktion feststellen zu können. Wenn sich ein Gebäude in seinen Fundamenten überall gleichmäßig und gleichzeitig setzt, dann kann ein solches Gebäude schadlos bleiben. Die Bergbausenkungen sind in gewissen Bereichen der obertägigen Senkungszonen fast gleichmäßig, aber nicht gleichzeitig. Ich habe Gebäude in Senkungsgebieten beobachtet, deren direkte Unterbauung in einer solchen Art eingeleitet und durchgeführt worden ist, daß ein gleichmäßiger und gleichzeitiger Senkungsprozeß im ganzen Gebäudebereich eingetreten ist. Die Gebäude blieben fast vollkommen schadlos. Ich habe ferner Gebäude beobachtet, denen der Abbau sich immer mehr genähert hat, bis eine vollständige Unterbauung vorhanden war. Diese Bauwerke haben sich schließlich an allen Stellen gleichmäßig, aber nicht gleichzeitig gesetzt, sie haben bedeutende Schäden erlitten. Im ersten Fall hat die Absenkung des Geländes im ganzen Gebäudebereich direkt begonnen und nach allen Seiten hin sich fortgepflanzt (Fig. 40), im zweiten Fall (Fig. 41) hat sich die Senkungsmulde dem Haus genähert, es ist in die Schadenszonen der ungleichmäßigen Setzungen geraten, bis endlich die Senkungsränder der sich nacheinander entwickelnden Mulden über das Gebiet des Gebäudes hinausgereicht haben. Es ist also die Tatsache, daß ein Gebäude keinen Schaden erlitten hat, noch kein Beweis, daß dieses Gebäude sich nicht gesenkt hat, anderseits ist jedoch die Tatsache, daß ein Gebäude Schaden erlitten hat, noch immer kein Beweis, daß es sich tatsächlich gesenkt hat.

Es ist nun die Frage, ob die bergbaulichen Einwirkungen sich in einer charakteristischen Weise an einem Gebäude äußern, so daß man aus der Art der eingetretenen Schäden auf die bergbauliche Ursache schließen könnte. Es würde mich zu weit führen, diese interessante und überaus wichtige Frage im Rahmen dieses Gutachtens zu erörtern. Nur soviel möchte ich hier bemerken, daß die bergbaulichen Einwirkungen nur in einzelnen Schulfällen eine ganz besondere, charakteristische Art der Beeinflussung von Bauwerken hervorrufen. Es gibt auch Maßnahmen in der Konstruktionsmethode für Bauwerke, welche die Bodenbewegungen wohl nicht verhindern, die Gebäude aber geeignet machen, diese Bewegungen möglichst schadlos mitmachen zu können.

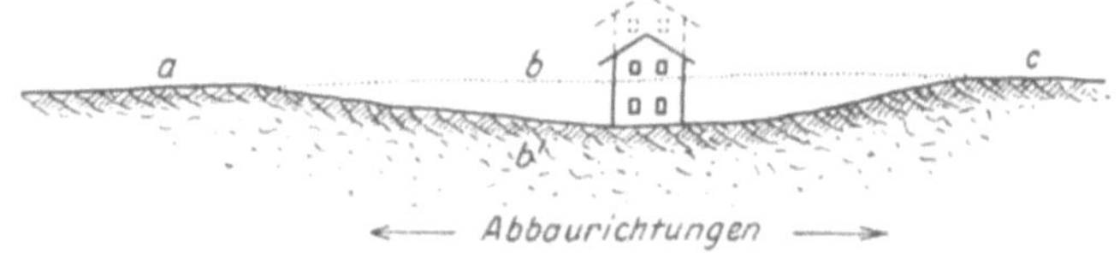

Fig. 40.   a b c natürliches Gelände mit Haus, a b' c gesenktes Gelände
(Senkungsmulde).

Man hat in vielen Fällen auf diese Art Schäden vermeiden können, die bei normaler Konstruktionsart der Bauwerke sicherlich aufgetreten wären.

Um nun auf das beklagte Gebäude zurückzukommen, sei angeführt, daß dasselbe Bodenbewegungen bergbaulicher Natur ausgesetzt war; ich konnte keine andere Beeinflussung konstatieren, welche den Gebäudebestand irgendwie in Mitleidenschaft gezogen hätte. Im Gebäudebereich ist an den Bodenschichten keine, dem freien Auge sichtbare Bodenbeeinflussung bemerkbar, es sind hier Bodenschichten vorhanden,

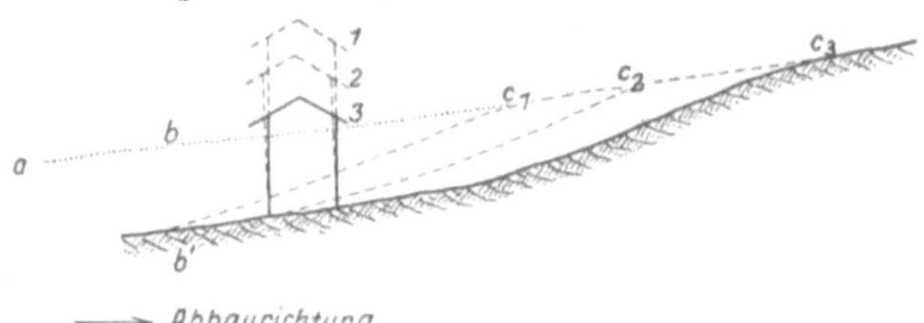

Fig. 41.   a b c_1 natürliches Gelände mit Haus 1, a b' c_1 Senkungsmulde mit gesenktem Haus 1, a b' c_2 Senkungsmulde mit gesenktem Haus 2, a b' c_3 Senkungsmulde mit gesenktem Haus 3.

welche den Bewegungsprozeß, wie dies in vielen Fällen vorkommt, mitgemacht haben, ohne daß eine örtliche, sichtbare, schädliche Beeinflussung eingetreten wäre. Das beklagte Gebäude hat sich ungleichmäßig bewegt, es hat sich an dem gegen Südosten gerichteten Teil mehr gesenkt, als an dem anderen Bestand. Der südöstliche Teil des Gebäudes ist in einer beiläufigen Länge von 15 m in stärkerem Maße beeinflußt worden. In diesem Einflußbereich ist eine von der Gebäudeecke zirka 7 m, bzw. 9 m messende Länge, innerhalb welcher eine besonders starke Beeinflussung stattgefunden hat. Ich habe von dieser Einflußzone ausgehend, das Gelände verfolgt und bin auf zirka 100 m vom Haus in nordöstlicher Richtung auf stärkere Bodenbeeinflussungen gestoßen, welche dem Auge frei sichtbar sind. Es sind. dies die bereits beschriebenen schalenförmigen Geländeablösungen und Geländeverschiebungen, welche auf einer Parzelle bemerkbar sind.

γ) Der natürliche und künstliche Einfluß in gemeinschaftlicher Wirkung. Wir haben bisher die im vorliegenden Fall in Betracht kommenden natürlichen und künstlichen Beeinflussungen der Erdschichten in einer für die Aufklärung der verschiedenen Fragen notwendigen Weise in getrennter Form erörtert und wollen nun untersuchen, wie sich die Verhältnisse gestalten, wenn beide Einflüsse gemeinschaftlich zur Wirkung gelangen. Es seien in Fig. 42 die in Fig. 35 beschriebenen Bodenverhältnisse vorhanden, und es soll nun untersucht werden, in welcher Weise durch den Bergbau eine Beeinflussung dieser Bodenschichten erfolgen kann. Durch den Kohlenabbau in der angegebenen Richtung wird eine Bewegung der Bodenmassen hervorgerufen, welche in der Grenze d e ihr Ende finden soll. Die Tegelschichte T wird beispielsweise die Lage T′ annehmen, und die dadurch vergrößerte Neigung dieser Schichte wird die Möglichkeit einer Bewegung der gesenkten Lehmschichte L begünstigen. Es

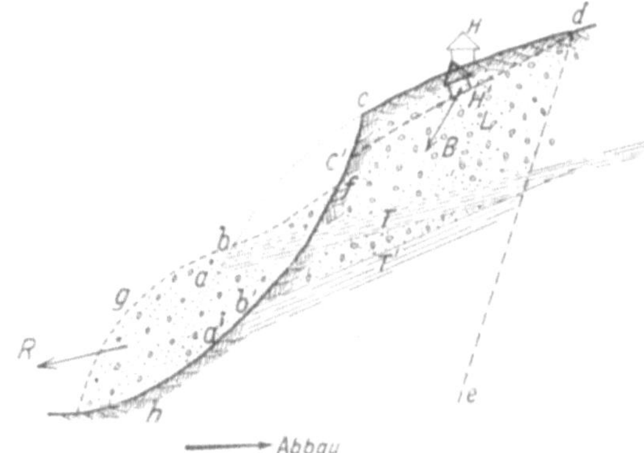

Fig. 42. h b c d natürliches Gelände, L wasserführende Erdschichte, T Ton (undurchlässig), d e Grenze der Abbauwirkung, c′ d gesenktes Gelände, g b c′ c gerutschtes Gelände, R Richtung der Rutschbewegung, B Richtung der bergbaulichen Senkung und Verschiebung des Geländeteiles c d.

kann dann eine Rutschung des Erdmaterials in der Richtung R eintreten, während durch den Kohlenabbau eine Absenkung und Verschiebung der Bodenschichten von c d nach c′ d entsteht. Es kann durch den künstlichen Einfluß (Bergbau) die Wirkung des natürlichen Einflusses im Rutschgelände ausgelöst werden, wenn durch die bergbauliche Senkung und Verschiebung des Bodens die Rutschbewegung hervorgerufen wurde. Wenn sich nun ein Haus H auf dem Gelände c d befindet, so wird sich das Haus infolge der bergbaulichen Senkung nach H′ auf c′ d bewegen.

Die Tatsache, daß im Geländegebiet b c eine Rutschung eingetreten ist, kann kein Beweis dafür sein, daß das beklagte Haus infolge des natürlichen Rutschungseinflusses gesenkt, bzw. beschädigt worden ist.

Im vorliegenden Fall sind die Richtungen R der Rutschung und B der bergbaulichen Bodenbewegung nach derselben Seite hin gerichtet und wir wollen nun jenen Fall beschreiben, in welchem diese Richtungen eine andere Lage zueinander aufweisen.

Wenn nun — wie in Fig. 43 dargestellt erscheint — das Gelände a b c d durch einen Abbau in der angegebenen Richtung unterbaut ist, dessen Wirkungen in c e ihre Grenze finden, so wird die Oberfläche c d nach c d' sich senken und verschieben. Das Haus H gelangt nach H';

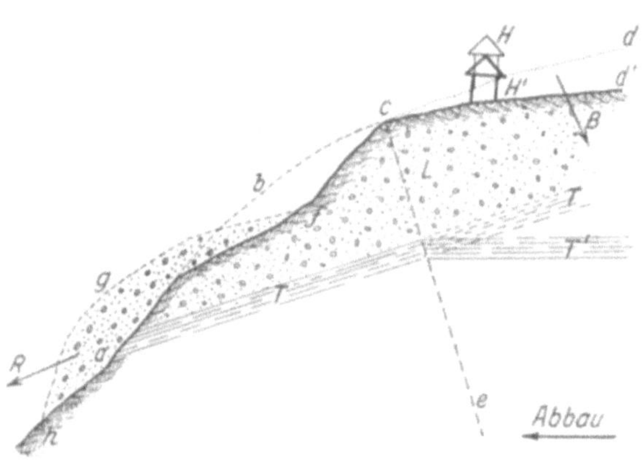

es erhält eine bergbauliche Bewegung in der Richtung B. Die infolge des natürlichen Einflusses des Wassers sich auslösende Rutschbewegung in der Richtung R und die Bewegungsrichtung B (infolge bergbaulichen Einflusses) haben entgegengesetzte Ziele. Während im Fall, der in Fig. 42 beschrieben ist, die Rutschbewegung durch den Bergbau veranlaßt und begünstigt worden ist, ist im vorliegenden Fall (Fig. 43) die Rutschbewegung (R) lediglich auf den natürlichen Einfluß, die Senkung des Hauses nur auf den künstlichen Einfluß (Bergbau) zurückzuführen.

Fig. 43. a b c d natürliches Gelände mit Haus H, c n gesenkter Geländeteil mit Haus H', R Richtung der Rutschbewegung, B Richtung der bergbaulichen Senkung und Verschiebung.

Der hier zu behandelnde gutächtliche Fall ist mit den Verhältnissen zu vergleichen, wie sie in Fig. 42 dargestellt erscheinen. Das beklagte Haus liegt an einer Bezirksstraße und das Gelände weist in einem weiteren Umkreis keine merklichen Veränderungen auf; das Gelände ist unterbaut und hat sich gesenkt, wie dies an den gesenkten Fundamenten und an den Rissen der Mauern des beschädigten Hauses ersehen werden kann. Die beklagten Parzellen liegen an den Lehnen eines typischen Rutschterrains. Die Senkungen und Beschädigungen des Hauses sind aus rein bergbaulichen Ursachen hervorgegangen; die beklagten Parzellen sind gerutscht infolge des natürlichen Einflusses des Wassers und gesenkt infolge des Kohlenabbaues, wie dies in Fig. 42 dargestellt erscheint. Nun entsteht die Frage: Ist die Rutschung des Geländes vor dem bergbaulichen Einfluß schon vorhanden gewesen? In diesem Fall wäre der Schaden an den Parzellen rein elementaren (natürlichen) Ursprungs. Oder sind die beiden Einflüsse (natürlicher und künstlicher) gleichzeitig zur Geltung gekommen? In diesem Fall sind beide Einflüsse an der Beschädigung der Parzellen schuldtragend. Es ist in diesem Fall ungemein schwierig, die beiden Anteile dieser Einflüsse und damit auch die Schadensanteile derselben festzustellen oder zu berechnen.

Oder ist der bergbauliche Einfluß zuerst zur Geltung gelangt und dann erst die Rutschung ausgelöst worden? In diesem Fall wäre der bergbauliche Einfluß allein schuldtragend an den hervorgerufenen Schäden.

In Fig. 43 ist jener Fall dargestellt, der für das Haus nur die bergbauliche Schadensursache und für die beklagten Parzellen nur die natürliche (elementare) Schadensursache erkennen läßt. In Fig. 43 hat nur eine Unterbauung des Hauses und der angrenzenden Umgebung stattgefunden; in Fig. 42 sind das Haus und die beklagten Parzellen unterbaut worden, welche Verhältnisse dem gutächtlichen Klagefall entsprechen.

c) Schlußfassung. Die vorgeführten Darlegungen sollen nur die Richtlinien zum Ausdruck bringen, welche dem Gutachter bei der Beurteilung der strittigen Fragen maßgebend waren. Ich habe das beklagte Gelände, das beschädigte Bauwerk und das für die Geländebeeinflussung in Betracht kommende Gesamtgebiet einer eingehenden Besichtigung unterzogen. Dieser Ortsaugenschein und die Einsichtnahme in die Abbaukarten haben mich zu folgender Schlußfassung veranlaßt:

1. Im beklagten Gebiet hat eine bedeutende bergbauliche Beeinflussung der Bodenschichten stattgefunden. Der Bergbau hat in diesem Gebiet Störungen des Gleichgewichtszustandes der Bodenmassen hervorgerufen.

2. In einem großen Teil des beklagten Gebietes sind Bodenschichten vorhanden, bei welchen infolge des natürlichen Einflusses des Wassers die Grundlagen des Gleichgewichtszustandes der Gebirgsmassen, entsprechend den atmosphärischen Verhältnissen einer fortdauernden Veränderung (aber nicht immer Störungen) unterworfen sind.

3. An einigen Stellen dieses Gebietes sind Störungen des Gleichgewichtszustandes der Erdschichten durch den natürlichen Einfluß des Wassers erfolgt. Das beklagte Gebiet weist den Charakter eines hügeligen Geländes auf, das in seiner Gestaltung verändert wurde.

Wenn ich mich nun auf die dem gegenständlichen Rechtsfall betreffenden Streitgegenstände beschränke, so bemerke ich, daß an dem beklagten Gebäude nur der Einfluß des Bergbaues zur Wirkung gekommen ist. Bezüglich der beklagten Grundstücke habe ich zu bemerken, daß ich dem störenden Einfluß des Bergbaues den überwiegenden Anteil an der Bodenbeeinflussung zuschreibe.

Hierbei will ich noch folgende Erwägungen anführen, welche für den gegenständlichen Rechtsfall nicht ohne Bedeutung sein dürften.

Wäre das Gelände eben, so würde mit Rücksicht auf den Mangel an Bewegungen der im hügeligen Gebiet vorhandenen gleitenden Bodenschichten, der natürliche Einfluß des Wassers wohl die Grundlagen des Gleichgewichtes verändern. Zu Störungen des Gleichgewichtszustandes der Erdmassen würde jedoch aus diesem Einfluß kein zwingender Anlaß gegeben sein. Das Gelände würde vollständig versumpfen, da die Wasserabflußverhältnisse sehr nachteilig beeinflußt würden. Das Gelände würde zur Bewirtschaftung unbrauchbar geworden sein. Der Bergbau könnte in diesem Fall zur Gutmachung des gesamten Schadens verpflichtet werden.

Auf G und des vcm Bausachverständigen abgegebenen Gutachtens hat das Gericht nachträglich noch einige Fragen an mich gerichtet, welche ich wie folgt beantwortet habe:

Der Herr Sachverständige im Baufach hat in seinem Gutachten bezüglich der Niveauverhältnisse des beklagten Gebäudes unter anderem angeführt, daß der gegen Südosten gerichtete Trakt dieses Gebäudes sich im Maximum um 19,3 cm mehr gesenkt hat als die der Straße zunächst gelegene, gegen Nordwesten gerichtete Hauskante, deren Höhe in der dem Befunde beiliegenden Situationsskizze (Fig. 33) mit Null bezeichnet worden ist. Der gegen Nordost gerichtete Hausteil weist ebenfalls Senkungsmaximum von 19,3 cm auf, wenn die angegebene Hauskante als Nullpunkt angenommen wird. Diese am Gebäude festgestellten Neigungsverhältnisse liefern den Beweis, daß sich das Gelände vom Zeitpunkte des Hausbaues in der Richtung von Südwest nach Nordost in zunehmendem Maße gesenkt hat, so daß in dieser Richtung die Ausbildung des Muldentiefsten erfolgt ist.

Diese Tatsache hat dazu Anlaß gegeben, eine nähere Begründung dafür zu suchen, warum die Mehrsenkungen des Gebäudes in der angeführten Richtung verlaufen, da man durch die Gestaltung des derzeitigen Abbaubetriebes zur Annahme geneigt war, daß dieses Gebäude gerade in der entgegengesetzten Richtung die größeren Senkungen aufweisen müßte, wenn ein ursächlicher Zusammenhang mit den bergbaulichen Einwirkungen erwiesen sein sollte.

In meinem Gutachten habe ich unter anderem angeführt: „Um nun auf das beklagte Gebäude zurückzukommen, sei angeführt, daß dasselbe Bodenbewegungen bergbaulicher Natur ausgesetzt war; ich konnte keine andere Beeinflussung feststellen, welche den Gebäudebestand irgendwie in Mitleidenschaft gezogen hätte. Im Gebäudebereiche ist an den Bodenschichten keine dem freien Auge sichtbare Bodenbeeinflussung bemerkbar; es sind hier Bodenschichten vorhanden, welche den Bewegungsprozeß, wie dies in vielen Fällen vorkommt, mitgemacht haben, ohne daß eine örtliche, sichtbare, schädliche Beeinflussung bemerkbar wäre. Das Gebäude hat sich ungleichmäßig bewegt, es hat sich an dem gegen Südosten gerichteten Teil mehr gesenkt, als an dem anderen Bestande. Der südöstliche Teil des Gebäudes ist in einer Länge von 15 m in stärkerem Maße beeinflußt werden.‟

Die vom Herrn Sachverständigen im Baufach festgestellten Neigungsverhältnisse konnten mit Rücksicht auf die vorstehenden Ausführungen keine Überraschung für mich bilden. Ich kann in den festgestellten Neigungsverhältnissen des Gebäudes auch keinen Grund finden, der mit den Schlußfassungen meines Gutachtens widersprechend sein würde. Die Richtigkeit meiner Darlegungen ist durch die nachträglich durchgeführten Bohrungen in den Geländeschichten noch erhärtet worden. Die festgestellten Bodenverhältnisse sind für die Fundierung von Bauwerken sehr günstig. Die an der nordöstlichen Hoffront durchgeführte Untersuchung der Fundierungsverhältnisse des Gebäudes hat ergeben, daß unter einer 40 cm hohen Anschüttung bis zu der in einer Tiefe von 1,1 m befindlichen Fundamentsohle gelber, dichter Lehm aufgeschlossen wurde. Dieser Lehm reicht noch in wenig wechselnder Beschaffenheit bis auf eine Tiefe von 5,60 m unter die Tagesoberfläche, so daß unter den Gebäudefundamenten noch eine Lehmschichte von 4,50 m

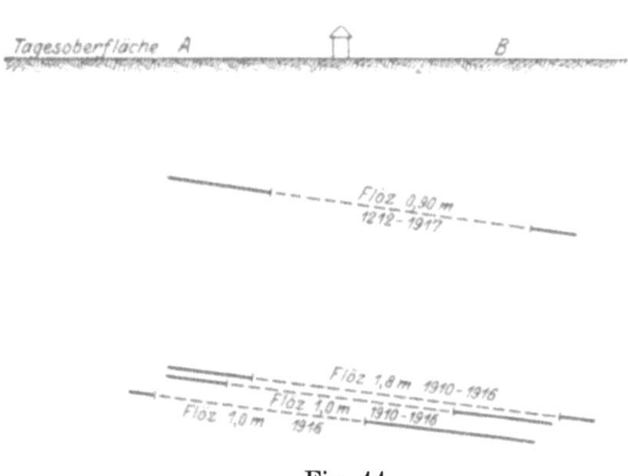

Fig. 44.

sich befindet, welche für den Bestand des Gebäudes günstig erscheint. Die Fundierungsarbeiten wurden also in Bodenschichten vorgenommen, welche keine Gefahrenquelle für die Sicherheit des Gebäudebestandes zutage bringen konnten. Die in der angeführten Tiefe von 5,90 m festgestellten Sandschichten konnten gelegentlich der Fundierungsarbeiten mit Rücksicht auf die große Tiefe in keine, wie immer geartete Mitleidenschaft gezogen worden sein.

Die Erhebung der Abbauverhältnisse hat ergeben, daß ein 90 cm mächtiges Flöz unter dem Hause im Jahre 1912 und fortschreitend bis zum Jahre 1917 in einer beiläufigen Tiefe von 200 m in der Richtung von Südwest nach Nordost abgebaut wurde (Fig. 44). Außerdem wurden noch abgebaut ein 1,8 m mächtiges Flöz in einer Teufe von 462 m in derselben Hauptrichtung fortschreitend in den Jahren 1910—1916. Ferner wurde abgebaut ein 1 m mächtiges Flöz in einer Teufe von 474 m in der angegebenen Hauptrichtung fortschreitend in den Jahren 1910—1916. Schließlich wurde noch ein 1 m mächtiges Flöz im Jahre 1916 in einer Teufe von 496 m abgebaut. Andere Flöze kommen mit Rücksicht auf ihre Abbaujahre (1882—1905) für die Einwirkungen auf das Gebäude nicht in Betracht.

Nun kommt die Frage zur Erörterung, auf welche Weise die für die Beeinflussung des Gebäudes in Betracht kommenden Abbaue die Höhenlage des Gebäudes zu verändern vermochten. Es kann nur im allgemeinen die voraussichtlich zu erwartende Form des den bergbaulichen

Veränderungen ausgesetzten Geländes angegeben werden. Im besonderen können die verschiedensten Umstände einen Einfluß auf die Neigungsverhältnisse der Tagesoberfläche ausüben, die mit Rücksicht auf die zahlreichen in Betracht kommenden Fragen hier nicht näher erörtert werden sollen. Es sei die Form der Tagesoberfläche durch die Linie A B (Fig. 44), welche dem Profile in der Hauptrichtung

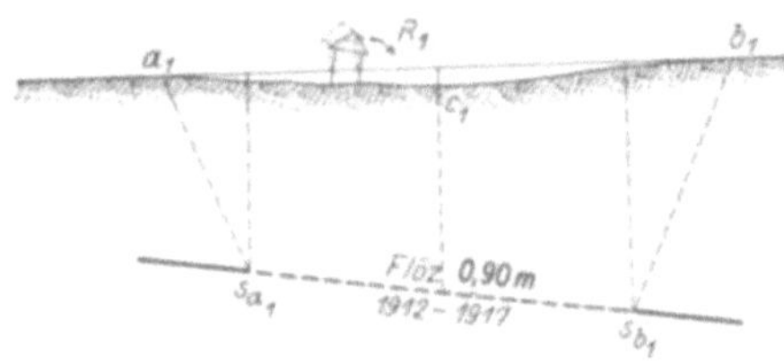

Fig. 45.

der Abbaufront entsprechen soll, dargestellt. Infolge des in den Jahren 1912—1917 erfolgten Abbaues des 0,90 m mächtigen Flözes hat das Gelände eine Ausbildung der Mulde $a_1 c_1 b_1$ (Fig. 45) erhalten, deren größtes Senkungsmaß mit 40 bis 60 cm geschätzt werden kann. Das Haus selbst befindet sich nicht im Muldentiefsten, sondern an dem gegen Südwest gerichteten Muldenast und hat eine Neigung R_1 gegen Nordost erfahren.

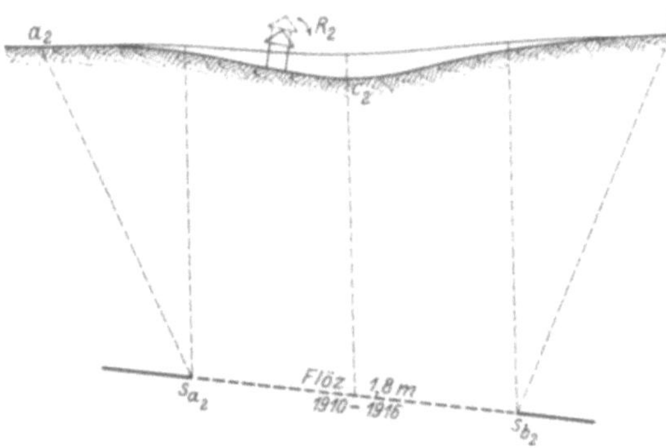

Fig. 46.

Infolge des in den Jahren 1910—1916 abgebauten 1,8 m mächtigen Flözes hat das Gelände die Form $a_2 c_2 b_2$ (Fig. 46) erhalten mit einem geschätzten größten Senkungsmaß von 0,80—1,20 m. Das Haus befindet sich abermals an dem gegen Südwest gerichteten Muldenlast und hat eine Neigung R_2 gegen Nordost erfahren.

Infolge des in den Jahren 1910—1916 abgebauten Flözes hat das Gelände eine Ausbildung der Mulde $a_3 c_3 b_3$ (Fig. 47) erfahren mit einer größten größten Senkung von 0,40 bis

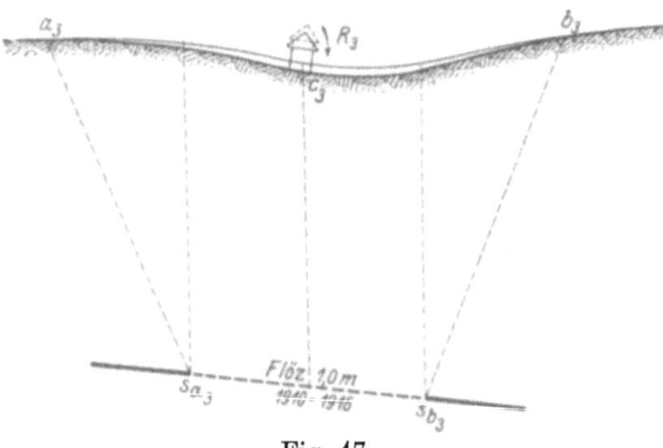

Fig. 47.

0,60 m. Das Haus kommt fast in die Mitte der neuen Mulde zu liegen und hat eine gleichmäßige Absenkung erfahren; es behält seine gegen Nordost gerichtete Neigung R_3.

Schließlich kommt noch ein 1 m mächtiges Flöz in Betracht, das im Jahre 1916 und in der darauf folgenden Zeit abgebaut wurde. Das Gelände erhält die Muldenform $a_4 c_4 b_4$ (Fig. 48) mit der größten Senkung von 0,40—0,60 m. Das Haus befindet sich diesmal auf dem gegen Nordost gerichteten Muldenrand und erhält eine Neigung R_4 in der Richtung gegen Süd-

west. Es hat sich die gegen Nordost bestandene Neigung des Gebäudes durch den Abbau des tiefsten Flözes wohl etwas verringert, doch konnte sie keineswegs aufgehoben oder gar in die entgegengesetzte Richtung verändert worden sein.

Die infolge der drei hangenderen Flöze — deren Gesamtmächtigkeit

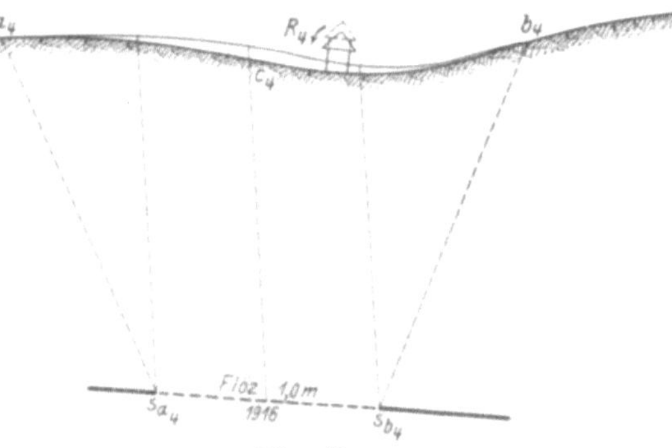

Fig. 48.

(0,90 + 1,80 + 1,10 m) 3,70 m beträgt — ausgebildeten Geländemulden haben das an den südwestlichen Rand bzw. in der Mitte der dritten Mulde befindliche Haus gegen Nordosten geneigt. Diese Neigung wurde durch den Abbau des 1,0 m mächtigen liegendsten Flözes etwas verringert, aber nicht aufgehoben.

Die vom Bausachverständigen festgestellten Höhenverhältnisse haben die Tatsache der Neigung des Hauses in der Hauptrichtung von Südwest gegen Nordost ergeben. Die am Gebäude festgestellten Neigungsverhältnisse können aus den bergbaulichen Verhältnissen erklärt werden. Der scheinbare Widerspruch der Neigungsverhältnisse des Gebäudes zu

Fig. 49.

den Abbauverhältnissen könnte nur dann zur Geltung kommen, wenn man den Abbau des liegendsten Flözes allein in Betracht ziehen würde. Bei Berücksichtigung der erwähnten drei hangenden Abbaue, welche das Gebäude beeinflußt haben, kommt man zu dem Schlusse, daß das Gebäude seine größeren Senkungen in der von Südwest gegen Nordost gerichteten Front erfahren hat, wie dies die festgestellten Neigungsverhältnisse auch ergeben haben (Fig. 49).

Nach diesem interessanten Beispiel eines Rechtsstreites soll nun im folgenden ein Rechtsfall in kurzen Zügen behandelt werden, den ich mit Rücksicht auf seine Eigenartigkeit hier vorzuführen mich verpflichtet fühle.

2. Aus einem Gutachten.

a) Der Befund. α) Die Baulichkeiten. Die beklagten Baulichkeiten (Wohnhaus und Nebengebäude) befinden sich auf einem in
der Richtung von Nord nach Süd abfallenden Gelände (Fig. 50 und
51). Diese allgemeine Neigung des Geländes entspricht den natür-

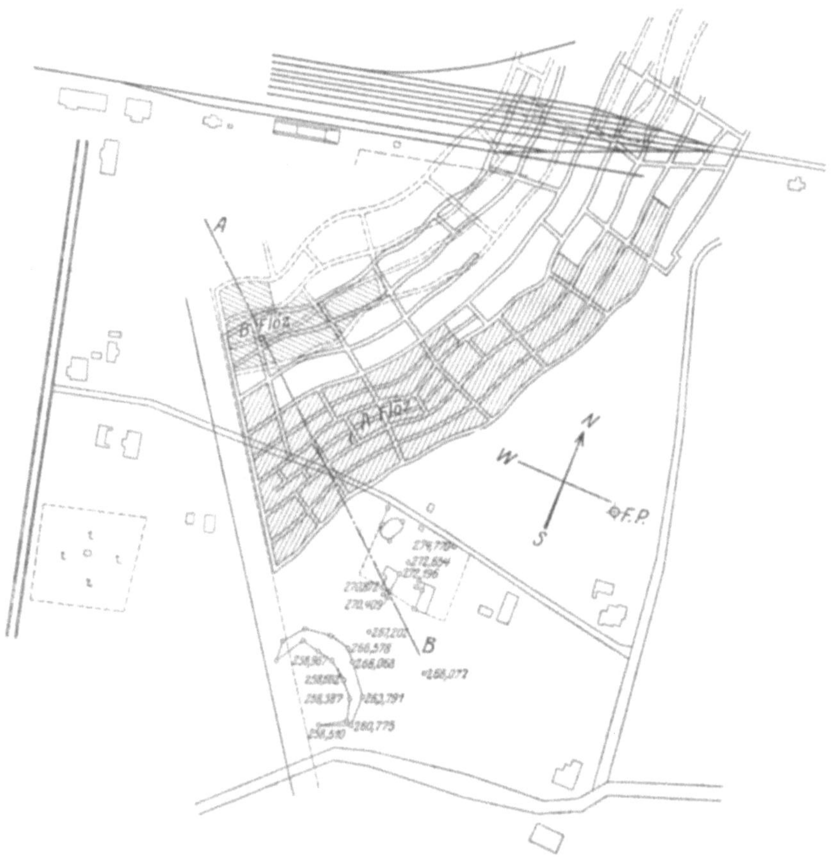

Fig. 50. Das beklagte Wohngebäude ist durch die Kote 270,409 bezeichnet, das
Nebengebäude trägt die Kote 272,196. Die Schottergrube ist durch die Koten
266,578, 266,068, 263,791, 260,775, 258,510, 258,387, 258,682 u. 258,967 bezeichnet.

lichen Verhältnissen und kann nicht etwa als eine durch künstliche —
menschliche — Eingriffe erzeugte Geländeform bezeichnet werden. Die
einheitliche Konfiguration des Geländes wird ungefähr 60 m südlich von
den Baulichkeiten unterbrochen, und zwar durch eine ungefähr 8 m tiefe,
ziemlich steil abfallende Böschung, in welcher eine Schotterabgrabung —
also ein künstlicher Eingriff — vorgenommen worden ist. Von hier aus ver-

flacht sich das Gelände, um wieder seine natürliche Gestaltung anzunehmen (Fig. 51). Das Wohnhaus weist Neigungen in der Richtung von Nord nach Süd, Süd nach Nord und von Ost nach West auf. Es ist charakteristisch, daß das Wohnhaus auch Neigungen erfahren hat, welche der allgemeinen Geländeneigung von Nord nach Süd entgegengesetzt — also von Süd nach Nord — gerichtet sind; ebenso erscheint es

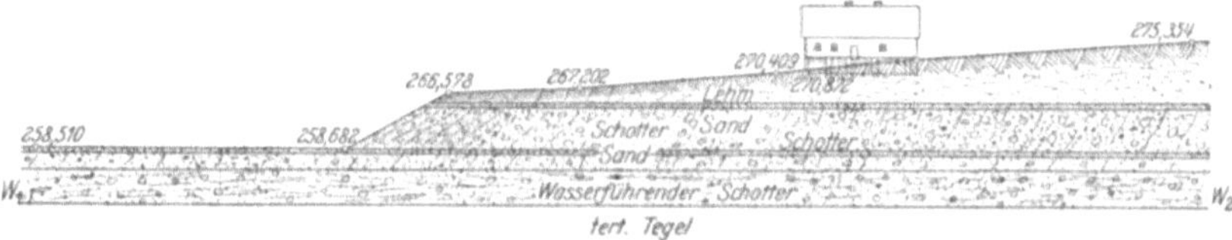

Fig. 51. Querschnitt durch das Gelände beim Wohngebäude (Kote 270,409) in nordsüdlicher Richtung.

bemerkenswert, daß Konstruktionsteile dieses Gebäudes auch in der Richtung nach Westen geneigt erscheinen. Der Fußboden eines Zimmers hat eine muldenförmige Form, welche ihre größten Senkungsmasse in der Richtung von Süd nach Nord an der nördlichen Scheidemauer dieses Zimmers aufzuweisen hat. Es ist ferner bemerkenswert, daß die Mauern des angeführten, unterkellerten Zimmers ohne besondere Fundamente direkt auf einer Lehmschicht aufruhen. Das Wohnhaus besitzt eine ganze Reihe empfindlicher Schäden; so ist hauptsächlich die Abtrennung der südlichen Stirnmauer von den Längsfronten hervorzuheben. Die Abnivellierung der Friesbänder des Nebengebäudes hat ergeben, daß die nördliche und die südliche Stirnfront gegen Westen geneigt sind. Der Sockel dieses Gebäudes weist Bewegungen in der Richtung von Nord nach Süd auf.

β) Der Bergbau. Die Baulichkeiten befinden sich im flözreichen Gebiete eines neu aufgeschlossenen Steinkohlenreviers; zahlreiche — teilweise auch mächtige (5 m) — Kohlenflöze werden von einer durchschnittlich 300 m mächtigen Tertiärschicht überlagert. Es wechseln Lehm-, Tegel-, Sand- und Schotterschichten in verschiedenen Mächtigkeiten; es handelt sich um Bodenschichten, welche teils wasserführend sind und bei künstlichem Eingriff — Anschneiden — zu Rutschungen neigen. Auf Grund der eingesehenen Abbaukarten konstatiere ich den erfolgten Abbau im Flöz A (2,5 m mächtig) und eines Feldes im Flöz B (3,50 m mächtig) (Fig. 52). Das erste, in einer ungefähren Tiefe von 370 m liegende Flözfeld A hat in der Fallrichtung der unter einem Winkel von 18⁰ geneigten Flöze eine ungefähre Breite von 85 m bei einer Längenausdehnung von ungefähr 400 m (Fig. 50). Das zweite, hangende Flözfeld B befindet sich ungefähr 20 m ober dem Abbaufeld A; es hat eine Breite von ungefähr 45 m bei einer Längenausdehnung von 120 m. Das produktive Kohlengebirge (Carbon) hat über beiden Abbaufeldern eine Mächtigkeit von ungefähr 50 m. Zwischen dem oberen Stoß des

abgebauten Flözes B und dem unteren Stoß des Flözfeldes A ist nur
ein Kohlenpfeiler von ungefähr 15 m Breite in, der Flözfallrichtung

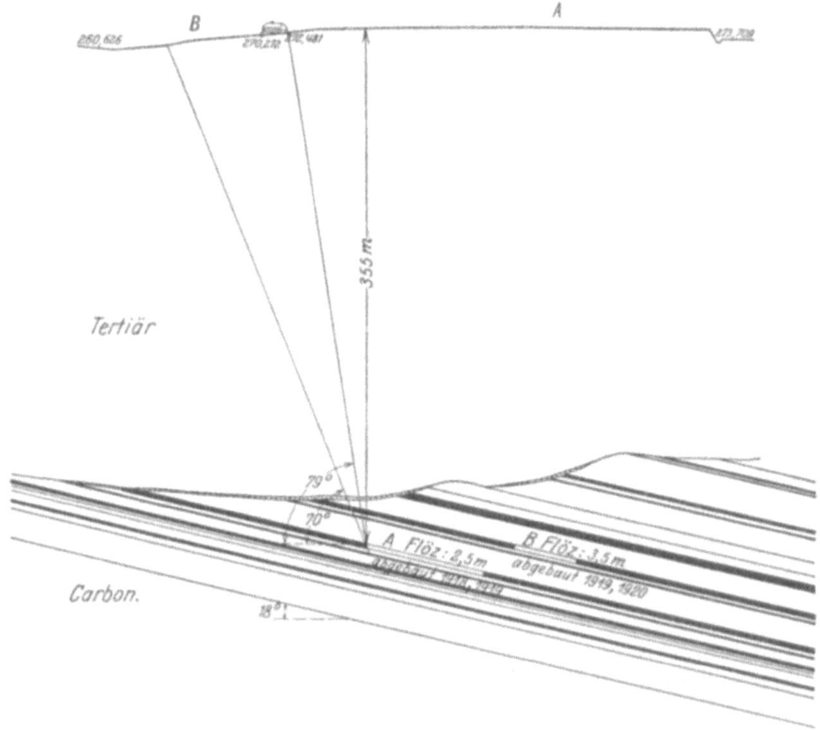

Fig. 52.   Querschnitt durch das Gelände' in der in Fig. 50 bezeichneten
Richtung A B.

vorhanden. Das Gebiet war bisher vom Bergbau unberührt, und es
sind die ersten Flöze, welche derzeit im Abbau sich befinden.

b) Das Gutachten. Es sei vor allem festgestellt, daß auf Grund
der vorliegenden Abbauverhältnisse — Tiefenlage und Mächtigkeit
der Kohlenflöze — die beklagten Baulichkeiten in die Einflußsphäre des Bergbaubetriebes zu liegen kommen. Dei Baulichkeiten gelangen in die an den vertikalen Senkungsbereich angrenzenden Schiebungs- und Spannungszone einer bei solchen
Abbauverhältnissen erfahrungsgemäß auftretenden Senkungsmulde.
Diese Schiebungs- und Spannungszone reicht bei der Annahme eines
Richturgswinkels von 70° — welcher die Grenze der Abbauwirkung
darstellen soll — noch ungefähr 80 m über die gegenständlichen Baulichkeiten hinaus (Fig. 52). Die beiden Flözfelder A und B kommen als gemein

schaftlich wirkend in Betracht, so daß nur die Untersuchung der obertägigen Einwirkungen mit Bezug auf den oberen Abbaustoß des A-Flözes notwendig erscheint. Gerade in entgegengesetzter Richtung zur natürlichen Neigung des Gebäudes (Fig. 51) sind Senkungen festgestellt worden, welche gegen die Abbaufront gerichtet sind. Es ist auch bemerkenswert, daß gerade jener Gebäudeteil des Wohnhauses — welcher ohne besondere Fundamente errichtet worden ist und der Schottergrube am nächsten liegt — Bewegungen in entgegengesetzter Richtung des natürlichen Geländegefälles erlitten hat; es wäre eine nur ganz geringe Bodenbewegung in der Richtung gegen die Schottergrube schon imstande gewesen, ein Gleiten dieses Gebäudeteiles gegen die Schottergrube hin in der natürlichen Gefällsrichtung des Geländes — also in einer der Abbaufront entgegengesetzten Richtung — zu erzeugen.

Die vorhandenen Bodenverhälisse bieten dem Wasser die Möglichkeit, obertags durch eine 5 bis 8 m mächtige sandige Lehmmasse einzudringen; es gelangt sodann in eine 6 m mächtige Schotterschicht, in welcher die in Rede stehende Schottergrube ausgehoben worden ist. Eine wasserundurchlässige Tegelunterlage verhindert das weitere Eindringen des Wassers in die unteren Bodenschichten. Es sind zweifellos alle natürlichen Voraussetzungen gegeben, um Geländerutschungen zu veranlassen, und zwar ist es eine 19 m mächtige, abwechselnd aus Lehm, Sand und Schotter bestehende wasserdurchlässige Bodenmasse, welche durch den auf einer undurchlässigen Tegelmasse erzeugten Wasserstrom in Bewegung geraten könnte, wenn der Arbeitsprozeß des Wassers die Kohäsions- und Reibungskräfte überwinden würde, welche zwischen der tiefsten Schotter- und Tegelschicht wirkend sind. Diese Kräfte können in unserem Falle erst dann überwunden werden, wenn der Wasserstrom in $W_1 W_2$ (Fig. 51) eine Austrittsmöglichkeit besitzt. Diese Austrittsmöglichkeit ist in unserem Falle erst dann vorhanden, wenn durch einen künstlichen Eingriff die ungefähr 19 m mächtige Sand- und Schotterschicht durchstoßen und auf der entsprechend geneigten Tonlage $W_1 W_2$ ein Rutschprozeß ermöglicht würde. Durch den Aushub der Schottergrube wurde von der dort 15 m mächtigen Bodenmasse nur eine ungefähr 8 m mächtige Bodenschichte angeschnitten, so daß über der gleitenden wasserführenden Tegelunterlage noch eine 7 m mächtige Sand- und Schotterschicht auflagert. Ich habe keinen Rutschprozeß feststellen können, welcher auf diese natürlichen Verhältnisse in Gemeinschaft mit dem künstlichen Eingriff — Aushub der Schottergrube — zurückzuführen wäre. Ein solcher Rutschprozeß wäre obertags mit katastrophalen Folgen verbunden gewesen; es müßte die 15 m mächtige Bodenmasse durch den austretenden Wasserstrom in eine gleitende Bewegung, Wanderung geraten. Es hätte gleichzeitig mit den eintretenden Substanzverlusten — ausfließender Sand und Schotter — auch ein Absenken der Tagesoberfläche stattfinden müssen. Infolge der gewaltigen Kräfte, die hier zur Wirkung gelangt wären, hätte es zu argen Verwüstungen des Geländes und aller darauf befindlichen Bauwerke kommen müssen, die wir im beklagten Gelände an der Baustelle keineswegs feststellen können.

c) Schlußfassung. a) Die Baulichkeiten kommen in das Einflußgebiet des Bergbaubetriebes zu liegen. b) Die an den Baulichkeiten festgestellten Schäden sind — soweit sie nicht auf die mangelnde normale Erhaltung zurückgeführt werden — auf den bergbaulichen Einfluß zurückzuführen.

Herr Ing. Dr. Franz Breitfelder, der außer mir dem Rechtsstreite als Bergbausachverständiger zugezogen war, hat sich gegen die Möglichkeit des bergbaulichen Einflusses ausgesprochen. Die geklagte Kohlengewerkschaft hat dem Gerichte die Beweiserbringung angeboten, daß ein bergbaulicher Einfluß tatsächlich nicht stattgefunden hat. Nach dem Punkte b) meiner vorstehenden Schlußfassung hätten die Bausachverständigen in ihrem erst zu erstattenden Gutachten — es lag vorläufig nur ein Befund vor — feststellen sollen, ob die Baulichkeiten tatsächlich Bergschäden aufweisen. Hätten die beiden Bergbausachverständigen einheitlich ihr Gutachten dahin abgegeben, daß für die Baulichkeiten auch nicht die Möglichkeit des bergbaulichen Einflusses besteht, so wären die weiteren Erhebungen nicht mehr notwendig gewesen; das Gericht hätte dann wahrscheinlich ohne weitere Erhebungen auf Abweisung der Klage entschieden. Da ich jedoch diese Möglichkeit des bergbaulichen Einflusses auf Grund der bisher gemachten Erfahrungen unter allen Umständen als gegeben erachtete, hat das Gericht — entsprechend dem Antrage der Beklagten — die weiteren Erhebungen angeordnet, welche die Durchführung eines Nivellements betrafen. Die von den Beklagten angeführten Zeugen hatten nämlich unter Eid ausgesagt, daß sie im Jahre 1910 ein Nivellement ausgeführt hätten und daß die im Jahre 1925 durchgeführte Überprüfung der bezüglichen Fixpunkte keine oder nur ganz unerhebliche Veränderungen der Höhenlage des Geländes ergeben habe.

Das Gericht hat nun an die Sachverständigen die Frage gerichtet, ob in dem Falle, als der Nachweis erbracht werden sollte, daß die nivellierten Fixpunkte ihre gegenseitige Höhenlage nicht oder nur ganz unwesentlich verändert hätten, gleichzeitig auch der Beweis erbracht sei, daß das gesamte in Betracht kommende Gelände sich nicht verändert — nicht gesenkt — hat. Wir haben einheitlich ausgesagt, daß die Möglichkeit einer gleichmäßigen Absenkung und dadurch unveränderten gegenseitigen Höhenlage der Fixpunkte wohl gegeben aber nicht wahrscheinlich sei, so daß aus der unveränderten gegenseitigen Höhenlage der Fixpunkte auch auf die unveränderte Höhenlage des Geländes geschlossen werden könne.

Das Gericht hat daraufhin ein Kontroll-Nivellement angeordnet, um die von der Gewerkschaft angeführten Fixpunkte bezüglich ihrer gegenseitigen Höhenlage zu überprüfen. Das Nivellement hat ergeben, daß sich die gegenseitige Höhenlage der Fixpunkte gegenüber der Aufnahme vom Jahre 1910 nicht verändert hat. Auch wurde durch Zeugen der Eisenbahnerhaltung unter Eid ausgesagt, daß im Bereiche der den Abbauen benachbarten Eisenbahnanlagen keine wie immer gearteten Veränderungen — wie Schienenpressungen und Zerrungen — festgestellt wurden, welche als Folge bergbaulicher Einwirkungen hätten stattfinden müssen. Das Gericht hat nun insbesondere mit Rücksicht auf die Ergebnisse des Kontrollnivellements auf Abweisung der Klage entschieden, weil nun der Beweis erbracht war, daß das Gelände, auf welchem die beklagten Gebäude sich befinden, sich in seiner Höhenlage nicht verändert hat.

Es war nun für mich der Anlaß gegeben, zu untersuchen, welche Umstände dafür veranlassend waren, daß sich das Gelände, welches durch zwei in verschiedenen Höhenlagen nebeneinander gelagerte Abbaue von 2,8 und 3,5 m Mächtigkeit unterbaut ist, nicht bewegt hat. Maßgebend für den Einfluß eines Abbaues auf die Tagesoberfläche ist in erster Linie die Größe des Abbaufeldes. Es ist klar, daß z. B. Vorrichtungsstrecken von geringen Abmessungen — ähnlich wie Tunnelröhren — bei größeren Tiefen keinen Einfluß auf die Tagesoberfläche haben, selbst wenn diese Strecken gegen Verbruch nicht gesichert sind. Für solche gering bemessene Hohlräume gibt es eine „schadlose Teufe“. Wenn jedoch eine Erweiterung der im Abbau geführten Strecken zum Abbaufeld stattfindet, so wird mit der Zunahme des Abbaufeldes und dem dadurch stattfindenden Verbruche die Gefahr einer Einwirkung auf die Tagesoberfläche immer näher gerückt. Wir sind selbstverständlich nicht in der Lage, die Größe des abgebauten Flözfeldes anzugeben, bei welchem der Einfluß auf die Tagesoberfläche beginnt. Wir wissen auch, daß in einem Gebiete, das — beispielsweise wie das Ostrau-Karwiner Revier, das Ruhrrevier, das oberschlesische Revier usw. — durch zahlreiche Abbaue unterwühlt ist, schon ein Abbaufeld von geringer Ausdehnung geeignet ist, Bewegungen der Tagesoberfläche auszulösen, weil dieses Abbaufeld nicht für sich allein wirkt, sondern in Gemeinschaft mit anderen, benachbarten Abbaufeldern, wodurch Bodenbewegungen zur Auslösung gelangen.

Im vorliegenden Rechtsfall sind die Flöze A und B in je einem Felde, welche in verschiedenen Höhen aneinander schließen, abgebaut worden. Ich bemerke, daß nach Abgabe meines Gutachtens mir bezüglich der meinem Gutachten zugrunde gelegten Abmessungen der Abbaufelder ein Irrtum dahin aufgeklärt worden ist, daß insbesondere im B-Flöz ein wesentlich geringeres Flözfeld abgebaut war, als ich angenommen hatte. Ich konnte trotz dieser mir zugekommenen Richtigstellung mein Gutachten nicht ändern, weil ungeachtet dieses Umstandes der Einflußbereich des Bergbaubetriebes noch immer gegeben war und mit dem Fortschreiten des Abbaues die obertägigen Einwirkungen auch zu erwarten waren. Nun wurde aber infolge einer seinerzeitigen Brandkatastrophe der weitere Betrieb der Abbaue in den angeführten Flözfeldern eingestellt und — wie durch die Nivellements auch erwiesen ist — hat ein obertägiger Einfluß noch nicht stattgefunden.

Das gegenständliche Revier ist neu aufgeschlossen; es hat in bezug auf die Abbauwirkungen im beklagten Gebiete gewissermaßen jungfräulichen Charakter, es sind die ersten Flöze, welche hier zum Abbaue gelangt sind. Es liegt also ein interessanter Schulfall eines Rechtsstreites hier vor, in welchem die Frage der Einwirkungen von zwei Abbaufeldern zur Aufklärung gelangt ist. Es wurde festgestellt, daß die Tagesoberfläche sich vorläufig nicht bewegt hat; es kann jedoch bei Fortsetzung der gegenständlichen Abbaue oder beim Abbau von benachbarten Flözfeldern schließlich ein Anlaß gegeben sein, um die noch ruhende Tagesoberfläche in Bewegung zu bringen, welcher Umstand jedoch für den vorliegenden Rechtsfall bedeutungslos ist. Jedenfalls hat der vorliegende Rechtsstreit die bedeutungsvolle Richtlinie für den Gang ähnlicher Rechtsfälle in der Zukunft aufgezeigt, daß mit der Feststellung des möglichen Einflußbereichs der Abbaue noch nicht der tatsächlich stattgefundene Einfluß erwiesen ist, und daß zur Geltendmachung der bergbaulichen Ursache auch die Beweiserbringung der wirklich stattgefundenen Beeinflussung notwendig erscheint.

Durch die im vorliegenden Rechtsfall erfolgte Beweisdurchführung der unveränderten Niveauverhältnisse der Tagesoberfläche waren die weiteren Erhebungen der Bausachverständigen behufs Abgabe eines Gutachtens nicht mehr notwendig und das Gericht erkannte auf Abweisung der Klage. Wäre ein Beweismaterial zur Feststellung der unveränderten Höhenlage der Tagesoberfläche nicht vorhanden gewesen, dann hätte das Gutachten der Bausachverständigen für die Feststellung der Bergschäden entscheiden müssen.

Der vorliegende Rechtsfall bringt eine interessante Ergänzung meiner Ausführungen S. 58—73, in welchen auseinander gesetzt wurde, daß eine stattgehabte Veränderung der Grundlagen des Gleichgewichtszustandes von Gebirgsmassen keineswegs identisch ist mit jenem Zustande, der eine tatsächliche Störung des Gleichgewichts der Gebirgsmassen darstellt. Durch den Abbau der Flözfelder A und B hat eine wesentliche Veränderung der Grundlagen des Gleichgewichtszustandes der benachbarten Gebirgsmassen stattgefunden, eine tatsächliche Störung des Gleichgewichtszustandes ist entweder noch nicht eingetreten, oder es hat eine solche Störung nur im Bereiche der „schadlosen Teufe"[1] stattgefunden.

---

[1] Die „schadlose Teufe" bedeutet das sogenannte Totlaufen eines tatsächlich stattgefundenen Verbruches — also einer tatsächlichen Störung des Gleichgewichtszustandes — der Firstgesteinsschichten.

3. Gebirgsdruck mit besonderer Berücksichtigung des Steinkohlenbergbaues (nach Dr.-Ing. Nieß).

In der Zeitschrift für das Berg-, Hütten- und Salinenwesen im preußischen Staate (Jahrgang 1910) veröffentlichte Bergassessor Dr.-Ing. Nieß eine sehr beachtenswerte Abhandlung über „Gebirgsdruck und Grubenbetrieb unter besonderer Berücksichtigung des Steinkohlenbergbaues".

Dr. Nieß führt aus, daß der Gebirgsdruck sich bei verschiedenartigen Gebirgsschichten verschieden geltend macht, da derselbe hauptsächlich von der Größe der Kohäsion abhängt, welche die bedeutendste Gegenkraft darstellt, die sich der Schwerkraft des Gebirges entgegensetzt. Es werden hiernach unterschieden: der Gebirgsdruck a) in rolligen, losen Gebirgsschichten; b) in plastischen, weichen Gebirgsschichten; c) in Schiefertonschichten und d) in sonstigen Gebirgsschichten mit plastischen Eigenschaften.

Die sub a) angeführten Schichten vermögen sich, auch wenn sie nur auf eine sehr kleine Fläche freigelegt sind, nicht selbst zu tragen. Die gute Durchlässigkeit, die solchen losen, wenig verbundenen Schichten eigen ist, begünstigt außerdem in hohem Maße die Wasseraufnahme und damit auch erheblich die Bildung starken Gebirgdruckes. Besonders ist dies der Fall in den mächtigen und ausgedehnten Schwimmsandschichten der tertiären nord- und mitteldeutschen Braunkohlenbecken. Eine solche Schwimmsandschicht besitzt überhaupt kein eigenes Tragvermögen, sie wirkt mit der ganzen Schwerkraft nicht nur auf etwa in oder unmittelbar unter ihr geschaffene Hohlräume, sondern der Gebirgsdruck wirkt auch seitlich nach allen Richtungen hin fast ungeschwächt. Ein solches Gebirge ist daher für den Bergbau höchst ungünstig.

Die sub b) erwähnten plastischen, sedimentären Schichten vermögen der Schwerkraft einen nicht erheblichen Widerstand entgegenzustellen; der Gebirgsdruck wird sich hier im Gegensatz zu den rolligen Schichten nicht plötzlich, sondern erst allmählich, allerdings unaufhaltsam steigern. Die weichen, plastischen Tonschichten werden mangels größerer Tragfähigkeit die Bildung des Gebirgsdruckes sehr begünstigen, aber sie werden den Gebirgsdruck auf einige Zeit abzuschwächen vermögen.

Die sub c) angeführten Schiefertonschichten vermögen trotz ihrer Tragfähigkeit die Schwerkraft ihrer und der noch auflagernden Massen nur zum Teil aufzuheben und deshalb herrscht in ihnen stets freie Schwerkraft, also Gebirgsdruck in mehr oder weniger hohem Maße. Die älteren verfestigten Schiefertone des Karbons büßen ihre Tragfähigkeit in dem Maße ein, als ihnen durch die Grubenabbaue Gelegenheit gegeben wird, Wasser aufzunehmen, weil durch diese Wasseraufnahme die Plastizität der Schiefertone zunimmt.

Zu den sub d) angeführten sonstigen Gebirgsschichten mit plastischen Eigenschaften zählt Dr. Nieß die Mergel- und mergeligen

Kalksteinschichten.   Diese Schichten besitzen im allgemeinen eine etwas geringere Plastizität als Tonschichten und weisen dafür eine höhere Tragfähigkeit als diese auf.   In einem schon von Natur sehr druckhaften Gebirge wird man natürlicherweise ein weiteres Anwachsen des Gebirgsdruckes peinlichst zu vermeiden suchen, demgemäß vom Anfang an mit vollem, möglichst dichtem Versatz abbauen. Handelt es sich hierbei um den Abbau mächtiger Flöze, so ist es selbst beim Versatzbau ratsam, das Flöz in einzelnen Scheiben hintereinander zu gewinnen. Das Maß, bis zu welchem der Versatz das Anwachsen bzw. Regewerden des Gebirgsdruckes zu verhindern vermag, ist übrigens sehr

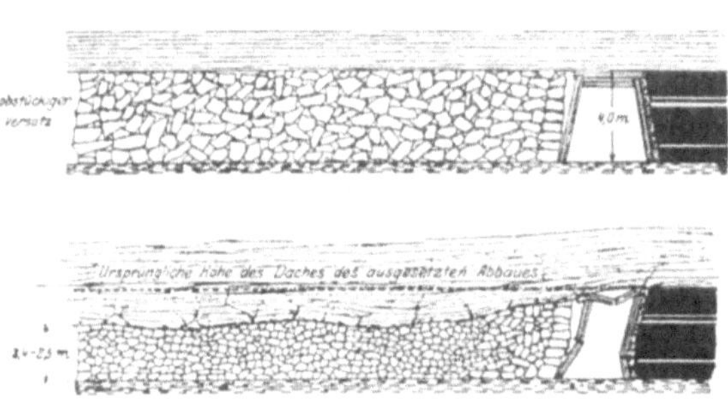

Fig. 53.   Zusammenpressung grobstückigen Versatzes.

verschieden je nach seiner Beschaffenheit, seiner Dichte und nicht zum wenigsten auch nach der Schnelligkeit des Einbringens des Versatzmaterials in die Abbaue.   Handversatz ist, auch wenn er gut ausgeführt wird, stets nur ein Abschwächungsmittel, in den meisten Fällen ein allerdings praktisch ausreichendes, sowohl was das Setzen des Hangenden, als ganz besonders, was die Verhinderung des freien Gebirgsdruckes durch den Abbau betrifft. Grobstückiges plastisches Material erleidet eine erhebliche nachträgliche Verdichtung. Ein solcher Versatz kann allmählich wieder bis zu 40 % seiner ursprünglichen Höhe zusammengepreßt werden (Fig. 53).

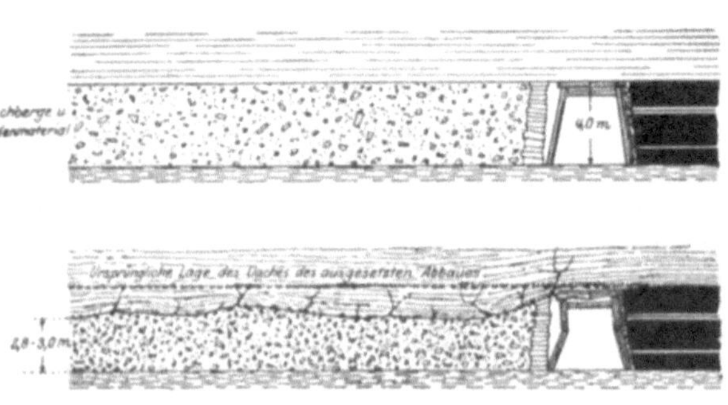

Fig. 54.   Zusammenpressung feinstückigen Versatzes.

Da aber selbst stark zusammendrückbarer Versatz dem hangenden Gebirge bei dessen Niedersinken alsbald wirksame Stützflächen bietet, so wird die Senkung des Hangenden, soweit es vorherrschend aus plastischem Gestein besteht, sich auch bei solchem Versatzmaterial ziemlich gleichmäßig und allmählich vollziehen. Dicht aufgeschüttete Versatzmassen, bei denen sich im Gegensatz zu stückigem Versatz größere Hohlräume von Anfang an nicht bilden können, sind naturgemäß weniger zusammenpreßbar. Kleinstückiges Haldematerial kann, durch die Hand dicht versetzt, nur bis zu 25 % (Fig. 54), reines loses Sandmaterial dagegen nur bis zu 8 % seiner ursprünglichen Höhe zusammengepreßt werden.

Die Bruchwinkel in vorherrschend rolligen (nicht wasserreichen) Schichten betragen 45—48°, kommen also dem Böschungswinkel aufgeschütteter loser Massen sehr nahe (Fig. 55).

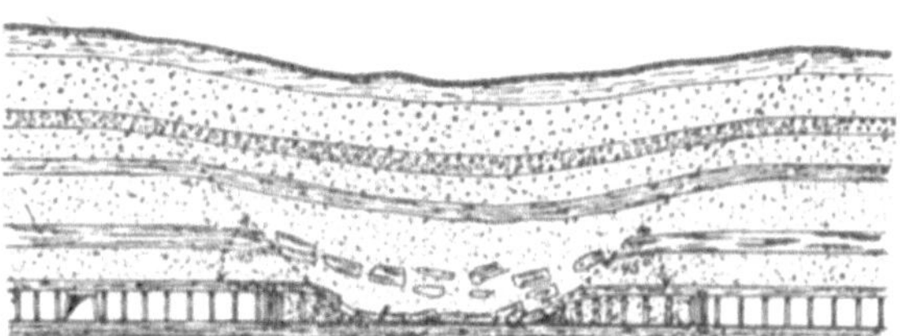

Fig. 55. Bruchwinkel in rolligem Gebirge.

Bei Wassersanden kann der Böschungswinkel infolge der leichten Beweglichkeit der flüssigen Sandmassen sogar noch erheblich flacher sein. Die verfestigten älteren Schiefertone, Mergel- und Lettenschichten weisen Bruchwinkel bis zu 60° auf (Fig. 56), immer vorausgesetzt, daß es sich um ungestörte, regelmäßige Lagerungsverhältnisse handelt. Die Bruchwinkel bei festen Gesteinen wie Kalkstein und Dolomit erreichen durchschnittlich den Wert von 75° (Fig. 57).

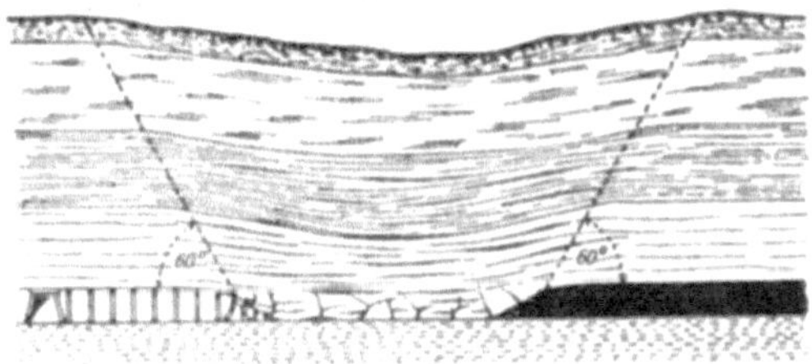

Fig. 56. Bruchwinkel in plastischem Gebirge.

Dr. Nieß äußert sich auch über den Gebirgsdruck in starrem, felsigem Gestein. Zu diesem gehören in erster Linie die beim Aufbau des Karbons beteiligten Sandschichten, Konglomeratschichten mit kieseligem Bindemittel. Die Kohäsion der starren Gebirgsschichten ist so groß, daß sie in manchen Fällen auf große Flächen freigelegt werden können, ehe sie brechen. Der Bruchwinkel ist im starren Gebirge steil und geht unter gewöhnlichen Verhältnissen nicht unter 85° hinab (Fig. 58).

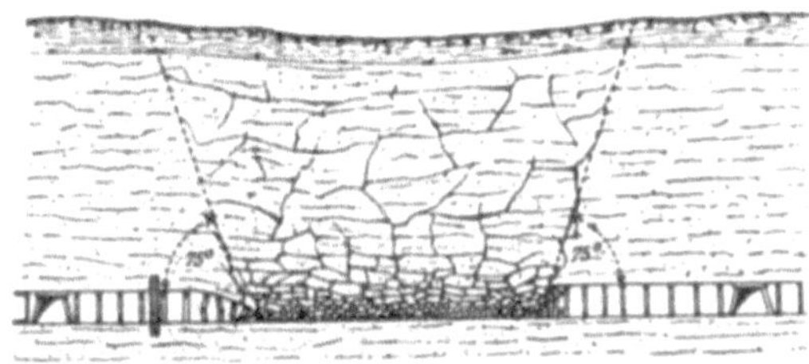

Fig. 57. Bruchwinkel im Kalksteingebirge.

Es liegt die Gefahr nahe, daß in dem stets stückigem Nachbrechen des starren Gebirges namentlich beim Abbau mächtiger Flöze ohne Versatz sehr große Druckkräfte freigelegt werden können. Ein Mißbrauch der zunächst hohen Tragfähigkeit starren Gebirges kann sich späterhin schwer rächen. Durch den Abbau mächtiger, nahe benachbarter Flöze kann das hangende, starre, ursprünglich sehr tragfeste Gebirge mit der Zeit auf sehr große Höhe in ein stückiges, seiner Tragfähigkeit gänzlich beraubtes Bruchgebirge verwandelt werden, so daß ein späterer Abbau in größerer Teufe alsbald unter gewaltigem Druck zu leiden hat.

Dr. Nieß behandelt nun den Gebirgsdruck bei Wechsellagerung verschiedenartiger Gebirgsschichten. In den meisten Fällen wechsellagern plastische, gering tragfeste Schichten mit solchen von starrer Beschaffenheit und großer Tragfestigkeit. Die Bruchwinkel eines aus verschiedenartigen Gesteinen aufgebauten Gebirges, dessen einzelne Schichten mächtig sind, sind entsprechend der Zusammensetzung des Gebirges verschieden.

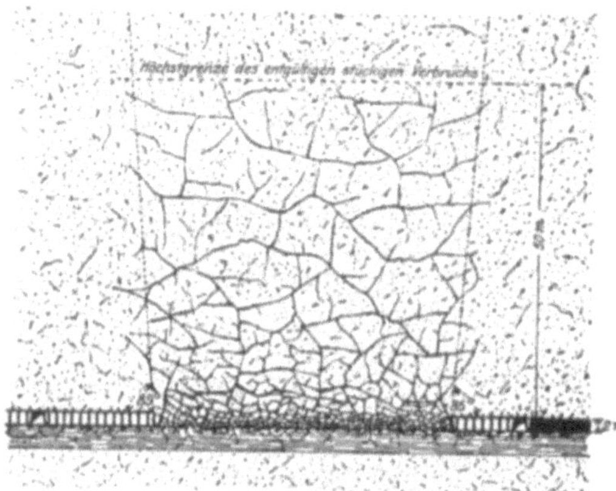

Fig. 58. Grenze des endgültigen stückigen Verbruchs in starrem Sandsteingebirge bei 2 m Flözmächtigkeit.

Es bleibt die Eigenart jeder einzelnen Schicht gewahrt, wie dies in Fig. 59 dargestellt erscheint. Dr. Nieß verweist auf die Erfahrungen im Ruhrbezirk, welche die in Fig. 60 ersichtlichen Bruchwinkel ergeben haben.

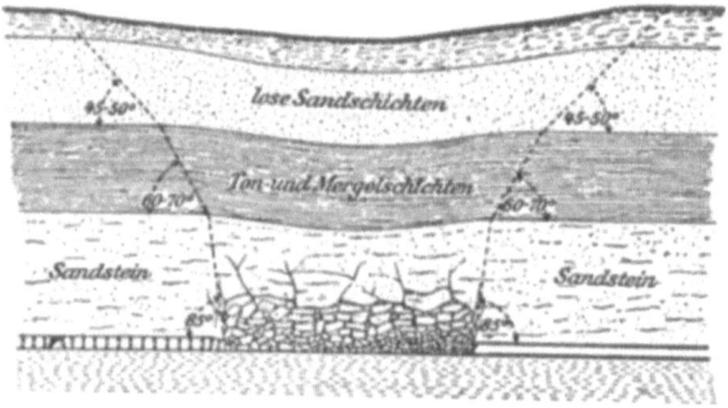

Im letzten Kapitel seiner Abhandlung kommt Dr. Nieß auf den Gebirgsdruck in gestörtem Gebirge zu sprechen. Für den in einem Gestein herrschenden Gebirgsdruck kommen vielfach nicht allein die Schwerkraft, sondern auch seitliche

Fig. 59. Wechsel des Bruchwinkels in verschiedenartigen Gebirgsschichten.

Druckwirkungen in Betracht. Den Einwirkungen solcher Seitenkräfte wird ein Gebirge in um so stärkerem Maße ausgesetzt sein, je weniger tragfest die Schichten sind, welche Beobachtung vornehmlich in gestörtem Gebirge gemacht wurden. Unter Störung versteht man in dieser Beziehung die Faltungen, Stauchungen, Biegungen, Verwerfungen und Überschie-

bungen. Ein lehrreiches Beispiel hierfür bietet der östliche und nord-
östliche Teil des Zwickauer Reviers. Da die dortigen Verwerfungsspalten
vorwiegend mit tonig-lettigen, weichen, leicht zerreiblichen Massen
ausgefüllt sind und glatte Rutschflächen haben, so hat das zer-
stückelte Gebirge keinen
Halt. Der Bergbau hat da-
her von Anfang an mit star-
kem Gebirgsdruck zu käm-
pfen gehabt. Aus diesem
Gründen kommt für ein un-
ter hohem Spannungsdruck
stehendes Gebirge im all-
gemeinen nur eine mit hin-
reichendem Versatz ge-
führte Abbauweise in Be-
tracht. Die für gewöhnliche
Gebirgsverhältnisse je nach
dem Gesteinscharakter geltenden Bruchwinkel wer-
den durch starke Störungen

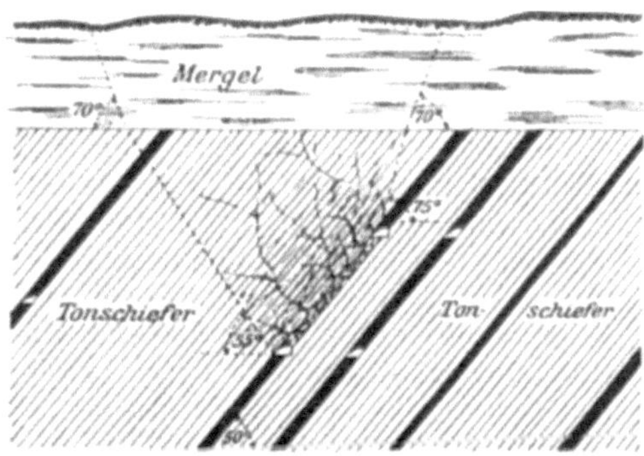

Fig. 60. Wechsel des Bruchwinkels in steil
einfallenden Schichten.

erheblich beeinflußt. Dr. Nieß hat auch eine äußerst lehrreiche Abhandlung über „die Verhütung von Schwimmsand- und Wasserdurch-
brüchen auf der Braunkohlengrube Margaretha in Espenhain i. S.“
in der Zeitschrift für das Berg-, Hütten- und Salinenwesen im preußischen Staate (Jahrgang 1910) veröffentlicht. Auf diese interessanten
Mitteilungen soll jedoch mit Rücksicht auf den Umstand, daß selbe
den Rahmen des hier zu behandelnden Themas überschreiten, nicht
näher eingegangen werden.

4. Die Theorie von Ing. A. Novak.

In einer sehr interessanten Abhandlung „Zur Theorie der Bodensenkungen im Dombrau-Karwiner Kohlenreviere[1]“ hat Ingenieur
A. Novak seine langjährigen Erfahrungen im genannten Reviere veröffentlicht. Es würde den Rahmen dieses Buches überschreiten —
nähere Erörterungen darüber gehören in die nächste Auflage meines
Buches über „Die Theorie der Bodensenkungen in Kohlengebieten“ —,
wollten wir uns hier mit der Entwicklung der Novakschen Theorie
näher befassen. Ingenieur Novak hat folgende Formel aufgestellt:

$$s = m \frac{c + d}{c + d + t}.$$

s bezeichnet das maximale Maß der obertägigen Erdsenkungen,
m ist die Flözmächtigkeit, d ist die Mächtigkeit der den abgebauten
Hohlraum überlagernden plastischen Gebilde (Tertiär), t ist die Mächtigkeit der hangenden Karbonschichten und c ist eine konstante Größe = 80,

---

[1] Montanistische Rundschau, Heft Nr. 10 und 11, Jahrgang 1916.

welche als Volumvermehrungskonstante bezeichnet wird. c ist abhängig von der Beschaffenheit der hangenden Gebirgsschichten; je fester das Bruchgebirge ist, in desto größeren Stücken bricht es beim Niedergang, desto größer ist die Auflockerung, desto kleiner ist das lotrechte Maß der Absenkung der Gebirgsschichten und desto kleiner ist auch die Konstante c.

Ganz entgegengesetzt ist das Verhalten der Hangendschichten bei weichem, schieferigen Gestein; deshalb ist die Nachsenkung des Tagterrains beim Vorherrschen des Sandsteines bedeutend geringer als bei schieferigem, eventuell mit Kohlenschmitzen reich durchsetzten Karbonschichten. Im Dombrau-Karwiner Kohlenreviere sind die Sandstein- und Schieferschichten im Hangenden ungleich verteilt, die Mächtigkeit dieser Ablagerungen ist eine wechselnde. Deshalb wird die Volumenvermehrungskonstante c = 80 für die Karwiner Schichten nur als ein wahrscheinlicher Mittelwert aufzufassen sein.

Ingenieur Novak führt in seiner sehr beachtenswerten Abhandlung unter anderem folgendes aus: „Die Anwendung der abgeleiteten Senkungsgleichungen für andere Kohlenreviere ist mit Rücksicht auf die verschiedene Beschaffenheit der Bruchschichten ohne Änderung der Konstante c nicht möglich. Für das Ostrauer Karbongebirge mit vorherrschend festen Sandsteinablagerungen wird die Konstante c bedeutend geringer als bei den Karwinerschichten zu finden sein. Das kleinere Auflockerungsvermögen des vorwiegend schiefrigen Karwiner Karbons äußert sich nicht nur in einer größeren Senkungstiefe, sondern es beeinflußt auch die Bildung der Muldenform, ihre Ausbreitung, wie auch die Dauer der Terrainbewegung. Während das Senkungsmaximum bei schwacher Flözneigung im Ostrauer Reviere ziemlich weit vom Abbaurande gegen die Mitte des Abbaufeldes anzutreffen ist, sehen wir bei den Karwiner Schichten die volle Senkungstiefe sehr nahe an den Abbaurand heranrücken. Irgendeine Gesetzmäßigkeit im Verlaufe der Senkungsmulde, wie sie Ingenieur Goldreich bei Vorhandensein der Tertiärüberlagerung im Ostrauer Reviere stets beobachtet haben soll, können wir bei den Karwiner Schichten nicht nachweisen."

Ingenieur Novak hat auch in der Zeitschrift „Hornický Věstník" (Jahrg. 1922) eine sehr interessante Abhandlung über den „Einfluß des Kohlenabbaues auf die Tagesoberfläche" veröffentlicht, deren Behandlung jedoch den Rahmen des vorliegenden Buches überschreiten würde.

Ingenieur Novak hat mir vor geraumer Zeit auch eine neue Senkungsformel bekanntgegeben, und zwar $s = \dfrac{m \cdot c}{\cos \alpha \, (c + h)}$, wobei m die Flözmächtigkeit bedeutet; α ist der Neigungswinkel des Flözes, h die Tiefe des Abbaues und c ist eine Konstante. Erfolgt die Absenkung der Hangendschichten bei kleiner Volumenvermehrung infolge bloßer Abblätterung des Firstgesteines, dann ist für c = 470 einzusetzen; bei größerer Volumenvermehrung infolge Verbruches der Firstgesteinschichten ist c = 80. Ich habe noch kein abschließendes Urteil über diese neue Formel Novaks gewonnen; jedenfalls muß festgestellt werden, daß der genannte Fachmann durch seine Forschungen an der Aufklärung des Bodenbewegungsproblemes sich hervorragend verdient gemacht hat.

Es soll hier erwähnt werden, daß Bergdirektor Theodor Andrée in M.-Ostrau eine eingehende Kritik über mein vielfach erwähntes Buch im Jahre 1915 veröffentlicht hat unter dem Titel „Bemerkungen zu Ing. A. H. Goldreichs Theorie der Bodensenkungen in Kohlengebieten"[1]). Mit großem Interesse und in verdienstvoller Weise hat der inzwischen verstorbene Fachmann meine veröffentlichten Senkungsfälle kritisch behandelt, und es ist nur bedauerlich, daß ich nicht mehr Gelegenheit haben kann, mich mit dem leider viel zu früh verstorbenen rastlosen Bergmann über die angeregten Fragen persönlich auseinanderzusetzen.

In Anlehnung an diese interessante Arbeit hat Dr. M. Rybák in M.-Ostrau ebenfalls in eingehender Weise in einer Abhandlung „Zu Ing. Goldreichs ‚Theorie der Bodensenkungen in Kohlengebieten‘"[2]) mein Buch kritisch behandelt.

Es würde den Rahmen des vorliegenden Buches überschreiten, auf die angeführten Arbeiten näher einzugehen; ich hoffe, gelegentlich einer späteren Veröffentlichung mich mit diesen wertvollen Arbeiten der genannten Fachleute näher befassen zu können.

Bevor ich nun mit der Eröterung jener Bodenbewegungen beginne, welche außer den von mir in meiner „Theorie der Bodensenkungen" behandelten lotrechten Absenkungen der Erdschichten in den Kohlenrevieren eintreten, möchte ich nun versuchen, in großen Zügen und nur im allgemeinen meinen Standpunkt in der Frage der bergbaulichen Bodensenkungen nochmals zusammenfassend klarzulegen:

1. Ich konnte bisher kein Formelinstrument finden, welches uns in die Lage versetzen würde, das maximale obertägige Senkungsmaß der durch den Kohlenabbau bewegten Tagesoberfläche auch nur annähernd verläßlich zu berechnen.

2. Das maximale Senkungsmaß findet seine Grenze in der Größe der abgebauten Flözmächtigkeit unter der Voraussetzung, daß nicht infolge hügeliger Erdschichten durch den Bergbau noch ein Rutschprozeß ausgelöst wird, der das bergbauliche Senkungsmaß entsprechend vergrößert.

3. Ich konnte bisher auch keine Grenze (Richtungswinkel) verläßlich feststellen, bis zu welcher das obertägige Einflußgebiet des Kohlenabbaues über die Abbaugrenze (Abbaustoß) hinausreicht. Auch hier kann eine Vergrößerung des bergbaulichen Einflußbereiches bei hügeligem Gelände durch ausgelöste Rutschprozesse eintreten.

Ich kann also hier dieselben Schlußfassungen wiederholen, die ich bereits in meinem vor mehr als einem Jahrzehnt erschienenen Buche festgelegt habe. 1. Es ist charakteristisch für die Entstehung einer bergbaulichen Geländebewegung, daß sie im allgemeinen

---

[1]) Verlag für Fachliteratur, Ges. m. b. G., Wien I, Eschenbachgasse 9.
[2]) „Bergbau und Hütte" 1915, Heft 9, 10, 11 und 12.

eine muldenförmige Ausbildung der Tagesoberfläche hervorruft. 2. Die Lage der obertägigen Mulde — welche durch den im unterirdischen Hohlraum bewirkten Substanzverlust bewirkt worden ist — muß mit der Lage des unterirdischen Abbauraumes in einem gewissen erklärlichen Zusammenhange sich befinden. Eine vollständige exterritoriale Lage der obertägigen Senkungsmulde in bezug auf den unterirdischen Abbauraum könnte keineswegs als eine bergbauliche Folgewirkung bezeichnet werden. 3. Es muß schließlich auch das festgestellte obertägige maximale Senkungsmaß der Mulde aus der Größe der abgebauten Flözmächtigkeit erklärt werden können.

Im folgenden soll noch ein Rechtsstreit hier Erwähnung finden, der wegen der Lage des Streitobjektes inmitten eines verbauten industriereichen Stadtgebietes wesentliche Bedeutung gewinnt. Bei dem seinerzeitigen Ortsaugenschein, welchem ich beigewohnt habe, war das beschädigte und beklagte Gebäude bereits abgetragen. Ich war deshalb genötigt, meine gutachtlichen Äußerungen auf die festgestellten Abbauverhältnisse sowie auf die als Beweissicherung vor der Demolierung des Gebäudes abgegebenen gutachtlichen Äußerungen der zugezogenen Bausachverständigen zu stützen und den festgelegten baulichen Befund als Grundlage meiner Erörterungen zu benützen.

In diesem Befund der Bausachverständigen wird unter anderem auch hervorgehoben, daß zur Zeit der Beweissicherung auch die Demolierungsarbeiten eines Nachbarhauses stattgefunden haben.

Das Nachbargebäude war bis zur Höhe der Parterredecke vollständig abgetragen; nächst der ehemals gemeinsamen Feuermauer der beiden Gebäude war eine neu angelegte, dem Neubau des Nachbarhauses dienende selbständige Feuermauer bis auf eine Höhe von 7 m — vom Straßenniveau aus gerechnet — hergestellt worden. Die ehemals gemeinsame Feuermauer wurde auf eine Tiefe von 1,30 m gelegentlich der Fundierung der neuen Feuermauer unterfangen.

Im Befund wird ferner ausgeführt, daß sich das beklagte Gebäude in der Richtung von West nach Ost gesenkt hat. Die größte Senkung wurde an der östlichen Gebäudedecke mit 20,5 cm festgestellt; dieses Senkungsmaß stellt kein absolutes Senkungsmaß dar, es soll nur bedeuten, daß die östliche Gebäudedecke sich um 20,5 cm mehr gesenkt hat, als jene Gebäudedecke, deren Höhe mit Null angenommen worden ist.

Im Befund ist unter anderem auch angeführt, „daß nach dem Ergebnis des Nivellements und nach der Art der Schäden sich mit Sicherheit feststellen läßt, daß die Mehrzahl der auf dem Gebäude vorhandenen Risse durch Geländesenkungen verursacht worden sind. Es ist ferner zweifellos, daß die mit dem Umbau des Nachbarhauses verbundenen Bauarbeiten, Einwirkungen auf die klägerische Realität ausgeübt haben.“

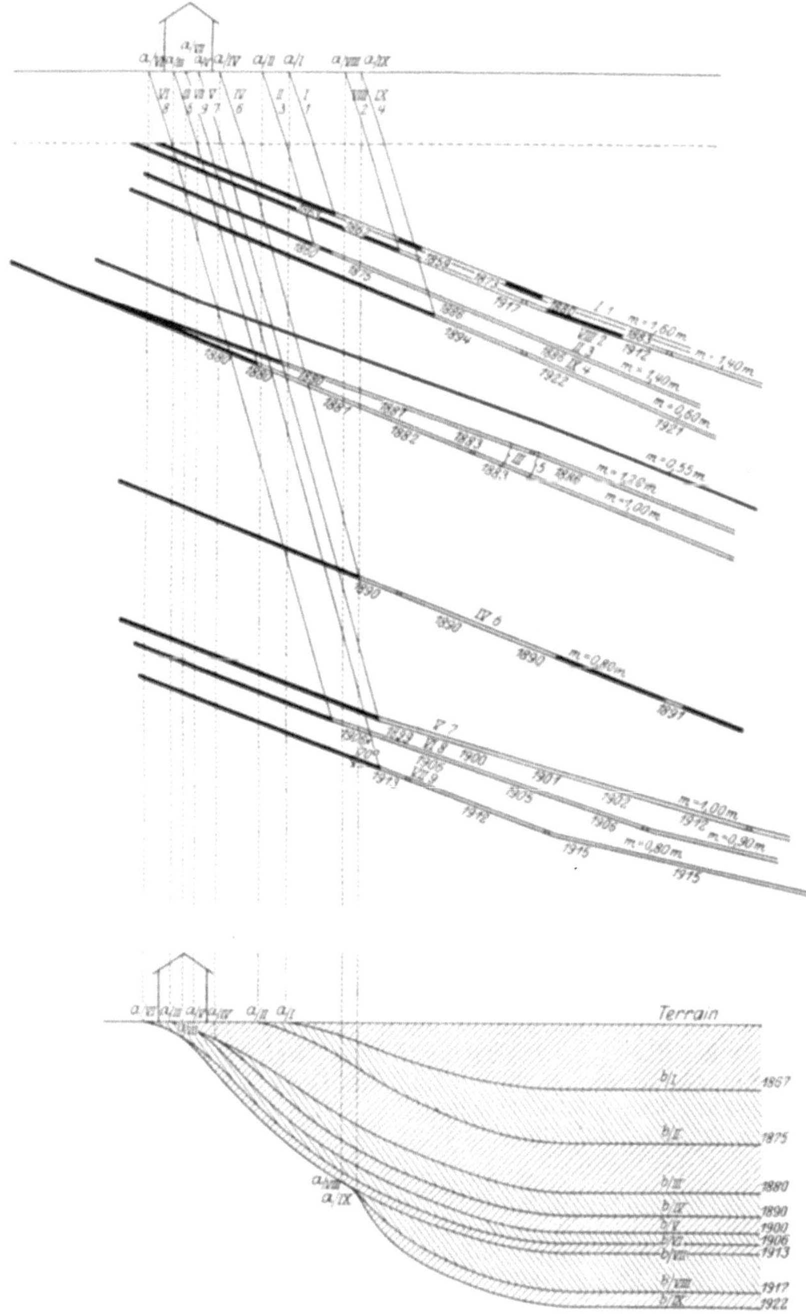

Fig. 61.

Der vorliegende Rechtsfall erscheint mir deshalb erwähnenswert, weil außer den Fragen des bergbaulichen Einflusses, der natürlichen Bodenverhältnisse, der Erschütterungen durch den Straßenverkehr auch die Frage des Einflusses der Demolierungsarbeiten des Nachbargebäudes zur Erörterung gelangen mußte. Da der gegenständliche Rechtsstreit zur Zeit des Erscheinens dieses Buches trotz seiner vieljährigen Dauer noch nicht abgeschlossen war, soll hier über die Ursachen der Schäden des beklagten, schon lange Zeit nicht mehr bestehenden Gebäudes nichts Näheres ausgeführt werden.

Erwähnenswert ist jedoch die aufgetauchte Frage, ob es bei Feststellung mehrerer Ursachen überhaupt möglich ist, schlüsselmäßig die Anteile der verschiedenen Ursachen an den festgestellten Schäden anzugeben. Es kommt hier auch die Frage zur Erörterung, ob die bergbaulichen Einwirkungen auf ein Gebäude so charakteristisch sind, daß deren Feststellung einwandfrei möglich erscheint. Es soll an anderer Stelle näheres über diese bedeutsame Frage ausgeführt werden.

Es ist von Interesse, die bergbaulichen Verhältnisse des vorliegenden Rechtsfalles zu erörtern, welche in Figur 61 dargestellt sind. Es wird für die obertägige Einflußsphäre der einzelnen Abbaue ein Richtungswinkel von 70^0 angenommen, um auf Grund dieser Annahme die folgenden Untersuchungen zu vereinfachen. Es ist klar, daß eine solche Annahme gleich großer Richtungswinkel für die in verschiedenen Tiefen gelegenen Abbaue verschiedener Mächtigkeiten unzulässig ist.

Wir wollen jedoch zur Vereinfachung der folgenden Untersuchungen hier nach einem Schema vorgehen. Wir haben die Einflußgrenzen für die einzelnen Abbaue 1, 2, 3, 4, 5, 6, 7, 8 und 9 vom Hangenden ins Liegende mit den gleichen Ziffern bezeichnet.

Würden wir die einzelnen Abbaue ohne Rücksicht auf ihre Abbauzeiten vom Hangenden ins Liegende nacheinander behandeln, so würde sich bei Konstruktion der einzelnen Muldenbilder ein falsches Bild über die sich entwickelnde Geländegestaltung ergeben. Wir müssen die Muldenbilder entsprechend den Zeitpunkten ihrer Entwicklung einzeichnen, indem wir entsprechend den Abbauzeiten die Flöze, Einflußgrenzen und Mulden mit den Bezeichnungen I, II, III, IV, V, VI, VII, VIII und IX zur Darstellung bringen.

In den Jahren 1867, 1875, 1880, 1890, 1900, 1906 und 1913 wurden die Abbaue der einzelnen Flöze I, II, III, IV, V, VI und VII vom Hangenden ins Liegende durchgeführt. Bis zum Jahre 1913 mußten die Bodenschichten bis auf eine Tiefe von 460 m eine Aufwühlung erfahren haben, welche in einem durch mehrere Jahrzehnte stattgehabten Bewegungsprozeß dieser Schichten zur Auslösung gelangt sein mußte.

Durch den im Jahre 1867 erfolgten Abbau des Flözes I wurde eine Bewegung der Tagesoberfläche hervorgerufen, welche durch das Muldenbild $a_I b_I$, dargestellt sein soll; es folgen die Muldenbilder $a_{II} b_{II}$, $a_{III} b_{III}$, $a_{IV} b_{IV}$, $a_V b_V$, $a_{VI} b_{VI}$ und $a_{VII} b_{VII}$ (Fig. 61).

Im Jahre 1917 beginnt ein neuer Bodenbewegungsprozeß oberhalb der Abbaue I—VII durch die Abbaue VIII und IX, so daß theoretisch die Geländegestaltung durch die Muldenbilder a_{VIII} b_{VIII} und a_{IX} b_{IX} versinnlicht wird.

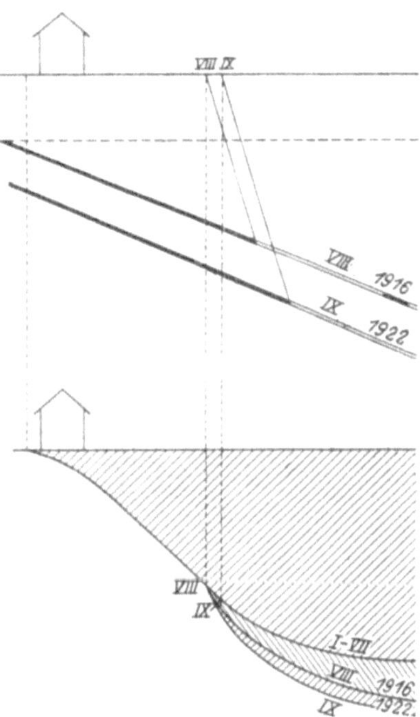

Fig. 62.

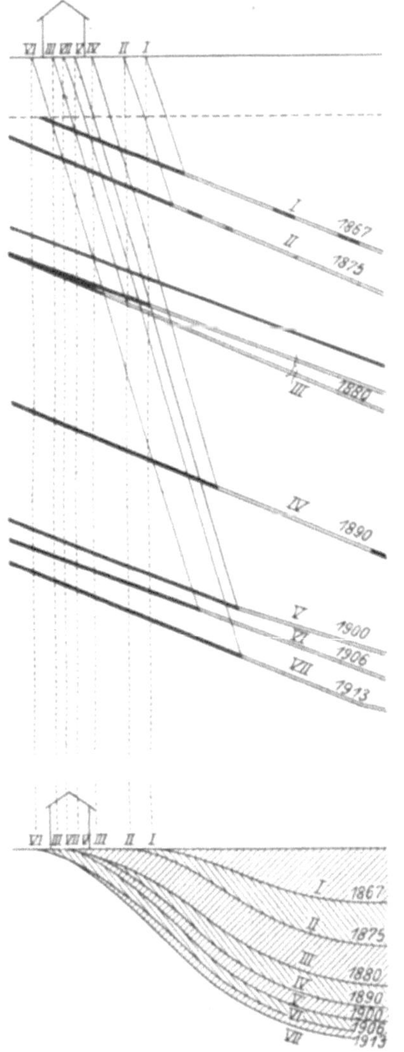

Sowie die Bodenbewegungen durch die Abbaue der Flöze I—VII in immer tiefere Zonen sich erstreckt haben, so haben sie sich theoretisch immer mehr dem beklagten Gebäude genähert, bis sie durch den Abbau des Flözes VI vollständig über den Gebäudebereich hinausgereicht haben; die durch den folgenden Abbau VII hervorgerufenen Bodenbewegungen haben theoretisch bis in die Mitte des beklagten Gebäudes gereicht.

Die Mulden a_{VIII} b_{VIII} und a_{IX} b_{IX} sind theoretisch außerhalb des Gebäudebereiches geblieben (Fig. 62).

Entsprechend der durch die verschiedenen Abbauzeiten sich ergebenden Entstehung von Bodenbewegungen und den dadurch hervorgerufenen Hausschäden wäre dann eine Beweisführung für die bergbauliche Ursache leichter gegeben, wenn ein Bild der Entwicklung dieser Hausschäden vom Jahre 1867 beginnend bis zum Jahre 1922 vorhanden wäre. Ein solches Bild der Schadensentwicklung entsprechend den angegebenen- Zeiträumen liegt im vorliegenden Rechtsfalle sowie in den meisten Schadensprozessen nicht vor.

Durch die aufeinander folgenden Abbaue werden die Erdschichten in verschiedenen Tiefen immer neu aufgewühlt, wie dies in Fig. 63 schematisch dargestellt erscheint.

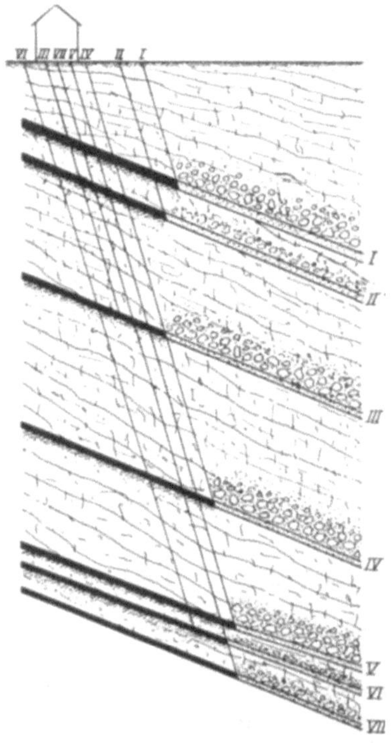

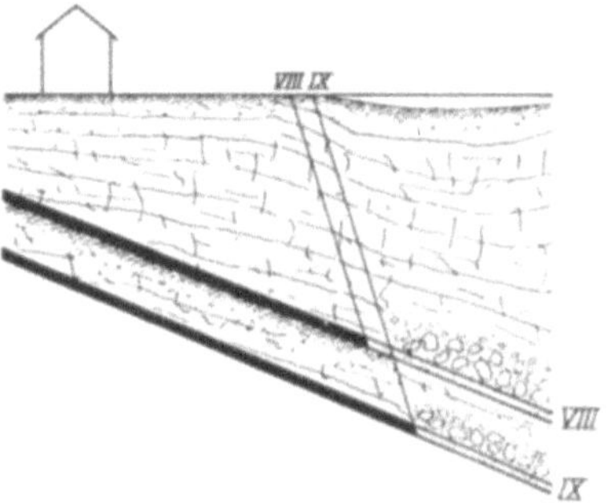

Fig. 63.

Von Abbau zu Abbau wird immer wieder eine Volumsvermehrung der hangenden Erdschichten hervorgerufen. Durch die Auskohlung der einzelnen Flöze werden immer wieder neue Substanzverluste hervorgerufen; darauf vermehrt sich das Volumen der hangenden Erdschichten immer wieder, welche Erdmassen durch das Gewicht der nachsinkenden Erdmassen immer wieder zusammengepreßt werden. Infolge dieser immer wieder stattfindenden Veränderung des Erdmaterials ist ein einheitliches Verhalten der Bodenschichten — welches durch die Annahme der parallel laufenden Grenzrichtungen gekennzeichnet ist — nicht wahrscheinlich bzw. nicht möglich. Die Annahme solcher gleichgerichteter Grenzrichtungen, welche die obertägigen Einflußgrenzen der einzelnen Abbaue darstellen sollen, erleichtert uns die Untersuchung der möglichen Bodenbewegungen, die durch die einzelnen Abbaue immer wieder aufgelöst werden.

Die Untersuchung gestaltet sich hier verhältnismäßig einfach, weil die einzelnen Abbaue sich immer wieder in derselben Richtung dem beklagten Gebäude genähert haben. Bedenken wir, daß in zahllosen Rechtsfällen der Praxis auch Abbaue zu behandeln sind, welche den beklagten Bauwerken sich in verschiedenen Richtungen genähert haben; bedenken wir auch noch, daß eine weitere Erschwerung der Untersuchungen eintreten kann, wenn die Abbaue zweier oder mehrerer verschiedener Gewerkschaften sich einem oder mehreren Bauwerken nähern. Die vielfachen Kombinationen solcher Abbauverhältnisse verwickeln die gestellten Probleme, deren Lösung in jedem einzelnen Falle den Gutachter vor neue, oftmals schwere, ja unlösbare Aufgaben stellt.

B. Die Theorie der Bodenverschiebungen.

Infolge des Kohlenabbaues werden unterirdische Hohlräume erzeugt, deren Ausfüllung durch die hangenden, nachsinkenden Gebirgsschichten bewirkt wird. Es wird also durch die Auskohlung der Flöze an den bestehenden geologischen Verhältnissen nichts geändert; es werden lediglich statische Vorgänge ausgelöst. Wir müssen also in einem gegebenen Senkungsfalle das statische Verhalten der vorhandenen Gebirgsschichten kennen, um über die obertägigen Wirkungen das richtige Urteil zu erhalten. Besitzen die Hangendschichten eine entsprechende Elastizität und ist die abgebaute Flözmächtigkeit gering, so werden sich die Erdschichten balkenartig (Fig. 64) durchbiegen. Der Prozeß der elastischen Durchbiegung kann durch das ganze System der überlagernden Erdmassen hindurch nach aufwärts reichen.

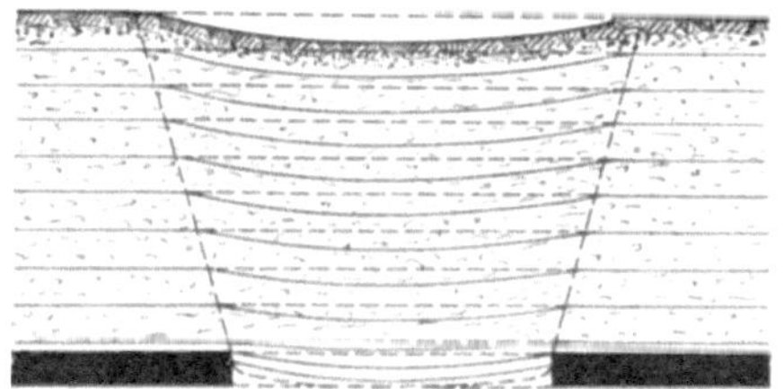

Fig. 64.

Es kann aber auch vorkommen, daß infolge der größeren Mächtigkeit des abgebauten Flözes ein Verbruch der Hangendschichten und infolgedessen eine Volumsvermehrung derselben eintritt; auf diese verbrochenen Gesteinschichten folgt dann ein Nachsickern der Überlagerung, welche keinen Verbruch, also keine Volumsvermehrung erleidet; es ist dies der in den meisten Fällen der Praxis vorkommende kombinierte Fall des Verbruches und der elastischen Nachsenkung der Hangendschichten (Fig. 65).

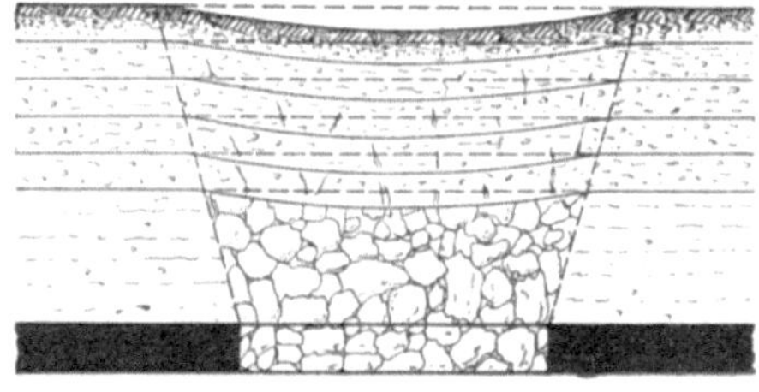

Fig. 65.

Goldreich, Bodenbewegungen. 7

Es soll nun vorausgesetzt werden, daß eine obertägige Senkungsmulde infolge Kohlenabbaues erzeugt wäre, und wir wollen nun untersuchen, in welcher Weise die Standorte obertägiger Bauwerke durch die bergbaulichen Bodenbewegungen berührt werden.

Hierbei sei zum Zwecke der weiteren Untersuchungen für die Entstehung einer obertägigen Senkungsmulde jener Vorgang vorausgesetzt, den ich in meinem Buche über „Die Theorie der Bodensenkungen" beschrieben habe. Durch den untertags bewirkten Kohlenabbau wird im Falle der Entfernung der das Hangende unterstützenden Zimmerung ein Nachsinken der hangenden Gebirgsschichten erfolgen. Infolge des im Kohlengebirge hervorgerufenen Bewegungszustandes wird ein Nachsinken der tertiären Überlagerung bewirkt, wodurch das Gleichgewicht der letzteren gestört wird.

Bei dieser Abwärtsbewegung der über dem Abbau gelegenen Tertiärmasse wird eine Trennung des Zusammenhanges mit den benachbarten Erdmassen erfolgen, und infolge dieser in lotrechten Ebenen

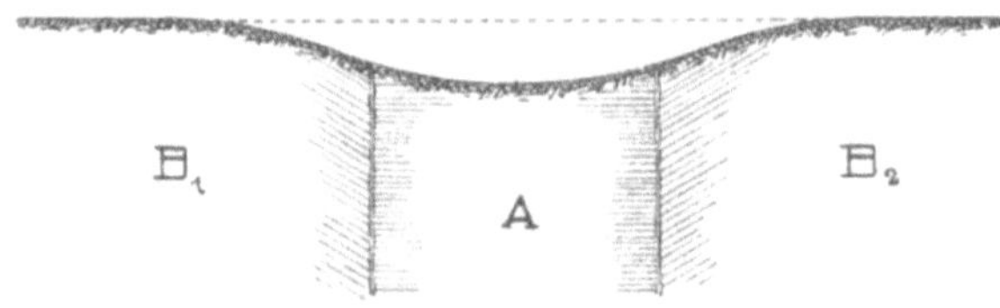

Fig. 66.

stattfindenden Ablösung des tertiären Gebirges werden innere Kräfte frei, welche ein seitliches Nachrutschen der benachbarten Gebirgsschichten zur unmittelbaren Folge haben.

Die Absenkung der mittleren Erdmasse A (Fig. 66) und das Nachrutschen der seitlichen Erdmassen B_1 und B_2 erfolgen gleichzeitig.

In meinem bereits vielfach erwähnten Buche wurden die Bodensenkungen im allgemeinen und damit auch die Veränderung der Geländeflächen im allgemeinen behandelt, es wurde die infolge der Kohlenabbaues eintretende Formänderung des Geländes einer eingehenden Erörterung unterzogen.

Da die Eisenbahnen derartige Mulden auf große Strecken durchqueren, so ist dadurch auch gleichzeitig am Eisenbahnkörper in des Richtung der Geleiseachse die Form des Querschnittes der Mulde wiedergegeben, der sich natürlich je nach der Lage der Bahntrasse in dieser Mulde in seiner Einzelgestaltung ändert. Es soll nun näher untersucht werden, wie sich die Standorte der obertägigen Bauwerke in der Senkungsmulde vor und nach der Bodenbewegung verhalten. Es ist von besonderem Interesse, zu erforschen, ob durch diese Geländebewegungen die obertägigen Bauwerke ihre Standorte lediglich im lotrechten Sinne nach abwärts verändern, ob also nur eine lotrechte Absenkung im wahren Sinne des Wortes stattfindet, oder ob gleichzeitig die Bauwerke eine wagrechte Verschiebung durch den Bewegungsprozeß erleiden. Die langjährigen Erfahrungen haben gezeigt, daß die Bahnstrecken in Bergbaugebieten nicht nur eine Absenkung in lotrechter Richtung erfahren, daß diese Bahnkörper auch eine seitliche Verschiebung mitmachen, je nach deren Lage innerhalb der Senkungsmulde.

1. Die Zonen der lotrechten Absenkungen und der Verschiebungen.

Es werde nun eine flache Senkungsmulde a b′ c′ d im Sinne ihres Entstehungsprozesses in die verschiedenen Bereiche geteilt, wobei auch die Voraussetzung getroffen sei, daß die Umrandung dieser Mulde entsprechend einer quadratischen Form des Abbaufeldes die gleiche Form aufweise (Fig. 67).

Gemäß der meinerseits entwickelten Theorie über die Entstehung der Senkungsmulde ist infolge der lotrechten Absenkung des mittleren Gebirgsblockes A gleichzeitig ein seitliches Nachrutschen der Blöcke B und C vorhanden, welcher Nachrutschprozeß in den gefährlichen bzw. natürlichen Böschungsebenen seine Grenze hat, je nach der Beschaffenheit der Gebirgsschichten. Durch die gleichzeitige Vereinigung der lotrechten Absenkung des mittleren Blockes A und der seitlichen Nachrutschung der Blöcke B und C wird obertags eine Mulde erzeugt, in welcher entsprechend den geschilderten Bewegungen der Gebirgsblöcke sich verschiedene Gebiete unterscheiden lassen.

Es sei zunächst die flache Senkungsmulde behandelt, welche zur Ausbildung gelangt im Falle des Abbaues geringmächtiger Flöze als auch bei mächtigen mit Versatz betriebenen Abbauen. Das Verhalten von Bauwerken innerhalb der durch den Kohlenabbau entstandenen Pingen, welche im Falle mächtiger unversetzter Abbaue oder steil einfallender geringmächtiger und unversetzter Hohlräume hervorgerufen werden, sei späteren Ausführungen vorbehalten, in welchen der Einfluß der Flözmächtigkeit und des Flözfallwinkels auf die Größe der Schiebungsgebiete behandelt wird.

Infolge der lotrechten Abwärtsbewegung des Blockes A werden alle Punkte der zugehörigen Geländefläche nach dem Senkungsprozeß Lagen aufweisen, welche lotrecht unter deren Ursprungslagen sich befinden. Es entsprechen den Punkten b, f, g, h, c usw. die Punkte b′, f′, g′, h′, c′, welch letztere lotrecht unter den ersteren zu liegen kommen. Diese Zone der rein lotrechten Absenkungen wird durch das im Grundrisse mit $b_1 b_2 c_2 c_1$ bezeichnete Gebiet dargestellt, es ist jenes Gebiet der Mulde, in welchem infolge der gleichmäßigen Absenkungen keine oder nur geringe obertägige Bauschäden eintreten. Hingegen ist der von den Grenzen des vorbezeichneten Gebietes bis zum Muldenrande $a_1 a_2 d_2 d_1$ (Grundriß) sich befindende Bereich durch das seitliche Nachrutschen der Blöcke B und C verursacht, es ist der Bereich der Bodenverschiebungen, die sogenannte Schiebungszone. Es wird sich nun darum handeln, zu ermitteln,

welche Wege die im Schiebungsbereich befindlichen Punkte gelegentlich des Senkungsprozesses zu beschreiben haben, um dann aus der
Ursprungslage eines Punktes dessen Zukunftslage nach dem Senkungsprozesse bestimmen zu können. Während im Bereiche $b_1 b_2 c_2 c_1$

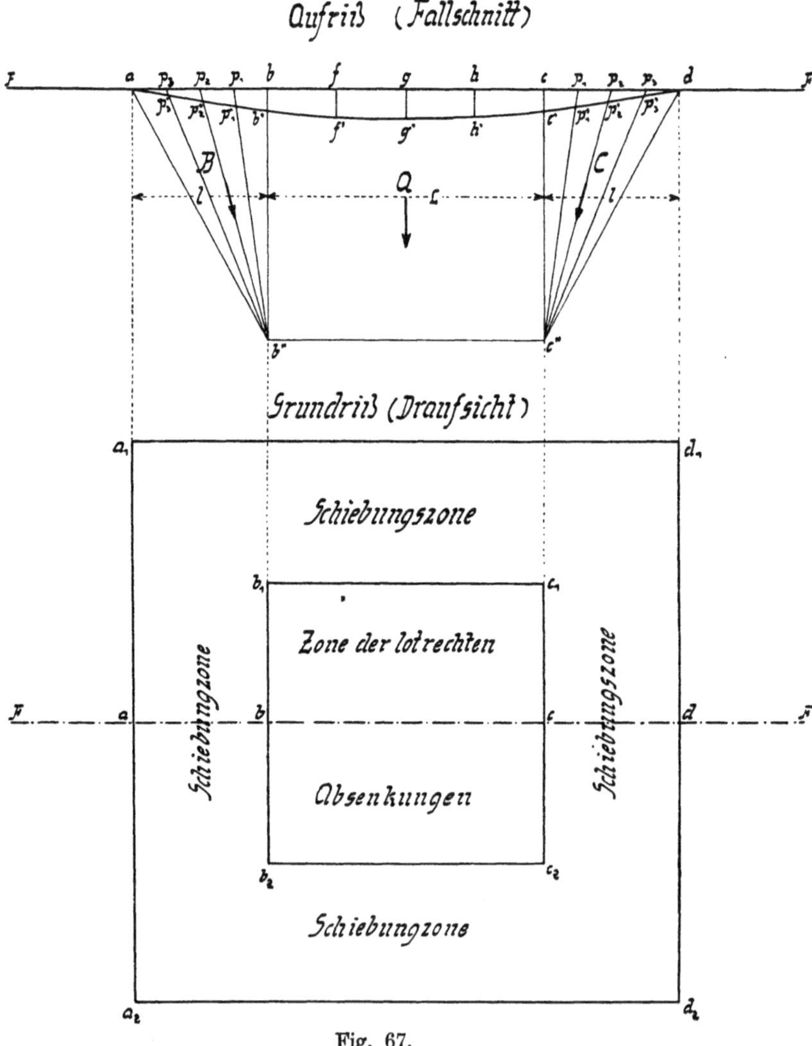

Fig. 67.

die abgesenkten Punkte lotrecht unter ihren Anfangslagen zu liegen
kommen, erleiden in der Schiebungszone die Oberflächenpunkte außer
ihrer lotrechten Absenkung auch eine wagerechte Verschiebung,
welche durch den Bewegungsprozeß der seitlichen Gebirgsblöcke B

und C begründet ist. Wenn wir nun einen solchen Geländepunkt näher betrachten, so ist die Richtung des von ihm während des Senkungsprozesses zurückgelegten Weges durch die Bewegungsrichtung gegeben, in welcher dieser Punkt den seitlichen Rutschprozeß mitmachen muß (Fig. 66). Die Oberflächenpunkte zwischen a und b bzw. c und d werden in eine Bewegung versetzt, welche durch die Rutschtendenz der Blöcke B und C gegen A veranlaßt ist. Die Punkte b und c haben die reine lotrechte Absenkung zu erleiden, während die gegen a bzw. d gelegenen Punkte in eine Bewegung versetzt werden, welche zwischen den Richtungen a b″ und b b″ bzw. c c″ und d e″ gelegen ist. Die Bewegungsrichtungen der Punkte p_1, p_2 und p_3 werden durch die Richtungen p_1 b″, p_2 b″, p_3 b″ und p_1 c″, p_2 c″, p_3 c″ dargestellt. Es werden also den Anfangslagen p_1, p_2 und p_3 die Endlagen p_1', p_2' und p_3' entsprechen, und $p_1 p_1'$, $p_2 p_2'$ und $p_3 p_3'$ sind die Wege, welche diese Punkte gelegentlich des Senkungsprozesses zurückzulegen haben. Die Maße der lotrechten Absenkung werden durch die Größen v_1, v_2 und v_3 (Fig. 68) dargestellt, während die Größen h_1, h_2 und h_3 die Maße der wagerechten Verschiebungen bezeichnen. Der Punkt c hat eine lotrechte Absenkung v = s und eine

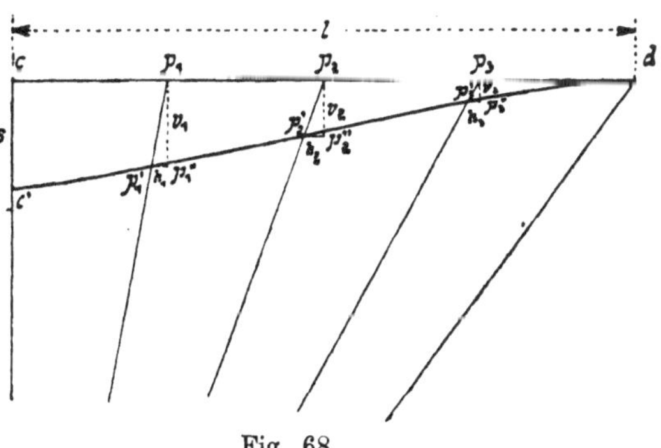

Fig. 68.

wagerechte Verschiebung h = 0 erlitten, während für den Punkt d sowohl v als auch h gleich Null sind.

Die Geraden p_1 b″, p_2 b″, p_3 b″ und p_1 c″, p_2 c″, p_3 c″ (Fig. 67) stellen zugleich die einzelnen Böschungsflächen dar, welche die Grenzen der einzelnen Entwicklungsstufen des fortschreitenden Senkungsprozesses versinnlichen. Aus der Fig. 67 ist ersichtlich, daß die Maße der wagerechten Verschiebungen von c gegen die Mitte des Schiebungsgebietes zu immer größer werden, welche Erscheinung durch die Erfahrung bereits vielfach bewiesen ist. Die in Fig. 68 erörterten Wege der einzelnen Geländepunkte können auch durch die einzelnen Stadien des Senkungsprozesses erklärt werden, bei welchem mit der Ausdehnung der obertägigen Senkungsmulde auch gleichzeitig eine wesentliche Vertiefung derselben eintritt, wie dies in Fig. 69 ersichtlich ist. In Fig. 69 wurde angedeutet, wie in den fünf aufeinander folgenden Entwicklungsstufen (I bis V) des Senkungsprozesses die Erweiterung und Vertiefung der obertägigen Senkungsmulde von b c bis a b′ c′ d stattfindet und wie nach und nach die Punkte b, p_1, p_2, p_3 und a bzw. d die Grenzpunkte der einzelnen Mulden darstellen.

Die vorgeführte Untersuchung der Lagenänderung eines Punktes in einem einzelnen Muldenquerschnitte gibt dazu Veranlassung, die Lage dieser Muldenquerschnitte selbst zu erörtern, um zu ersehen, ob je nach der Lage einzelner Bauwerke in bezug auf diese Muldenquerschnitte auch für die zurückgelegten Wege der Bauwerke eine Erklärung gefunden werden kann.

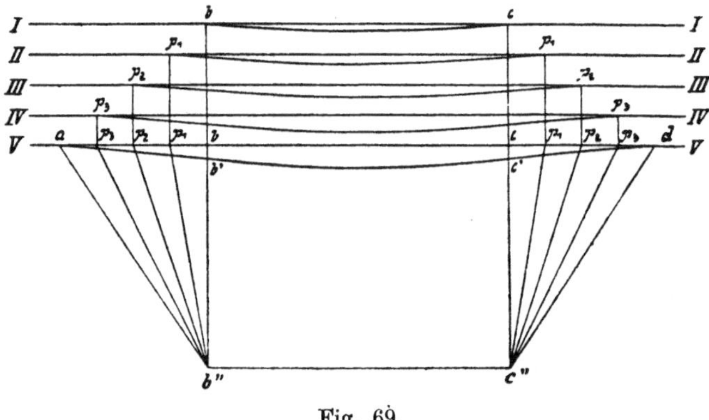

Fig. 69.

Zu diesem Behufe seien die in der „Theorie der Bodensenkungen" behandelten charakteristischen Mulden ins Auge gefaßt (Fig. 70). Es sei also F F die in der Fallrichtung gelegene Fallkurve größter Senkungsmaße. $F_1 F_1$ und $F_2 F_2$ stellen die an der Grenze des Bereiches der lotrechten Absenkung liegenden Fallkurven geringerer Senkungsmaße dar. S S stellt die Streichkurve größter Senkungsmaße dar, während $S_1 S_1$ und $S_2 S_2$ die an der Grenze des Bereiches der lotrechten Absenkung befindlichen Streichkurven geringerer Senkungsmaße bezeichnen. Die Fall- und Streichkurven durchqueren sowohl den Bereich der lotrechten Absenkung als auch jenen der Schiebungen. Diese Kurven haben in der Mitte die Zone der lotrechten Absenkung, und symmetrisch zu denselben sind die in entgegengesetzter Richtung zu einander wirkenden gleich großen Bereiche der Schiebungen. Die zwischen $F_1 F_1$ und der Muldengrenze $G_1 G_1$, $F_2 F_2$ und der Muldengrenze $G_2 G_2$ befindlichen Fallkurven besitzen in der Mitte ein Gebiet der Schiebungen, und symmetrisch zu diesem Gebiete befinden sich zwei gleich große Bereiche der Schiebungen. Die in den einzelnen Gebieten vorhandenen Bewegungen sind gegen die Muldenmitte gerichtet. Die zwischen $S_1 S_1$ und der Muldengrenze $G_3 G_3$, $S_2 S_2$ und der Muldengrenze $G_4 G_4$ befindlichen Streichkurven besitzen ebenfalls in der Mitte und symmetrisch dazu Schiebungsbereiche. In logischer Anwendung dieser Ausführungen werden die Senkungskurven der Linien $T_1 T_1$, $T_2 T_2$ und $T_3 T_3$ an den Bereichen der lotrechten Absenkungen und Schiebungen Anteil haben.

Wir wollen nun an einem Punkte in der Mulde dessen Lagen-
veränderung erörtern; es sei dies z. B. P_1 in Fig. 71.   Zu diesem
Behufe sollen die durch diesen Punkt hindurchgehenden charakte-

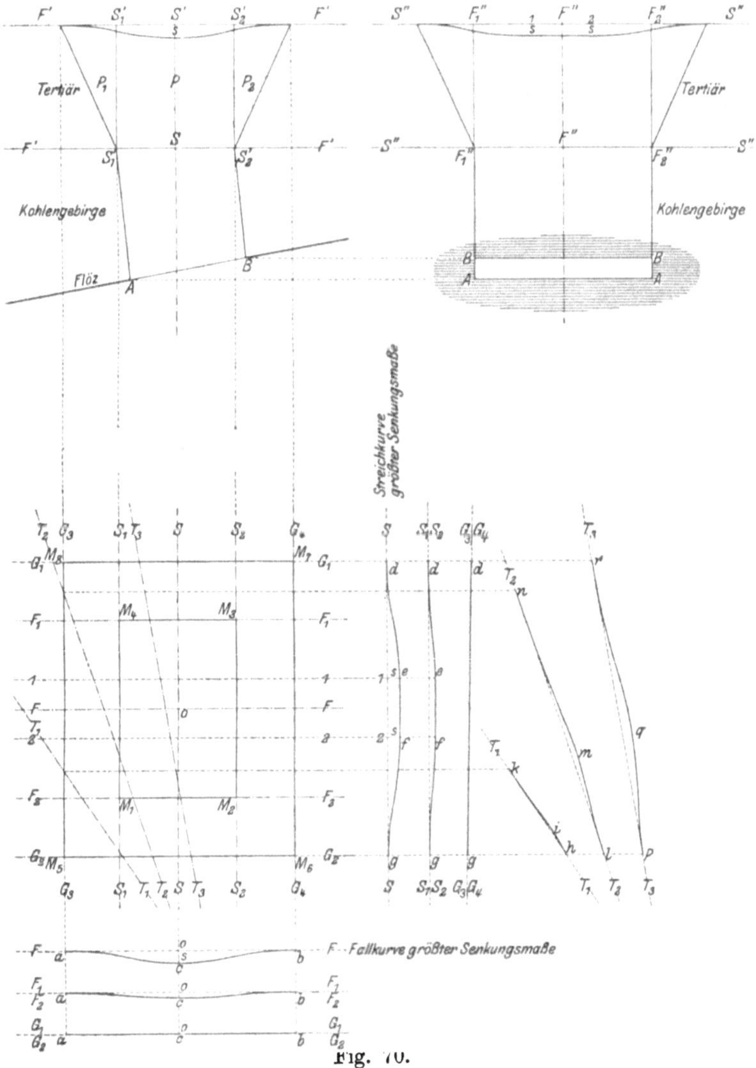

Fig. 70.

ristischen Schnitte, d. s. der Fallschnitt $F_1 F_1$ und der Streichschnitt
$S_1 S_1$, geführt werden, in welchen die bezüglichen Kurven gelegen sind.
Wir ersehen aus diesen Querschnitten, daß P_1 die in der Fallrichtung
gegen das Muldentiefste gerichtete Bewegung mitmacht, welche durch

den Pfeil r_1 dargestellt wird. Der Punkt P_2 senkt sich lotrecht nach abwärts, während P_3 in der entgegengesetzten Richtung zu r_1 sich bewegen muß, wie durch den Pfeil r_3 angedeutet wird. Betrachten wir nun die im Fallschnitte $F_1'\,F_1'$ gelegenen Punkte P_1', P_2' und P_3',

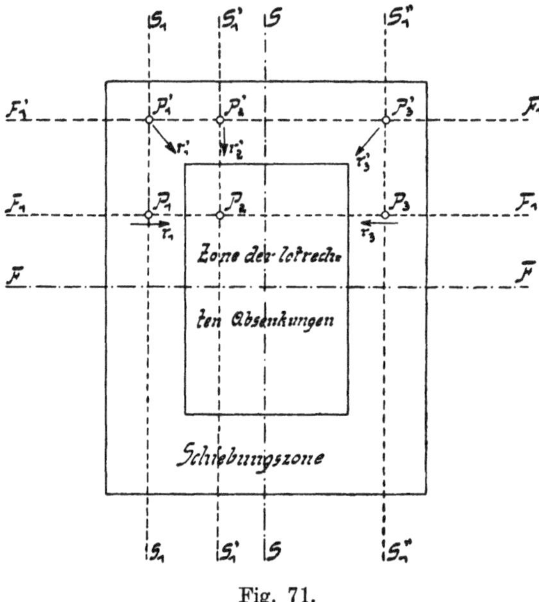

Fig. 71.

so bemerken wir, daß P_1' in der Richtung r_1', P_2' in der Richtung r_2' und P_3' in der Richtung r_3' sich bewegen müssen. Hierbei wird immer wieder die Voraussetzung getroffen, daß die im lotrechten Absenkungsgebiete befindlichen Muldenteile flach ausgebildet sind, wie dies bei schwachen oder mit Versatz abgebauten Flözen auch der Fall ist.

2. Die Berechnung der größten wagerechten Verschiebung.

Wir wollen nun vom materiellen Punkte auf die Gerade übergehen bzw. wollen wir das Verhalten solcher Körper im Senkungsgebiet behandeln, welche in den Längenabmessungen gegenüber ihren Breiteausdehnungen sehr bedeutend ausgebildet sind. Dies ist bei Eisenbahnstrecken der Fall, welche auf große Längen die Senkungsmulden durchqueren und auf diese Art ein Bild des Muldenquerschnittes wiedergeben. Es ist sofort zu ersehen, daß eine Bahnlinie je nach ihrer Lage in der Mulde teils Verschiebungen teils lotrechte Absenkungen aufweisen wird. Es sei nun eine Bahnstrecke untersucht, welche in der Fallrichtung im Muldentiefsten das Senkungsgebiet schneidet, so daß diese Bahnstrecke die in der Fig. 72 ersichtlichen Gebiete der Schiebungen und der lotrechten Absenkung aufweist.

In Fig. 72 sind die Wege der Punkte 1, 2 und 3 durch die Resultierenden $\overline{1\,1'}$, $\overline{2\,2'}$ und $\overline{3\,3'}$ dargestellt. Es ist auch ersichtlich, daß von den Stellen b und c gegen die Muldenränder a und d hin das Verhältnis der Maße der wagerechten Verschiebungen gegen die Maße der lotrechten Absenkungen immer größer wird (Fig. 67). Es werden also zwischen a und b', c' und d die Bodenmassen auseinander gezogen und üben in den Stellen b' und c' Druckkräfte auf den mittleren Erdblock aus, welcher Umstand die sichtbare Ausbildung der lotrechten Bruchebene verhindert. Es ist wohl außer Zweifel, daß diese Bodenkräfte auf den am Bahnkörper befindlichen Oberbau sich übertragen müssen und dort jene Veränderungen hervorrufen, welche durch die in der Praxis auftretenden Schienen-Pressungen und -Zerrungen vielfach bekannt sind. Greifen wir nun den in der Schiebungszone c d gelegenen Muldenteil heraus, so können wir ersehen, daß die Maße

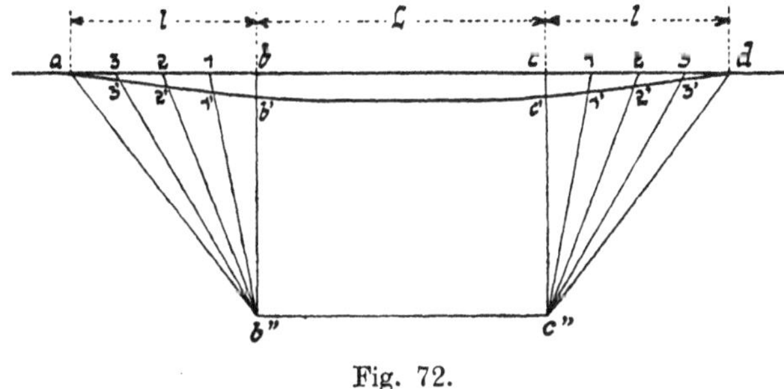

Fig. 72.

der wagerechten Verschiebung von der Mitte aus gegen c und d hin abnehmen und an diesen Stellen Null werden. Es muß also zwischen c und d eine Stelle geben, wo das Maß dieser wagerechten Verschiebung am größten ist. Zur Ermittlung dieser Stelle des Maximums der wagerechten Verschiebung sei die Kurve c d zwecks Vereinfachung der Rechnung durch eine Gerade ersetzt.

Es sei in Fig. 73 ein Punkt P herausgegriffen, der während seiner Bewegung den Weg P P' zurücklegt. Das Dreieck P P' Q sei als das Bewegungsdreieck bezeichnet, in welchem P Q = v das Maß der lotrechten Absenkung bezeichnet, während P' Q = h das Maß der horizontalen Verschiebung bezeichnen soll. Es fragt sich nun, an welcher Stelle ist der Wert h ein Maximum. In Dreieck P P' Q ist

$$P'\,Q = h = v\,\mathrm{tg}\,\alpha \qquad (1)$$

In Dreieck c P e ist

$$c\,P = l - x = H\,\mathrm{tg}\,\alpha \qquad (2)$$

wobei P d = x und c e = H angenommen wurde. Hierbei bezeichnet α den Winkel, den die Richtungen c e und P e miteinander einschließen, welchen Winkel auch die Richtungen P P' und P Q miteinander bilden. Der Winkel α kann auch als Komplementwinkel des Winkels bezeichnet werden, den dessen Bewegungsrichtung mit der Wagerechten einschließt; l bezeichnet die Länge des Schiebungsgebietes.

Gleichung (2) ergibt für $\mathrm{tg}\,\alpha = \dfrac{1-x}{H}$, welcher Wert in (1) eingesetzt

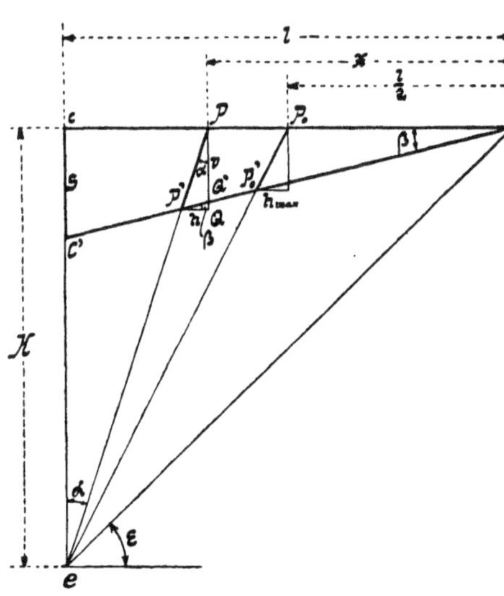

Fig. 73.

$$h = v\,\frac{1-x}{H} \qquad (3)$$

die Schiebungsformel ergibt.

In Dreieck P Q P′ ist
P Q = v = P Q′ + Q Q′
= v′ + Q Q′.

In Dreieck Q Q′ P′ ist
Q Q′ = h tg β.

Q Q′ stellt das Produkt zweier kleiner Größen dar, und zwar von h und tg β. Der Wert von h nimmt vom Schiebungsgebiete gegen die Muldenmitte und gegen den Muldenrand hin auf Null ab und der Höchstwert von h mißt nach den in der Praxis gemachten Erfahrungen (für den Abbau eines Flözes) etwa 0,05—0,30 m. Der Wert von $\mathrm{tg}\,\beta = \dfrac{s}{l}$ (Δ c c′ d) hängt von dem Werte der maximalen Senkung s und von der Länge des Schiebungsgebietes l ab. Der Wert s ist von der Flözmächtigkeit und der Flözneigung abhängig. Für die durchschnittlichen Flözmächtigkeiten von m = 1,5 m bis 3 m betragen die beiläufigen Werte s = 0,50 m bis 1,00 m ohne Versatz und können bei Ausführung von Versatz auf 0,25 bis 0,50 m vermindert werden. Der Wert l hängt von der Tiefe des Abbaues und von der Beschaffenheit der Gebirgsschichten ab und bei Zugrundelegung einer Teufe H = 500 m und eines Grenzwinkels ε = 70⁰ ist l = H ctg ε = 181,98 m, so daß′nach Einsetzung dieses Wertes von l für die angeführten Werte von s sich ergibt für

$$\mathrm{tg}\,\beta = \frac{0{,}50}{181{,}98} \text{ bis } \frac{1{,}00}{181{,}98} \text{ ohne Versatz}$$

und

$$\mathrm{tg}\,\beta = \frac{0{,}25}{181{,}98} \text{ bis } \frac{0{,}50}{181{,}98} \text{ mit Versatz.}$$

Nach Einsetzung der entsprechenden Werte in Q Q′ = h tg β erhalten wir für h = 0,30 m, Q Q′ = 0,00081 bis 0,00162 ohne Versatz und Q Q′ = 0,00039 bis 0,00081 mit Versatz.

Mit Rückischt auf die selbst bei der Annahme einer relativ großen Verschiebung von 0,30 m ergeben sich die vorstehend angeführten, sehr geringen Werte für Q Q′, so daß wir diesen letzteren Wert vernachlässigen können und schreiben P Q = v = v′ = x tg β .

Dieser Wert in (3) eingesetzt ergibt:

$$h = x \operatorname{tg} \beta \, \frac{l - x}{H} \qquad (4)$$

Zur Ermittlung von max h muß $\dfrac{dh}{dx} = 0$ gesetzt werden;

$$\frac{dh}{dx} = \frac{\operatorname{tg} \beta}{H} \left[(l - x) - x\right] = 0 \text{ oder } l - 2\,x = 0 \text{ oder } x = \frac{l}{2}. \qquad (5)$$

Das vorstehende Resultat will besagen, daß das Maximalmaß der Horizontalverschiebung sich in der Mitte der Schiebungsstrecke c d befindet. Dieser Stelle entspricht die Hälfte des Maßes der Maximalsenkung s. Denn es ist $s : l = v : \dfrac{l}{2}$, so daß $v = \dfrac{s}{2}$.

Der Wert des Maßes der Horizontalverschiebung ist also in der Mitte des Schiebungsgebietes (P_0) am größten, dieser Wert nimmt gegen den Muldenrand und gegen das Muldentiefste hin ab, bis er an diesen Stellen gleich Null wird.

Zwischen den Punkten d und P_0 einerseits und c und P_0 andererseits ist eine stetig anwachsende Verschiebung des Bodens vorhanden, bis in P_0 das Maximum dieser Horizontalverschiebung erreicht wird. Es ist allgemein $h = v \dfrac{l - x}{H}$; wenn wir nun die Werte von $v = \dfrac{s}{2}$ und $x = \dfrac{l}{2}$ in die Formel der maximalen Horizontalverschiebung einsetzen, so erhalten wir die Schiebungsformel:

$$h_{\max} = \frac{s}{2} \, \frac{l}{2\,H} = \frac{s}{4} \, \frac{l}{H} \qquad (5)$$

Aus der vorangeführten Formel (5) ist zu ersehen, daß die maximale Horizontalverschiebung direkt proportional ist der Größe des maximalen Senkungsmaßes. Daraus folgt, daß mit der Herabminderung des maximalen Senkungsmaßes auch das Maß der die Bauschäden verursachenden wagerechten Verschiebungen vermindert wird. Es kann also der logische Schluß gezogen werden, daß insbesondere der Spülversatz imstande ist, die wagerechten Verschiebungen und damit auch die Bergschäden wesentlich herabzumindern, wenn nicht überhaupt zu vermeiden, weil diese Versatzmethode am geeignetesten erscheint, die lotrechten Senkungsmaße herabzumindern.

Aus der Formel (5) folgt aber auch, daß das Maß der wagerechten Verschiebung mit der Länge des Schiebungsgebietes direkt proportional ist. Man muß also trachten, die Länge des Schiebungsgebietes zu verkürzen, wodurch die wagerechten Verschiebungen herabgemindert werden.

Aus der Formel (5) folgt auch, daß h_{max} der Teufe des Abbaues indirekt proportional ist, und je tiefer die Abbaue zu liegen kommen, desto geringere Maße der wagerechten Verschiebungen können sich zeigen, wobei jedoch zu bedenken ist, daß bei zunehmender Teufe auch gleichzeitig eine Vergrößerung der Schiebungsgebiete eintreten kann, welche die Verschiebungsmaße vergrößert. In der Schiebungsformel (5) können wir auch l ersetzen durch H ctg ε (Fig. 72) und erhalten $h_{max} = \dfrac{s}{4} \, \text{ctg} \, \varepsilon$. Der Höchstwert der wagerechten Verschiebung ist auch abhängig von der Größe des Grenzwinkels ε, und zwar (1) für

$$\varepsilon = 0^0, \text{ ist } h_{max} = \infty.$$

Wenn der Grenzwinkel den Wert Null hat, so ist der Wert der wagerechten Verschiebung gleich ∞. Dieser Fall hat keine praktische Bedeutung, weil im Falle des Grenzwinkelwertes Null die Abbauwirkung ins Unendliche wachsen würde. (2) für

$$\varepsilon = 45^0 \text{ ist } h_{max} = \dfrac{s}{4}.$$

In diesem Falle ist der Wert der größten wagerechten Verschiebung gleich dem 4. Teil des größten Senkungsmaßes. (3) für

$$\varepsilon = 90^0 \text{ ist } h_{max} = 0.$$

In diesem Falle tritt keine wagerechte Verschiebung ein.

3. Untersuchungen der Bodenverschiebungen in den verschiedenen Muldenquerschnitten.

Die vorgeführten Untersuchungen gelten für alle Fallschnitte, welche durch das Gebiet der lotrechten Absenkung hindurchgehen. Ebenso werden alle Streichschnitte dieselben Verhältnisse aufweisen, wenn sie das mittlere lotrechte Absenkungsgebiet durchschneiden. Es soll nun der Fall behandelt werden, daß ein Muldenschnitt in der Fallrichtung im Schiebungsgebiet außerhalb des Gebietes der lotrechten Absenkung gelegen ist.

Die Punkte der Linie F' F' werden eine Verschiebung, senkrecht und schräg zu ihrer Richtung, erleiden, wie dies in Fig. 74 durch die Pfeilstriche f angedeutet ist. Die Richtung der hier stattfindenden Herausdrückung eines in F′F′ gelegenen Bahnkörpers stimmt mit der Richtung der Bodenwanderung überein.

Die in der Streich-richtung gelegene Linie S′S′ wird ähnliche Verhältnisse aufweisen (Pfeilstriche s), wie vorstehend erörtert wurde (Fig. 74). Es seien nun die in Fig. 74 ersichtlichen Linien $T_1 T_1$ und $T_2 T_2$ einer Betrachtung unterzogen. Wie durch die Richtungen der Pfeile t_1 und t_2 angedeutet, findet eine gegen die Muldenmitte gerichtete Bodenwanderung statt. Die Linie $T_2 T_2$ schneidet außer den Schiebungsgebieten auch das Gebiet der lotrechten Absenkung.

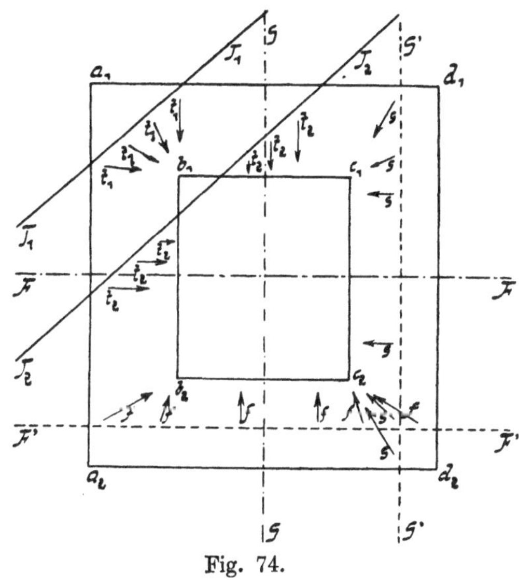

Fig. 74.

Während in den Schiebungszonen seitliche Verschiebungen stattfinden, bleibt das Gebiet der lotrechten Absenkung von denselben verschont.

4. Einfluß des Abbaufortschrittes auf die Bodenverschiebungen.

Ohne in eine Einzelbeschreibung der durch die verschiedenen Lage der Muldenquerschnitte bedingten verschiedenen Wirkungen einzugehen, soll nun auf jene Veränderungen Rücksicht genommen werden, welche durch die dem Fortschreiten der Abbaue bedingte Erweiterung des obertägigen Senkungsgebietes verursacht werden. Es sei nun eine Linie untersucht, die dem Fallschnitte F F entspricht: infolge des Abbaues eines Kohlenflözes sei ein Senkungsgebiet erzeugt mit dem Gebiete der lotrechten Absenkung $b_1 b_2 c_2 c_1$ und den zwischen diesem und dem Muldenrande $a_1 a_2 d_2 d_1$ liegenden Schiebungsgebiete (Fig. 75).

Infolge des in der angegebenen Richtung R stattfindenden Fortschreitens des Abbaues

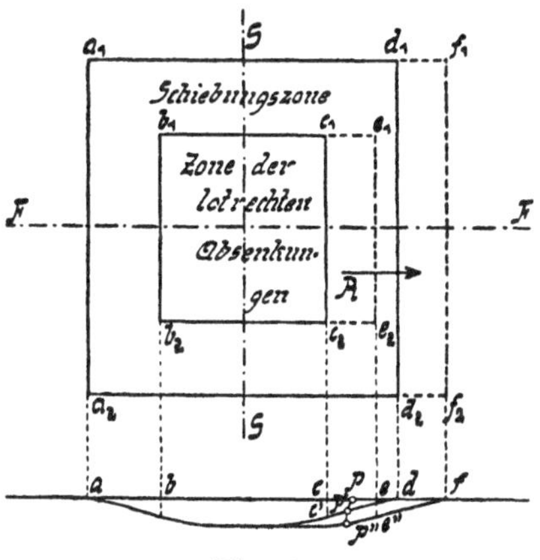

Fig. 75.

soll eine Erweiterung der Gebiete nach $e_1 e_2$ bzw. $f_1 f_2$ erfolgen. Betrachten wir den im Schiebungsgebiete der ersten Senkungsmulde gelegenen Punkt p, so bewegt sich derselbe bis zur Beendigung der Abbauwirkung nach p′ und beschreibt hierbei den Weg p p′. Infolge des fortschreitenden Abbaues kommt nun p in das lotrechte Absenkungsgebiet, er gelangt nach p″ und beschreibt hierbei den Weg p′ p″. Auf diese Art werden bei immer wieder im selben Sinne fortschreitendem Abbau die Schiebungsgebiete zu Gebieten der lotrechten Absenkung, und je rascher dieser Abbaufortschritt erfolgt, um so rascher wird dieser Umwandlungsprozeß von einer Gebietsart in die andere vor sich gehen. Es kann durch die Beschleunigung des Abbaues auch bewirkt werden, daß die Ausbildung des Schiebungsgebietes unter einem Bauwerke vermieden und dadurch eine schadlose Senkung desselben bewerkstelligt wird. Würde nun ein neuerlicher Abbau beginnen, so zwar, daß die Richtung der Bodenverschiebungen im entgegengesetzten Sinne zur ersteren erfolgen würde (Fig. 76),

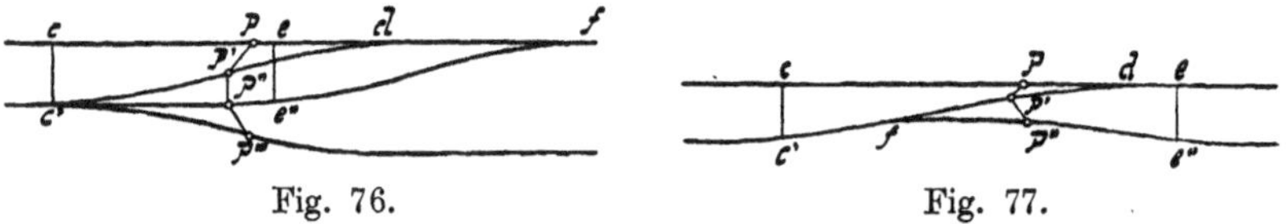

<table>
<tr><td>Fig. 76.</td><td>Fig. 77.</td></tr>
</table>

so kann es geschehen, daß der Punkt p″ nach einem Orte p‴ gelangt, der genau unter dem ursprünglichen Punkt p liegt, wodurch die wagerechte Verschiebung von p wieder aufgehoben wird. Das Ergebnis aller dieser Abbaue kann also ein derartiges sein, daß die schließliche Gesamtverschiebung im lotrechten Sinne erfolgt ist, die wagerechte Verschiebung aufgehoben und Null wird.

Es kann durch die aufeinander erfolgende Entstehung der durch zwei aufeinander folgende Abbaue verursachten Schiebungsgebiete c d und e″ f — in welchen die Verschiebungen entgegengesetzt zu einander gerichtet sind — vorkommen, daß ein Punkt p die in Fig. 77 eingezeichnete Lage p″ erhält, welche schließlich nur eine Verschiebung gegen den zweiten Abbau aufweist.

Wenn ein Fortschreiten des Abbaues in einer auf dem Fallschnitte senkrechten Richtung (Fig. 75) erfolgt, so bleibt dieser Abbaufortschritt für F F ohne Wirkung; er äußert nur seine Wirkung auf S S im gleichen Sinne, wie dies für F F im ersten Beispiel der Fall war.

5. Die graphische Darstellung des Einflusses der Bodenverschiebungen.

Die vorgeführten Untersuchungen geben nun Anlaß, den Einfluß der Senkungsvorgänge auf die bewegten Bodenmassen zu untersuchen, damit auch ein logischer Schluß über die Folgewirkungen an obertägigen Bauwerken gezogen werden kann, welche in dem Gebiet der Senkungsmulde liegen.   Es soll in Fig. 78 ein Fallschnitt größter Senkungsmaße dargestellt sein.

Es seien auf einer Abszissenachse $X_1 X_1$ die Lagen der Muldenpunkte aufgetragen, während die Bodenverschiebungen als Ordinaten ersichtlich gemacht seien.   Entsprechend den bereits gegebenen Erläuterungen sei eine flache Senkungsmulde vorausgesetzt, welche in der Mitte die Zone der lotrechten Absenkung b′ c′ aufweist, während an den Muldenrändern die Zonen der Bodenverschiebungen a b′ und c′ d ersichtlich werden.   Hierbei werden in der Schiebungszone a b der Punkt a, in der Schiebungszone c d der Punkt d als Nullpunkte zweier Ordinatensysteme mit gemeinschaftlicher Abszissenachse $X_1 X_1$ angenommen;

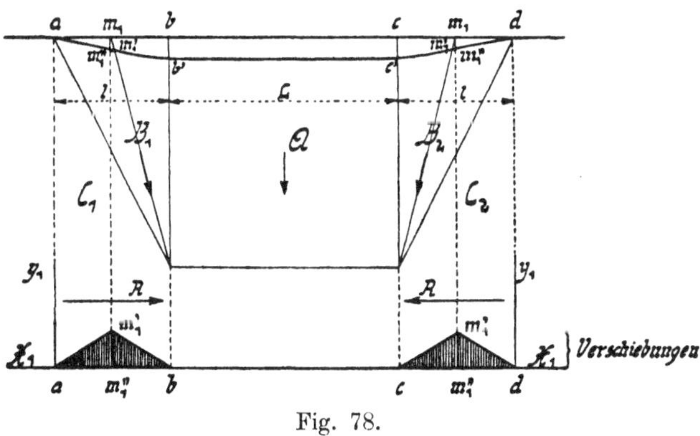

Fig. 78.

die Abszissenwerte werden in den Richtungen R von den Nullpunkten im Sinne der gegen das Muldentiefste gerichteten Verschiebungen gerechnet.   Wenn wir nun unter Berücksichtigung der abgeleiteten Formel für die Größe der wagerechten Verschiebungen $h = v \dfrac{l - x}{H}$ in den einzelnen Punkten der Abszissenachse $X_1 X_1$ diese Verschiebungen nach aufwärts auftragen, so erhalten wir:

1. Punkt a: Hier ist $v = 0$, folglich $h = 0$;

2. Punkt m_1 (Mitte der Schiebungszone): Hier ist

$$x = \frac{l}{2}, \quad m_1{}' m_1{}'' = h_{max} = \frac{s}{4} \frac{l}{H};$$

3. Punkt b: hier ist $x = l$, folglich

$$h = v \frac{l - l}{H} = 0:$$

4. Punkt c: hier ist $x = l$, folglich $h = 0$:

5. Punkt m_2 (Mitte der Schiebungszone):

$$x = \frac{1}{2}, \quad m_2{}' m_2{}'' = h_{max} = \frac{s}{4} \frac{1}{H};$$

6. Punkt d: $x = 0$, folglich $h = 0$.

Die vorgeführte graphische Darstellung veranschaulicht, daß in den Schiebungsgebieten, welche an das in der Mitte gelegene Gebiet der lotrechten Absenkung nach allen Seiten hin anschließen, die Maße der Verschiebungen vom Muldenrande gegen die Mitten der Schiebungsgebiete hin stetig zunehmen und von hier aus gegen die Muldenmitte hin stetig abnehmen. In der Mitte der Schiebungsbereiche sind die Verschiebungsmaße am größten, das sind jene Stellen, an welchen die obertägigen Bauwerke sich gelegentlich des Senkungsprozesses am meisten von der Ursprungslage in wagerechter Richung entfernen.

6. Die Theorie von Korten.

Regierungsbaumeister a. D. Korten hat in seiner Abhandlung „Der Einfluß des Bergbaues auf Straßenbahngleise und seine Bekämpfung" sich sehr eingehend mit den bergbaulichen Wirkungen der Straßenbahnen im Ruhrgebiete befaßt, und sollen die vom genannten hervorragenden Fachmanne gegebenen Erklärungen im folgenden kurz vorgeführt werden. Korten behandelt zwei einander benachbarte Senkungsmulden im lotrechten Schnitte und untersucht das Verhalten der Erdteilchen an den verschiedenen Stellen dieser Mulden, wie folgt.

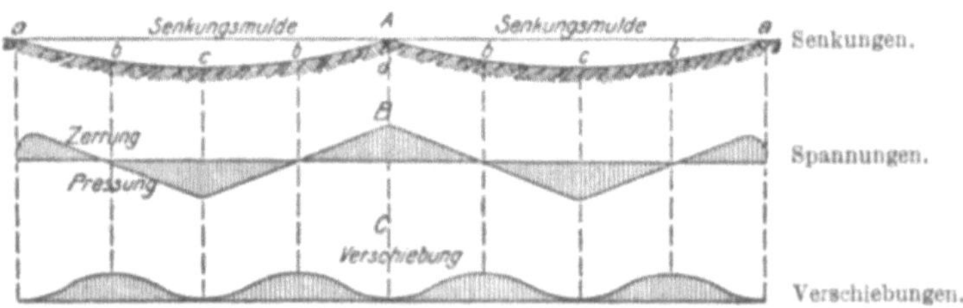

Fig. 79.

Die Mitten c der Senkungsmulden (Fig. 79) erhalten die größte Pressung, eine Verschiebung tritt an diesen Stellen nicht ein, da die Pressung von allen Seiten gleichmäßig wirkt. Am Berührungspunkte A der beiden Senkungsmulden tritt die größte Zerrung ein; eine Verschiebung kann hier ebenfalls nicht erfolgen, da der beiderseitige Zug sich aufhebt. Am Rande der Senkung, in den Punkten a, müssen Spannung und Verschiebung gleich Null sein, der Übergang wird sich aber verschieden vollziehen, entsprechend der Beschaffenheit des Deckgebirges und der Art und Weise, wie es zu Bruche geht. Bei fester Beschaffenheit hören die Spannungen am Rande der Senkungsmulde auf, während sie sich bei zäher Beschaffenheit des Deckgebirges noch über den eigentlichen Rand hinaus fortsetzen. Zwischen den Punkten a und A mit Zerrung und den Punkten c mit Pressung müssen Punkte b liegen, an denen die Spannungen Null sind. Es ist anzunehmen, daß diese Punkte mit denjenigen der größten Bodenverschiebung zusammenfallen. Die Verschiebungsgrößen verhalten sich somit annähernd umgekehrt wie die Spannungen.

In Fig. 80 ist eine Linie a b c d e dargestellt, welche eine Senkungsmulde schneidet. Durch die Bodenbewegung ist sie in die Lage a b_1 c_1 d_1 e gelangt. Bei c_1 hat die Linie die größte Senkung, bei a und e wird der Senkungsrand geschnitten. Durch die gegen die Mitte hin gerichtete Verschiebung sind die Strecken a b_1 und e d_1 länger geworden, während sich die Strecke b_1 c_1 d_1 verkürzt hat. Es trifft also auch für eine beliebige Gerade zu, daß am Punkte der tiefsten Senkung in der Richtung der Geraden Pressung und zum Rande hin Zerrung auftritt. Die Beanspruchung eines Punktes ist jedoch nicht einheitlich, sondern ändert sich mit der Richtung, in der man sie untersucht. So z. B. liegt der Punkt c in der Fig. 80 als Punkt der Linie f c g h nahe dem Senkungsrande und erhält Zerrung in dieser Richtung, während er in der Richtung a c e Pressung erhält.

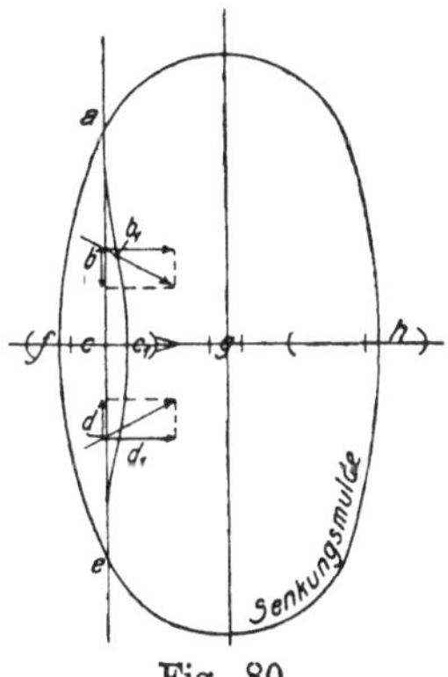

Fig. 80.

Korten gebührt das Verdienst, als erster Fachmann auf die Tatsache der durch den bergbaulichen Bodenbewegungsprozeß hervorgerufenen Bodenpressungen und -zerrungen aufmerksam gemacht zu haben. Die Ursache der auf den Straßenbahngeleisen des Ruhrbezirkes eingetretenen Deformationen hat Korten in den bergbaulichen Bodenbeanspruchungen gefunden.

Die jahrzehntelangen Beobachtungen der gesenkten Bahnstrecken der Montanbahn des Ostrau-Karwiner Steinkohlenreviers haben die unwiderlegliche Tatsache der durch den Kohlenabbau hervorgerufenen Bodenspannungen bestätigt, und es soll nun meinerseits der Versuch gemacht werden, die Spannungen der bewegten Bodenschichten theoretisch zu erörtern, und sei das nun folgende Kapitel dem in Rede stehenden Zwecke gewidmet.

C. Die Theorie der Bodenspannungen.

1. Die graphische Darstellung des Einflusses der Bodenpressungen und Bodenzerrungen.

Die bereits erwähnten jahrzehntelangen Beobachtungen der gesenkten Bahnstrecken der Montanbahn des Ostrau—Karwiner Steinkohlenrevieres haben immer wieder erwiesen, daß in dem mittleren Teile der am

Bahnkörper entstandenen Senkungsmulde Schienenpressungen, an den Muldenrändern Schienenzerrungen hervorgerufen wurden.

Die infolge des Verschwindens der Schienenstoßlücken eingetretenen Schienenpressungen sowie die infolge der gewaltsamen Erweiterung der Schienenstoßlücken erzeugten Schienenzerrungen mußten immer rechtzeitig behoben werden, um die Betriebssicherheit aufrecht zu erhalten.

Bei Betrachtung der für den Senkungsprozeß gegebenen allgemeinen Erörterungen muß man zu dem Schlusse gelangen, daß in den sich bewegenden Erdmassen innere Spannungen hervorgerufen werden, welche je nach der Lage der in Betracht kommenden Erdmassen verschieden sind. Durch den untertags bewirkten Abbau eines Kohlenflözes

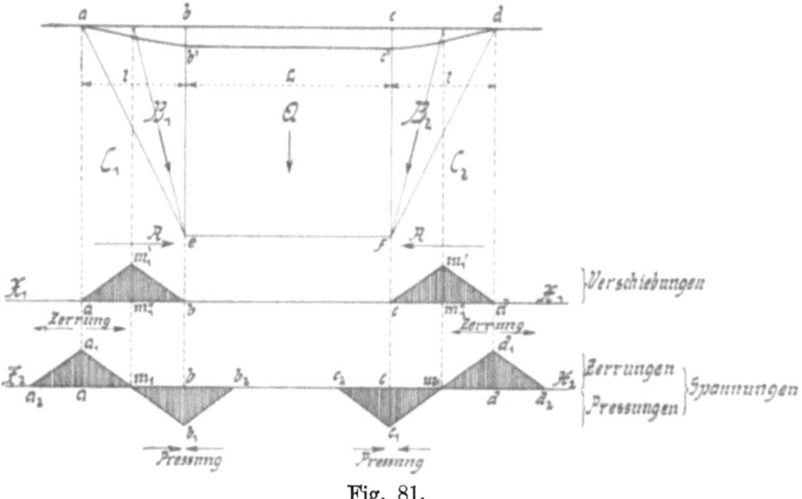

Fig. 81.

wird im Falle der Entfernung der das Hangende unterstützenden Zimmerung ein Nachsinken der hangenden Gebirgsschichten erfolgen. Infolge des im Kohlengebirge hervorgerufenen Bewegungszustandes wird ein Nachsinken der überlagernden Erdmassen erfolgen, wodurch der Zustand des Gleichgewichts der letzteren gestört wird. Bei dieser Abwärtsbewegung der über dem Abbau gelegenen Gebirgsmassen wird eine Trennung des Zusammenhanges mit den benachbarten Erdmassen erfolgen, und infolge dieser stattfindenden Ablösung der Gebirgsschichten werden innere Kräfte frei, welche ein seitliches Nachrutschen der Gebirgsmassen zur Folge haben. Die Absenkung der mittleren Erdmasse A (Fig. 81) und das Nachrutschen der seitlichen Erdmassen B_1 und B_2 erfolgen gleichzeitig, wie dies in der „Theorie der Bodensenkungen in Kohlengebieten" eingehend erörtert worden ist. Während sich also die mittlere Erdmasse A lotrecht nach abwärts bewegt, findet gleichzeitig in schiefen Richtungen gegen dieselbe eine Bewegung der seitlichen Erdmassen B_1 und B_2 statt, welche der lotrechten Abwärtsbewegung von A entgegenwirkt. Die Erdmassen B_1 und B_2 üben also auf A seitliche **Druckkräfte** aus und rufen **Druckspannungen** hervor, während sie sich von den durch den Senkungsprozeß nicht in Mitleidenschaft gezogenen Erdmassen C_1 und C_2 loszureißen trachten und dort **Zugspannungen** hervorrufen. Es werden also die **Druckspannungen** an den Berührungsstellen b e und c f zwischen der lotrecht nach abwärts sich bewegenden Masse A und den seitlich gegen dieselbe nachrutschenden Erdmassen B_1 und B_2 am **größten** sein. Die **Zugspannungen** werden dort ihre **größten** Werte annehmen, wo eine Berührung der den Rutschprozeß mitmachenden Erdmassen B_1 und B_2 und der vom senkungsprozesse nicht berührten Erdmassen C_1 und C_2 (d. i. in a e und d f) stattfindet.

Es sollen nun in der Fig. 81 auf der Abzissenachse $X_2 X_2$ die **Bodenspannungen** aufgetragen werden, während auf $X_1 X_1$ die bereits erörterten Maße der **Bodenverschiebungen** aufgetragen erscheinen. Die **Druckspannungen** werden sich in **Pressungen** des Bodens äußern, während die **Zugspannungen** in **Zerrungen** des Bodens zur Wirkung kommen werden. Infolge der gegen das Muldentiefste gerichteten Verschiebungsbestrebung werden in Punkten a und d die **größten Zugwirkungen (Zerrungen)** erzeugt, während im Muldentiefsten, also in der Zone der lotrechten Absenkung, die **größten Druckwirkungen (Pressungen)** hervorgerufen werden. Denken wir uns nun die Maße der größten Zerrungen (a a_1 und d d_1) auf der Abszissenachse nach aufwärts, jene der größten Pressungen b b_1 und c c_1 in gleichen Größen nach abwärts aufgetragen, so muß bei der Verbindung der Punkte a_1 mit b_1 und c_1 mit d_1 die Abszissenachse in den Punkten m_1 geschnitten werden. In diesen Schnittpunkten der Verbindungsgeraden $a_1 b_1$ und $c_1 d_1$ mit der Abszissenachse $X_2 X_2$ sind die Größen der Spannungen gleich **Null**, es sind dies **neutrale Punkte**, in welchen weder Zerrungen noch Pressungen auf- treten.

Es ist nun die Frage zu beantworten, wo diese Stellen des **spannungs- losen** Erdreichs sich befinden und es ist der logische Schluß zulässig, daß diese Stellen mit jenen der **größten Bodenverschiebungen** identisch sein müssen, an welchen Orten der Bodenverschiebung (Wanderung) ein Widerstand nicht entgegenwirkt. Wie bereits früher abgeleitet wurde, befinden sich die Stellen der größten Bodenverschiebungen in der Mitte der Schiebungszonen, und deshalb müssen auch die neutralen Punkte in der Mitte der Schiebungsgebiete sich befinden, es müssen die Punkte m_1 lotrecht unter den Mitten der Schiebungsgebiete gelegen sein. Es müssen infolgedessen auch die Verbindungsgeraden $a_1 b_1$ und $c_1 d_1$ die Schiebungsbereiche a b und c d auf der Achse $X_2 X_2$ halbieren, welcher Bedingung jedoch nur dann entsprochen wird, wenn die Maximalmaße der Zerrungen a a_1 und d d_1 den Maximal- maßen der Pressungen b b_1 und c c_1 gleich sind. Die **Maximalmaße der Pressungen und Zerrungen in einem und demselben Schiebungsgebiete sind einander gleich.**

Wenn die vollständige Symmetrie der Senkungsmulde vorausgesetzt wird, in welchem Falle die Längen der Schiebungsgebiete einander gleich sind, sind die Höchstmaße der Zerrungen und Pressungen in allen Schiebungsbereichen einander gleich; es ist dann $a\,a_1 = b\,b_1 = c\,c_1 = d\,d_1$. An den Rändern der Mulde in den Punkten a und d erreichen die Zerrungen ihre Höchstmaße und der Übergang zu jenen Stellen, an welchen diese Spannungen den Wert Null besitzen, wird sich je nach der verschiedenen Beschaffenheit der Gebirgsschichten auch verschieden vollziehen. An den gegen das Muldentiefste gelegenen Grenzen der Schiebungsgebiete, also in den Punkten b und c, erreichen die Pressungen ihre Maximalmaße und der Übergang zu jenen Stellen, an welchen diese Spannungen den Wert Null besitzen, wird sich ebenfalls je nach der verschiedenen Beschaffenheit der Gebirgsschichten verschieden vollziehen.

Wir wollen nun annehmen, daß die Abnahme der Spannungen, in dem an die Schiebungsgebiete angrenzenden Bereiche (außerhalb der Senkungsmulde) eine allmähliche sei, wir wollen voraussetzen, daß die Abnahme dieser Spannungen in der gleichen Weise erfolge wie im Schiebungsbereiche selbst, in dessen Mitte die Spannungen den Wert Null betragen. Die vorgeführten Darlegungen gelten jedoch selbstverständlich für die weitaus zahlreichsten Fälle der Praxis, in welchen außer dem Prozeß der lotrechten Absenkung ein solcher der seitlichen Nachrutschung der Gebirgsschichten stattfindet. Für die reine elastische Durchbiegung, welche in der vom Verfasser veröffentlichten „Theorie der Bodensenkungen in Kohlengebieten" erörtert wurde, können die vorgeführten Untersuchungen der Schiebungsgebiete nicht gelten, weil dort nur ein lotrechtes Absenkungsgebiet erzeugt wird, innerhalb dessen für den Eintritt von Bergschäden die ungleichen Maße der lotrechten Absenkungen veranlassend sind.

Es soll die weitere Annahme getroffen werden, daß im Bereiche der Erdmassen C_1 und C_2 zur Abnahme der Zugspannungen die halbe Länge der Schiebungsgebiete notwendig ist; es sind dann die spannungslosen Stellen a_2 und d_2 in der Entfernung von $\dfrac{1}{2}$ von a und d gelegen, an welch letzteren Stellen die Zerrungen ihre größten Werte erreichen. Es sollen dann auch die pressungslosen Stellen b_2 und c_2 in der Entfernung $\dfrac{1}{2}$ von b und c gelegen sein, an welch letzteren Orten die Pressungen ihre Maximalwerte erreichen. Aus der graphischen Darstellung (Fig. 81) ist zu ersehen, daß die Schiebungsbereiche und die unmittelbar daran schließenden Gebiete die Zonen der Bodenpressungen und -zerrungen darstellen. Die Bodenspannungen sind veranlaßt durch den Eintritt der Bodenverschiebungen, und mit der Zunahme der Bodenverschiebungen nimmt auch die Größe der Bodenspannungen zu. Es läßt sich also das Grundgesetz aufstellen: Spannungen und Verschiebungen sind proportional.

Es sind jedoch die Orte der größten Verschiebungen mit jenen der größten Spannunpen keineswegs identisch; im Gegenteil, es fallen oie Stellen der größten Bodenverschiebungen mit den spannunslosen Stellen zusammen. Die Größe der Bodenverschiebungen nimmt mit der Größe des lotrechten Senkungsmaximums zu, sie wächst auch mit der Größe der Schiebungsgebiete und nimmt mit der Zunahme der Größe des Grenzwinkels ab. Dieselben Verhältnisse gelten auch für die Bodenspannungen.

Während die Bodenverschiebungen jedoch nur innerhalb der Verschiebungsgebiete zur Geltung kommen, reichen die Bodenspannungen über diese Gebiete hinaus einerseits in das Gebiet der lotrechten Absenkung, andererseits in die an die Schiebungszonen anschließenden Gebiete, welche durch den Senkungsprozeß nicht unmittelbar in Mitleidenschaft gezogen werden.

2. Untersuchungen über den Einfluß der durch die Entstehung der Senkungsmulde eintretenden Bodenerweiterung.

Man könnte vielleicht glauben, daß für die Tatsache der wagerechten Bodenverschiebungen die durch die Bodensenkung erzeugte Mehrlänge der Senkungsmulde gegenüber der in Betracht kommenden Ausdehnung des ursprünglichen Geländes maßgebend erscheint. Es würde dann also der Längenunterschied zwischen a b' und a b bzw. c' d und c d (Fig. 82) als Ursache der Bodenverschiebung anzusehen sein, und es ist nun interessant zu untersuchen, ob diese Längenänderung geeignet sein kann, einen Einfluß in dieser Beziehung auf die Lage der einzelnen Bodenpunkte auszuüben. Um einen Begriff über das Maß dieses Längenunterschiedes zu erhalten, müssen wir die in der Wirklichkeit vorkommenden Verhältnisse einer näheren Betrachtung unterziehen. Es sei z.B. ein 4 m mächtiges in einer Teufe von 500 m liegendes Flöz Gegenstand der Behandlung, welches in der Fallrichtung auf eine Länge von 150 m 1. mit Spülversatz abgebaut sei. Es soll eine der Erfahrung entsprechende Zusammenpressung des Versatzes von 10 % erfolgen, die obertags eine Höchstsenkung von s = 0,40 m in einer flachen Senkungsmulde zur Folge hätte. Eigentlich sollte s kleiner genommen werden, weil die obertägige Wirkung in schiefen Grenzebenen

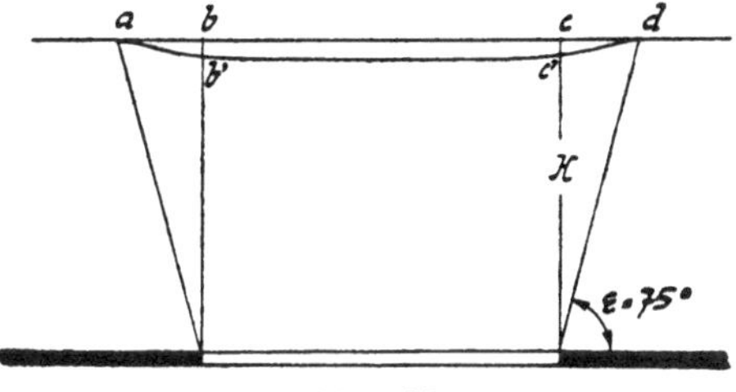

Fig. 82.

erfolgt, doch soll der Einfachheit der Rechnung halber von diesem Umstande abgesehen werden. Bei einem Richtungswinkel

$\varepsilon = 75^0$ und einem Fallwinkel 0^0 sollen obertags zwei gleich große Schiebungsgebiete in der Senkungsmulde entstehen, welche die Länge hätten (Fig. 82): $l = H \operatorname{ctg} \varepsilon = 500 \cdot \operatorname{ctg} 75^0 = 129{,}41$, rund 130 m.

Es ergibt sich sonach das Schiebungsgebiet $c\, c'\, d$, in welchem $c\, c' = s = 0{,}40$ m und $c\, d = 130$ m ist. Hierbei wurde vorausgesetzt, daß das Schiebungsgebiet lotrecht über dem Abbaustoß beginnt, wie dies in den meisten Fällen auch annähernd zutrifft. Es wird sich also nun um die Berechnung des Unterschiedes zwischen $c'\, d = l_1$ und $c\, d = l$ handeln, welche die infolge des Senkungsprozesses im Schiebungsgebiete eintretende Verlängerung bzw. Ausdehnung des Bodens darstellt.

In $\Delta\, c\, c'\, d$ ist: $l_1^2 = s^2 + l^2$.

Im gegenständlichen Falle ist nach Einsetzung der entsprechenden Werte $l_1^2 = 0{,}40^2 + 130^2$, $l_1 = 130{,}0004$ m. Untersucht man nun 2.) ein Beispiel für den Abbau **ohne Bergeversatz**, so erhält man unter der Voraussetzung einer für das 4 m mächtige Flöz angemessenen Volumsvermehrung der Firstgesteinsschichten im Betrage von 4 %, eine beiläufige obertägige Höchstsenkung von

$$4{,}00 \text{ m} - 0{,}04 \cdot 4{,}00 = 2{,}40 \text{ m}.$$

Wir erhalten nach Einsetzung der entsprechenden Werte:

$$l_1^2 = 2{,}40^2 + 130^2, \quad l_1 = 130{,}022 \text{ m}.$$

Im vorliegenden Falle beträgt der Unterschied zwischen der Länge des Schiebungsgebietes und der ursprünglichen Länge $0{,}022$ m, während er im ersten Falle $0{,}0004$ m beträgt.

Die angeführten Beispiele erweisen, daß im vorliegenden Falle zwischen der ursprünglichen Länge des für das Schiebungsgebiet in Betracht kommenden Bodens und der Länge des nach der Senkung vorhandenen Bodens nur $0{,}0004$ bzw. $0{,}022$ m beträgt, welche Maße wohl gegenüber der Länge von 130 m gewiß vernachlässigt werden können. Es kann mit Bestimmtheit die Behauptung aufgestellt werden, daß für die an den obertägigen Bauwerken eintretenden Zerrungserscheinungen gewiß nicht der eintretende Längenunterschied zwischen der Senkungsmulde und der ursprünglichen Geländelänge veranlassend ist. Wären die Bodenverschiebungen infolge der durch die Senkungsmulde hervorgerufenen Ausdehnung der Bodenmassen erzeugt, so müßte der Boden der Mulde an allen Stellen eine entsprechende Lockerung aufweisen. Die vieljährigen Erfahrungen am Eisenbahnoberbau haben immer wieder erwiesen, daß gegen die Mitte der Senkungsmulde die Schienen unter Umständen geradezu erstaunlich starke Pressungen erfahren und gegen den Muldenrand hin die Schienen Zerrungen erleiden. Diese Erscheinungen zeigen sich in so bedeutendem Maße, daß gegen die Muldenmitte hin die Schienenstoßlücken verschwinden und so bedeutende Schienenpressungen auftreten, daß aus Betriebssicherheitsrücksichten eine Verkürzung der Schienen vorgenommen werden muß, wobei vorsichtig vorgegangen werden muß. Die Schienen sind nämlich so fest aneinander gepreßt, daß bei Lüftung der Laschenschrauben und Lockerung der Schienenstöße die Schienen mit großer Gewalt emporschnellen, was leicht zu Unglücksfällen Anlaß geben kann. In der Zone der Zerrungen werden die Stoßlücken beträchtlich vergrößert und die Laschenschrauben sehr oft direkt abgeschert. Die Tatsache der Schienenpressungen bzw. der Schienenzerrungen beweist, daß die Bodenmassen gegen die Mitte der Mulde zu zusammengepreßt, gegen die Muldenränder hin auseinander gezerrt werden. Es kann also von einer einheitlichen, durchgreifenden Bodenerweiterung keine Rede sein. Man könnte vielleicht behaupten, daß die Schienenpressungen und Zerrungen durch Temperatureinflüsse hervorgerufen werden. In diesem Falle müßten zur kalten Jahreszeit die Stoßlücken sich erweitern und Schienenzerrungen hervorgerufen werden, zur warmen Jahreszeit müßte die gegenteilige Wirkung in Form von Schienenpressungen sich geltend machen. Die langjährigen Erfahrungen an den gesenkten Eisenbahnstrecken in Kohlengebieten haben jedoch erwiesen, daß unabhängig von den Witterungsverhältnissen in geradezu gesetzmäßiger Weise Schienenpressungen in der Mitte der Senkungsmulde auftreten, während an den Rändern der Mulde sich Schienenzerrungen bemerkbar machen, also beide Erscheinungen gleichzeitig und nur an verschiedenen Stellen der Mulde zum Vorschein. kommen. Gemäß der gegebenen graphischen Darstellung über die Bodenspannungen werden die Bodenpressungen nur in einem Teile des Gebietes der lotrechten Absenkungen erzeugt, doch kommt es in der Praxis fast immer vor, daß die Schienenpressungen noch über das Gebiet der Bodenpressungen bis in die Muldenmitte reichen.

Die Schienenpressungen äußern sich sichtbar, wie bereits erwähnt, durch das Verschwinden der Stoßlücken; bei Beginn des Senkungsprozesses werden sich die Bodenpressungen durch die fortschreitende Verkleinerung der Stoßlücken, die Bodenzerrungen durch die fortschreitende Vergrößerung der Stoßlücken äußern. In dem Augenblick des Verschwindens der Stoßlücken werden die fortschreitenden Bodenpressungen sich in innere Schienenspannungen umsetzen; die Bodenzerrungen werden sich bei Erreichung des Höchstmaßes der Stoßlücken ebenfalls in inneren Schienenspannungen zur Geltung bringen. Die infolge des Senkungsprozesses eintretende Verkleinerung der Schienenstoßlücken wird über das Gebiet der Bodenpressungen hinausreichen, weil die inneren Schienenspannungen erst in dem Augenblick erzeugt werden, wo den Schienen in der Richtung gegen das Muldentiefste eine Bewegung nicht mehr ermöglicht wird. Aus diesem Grunde werden im ganzen Bereiche der lotrechten Absenkungen wohl Schienenpressungen bestehen, was jedoch nicht den Schluß zuläßt, daß in diesem ganzen Bereiche auch Bodenpressungen herrschen müssen. Aus demselben Grunde wird es vorkommen, daß die Vergrößerung der Schienenstoßlücken über das Gebiet der Bodenzerrungen hinausreicht. Es sind nicht an allen Stellen der Schienenpressungen bzw. Schienenzerrungen, Bodenpressungen und Bodenzerrungen vorhanden.

Berechnen wir nun für das angegebene Beispiel die größten wagerechten Verschiebungen:

Es ist allgemein

$$h_{max} = \frac{s}{4} \frac{l}{H}.$$

1.) Für den Fall des Abbaues mit Versatz ist $s = 0{,}4$ m und

$$h_{max} = \frac{0{,}4}{4} \frac{130}{500} = 0{,}026 \text{ m.}$$

2.) Für den Fall des Abbaues ohne Versatz ist $s = 2{,}40$ m und

$$h_{max} = \frac{2{,}40}{4} \frac{130}{500} = 0{,}156 \text{ m.}$$

Im Falle 1.) beträgt das Maß der früher berechneten Bodenerweiterung 0,0004 m und jenes der größten wagerechten Verschiebung 0,026 m. Im Falle 2.) beträgt das Maß der eintretenden Bodenerweiterung 0,022 m. und jenes der größten wagerechten Verschiebung 0,156 m. Im Falle 1.) ist das Maß der größten wagerechten Verschiebung mehr als 60 mal so groß als die eintretende Bodenerweiterung, im Falle 2.) mehr als 7 mal so groß. Auch aus diesen Erwägungen kann geschlossen werden, daß die durch den Senkungsprozeß hervorgerufenen Bodenverschiebungen in der durch die Ausbildung der Senkungsmulde stattfindenden Bodenerweiterung keineswegs ihre Ursache haben können.

3. Einfluß des Abbaufortschrittes auf die Bodenverschiebungen und Bodenspannungen.

Es soll nun der Einfluß untersucht werden, der durch die infolge des Abbaufortschrittes stattfindende Erweiterung der obertägigen Senkungsmulde auf die Oberfläche ausgeübt wird und es soll erörtert werden, welche Änderungen in den Bodenverschiebungen und Spannungen de Bodens eintret en. Es sei in der Fig. 83 eine obertägige Senkungsmulde a b′ c′ d vorausgesetzt, welche durch den fortschreitenden Abbau eine allmähliche Erweiterung erfahren soll. Es wandere hierdurch das Schiebungsgebiet c′ d nach e f, so daß aus der ehemaligen Schiebungszone c m_2 ein Gebiet der lotrechten Absenkung erzeugt wird. Es soll nun eine abermalige Erweiterung der Senkungsmulde stattfinden, so daß nach dem Schiebungsbereich e f ein Schiebungsbereich g h zur Entwicklung gelangt; bei diesem Anlaß ist aus dem ehemaligen Schiebungsgebiete m_2 d ein Gebiet der lotrechten Absenkung geworden. Für diese Erweiterungen der Senkungsmulde werden nacheinander die auf der Achse $X_1 X_1$ ersichtlich gemachten Verschiebungsflächen $c\,m_2'\,d$, $m_2''\,d'\,f$ und $d\,f'\,h$ die Maße der stattfindenden Verschiebungen darstellen. Ebenso werden die Pressungs- und Zerrungsflächen durch die auf der Achse $X_2\,X_2$ ersichtlichen Flächen $c_2\,c_1\,m_2\,d_1\,d_2$, $c\,e\,d\,f'\,h$ und $m_2\,g\,d_2\,h_1\,h_2$ dargestellt. Durch den fortschreitenden Abbau werden also neue Schiebungsgebiete erzeugt und neuerliche Bodenverschiebungen und Bodenspannungen hervorgerufen. Bei Summierung der die Verschiebungen darstellenden Flächen erhält man die **totale Verschiebungsfläche** $c\,m_2'\,d'\,f'\,h$; bei Summierung der Spannungsflächen wird die **Gesamt-Spannungsfläche** $c_2\,c_1\,e\,g\,d_2\,h_2\,h_1\,f'\,d_1\,m_2\,c\,c_2$ erhalten.

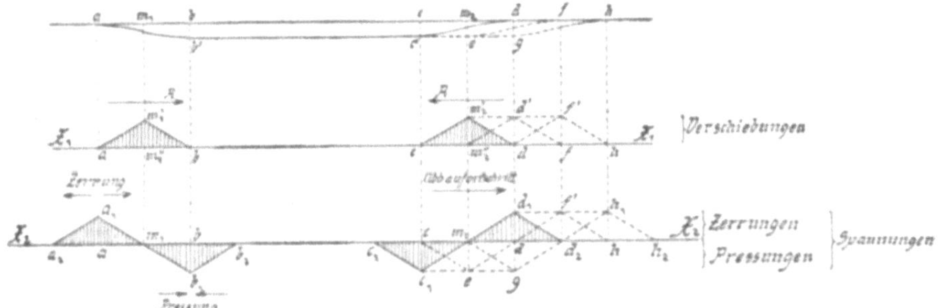

Fig. 83.

Würde der Abbau so rasch stattfinden, daß es zur Ausbildung des Schiebungsgebietes $e\,f$ nicht kommen kann, sondern das Schiebungsgebiet $g\,h$ unmittelbar nach dem Schiebungsgebiete $c'\,d$ zur Entwicklung gelangen würde, dann entfällt die Verschiebungsfläche $m_2''\,d'\,f$, sowie auch die Spannungsflächen $c\,e\,d$ und $d\,f'\,h$ entfallen würden. Würde endlich der Abbau so rasch durchgeführt werden, daß es zur Ausbildung des Schiebungsgebietes $c'\,d$ überhaupt nicht kommen kann, sondern nur das Schiebungsgebiet g h entsteht, dann stellt die Verschiebungsfläche $d\,f'\,h$ allein die Verschiebungsmaße dar, während die Spannungsfläche $m_2\,g\,d_2\,h_1\,h_2$ die Maße der Spannungen veranschaulicht.

Es ist also zu ersehen, daß **die Abbauzeit von großer Bedeutung für die Ausbildung der Bodenverschiebungen und Bodenspannungen sein muß.** Je rascher der Abbau stattfindet, desto weniger Schiebungsgebiete werden ausgebildet und desto geringer sind die Bodenverschiebungen und Bodenspannungen. Es liegt also im Interesse des Schutzes der Tagesoberfläche, den Abbau so rasch als möglich zu betreiben, weil hierdurch die Ausbildung von Schiebungsgebieten verhindert werden kann.

4. Einfluß zweier benachbarter Abbaue auf die Tagesoberfläche.

Untersuchen wir nun die Verhältnisse an zwei einander benachbarten Senkungsmulden $a\,b'\,c'\,d$ und $d\,e'\,f'\,g$, die in d aneinander stoßen (Fig. 84).

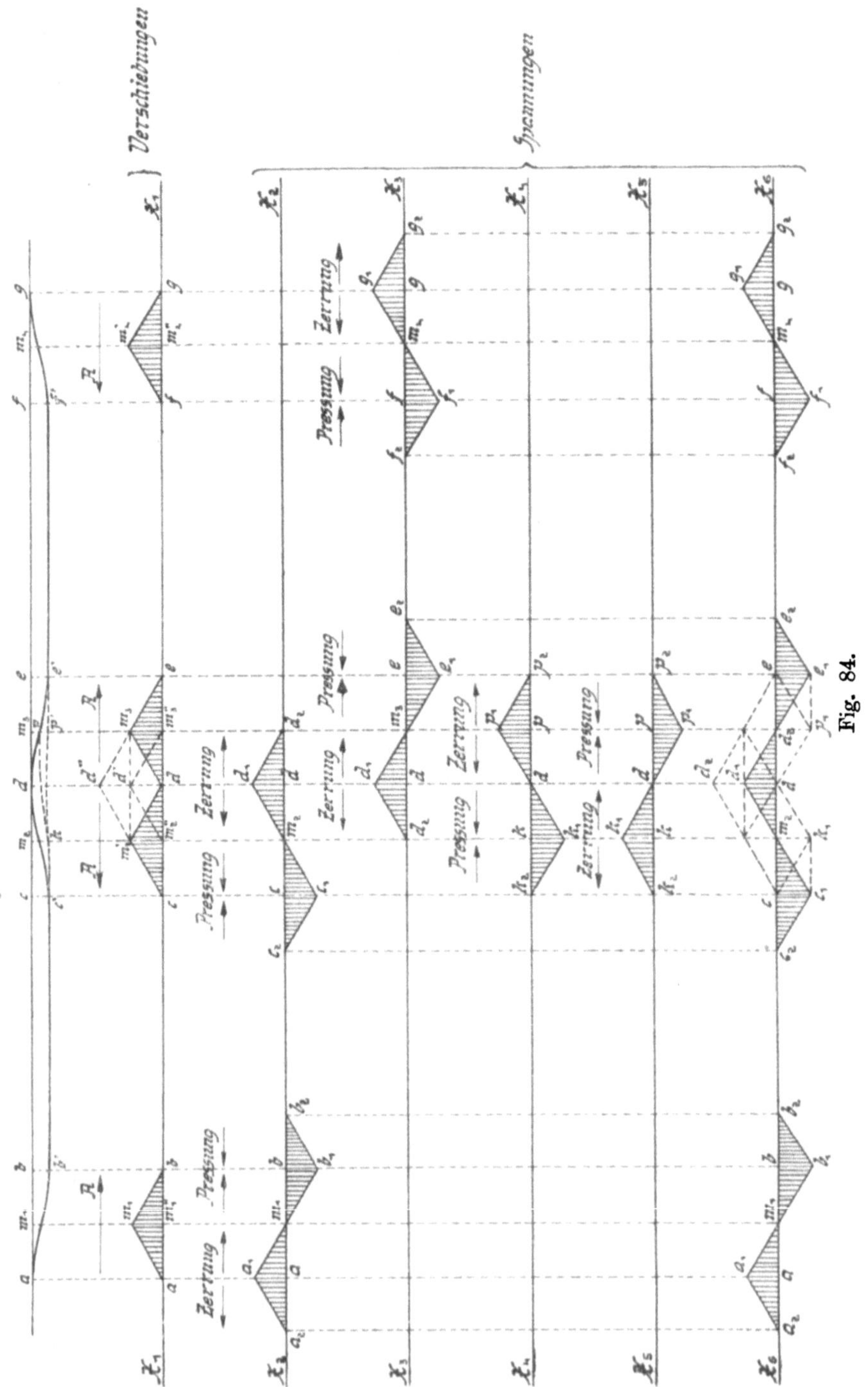

Verschiebungen
Spannungen
Pressung
Zerrung
Fig. 84.

Im Sinne der bereits dargelegten Erörterungen sollen auf den Abszissenachsen $X_1 X_1$ die Maße der Verschiebungen für beide Mulden, auf $X_2 X_2$ die Maße der Spannungen für die Mulde a b′ c′ d und auf $X_3 X_3$ die Spannungen für die Mulde d e′ f′ g aufgetragen werden. Es soll nun angenommen werden, daß die Mulde a b′ c′ d in der Richtung gegen die benachbarte Mulde eine Erweiterung erfährt, so daß die Grenze des lotrechten Senkungsgebietes von c c′ nach m_2 k und das Schiebungsgebiet von c′ d nach k p wandert. Entsprechend dieser Muldenerweiterung wurde auf der Achse $X_1 X_1$ die Verschiebungsfläche m_2'' d′ m_3'' aufgetragen, während auf der Achse $X_4 X_4$ die neu hinzugekommene Spannungsfläche $k_2 k_1$ d $p_1 p_2$ aufgetragen wurde.

Es sei die fernere Voraussetzung getroffen, daß eine Erweiterung der Senkungsmulde d e′ f′ g in der Richtung gegen die benachbarte Mulde stattfindet, wodurch das neue Schiebungsgebiet p′ k erzeugt wird, so daß das Gebiet der lotrechten Absenkung statt in e e′ nunmehr in m_3 p′ endet. Entsprechend dieser Muldenerweiterung wird nun auf der Achse $X_1 X_1$ abermals eine Verschiebungsfläche m_2'' d′ m_3'' aufzutragen sein und wenn man die **Summe der Verschiebungsflächen** bildet, so erhält man die Fläche c d″ e, welche die **Summen der von den einzelnen Punkten der Schiebungsgebiete zurückgelegten Wege** darstellt, wobei zu berücksichtigen ist, daß die Verschiebungsfläche m_2'' d′ m_3'' zweimal aufgetragen werden muß. Auf der Achse $X_5 X_5$ sind nun die entsprechenden Spannungsflächen $k_2 k_1$ d und d $p_1 p_2$ ersichtlich gemacht und auf $X_6 X_6$ ist endlich die **Summe der Spannungsflächen** aufgetragen werden. Sie wird **durch die Fläche**

$$c_2 \, c \, d_2 \, e \, e_2 \, e_1 \, p_1 \, d \, k_1 \, c_1 \, c_2$$

dargestellt.

Die vorgeführte graphische Darstellung der Verschiebungen und Spannungen zeigt deutlich, daß die Stellen der sich berührenden und anläßlich des Abbaufortschrittes sich übergreifenden Muldengebiete zugleich die Orte der sich immer vergrößernden Bodenverschiebungen und -spannungen sein müssen. Man könnte dieselbe Untersuchung auch gelten lassen für den Fall eines **unzureichend bemessenen Kohlenschutzpfeilers**, bei dem die angrenzend erzeugten Senkungsmulden in das zu schützende Gebiet hinüberreichen. Es leuchtet ein, daß der Bestand eines nicht genügend bemessenen Schutzpfeilers von außerordentlich ungünstigen Wirkungen nicht nur für das zu schützende Bauwerk, sondern auch für die **benachbarten** Geländezonen sein muß. Insbesondere ist es jedoch das zu **schützende Gebiet** in welchem eine ganz bedeutende Vergrößerung der gelegentlich des Senkungsprozesses erfolgten Verschiebungen stattfinden muß. Diese Verschiebungen finden nicht in derselben Richtung, sondern in den benachbarten Mulden in entgegengesetzten Richtungen statt, so daß es vorkommen kann, daß Punkte nach der Gesamtsenkung ihre Ursprungslagen besitzen. Aber diese Punkte müssen immer wieder Wege zurücklegen, wenn auch in den aufeinan-

Abbau F₁ F₁
Abbau F₁ F₁ + F₂ F₂
Abbau F₁ F₁ + F₂ F₂ + F₃ F₃
Abbau F₁ F₁
Abbau F₁ F₁ + F₂ F₂
Abbau F₁ F₁ + F₂ F₂ + F₃ F₃
Verschiebungen
Zerrung
Pressung
Zerrungen
Pressungen
Zerrungen
Pressungen
Zerrungen
Pressungen
Spannungen

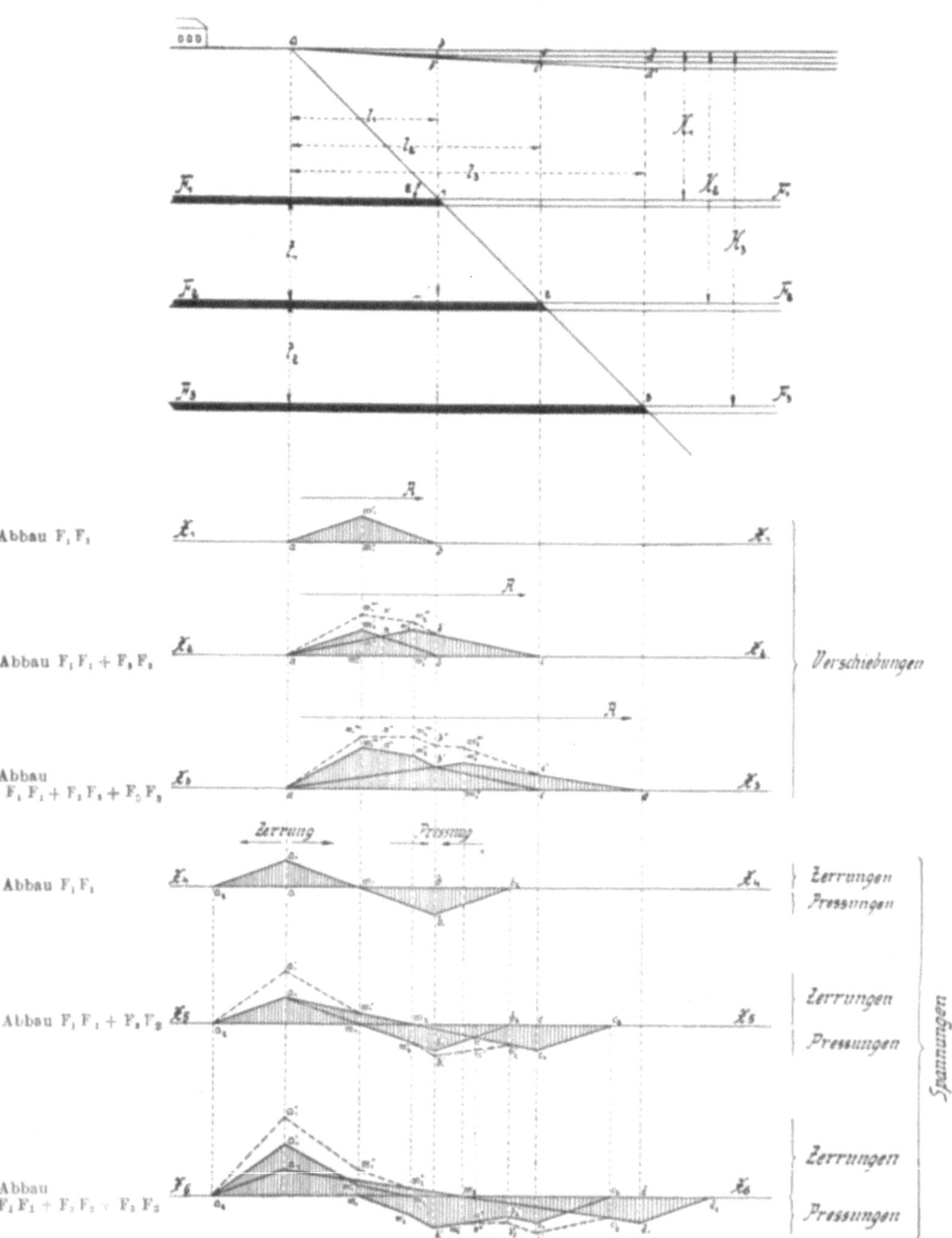

Fig. 85.

der folgenden Zeiten diese Bewegungen in einander entgegengesetzten Richtungen stattfinden. Die Summe dieser Wege wird durch die Gesamt-Verschiebungsfläche dargestellt. Der Umstand, daß die Geländepunkte immer wieder gezwungen sind, sich zu verschieben, ist für den Bestand obertägiger Bauwerke von großem Nachteil, dieser Umstand ist veranlassend für die Schäden an diesen Bauten. Bei Betrachtung der Bodenspannungen finden wir, daß Gelände eines unzureichend geschützten Bauwerkes vergrößerte Pressungen und Zerrungen erleidet. Wir finden ferner, daß der Boden an gewissen Stellen das eine Mal gepreßt, das andere Mal gezerrt wird. Diese Vergrößerung der Spannungen und der Wechsel in ihrer Art ist für den Boden und für die darauf befindlichen Bauwerke von außerordentlichem Nachteil. Durch die Belassung unzureichend bemessener Schutzpfeiler wird das gerade Gegenteil dessen bewirkt, was durch den Bestand dieser Pfeiler beabsichtigt war; es wird die Gefahr für die obertags zu schützenden Bauwerke direkt veranlaßt.

5. Einfluß der Kohlenschutzpfeiler auf die Tagesoberfläche.

a) **Ausreichend bemessene Kohlenschutzpfeiler.** Es soll nun im folgenden untersucht werden, wie sich die Tagesoberfläche in der unmittelbaren Umgebung eines Kohlenschutzpfeilers verhält unter der Voraussetzung, daß dieser Pfeiler für den Schutz eines obertägigen Bauwerkes vollständig ausreichend bemessen sei. Es soll dabei die Untersuchung der Wirkungen der vom Hangenden ins Liegende nacheinander stattfindenden Abbaue in unmittelbarer Nachbarschaft des Sicherheitspfeilers stattfinden und es ist selbstverständlich, daß dieser Pfeiler nach abwärts eine Vergrößerung seiner Abmessungen erfahren muß, wenn der Bedingung entsprochen werden soll, daß keine wie immer geartete Abbauwirkung das zu schützende Bauwerk erreichen soll. Es wird natürlich von Vorteil sein, diesen Pfeiler mit entsprechenden Sicherheitsbermen über das zu schützende Bauwerk nach allen Seiten hin, auch obertags hinausreichen zu lassen, weil uns die bereits vorgeführten Untersuchungen gelehrt haben, daß die Bodenzerrungen noch über den Muldenrand hinüberreichen und auf diese Weise auch außerhalb der Senkungsmulde gewisse Bodenbeanspruchungen stattfinden können. Es sei nun der Bestand eines obertägigen Bauwerkes vorausgesetzt, welches durch einen nach abwärts sich erweiternden Kohlenpfeiler ausreichend geschützt sein soll (Fig. 85), und wir wollen nun von dem hangenden Abbau beginnend und zu den liegenderen Abbauen fortschreitend untersuchen, wie sich die Verhältnisse in den an den Kohlenpfeiler angrenzenden Gebieten gestalten. Es soll nun noch ganz allgemein vorausgesetzt sein, daß ein überlagerndes Deckgebirge nicht vorhanden sei, so daß es sich im vorliegenden Falle um ein anstehendes Karbon handelt; denn es ist unter dieser Voraussetzung auch die Möglichkeit vorhanden, auf örtliche geologische Verhältnisse entsprechende logische

Folgerungen zu ziehen. Der Fall des anstehenden Karbons ist gegenüber dem Falle des Vorhandenseins einer jüngeren Überlagerung einerseits günstiger, weil sich die Abbauwirkungen nicht auf so große Bereiche erstrecken wegen der größeren Kohäsion des Gebirgsmateriales. Andererseits kann jedoch der Fall des anstehenden Kohlengebirges der ungünstigere sein, weil die obertägigen Senkungsmaße größer sind, weshalb die Verschiebungsmaße eine Vergrößerung erfahren. Der Fall des vorhandenen Deckgebirges kann aus dem Grunde ungünstig werden, weil infolge der geringeren Kohäsion der Überlagerung die Schiebungsgebiete größer und deshalb auch die Verschiebungsmaße größer werden. Es wird am besten sein, zur Erörterung der vorliegenden Fragen den Fall des anstehenden Kohlengebirges ins Auge zu fassen, bei welchem unter der Voraussetzung einer milden Beschaffenheit der Gebirgsschichten sich die Wirkungen auf verhältnismäßig große, obertägige Bereiche erstrecken. Bei Behandlung dieses Falles wird sowohl dem ungünstigen Umstand der größeren obertägigen Senkungsmaße als auch der größeren Schiebungsgebiete entsprochen, es ist die ungünstigste Gestaltung der Bodenverhältnisse, welche hier einer Behandlung unterzogen werden soll. Beim Abbau des hangendsten Flözes $F_1 F_1$ wird das an den Kohlenpfeiler angrenzende Schiebungsgebiet a b′ erzeugt, welchem die auf der Abszissenachse $X_1 X_1$ ersichtliche Verschiebungsfläche a b m_1′ entspricht. Dem gegenständlichen Schiebungsgebiete entspricht ferner die auf der Achse $X_4 X_4$ aufgetragene Spannungsfläche $a_2 a_1 m_1 b_1 b_2$. Beim Abbau des liegenderen Flözes $F_2 F_2$ wird nun ein neues Schiebungsgebiet a c′ erzeugt, wobei wieder vorausgesetzt ist, daß das Gebiet der lotrechten Absenkung lotrecht über dem Abbaustoß 2 des Flözes $F_2 F_2$ endet, während das vom Abbau $F_1 F_1$ erzeugte Gebiet der lotrechten Absenkung lotrecht über dem Abbaustoß 1 geendet hat. Dem erzeugten Schiebungsgebiete entspricht die auf $X_2 X_2$ neu hinzugekommene Verschiebungsfläche a m_2′ c und die auf $X_5 X_5$ neu hinzugekommene Spannungsfläche $a_2 a_1 m_2 c_1 c_2$. Für den Abbau $F_3 F_3$ ist als Schiebungsgebiet a d′ anzunehmen, welchem die auf $X_3 X_3$ neu hinzugekommene Verschiebungsfläche a m_3′ d und die auf $X_6 X_6$ neu hinzugekommene Spannungsfläche $a_2 a_1 m_3 d_1 d_2$ entsprechen, wobei wieder vorausgesetzt wird, daß das außerhalb des lotrechten Senkungsgebietes erzeugte Schiebungsgebiet für den Abbau $F_3 F_3$ lotrecht über dem Abbaustoß 3 endet.

Bei Summierung der den einzelnen Abbauen entsprechenden Verschiebungs- und Spannungsordinaten erhält man die auf den Achsen $X_2 X_2$ und $X_3 X_3$ aufgetragenen totalen Verschiebungsflächen a m_1‴ n′ m_2‴ b′ c und a m_1⁗ n″ m_2⁗ b″ m_3‴ c′ d und die auf den Achsen $X_5 X_5$ und $X_6 X_6$ ersichtlich gemachten totalen Spannungsflächen $a_2 a_1$′ m_1′ $m_2 c_2 c_1 b_2$′ n′ b_1′ m_2′ $m_1 a_2$ und

$$a_2 a_1'' m_1'' m_2'' m_3 d_2 d_1 c_2' c_1' b_2'' n'' m_3' b_1' m_2' m_1 a_2.$$

Aus Fig. 85 ist zu ersehen, daß infolge des liegenderen Abbaues $F_2 F_2$ eine Vergrößerung des Schiebungsgebietes um den Bereich b′ c und durch den Abbau $F_3 F_3$ eine solche um den Bereich c′ d erzeugt worden ist. Hierbei ist die Voraussetzung gemacht, daß die Grenzwirkungen aller Abbaue unter dem gleichen Richtungswinkel ε erfolgen.

Aus der in Fig. 85 ersichtlichen graphischen Darstellung der Verschiebungs- und Spannungsflächen ist zu entnehmen, daß die Maximalmaße der wagerechten Verschiebungen $m_1'' m_1'$ gleich $m_2'' m_2'$ gleich $m_3'' m_3'$ angenommen wurden; aus der allgemeinen Formel $h_{max} = \dfrac{s}{4} \dfrac{l}{H}$ ist die bereits erörterte Folgerung zu ziehen, daß das Maximalmaß der Horizontalverschiebungen abhängig ist von dem maximalen Senkungsmaß s, der Länge des Schiebungsgebietes l und der Teufe des Abbaues H. Tatsächlich bleibt jedoch das Maß der maximalen Horizontalverschiebung nicht konstant, weil die Größen s, l und H von Abbau zu Abbau eine Veränderung erfahren. Unter der Voraussetzung eines konstant bleibenden Richtungswinkels bleibt das Verhältnis zwischen l und H konstant, so daß h_{max} nur von s abhängig erscheint. Mit der Zunahme der Teufe H wird das maximale Senkungsmaß kleiner und es wäre in der graphischen Darstellung für die Abbaue $F_2 F_2$ und $F_3 F_3$ das h_{max} entsprechend kleiner anzunehmen als für den Abbau $F_1 F_1$. Der Deutlichkeit der Darstellung halber sollen jedoch diese Größen einander gleich angenommen werden, wie dies in Fig. 85 auch durchgeführt ist. Ferner wurde zur Vereinfachung der Darstellung auch die Annahme getroffen, daß die Zerrungsgebiete für alle Abbaue sich über den Muldenrand um das gleiche Maß $a\, a_2$ erstrecken, so wie auch angenommen wurde, daß die Pressungsgebiete für alle Abbaue in das Gebiet der lotrechten Absenkung um die gleich bleibenden Maße $b\, b_2 = c\, c_2 = d\, d_2$ hinüberreichen. Es soll endlich noch erwähnt werden, daß die auf $X_2 X_2$ ersichtliche Gesamt-Verschiebungsfläche für die Abbaue $F_1 F_1$ und $F_2 F_2$ in der Weise ermittelt wurde, daß zum Beispiel die Ordinate $m_1'' m_1''''$ aus der Summe der für den Abbau $F_1 F_1$ geltenden Ordinate $m_1'' m_1'$ und der Ordinate $m_1'' m_1'''$ gebildet wurde, welche an derselben Stelle durch den Abbau $F_2 F_2$ hinzugekommen ist. Auf diese Weise wurden auch alle anderen Totalordinaten ermittelt, indem die den einzelnen Abbauen entsprechenden Verschiebungsordinaten immer wieder summiert wurden. Dieselbe Konstruktionsmethode wurde auch für die Gesamt-Spannungsflächen zur Anwendung gebracht.

Wir wollen nun untersuchen, in welchem Ausmaße die von Abbau zu Abbau eintretende Vergrößerung des an den Kohlenpfeiler angrenzenden Schiebungsgebietes wächst. Es ist allgemein die Länge des Schiebungsgebietes: $l = H\, ctg\, \varepsilon$. Für den Abbau $F_1 F_1$ ist $l_1 = H_1\, ctg\, \varepsilon$, für den Abbau $F_2 F_2$ ist $l_2 = H_2\, ctg\, \varepsilon$, es ist dann:

$$l_2 - l_1 = (H_2 - H_1)\, ctg\, \varepsilon = t_1\, ctg\, \varepsilon,$$

wobei H_1 und H_2 die Teufen der genannten Flöze, t_1 deren lotrechte Entfernung voneinander bezeichnen. Die durch den liegenderen Abbau eintretende Zunahme der Länge des Schiebungsgebietes ist direkt proportional dem lotrechten Abstande der Abbaue von einander.

1.) Für $\varepsilon = 0$ ist $l_2 - l_1 = \infty$.

2.) Für $\varepsilon = 45^0$ ist $l_2 - l_1 = t_1$.

3.) Für $\varepsilon = 90^0$ ist $l_2 - l_1 = 0$.

Die Vergrößerung des obertägigen Schiebungsgebietes nimmt bei Zunahme des Richtungswinkels von 0^0 bis 90^0 von Unendlich bis Null ab. Der Fall 1.) hat keine praktische Bedeutung, weil der Grenzwinkel $\varepsilon = 0$ gleichbedeutend mit der Möglichkeit wäre, daß die Abbauwirkung ins Unendliche reichen könnte. Der Fall 3.) gilt für Abbaue, welche infolge besonders großer Kohäsion der Gebirgsschichten in lotrechten Grenzebenen zur Wirkung kommen. Untersuchen wir nun die etwa von Abbau zu Abbau eintretende Änderung der größten wagerechten Verschiebungen, für welche die allgemeine Formel Geltung hat

$$h_{max} = \frac{s}{4} \frac{l}{H}.$$

Für den Abbau $F_1 F_1$ ist

$$h_{1\,max} = \frac{s_1}{4} \frac{l_1}{H_1},$$

für den Abbau $F_2 F_2$ ist

$$h_{2\,max} = \frac{s_2}{4} \frac{l_2}{H_2},$$

wobei s_1 und s_2 die den Abbauen entsprechenden Senkungsmaße bedeuten. Nach Einsetzung der Werte für $l_1 = H_1 \operatorname{ctg} \varepsilon$ und $l_2 = H_2 \operatorname{ctg} \varepsilon$ erhält man $\dfrac{h_{1\,max}}{h_{2\,max}} = \dfrac{s_1}{s_2}$. Die Höchstwerte der wagerechten Verschiebungen verhalten sich zueinander wie die Höchstmaße der lotrechten Senkungen. Durch das Hinzutreten eines liegenderen Abbaues wird das an den Kohlenpfeiler angrenzende Schiebungsgebiet vergrößert. Durch das Hinzukommen eines weiteren liegenderen Abbaues werden neuerdings diese ungünstigen Erscheinungen auftreten. Infolge des Hinzutretens weiterer liegender Abbaue werden ferner die Bodenspannungen vergrößert, die Gebiete der Zerrungen und Pressungen nehmen zu und rücken immer mehr in die benachbarten Gebiete des Schutzpfeilers. Es werden auch Orte geschaffen, an welchen ursprünglich gezerrte Bodenschichten nachträglich gepreßt werden. Wenn wir nun das einen Kohlenschutzpfeiler umgebende Gebiet einer Betrachtung unterziehen, so lassen sich folgende Ergebnisse zusammenfassen:

1. Durch den angrenzend an einen ausreichend bemessenen Kohlenpfeiler betriebenen Abbau wird in unmittelbarer Nachbarschaft des Schutzgebietes ein Schiebungsgebiet erzeugt.

2. Durch den Abbau der liegenderen Flöze wird das dem Schutzgebiet benachbarte Schiebungsgebiet vergrößert, so daß die Zone der Bodenverschiebungen vergrößert und in das umliegende Gelände hinaus erweitert wird. Diese Zunahme des Schiebungsgebietes wird um so beträchtlicher, je größer die lotrechte Entfernung des liegenden vom hangenden Flöze ist.

3. Durch den Abbau der liegenderen Flöze werden die Maße der wegerechten Bodenverschiebungen vergrößert; auch tritt eine Vergrößerung der Bodenspannungen ein.

4. Durch den Abbau der liegenderen Flöze werden die an die Schiebungsgebiete grenzenden Gebiete der lotrechten Absenkungen immer mehr eingeschränkt.

Wir ersehen also, daß der Bestand eines Kohlenschutzpfeilers für das demselben benachbarte Gelände von Nachteil ist. Es ist in der Nähe eines bestehenden Pfeilers nicht möglich, den Abbau so einzurichten, daß die obertägigen benachbarten Bauwerke möglichst schadlos zur Absenkung gelangen. Der Bestand eines Kohlenschutzpfeilers hat zur notwendigen Folge, daß die demselben benachbarten Bauwerke in Schiebungsgebiete zu liegen kommen und Schaden erleiden müssen. Dieser Übelstand wird beim Abbau der liegenderen Flöze immer größer. Die dem Kohlenpfeiler benachbarte Zone der obertägigen Schaden wird immer größer und es ergibt sich somit die durch die Praxis bestätigte Tatsache, daß der Bestand des Sicherheitspfeilers für dessen Umgebung von Schaden sein muß. Es kann bei dieser Gelegenheit der Meinung Ausdruck verliehen werden, daß nicht allein der außerordentlich große Wert eines Bauwerkes für dessen Schutz maßgebend sein kann, sondern auch der summarische Wert der in der Umgebung des Pfeilers befindlichen Bauten, welche durch die dem Pfeiler benachbarten Abbaue beschädigt werden. Aus der Gegenüberstellung dieser Werte wird man oftmals zum Schlusse gelangen, daß es vorteilhafter erscheint, unter einem kostbaren Bauwerke den Abbau unter gewissen Sicherheitsmaßnahmen zuzulassen, um der Entstehung der Schadenszonen für die benachbarten Bauwerke vorzubeugen. Die Erkenntnis dieser Tatsache hat in den meisten reichsdeutschen Revieren dazu geführt, den Abbau unter verbauten Stadtgebieten zu betreiben und man hat hierbei dem in Oberschlesien eingeführten Spülversatzverfahren die größte Beachtung geschenkt. Durch die Vervollkommnung dieser Abbaumethode ist es gelungen, den Abbau unter kostbaren Bauwerken so zu betreiben, daß dieselben schadlos zur Absenkung gelangten.

Für die Belassung eines Kohlenpfeilers unter einer Eisenbahnbrücke oder einem sonstigen Eisenbahnobjekte, dessen klagloser und unveränderter Bestand aus Verkehrssicherheitsrücksichten unbedingt geboten erscheint, kann der hier erörterte Standpunkt bezüglich des materiellen Wertes nicht in erster Linie in Betracht kommen. Es darf dabei nicht übersehen werden, daß die glückliche Tatsache

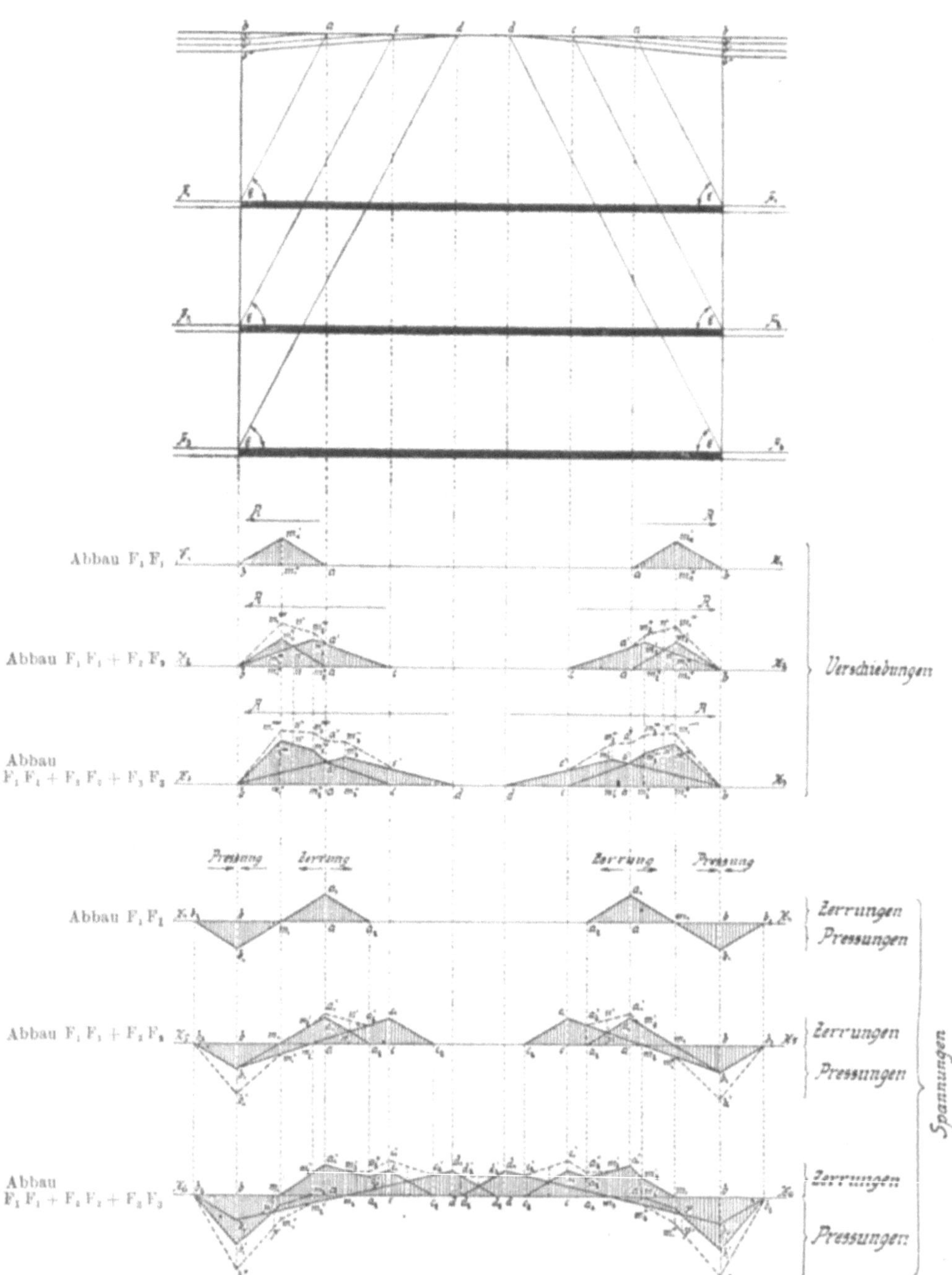
Abbau F₁ F₁
Abbau F₁ F₁ + F₂ F₂
Abbau F₁ F₁ + F₂ F₂ + F₃ F₃
Verschiebungen
Pressung
Zerrung
Zerrung
Pressung
Abbau F₁ F₁
Abbau F₁ F₁ + F₂ F₂
Abbau F₁ F₁ + F₂ F₂ + F₃ F₃
Zerrungen
Pressungen
Zerrungen
Pressungen
Zerrungen
Pressungen
Spannungen

der den allermeisten Bergbaugebieten eigentümlichen Allmählichkeit der Bodensenkungen für den Bahnbestand auch von unangenehmen Folgen sein kann, welche die Verkehrssicherheit ernstlich gefährden können. In den folgenden Ausführungen wird erörtert werden, daß auch in den allmählich sich senkenden Bergbaugebieten Schienenpressungen und -zerrungen auftreten müssen, welche eine bedeutende Verkehrsgefahr bedeuten können, wenn diese am Eisenbahnoberbau auftretenden Übelstände nicht rechtzeitig behoben werden. Die Beurteilung der Verkehrssicherheit muß selbstverständlich den berufenen Eisenbahnfachmännern überlassen werden, welche die Sicherheit des Bahnverkehrs voll und ganz zu vertreten und zu verantworten haben.

b) Ungenügend bemessene Kohlenschutzpfeiler. Es sei nun ein obertägiges Bauwerk durch einen unzureichend bemessenen Kohlenpfeiler ungenügend geschützt (Fig. 86); es sei ein von lotrechten Ebenen begrenzter Pfeiler vorausgesetzt, wie dies für den Schutz von Bauwerken auch früher üblich, als man noch der Meinung war, daß die Abbauwirkungen in lotrechten Grenzen zur Wirkung kämen. Es soll nun der Abbau vom Hangenden ins Liegende erfolgen, so zwar, daß zuerst $F_1 F_1$, dann $F_2 F_2$ und schließlich $F_3 F_3$ abgebaut werden. Es sei ferner vorausgesetzt, daß die Abbauwirkungen aller Flöze den gleichen Richtungswinkel ε besitzen. Durch den Abbau $F_1 F_1$ werde je ein Schiebungsgebiet a b' im Pfeiler erzeugt, durch den Abbau $F_2 F_2$ je ein Schiebungsgebiet c b'' und durch den Abbau $F_3 F_3$ je ein Schiebungsgebiet d b'''. Es sollen nun in der angeführten üblichen Weise auf den Abszissenachsen $X_1 X_1$, $X_2 X_2$ und $X_3 X_3$, die zu den einzelnen Abbauen gehörigen Verschiebungsflächen aufgetragen werden; auf den Achsen $X_4 X_4$, $X_5 X_5$ und $X_6 X_6$ seien die bezüglichen Spannungsflächen ersichtlich gemacht.

In der gleichen Weise wie in Fig. 85 wurde auch hier eine Summierung der Ordinaten der den einzelnen Abbauen entsprechenden Verschiebungs- und Spannungsflächen durchgeführt. Dem Abbau $F_1 F_1$ soll die auf $X_1 X_1$ ersichtliche Verschiebungsfläche a m_1' b entsprechen, zu welcher infolge des Abbaues $F_2 F_2$ noch die auf $X_2 X_2$ ersichtliche Verschiebungsfläche c m_2' b hinzukommen soll. Die aus diesen beiden Flächen konstruierte Gesamt-Verschiebungsfläche ist

$$b\, m_1'''' \, n'\, m_2''' \, a'\, c;$$

die Ordinate $m_1'' m_1''''$ wurde aus der Summe der Ordinaten $m_1'' m_1'$ und $m_1'' m_1'''$ konstruiert, welche den einzelnen Verschiebungsflächen entsprechen. In ähnlicher Weise wurden auch alle anderen Ordinaten aufgetragen, um die Gesamtflächen zu erhalten. Auch hier wurde wie in Fig. 85 die Annahme gemacht, daß die den einzelnen Abbauen entsprechenden Maße der größten wagerechten Verschiebung einander gleich sind, und es wurde auch hier abermals angenommen, daß die Zerrungsgebiete für jeden Abbau um das gleiche Maß über den

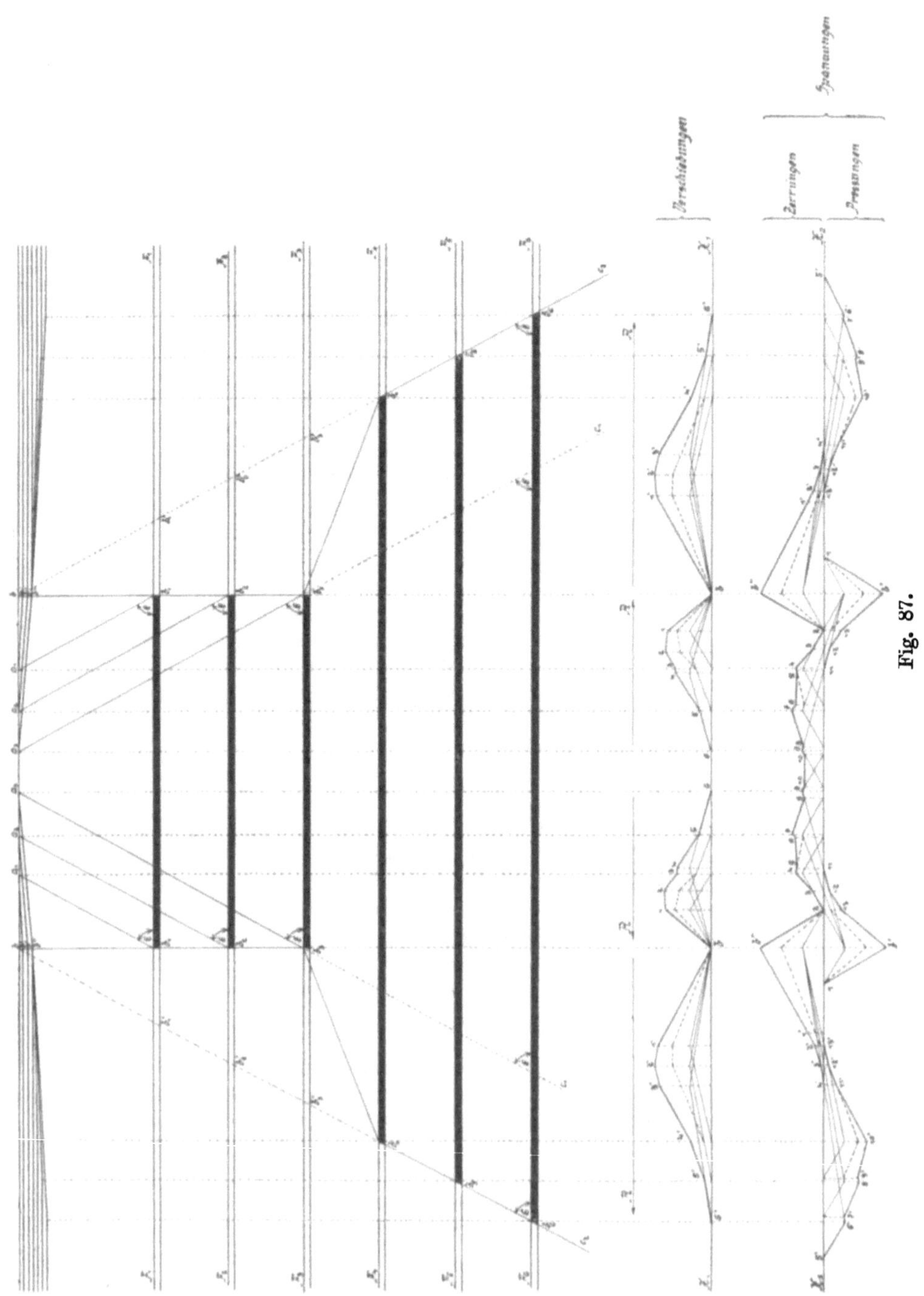

Fig. 87.

Muldenrand hinausreichen und die Pressungsgebiete um das gleiche Maß in die Zone der lotrechten Absenkung sich erstrecken.

Aus der graphischen Darstellung (Fig. 86) ist ersichtlich, daß von Abbau zu Abbau eine Vergrößerung der Verschiebungs- und Spannungsflächen eintritt. Es ist ferner zu ersehen, daß die Gesamt-Verschiebungs- und Spannungsflächen eine immer unregelmäßigere Begrenzung erhalten, was darauf hinweist, daß die Beanspruchungen auf Verschiebung und Spannung immer unregelmäßiger werden. Während im Falle des ausreichend bemessenen Kohlenpfeilers die Schiebungsgebiete immer mehr in die dem Pfeiler benachbarten Zonen sich vergrößern und auf diese Art eine von Abbau zu Abbau wachsende Beanspruchung des Bodens bewirken, ist im Falle des ungenügend bemessenen Kohlenpfeilers das gerade Gegenteil vorhanden. Im Falle des unzureichenden Schutzpfeilers rücken die Schiebungsgebiete von Abbau zu Abbau immer mehr in das zu schützende Kohlenpfeilergebiet, so daß gerade das Schutzgebiet zur Gefahrszone der Bauwerke wird. Es ist also von außerordentlich großem Nachteil, ein Bauwerk durch einen unzureichenden Pfeiler zu schützen, denn außer dem Nachteil der bedeutenden Kohlenverluste wird noch eine Gefahrszone für die Oberfläche geschaffen, welche im Falle eines unbeschränkten Abbaues durch die Anwendung vorteilhafter Abbaumethoden vermieden werden könnte.

c) **Nachträglich erweiterte Kohlenschutzpfeiler.** Es kann in der Praxis der Fall vorkommen, daß ein unzureichend bemessener Kohlenschutzpfeiler anläßlich des Abbaues der liegenderen Flöze derart erweitert werden soll, daß eine weitere Beschädigung des zu schützenden obertägigen Bauwerkes hintangehalten wird. Es soll nun in Fig. 87 der Fall vorausgesetzt werden, daß ein in lotrechten Ebenen nach abwärts reichender Kohlenpfeiler vorhanden ist, in welchem ein Abbau der hangenden Flöze F_1, F_2 und F_3 bereits stattgefunden hat. Diese Abbaue hätten nun das zu schützende Gebiet bereits wesentlich beeinflußt, weshalb für die liegenderen Flöze F_4, F_5 und F_6 der Kohlenpfeiler derart erweitert werden soll, daß ein vollständiger Schutz des obertägigen Bereiches b b gewährleistet erscheint. Infolge des Abbaues der Flöze F_1, F_2 und F_3 sei die zu schützende Oberfläche in einer Weise beeinflußt worden, welche durch die auf der Achse $X_1 X_1$ ersichtlichen Verschiebungsflächen b, 1, 2, 3, 4, 5, 6, b und auf $X_2 X_2$ ersichtlich gemachten Spannungsflächen b' 1, 2, 3, 4, 5, 6, 7, 8, 9, 10, 10, 9, 8, 7, 6, 5, 4, 3, 2, 1, b', 13, 12, 11, 11, 12, 13, b' dargestellt erscheint. Wenn wir nun voraussetzen, daß die obertägigen Wirkungen unter dem konstant bleibenden Richtungswinkel ε zur Wirkung kommen, so ist zu erwägen, daß ein vollständiger Schutz der Oberfläche b b anläßlich der Abbaue F_1, F_2 und F_3 dann erreicht worden wäre, wenn die Abbaugrenzen für diese Flöze statt in den Punkten b_1, b_2 und b_3 in den Punkten b_1', b_2' und b_3' gelegen gewesen wären, welche Punkte in der unter dem Richtungswinkel ε gezogen gedachten Geraden $b\,c_2$ zu liegen kommen. Die in dieser Geraden gelegenen Punkte b_4, b_5 und b_6 bilden die Grenzpunkte der Abbaue in den Flözen F_4, F_5 und F_6, so daß der nun erweiterte Kohlenschutzpfeiler b, b_3, b_4, b_5, b_6 geeignet sein soll, den ausreichenden Schutz der Oberfläche $\overline{b\,b}$ zu gewährleisten.

Es wäre unrichtig, wollte man $b_3\,c_1$ als Grenze des neuen Kohlenpfeilers betrachten, weil ein derart bemessener Pfeiler obertags in den Grenzen $c_1\,a_3$ beeinflußt würde, was eine Summierung der bereits erfolgten Bodenbeanspruchungen zur Folge hätte.

Wenn wir nun im Sinne der bereits gegebenen Erklärungen die den Abbauen F_4, F_5 und F_6 entsprechenden Gesamt-Verschiebungs- und Spannungsflächen ermitteln und auf den Achsen $X_1\,X_1$ und $X_2\,X_2$ in entsprechender Weise zum Ausdrucke bringen, so erhalten wir die Flächen b, $1'$, $2'$, $3'$, $4'$, $5'$, $6'$, b und b'', $1'$, $2'$, $3'$, $4'$, $5'$, $6'$, $7'$, $8'$, $9'$, $10'$, $11'$, $12'$, $13'$, 1, 2, b'', welche versinnlichen sollen, in welcher Weise nunmehr die Bodenbeanspruchungen erfolgt seien. Wir ersehen, daß das obertägige Gebiet $\overline{b\,b}$ von weiteren Verschiebungen verschont bleibt; **das Verschiebungsgebiet befindet sich nun außerhalb der zu schützenden Oberfläche.** Es findet jedoch eine wesentliche Erweiterung des Verschiebungsgebietes statt, so wie auch eine ersichtliche Vergrößerung der Verschiebungsmaße eintritt. Die Richtungen der Verschiebungen bleiben erhalten. Auch die Spannungsgebiete haben eine wesentliche Erweiterung erfahren, so wie auch eine Vergrößerung der Pressungs- und Zerrungsflächen sich geltend macht. Während im Falle des unzureichend bemessenen Schutzpfeilers die **Zerrungsgebiete in das Innere des Pfeilers gelangen und die Pressungsgebiete an die Grenze desselben gerückt sind**, rücken nunmehr die **Zerrungsgebiete unmittelbar an die Grenzen des Pfeilers und die Pressungsgebiete kommen außerhalb des Kohlenpfeilers zu liegen.** Den Höchstmaßen der ursprünglichen Pressungen entsprechen nun jene der Zerrungen an den Grenzen des Schutzpfeilers, so daß der Boden, der ursprünglich gezerrt war, nunmehr gepreßt wird.

6. Untersuchungen über den Abbau unter zu schützenden Bauwerken.

Die vorgeführten Untersuchungen haben ergeben, daß bei ausreichend bemessenen Kohlensicherheitspfeilern der Bestand der Bauwerke wohl geschützt ist, die Umgebung des Pfeilers jedoch Schaden leidet; bei ungenügend bemessenen Schutzpfeilern wird gerade das zu schützende Bauwerk gefährdet. Es sei nun untersucht, wie sich die Bodenbeanspruchungen gestalten, wenn unter einem zu schützenden Bauwerke mit dem Abbau begonnen und derselbe nach allen Seiten rasch fortgesetzt wird. Es sei in Fig. 88 ein obertägiges Bauwerk vorausgesetzt, welches geschützt werden soll; es möge der Kohlenpfeiler $a\,b\,d\,c$ vollkommen ausreichend sein, um den Bestand dieses Bauwerkes zu sichern und sollen auf den Achsen $X_1 X_1$ und $X_2 X_2$ die Bodenverschiebungen und Spannungen ersichtlich gemacht sein, welche in den an das Kohlenpfeilergebiet angrenzenden Schiebungsgebieten a e′ und b f′ erzeugt werden. Würde eine Bewegung des Bauwerkes und

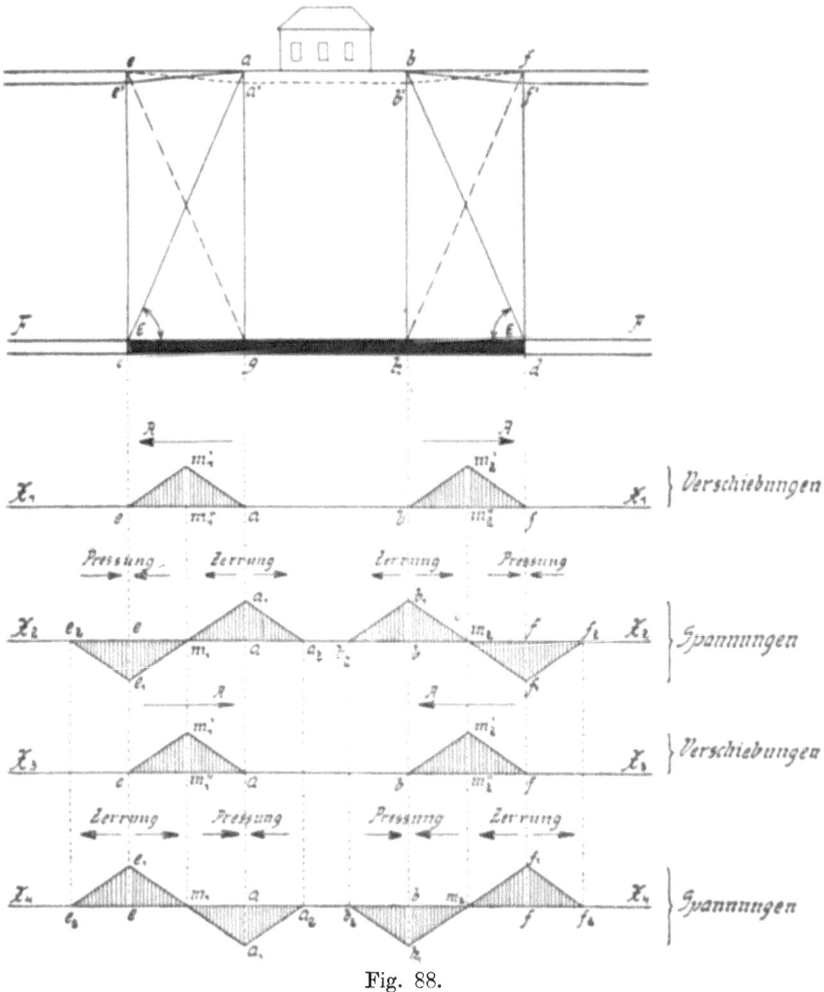

Fig. 88.

somit auch ein Abbau unter demselben zugelassen werden und nur die Bedingung an diesen Abbau gestellt sein, daß dieses Bauwerk sich möglichst unbeschädigt absenke, dann müßte das Bauwerk zur Gänze in die Zone der lotrechten Absenkung zu liegen kommen und auf diese Weise von den Wirkungen der Schiebungsgebiete der Senkungsmulde verschont bleiben. Dieser Bedingung würde dadurch entsprochen, daß das Flöz F F innerhalb des Stabilitätspfeilers a b h g zum Abbau kommen würde; es muß also der Flözteil g h abgebaut werden, wodurch das Gebiet der lotrechten Absenkung a a′ b′ b und die Schiebungsgebiete e a′ und f b′ zur Entwicklung gelangen würden. Es sollen nun auf den Achsen $X_3 X_3$ und $X_4 X_4$ die Verschiebungs- und Spannungsflächen ersichtlich gemacht werden, welche diesem Abbau (g h) entsprechen. Wir ersehen, daß die Verschiebungsflächen dieselben Größen besitzen wie jene, welche für den Bestand des Kohlenpfeilers konstruiert wurden. Die Richtungen R der Verschiebungswege müssen in den Schiebungsgebieten e a a′ und f b b′ entgegengesetzt jenen der Schiebungsgebiete a e e′ und b f f′ sein. Auch die Spannungsflächen sind im Falle des Bestandes des Kohlenpfeilers gleich jenen, welche für den Fall des Abbaues g h gelten; die Pressungs- und Zerrungsgebiete sind jedoch derart verschoben, daß an den Stellen der ursprünglichen Pressungen gleichgroße Zerrungen auftreten.

Die vorgeführte graphische Darstellung würde besagen, daß das obertägige zu schützende Bauwerk durch den raschen Abbau wohl eine Absenkung erleiden wird, bei welcher jedoch dasselbe unbeschädigt bleiben kann, wobei in Betracht zu ziehen ist, daß die Grenzen des zu schützenden Gebietes statt Zerrungen nunmehr Pressungen des Bodens erleiden. Je nach der Bedeutung des zu schützenden Bauwerkes und der örtlichen geologischen Verhältnisse wird die Frage der Schutzmaßnahmen gelöst werden müssen. Es läßt sich gewiß nicht die allgemeine Regel festlegen, daß der Abbau unter einem Bauwerk vorteilhafter für dessen Bestand ist, als die Belassung des Kohlenpfeilers Vor allem ist die Beantwortung der Frage erforderlich: Darf ein Bauwerk überhaupt Senkungen erleiden? Was z. B. für ein öffentliches Gebäude zugelassen werden könnte, wird im gegebenen Falle für eine Eisenbahnbrücke abgelehnt werden können. Die Beurteilung dieser Frage muß im letzteren Falle den für die öffentliche Sicherheit des Verkehres verantwortlichen Eisenbahnorganen überlassen bleiben. Je nach dem Zwecke einer Bahnanlage, je nach den Fahrgeschwindigkeiten und sonstigen örtlichen Verhältnissen wird sich bezüglich des Schutzes eines Bauwerkes auch eine Verschiedenheit der bezüglichen gutachtlichen Äußerungen ergeben.

Sollte man in einem gegebenen Falle zur Überzeugung kommen, daß ein obertägiges Bauwerk Senkungen erleiden darf, dann ist natürlich die Erörterung der Frage erforderlich, ob diese Senkungen ein gewisses Maß nicht überschreiten dürfen, aus gewissen Gründen der Bauart oder sonstigen lokalen Ursachen. Es gibt Mittel, um diese Senkungen sowohl in ihrem zeitlichen Verlaufe zu mildern als auch in ihrer Größe bedeutend abzuschwächen. Zu diesen Mitteln gehören die verschiedenen Abbaumethoden mit Versatz, insbesondere jedoch der Spülversatz, welcher erfahrungsgemäß ein ausgezeichnetes Mittel ist, die Bodensenkungen bedeutend abzuschwächen. Es kann auch die Forderung nach Ausführung eines Spülversatzes gewiß nicht zur allgemeinen Regel werden, weil die örtlichen Bergbaubetriebsverhältnisse in dieser

Beziehung eine entsprechende Berücksichtigung erheischen. Während
man unter gewissen örtlichen Voraussetzungen in der Lage sein kann,
zum Schutze eines obertägigen Bauwerkes den Abbau so rasch zu betreiben, daß es zur Ausbildung von Schiebungsgebieten an den zu
schützenden Oberflächengebieten nicht kommen kann, muß es im Falle
des Vorhandenseins eines Schutzpfeilers in der Umgebung des Schutzpfeilers zur Ausbildung von Schiebungsgebieten kommen. Es entsteht nun die Frage, ob auch unter allen Verhältnissen die Möglichkeit
gegeben ist, den Abbau unter einem obertägigen Bauwerke so zu betreiben, daß dasselbe in die Mitte der hervorgerufenen Senkungsmulde
zu liegen kommt. Es wäre z. B. der Fall denkbar, daß unter einer
ausgedehnten Straßenbrücke die Flöze steil gelagert sind, so zwar, daß
die einzelnen Abbaue das Gebiet dieser Brücke in ihrer Ausdehnung

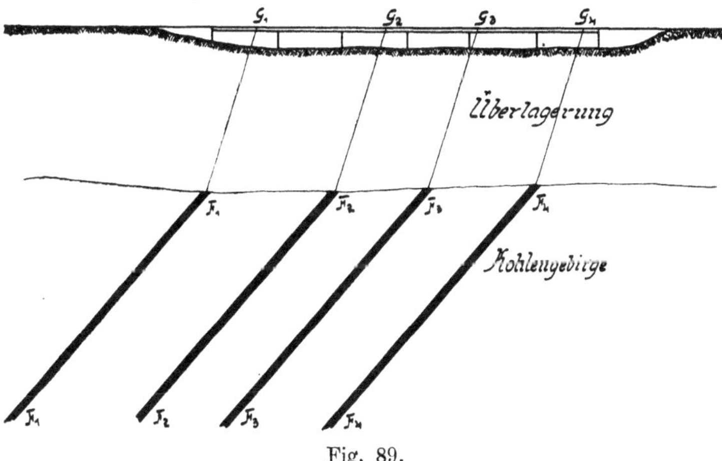

Fig. 89.

nicht übergreifen können, wie dies in Fig. 89 schematisch dargestellt
ist. Beim Abbau des Flözes $F_1 F_1$ möge die gegen das Bauwerk gelegene Grenzlinie $F_1 G_1$ der Abbauwirkung ermittelt sein und möge
diese Grenzlinie innerhalb der zu schützenden Brücke zu liegen kommen.
    Beim Abbau des liegenden Flözes $F_2 F_2$ sei die Grenzlinie $F_2 G_2$,
beim Flöz $F_3 F_3$ die Grenzlinie $F_3 G_3$ der Abbauwirkung vorhanden
usw. Die vorliegenden geologischen Verhältnisse machen es unmöglich,
den Abbau der einzelnen Flöze so zu betreiben, daß die zu schützende
Brücke in allen ihren Teilen zur schadlosen Absenkung gelangen kann.
Für jeden einzelnen Abbau wird die Gefahr hervorgerufen, daß die
entstehenden Schiebungsgebiete in den Bereich der Brücke gelangen
und hierdurch Schaden, wenn nicht Betriebsgefahren bewirken. Es
kann auch der Fall vorliegen, daß infolge einer Verwerfung der Gebirgsschichten die Frage des Schutzes einer Brücke erschwert wird,
weil z. B. die Grenzlinien $F_1 G_1$, $F_2 G_2$ und $F_3 G_3$ der Abbau-

wirkungen von $F_1 F_1$, $F_2 F_2$ und $F_3 F_3$ ebenfalls in den Bereich der Brücke zu liegen kommen, wie dies in Fig. 90 dargestellt ist.

Es ist nicht möglich, allgemein gültige Normen für die unter einem zu schützende Bauwerk einzurichtende Abbaumethode zu finden, denn die örtlichen geologischen Verhältnisse lassen nicht immer die Möglichkeit offen, die in vielen Fällen geltenden Grundsätze mit Erfolg zur Anwendung zu bringen. Die vorgeführten Betrachtungen ergeben sich aus der Erfahrung, daß die obertägige Senkungsmulde aus dem Gebiete der lotrechten Absenkung und aus den benachbarten Schiebungsgebieten besteht. Es ist eine sehr häufige Erscheinung daß die Gebiete der lotrechten Absenkungen von geringer Ausdehnung sind. Die Ausbildung solcher Mulden ist für den Abbau von kleinen Flözfeldern charakteristisch. Mit der Zunahme des abgebauten Flözfeldes wird die Größe des Gebirgsdruckes immer mehr entfesselt und es wird bei einer gewissen Größe des abgebauten Flözfeldes zu einem Stadium des Senkungsprozesses kommen, bei welchem das Maß der größten Senkung konstant bleibt und die Entwicklung einer langgestreckten flachen Senkungsmulde die Folge

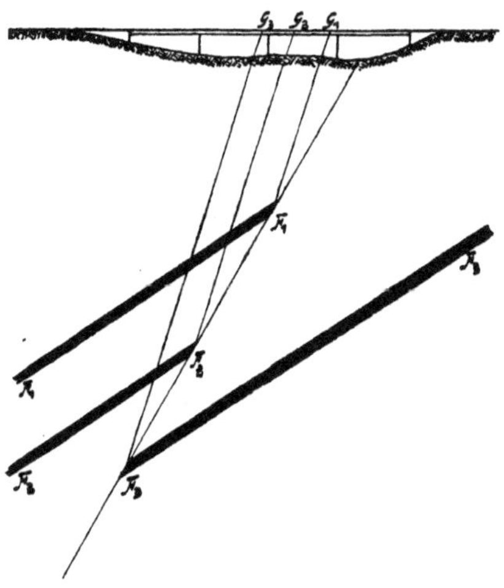

Fig. 90.

ist. Es wird von großem Vorteil für den Bestand der obertägigen Bauwerke in verbauten Stadtgebieten sein, den Kohlenabbau rasch und auf großen Feldern zu betreiben, weil dadurch ausgedehnte Gebiete der lotrechten Absenkung erzeugt werden. Aus allen vorgeführten Erörterungen ist zu schließen, daß die Form des obertägigen Senkungsbildes für den Bestand der obertägigen Bauwerke von größter Bedeutung ist. Die Beschaffenheit der Firstgesteinsschichten sowie der Überlagerung sind von großem Einfluß auf die Form des obertägigen Senkungsbildes, die von der flachen Mulde bis zur steilen Pinge sich je nach den Verhältnissen verändern kann. Auch die Größe des Fallwinkels ist für die Art der Entwicklung des obertägigen Senkungsbildes von großer Bedeutung, und es wird bei steileren Flözen auch trotz der ausgleichenden Wirkung etwa vorhandener mächtiger Überlagerung zur Ausbildung von „Pingen" kommen, die bei mangelnder Überlagerung zu „Tagesbrüchen" ausarten können. An der Ausbildung von Pingen wird bei geringmächtigen Flözen der steile Fallwinkel die Schuld tragen. Insbesondere die bedeutende Mächtigkeit von Abbauen ist die Ursache für Pingenbildungen und die rollige Beschaffenheit der Überlagerung kann die Ausbildung der Pingenform noch begünstigen. Natürlich hat auch das Maß der Teufe des Abbaues seinen Einfluß im umgekehrten Sinne auf die Pingenbildung. Durch die Anwendung eines entsprechenden Versatzes kann statt der „Pinge" die „flache Mulde" erzeugt werden, wie dies die zahlreichen oberschlesischen Erfahrungen wohl am besten erweisen.

Es wird also Pingen geben, für welche die große Mächtigkeit der abgebauten Flöze veranlassend war, und es werden Pingen entstehen, welche infolge der Steilheit des Flözfallwinkels entstanden sind. Diese beiden Pingentypen werden sich jedoch voneinander unterscheiden, und zwar durch ihre sehr verschiedene Ausdehnung. Während die zufolge Steilheit eines Abbaues entstehende Pinge sich auf eine verhältnismäßig kleine Fläche erstrecken wird, haben die zufolge bedeutender Flözmächtigkeiten verursachten Pingen oftmals sehr bedeutende Ausdehnungen.

Es ist nun zu unterscheiden a) die Gesetzmäßigkeit der Form des Senkungsbildes selbst und b) die Gesetzmäßigkeit, welche sich aus der Lage des obertägigen Senkungsbildes zum unterirdischen Abbaufeld ergibt. Die Gesetzmäßigkeit des Senkungsbildes selbst wird sich wohl bei einem seigeren Flöz nicht ermitteln lassen, wie dies in der „Theorie der Bodensenkungen in Kohlengebieten" hervorgehoben worden ist, während bei weniger geneigten Flözen ein regelmäßigeres, einem gewissen Gesetze folgendes Senkungsbild einer Mulde sich zeigen wird, wenn auch infolge großer Flözmächtigkeit eine Pingenform entstehen kann. Es liegt jedoch kein Grund vor, dieser Pinge eine gewisse Gesetzmäßigkeit abzusprechen, weil sie ja lediglich eine Entartung der bei geringmächtigen, steilen Flözen bzw. mächtigen, mit Versatz abgebauten Flözen entstehenden Senkungsmulde darstellt. Der unter b) angeführten Gesetzmäßigkeit müssen alle bergbaulichen Wirkungen folgen, weil auch die durch den Kohlenabbau untertags bewirkte Ursache durch den Kohlenabbau gewissermaßen gesetzmäßig (systematisch) entsteht. Die Form des obertägigen Senkungsbildes und die Lage desselben über dem Abbau sind nicht die alleinigen und charakteristischen Merkmale für eine bergbauliche Senkung. Es muß ferner auch die Größe der Senkungsmaße der Tagesoberfläche sich aus jener der Flözmächtigkeit erklären lassen; die Größen der Richtungs- und Grenzwinkel (Endwinkel) werden Werte aufweisen müssen, welche der Erfahrung entsprechen bzw. mit Rücksicht auf die geologischen Verhältnisse erklärt werden können. Auch wird der Fortschritt im Abbau eine Erweiterung der obertägigen Senkungsmulde bewirken, welcher Umstande ebenfalls ein wichtiges Beweismittel für die bergbauliche Ursache einer Senkung bilden kann. Hierbei wird selbstverständlich vorausgesetzt, daß unterirdische Hohlräume erzeugt werden, welche auf künstliche Art nur der Kohlenabbau erzeugt. Bei der Absenkung der Hangendschichten in einem geschlossenen Hohlraum erfolgt die Ausbildung eines obertägigen geschlossenen Senkungsbildes, welches beiläufig über der Mitte des unterirdischen Hohlraumes das lotrechte Senkungsmaximum und in gewissen Entfernungen von den Hohlraumstößen die Senkungsminima aufweisen wird. Wenn sich in der Natur Pingen zeigen, die nicht bergbaulichen Charakters sind, so ist trotzdem die Ursache in einem geschlossenen unterirdischen Hohlraum zu suchen, über dessen Entstehung die Forschungen die Aufklärung zu geben haben.

Wie bereits erwähnt wurde, stellen die Ränder der obertägigen Senkungsmulden infolge der dort stattfindenden Wanderungen der Bodenfläche die eigentlichen Schadenszonen dar. Zufolge der bisher üblich gewesenen langsamen und vorsichtigen Annäherung des Abbaues an ein obertägiges Bauwerk wurde eine Bodensenkung in der Weise erzeugt, daß das zu schützende Bauwerk an den Rand der Senkungsmulde gerückt war und infolgedessen Schaden leiden mußte. Die Erkenntnis der Form der Senkungsmulde hat dazu geführt, den Abbau unter einem zu schützenden Bauwerk zu beginnen und ihn von hier aus rasch in radialer Richtung auf große Flächen fortzusetzen. Auf diese Weise wird das Bauwerk in die Mitte der Senkungsmulde gebracht. An diesen Stellen sind zwar die Maße der lotrechten Absenkung am größten, doch sind die Senkungen dort gleichmäßig, und die hier befindlichen Bauwerke senken sich schadlos. Es genügt also nicht allein für die sorgfältige Herstellung des Versatzes zu sorgen, es muß auch die Abbautechnik in der Weise sich vervollkommnen, daß durch dieselbe die Oberfläche in eine Bewegung versetzt wird, welche eine für das zu schützende Bauwerk günstige Form der Oberfläche hervorzurufen imstande ist.

7. Der Abbau mehrerer übereinandergelagerter Flöze.

Es sollen nun die obertägigen Abbauwirkungen eine Untersuchung erfahren, welche durch den Abbau mehrerer übereinandergelagerter Flöze zutage kommen. Es kann der Fall eintreten, daß die Flöze eines unzureichenden Kohlenpfeilers nachträglich zum Abbau gelangen sollen, und es entsteht dabei die Frage, ob die einzelnen Flöze der Reihe nach vom Hangenden ins Liegende, oder vom Liegenden ins Hangende abgebaut werden sollen, oder ob es nicht vorteilhaft für die Bodenfläche wäre, den gleichzeitigen Abbau mehrerer Flöze zu beginnen. Es seien nun die einzelnen Möglichkeiten des Abbaues behandelt, ohne Rücksicht auf den Umstand, daß durch örtliche Bergbaubetriebsverhältnisse die eine oder die andere Abbaumethode nicht durchführbar wäre.

a) **Der Abbau vom Hangenden ins Liegende.** Es sei nun (Fig. 91) ein in lotrechten Grenzebenen nach abwärts reichender ungenügend bemessener Kohlenschutzpfeiler vorhanden. Es sollen der Reihe nach die Flöze $F_1 F_1$, $F_2 F_2$ und $F_3 F_3$ zum Abbau gelangen, und seien nun die zu den einzelnen Abbauen gehörigen obertägigen Senkungsmulden $a\,b'\,c'\,d$, $e\,b''\,c''\,f$ und $g\,b'''\,e'''\,h$ in der Figur dargestellt. Der Bestand eines solchen Kohlenpfeilers ist obertags dadurch gekennzeichnet, daß die Oberfläche im Pfeilerbereiche eine Kuppe besitzt, welche sich nach allen Seiten gegen die bereits betriebenen Abbaue verflächt und in das gesunkene Gelände ausläuft; doch sei mit Rücksicht auf die Deutlichkeit der Zeichnung auf diesen Umstand keine Rücksicht genommen. Es sollen nun die den einzelnen Abbauen entsprechenden Bodenverschiebungen und Spannungen auf den Achsen $X_1 X_1$, $X_2 X_2$, $X_3 X_3$, $X_4 X_4$, $X_5 X_5$ und $X_6 X_6$ aufgetragen werden.

1. Für den Abbau $F_1 F_1$ ist

$$h_{1\,\mathrm{max}} = \frac{s_1}{4}\,\frac{l_1}{H_1} = \frac{s_1}{4}\,\mathrm{ctg}\,\varepsilon,$$

wobei s_1 das lotrechte Senkungsmaximum, l_1 die Größe des Schiebungsgebietes und H_1 die Tiefe des Abbaues bedeuten.

2. Für den Abbau $F_2 F_2$ ist

$$h_{2\,\mathrm{max}} = \frac{s_2}{4}\,\frac{l_2}{H_2} = \frac{s_2}{4}\,\mathrm{ctg}\,\varepsilon.$$

3. Für den Abbau $F_3 F_3$ ist

$$h_{3\,\mathrm{max}} = \frac{s_3}{4}\,\frac{l_3}{H_3} = \frac{s_3}{4}\,\mathrm{ctg}\,\varepsilon.$$

Es ist nun die Frage, ob die größten wagerechten Schiebungsmaße von Abbau zu Abbau eine Änderung erfahren, wobei die Voraussetzung getroffen wurde, daß die Richtungswinkel für die drei Abbaue einander gleich ε sind. Es ist dann

$$h_{2\,\mathrm{max}} - h_{1\,\mathrm{max}} = \frac{s_2 - s_1}{4}\,\mathrm{ctg}\,\varepsilon.$$

Diese Differenz ist dann positiv, wenn s_2 größer als s_1 ist, d. h. wenn das lotrechte Senkungsmaximum zunimmt. Die Senkungsmaße der liegenderen Abbaue werden jedoch im allgemeinen nur dann größer, wenn die Mächtigkeiten dieser parallel gelagerten Flöze ebenfalls größer werden. Wenn wir nun unter der Voraussetzung gleicher Flözmächtigkeit und geringer lotrechter Abstände der Flöze voneinander die maximalen Senkungsmaße $s_1 = s_2 = s_3 = s$ annehmen, dann ist

$$h_{3\,\mathrm{max}} - h_{2\,\mathrm{max}} = 0, \quad h_{2\,\mathrm{max}} - h_{1\,\mathrm{max}} = 0, \quad h_{1\,\mathrm{max}} = h_{2\,\mathrm{max}} = h_{3\,\mathrm{max}},$$

d. h. die Höchstwerte der wagerechten Verschiebungen für die einzelnen Abbaue sind einander gleich. Es erweitern sich jedoch die einzelnen

Schiebungsgebiete vom hangenden zum liegenden Abbau, so daß die Verschiebungs- und Spannungsflächen größer werden, wie dies aus Fig. 91 hervorgeht.

b) Der Abbau vom Liegenden ins Hangende. Es soll nun vorausgesetzt werden, daß zuerst das Flöz $F_1 F_1$, dann $F_2 F_2$ und zum Schlusse das Flöz $F_3 F_3$ zum Abbau gelange (Fig. 92).

Es werden dann den einzelnen Abbauen entsprechend die in Fig. 92 ersichtlich gemachten Senkungsmulden a b′ c′ d ($F_1 F_1$), e b″ c″ f ($F_2 F_2$) und g b‴ c‴ h ($F_3 F_3$) nacheinander sich entwikkeln. Während im erstbehandelten Falle des Abbaus vom Hangenden ins Liegende infolge der von Abbau zu Abbau stattfindenden Erweiterung der obertägigen Senkungsmulde eine Vergrößerung der Schiebungsgebiete stattfindet, nimmt im vorliegenden Falle das Senkungsbild an Ausdehnung von Abbau zu Abbau ab. Es werden sich die zu den einzelnen Abbauen gehörigen Verschiebungs- und Spannungsflächen von Abbau zu Abbau verkleinern, doch sind die auf den einzelnen Achsen ersichtlich gemachten Gesamt-Schiebungs- und Spannungsflä-chen in beiden Abbaufällen gleich groß.

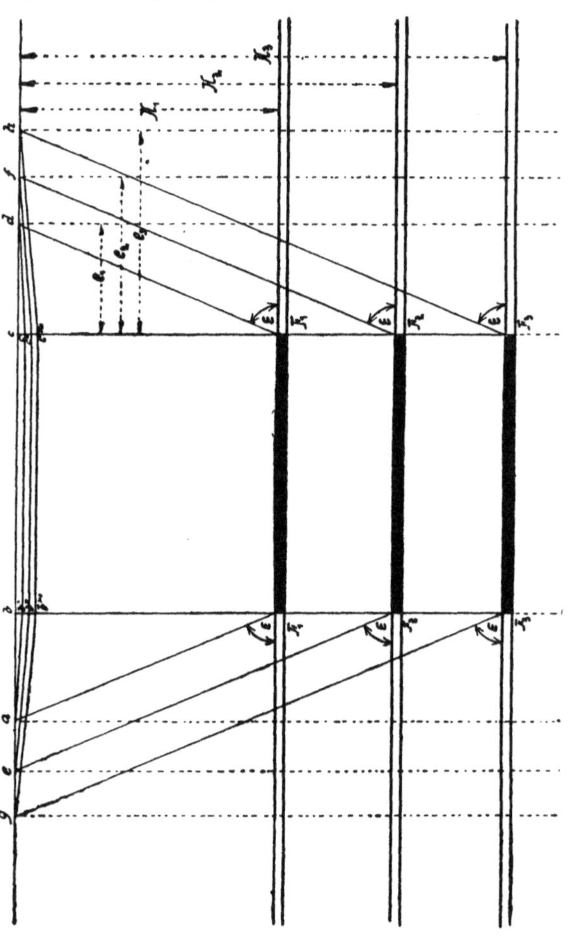

Nach den folgenden Mitteilungen des Bergreferendars Puschmann ist die Zeit, in welcher ängstlich und zähe an der alten Gepflogenheit festgehalten wurde, hangende Flöze vor den tieferliegenden abzubauen für das oberschlesische Becken längst vorüber. In sehr vielen Fällen wurden die hangenderen Flöze nach den bereits abgebauten

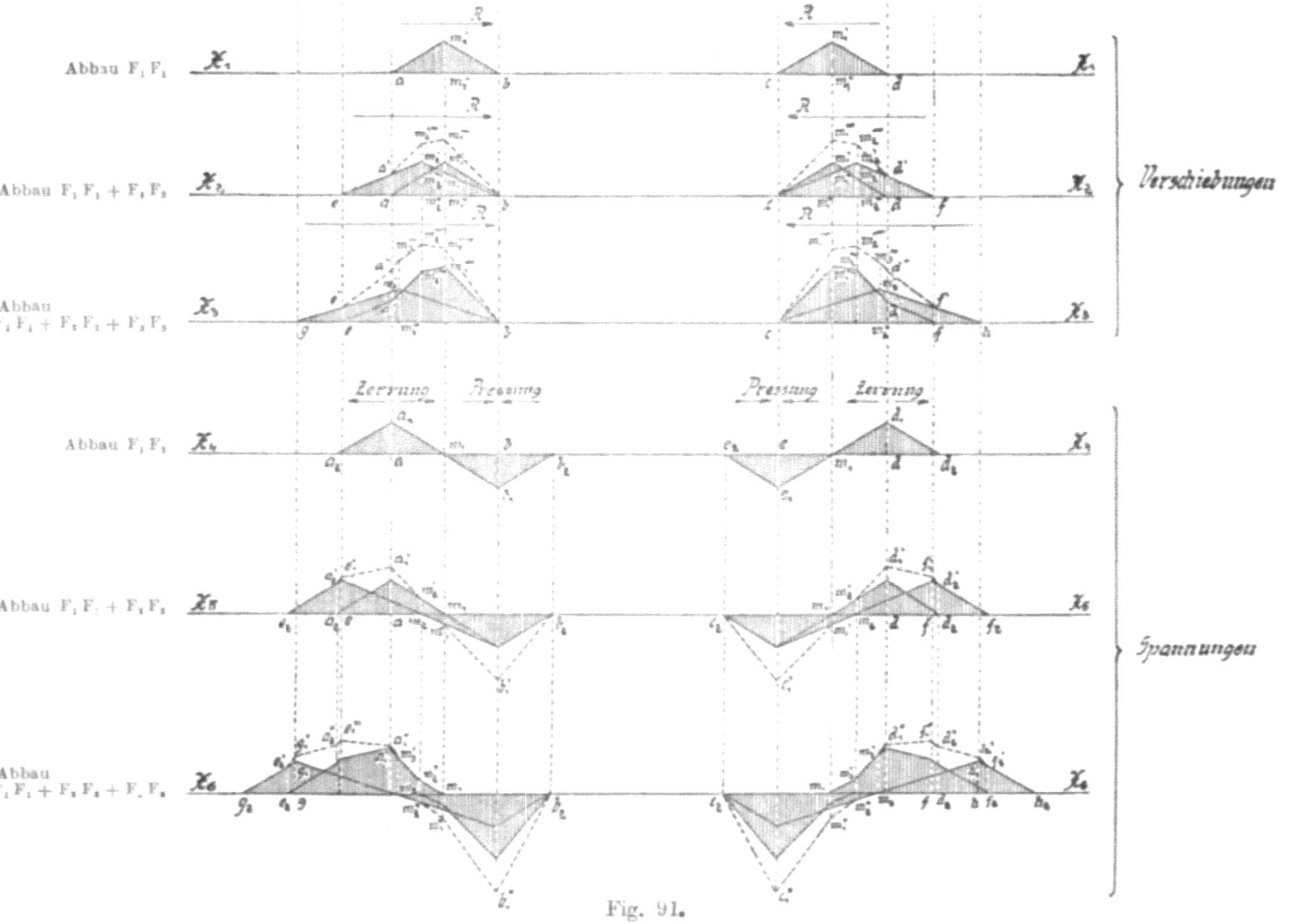

Abbau F₁ F₂
Abbau F₁ F₂ + F₂ F₃
Abbau F₁ F₂ + F₂ F₃ + F₃ F₄
Abbau F₁ F₂
Abbau F₁ F₂ + F₂ F₃
Abbau F₁ F₂ + F₂ F₃ + F₃ F₄
Verschiebungen
Spannungen
Zerrung
Pressung
Pressung
Zerrung
Fig. 91.

liegenderen Flözen abgebaut, ohne daß sich besondere Schwierigkeiten und Nachteile ergeben hätten.

c) **Der gleichzeitige Abbau mehrerer übereinandergelagerter Flöze.** Es sei nun der Fall behandelt, in welchem der gleichzeitige Abbau mehrerer übereinandergelagerter Flöze erfolge, und es soll untersucht werden, wie sich in diesem Falle die Verhältnisse gestalten, wenn man die üblichen Annahmen und Voraussetzungen trifft. In Fig. 93 sei die Senkungsmulde a b′ c′ d dargestellt, welche durch den gleichzeitigen Abbau der Flöze $F_1 F_1$, $F_2 F_2$ und $F_3 F_3$ entstanden sei, und auf den Achsen $X_1 X_1$ und $X_2 X_2$ seien auch die dieser Mulde entsprechenden Verschiebungs- und Spannungsflächen ersichtlich gemacht. Es ist zu ersehen, daß unter den gegenständlichen Voraussetzungen nur die Entwicklung je eines Schiebungsgebietes in der Nachbarschaft des ursprünglichen Pfeilers erfolgt, während in den vorher behandelten Abbauen dreimal nacheinander sich Schiebungsgebiete entwickelten. Wenn die betriebstechnischen Verhältnisse es gestatten, so könnte auch der gleichzeitige Abbau von übereinandergelagerten Flözen ins Auge gefaßt

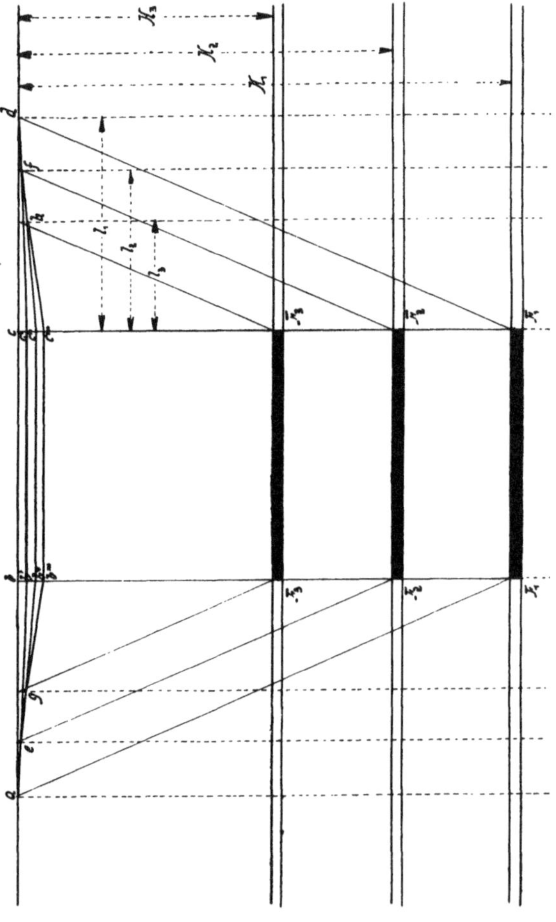

werden. Zweifellos wird in diesem Falle der Abbau mit dem besten Versatz in Betracht zu ziehen sein, um die obertägigen Senkungsmaße herabzumindern. Dem Nachteil der sich obertags entwickelnden großen Senkungsmaße und der infolgedessen hervorgerufenen größeren Maße der Verschiebungen und Spannungen kann der Vorteil, der sich nur einmal entwickelnden Schiebungsgebiete entgegengehalten werden, welcher Umstand von großer Bedeutung für den

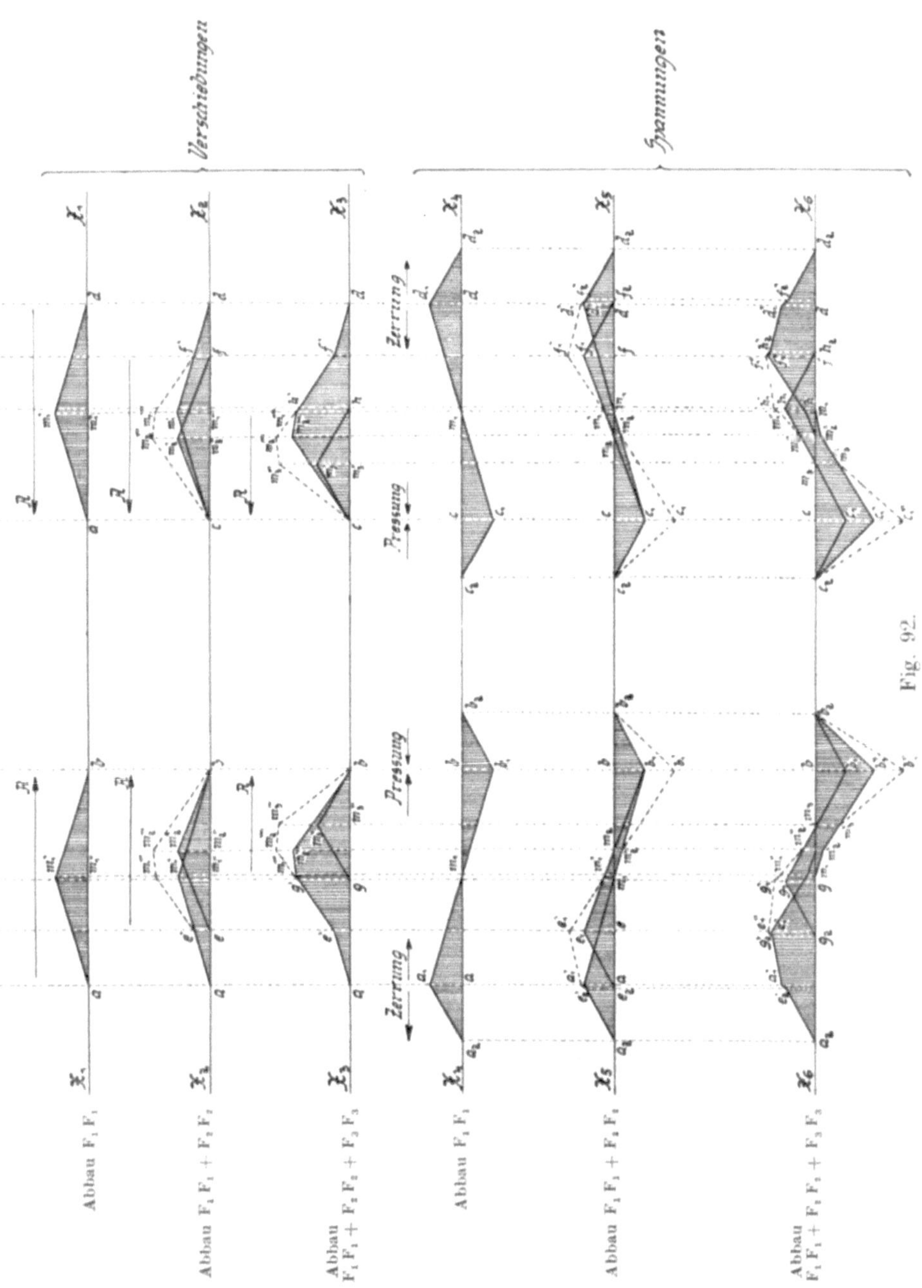

Verschiebungen
Spannungen
Zerrung
Pressung
Pressung
Zerrung
Fig. 92.
Abbau F₁ F₁
Abbau F₁ F₁ + F₂ F₂
Abbau F₁ F₁ + F₂ F₂ + F₃ F₃
Abbau F₁ F₁
Abbau F₁ F₁ + F₂ F₂
Abbau F₁ F₁ + F₂ F₂ + F₃ F₃

Schutz der Oberfläche sein wird. Immer wieder muß betont werden, daß die Aufstellung allgemeiner Regeln für die Abbaumethode nicht

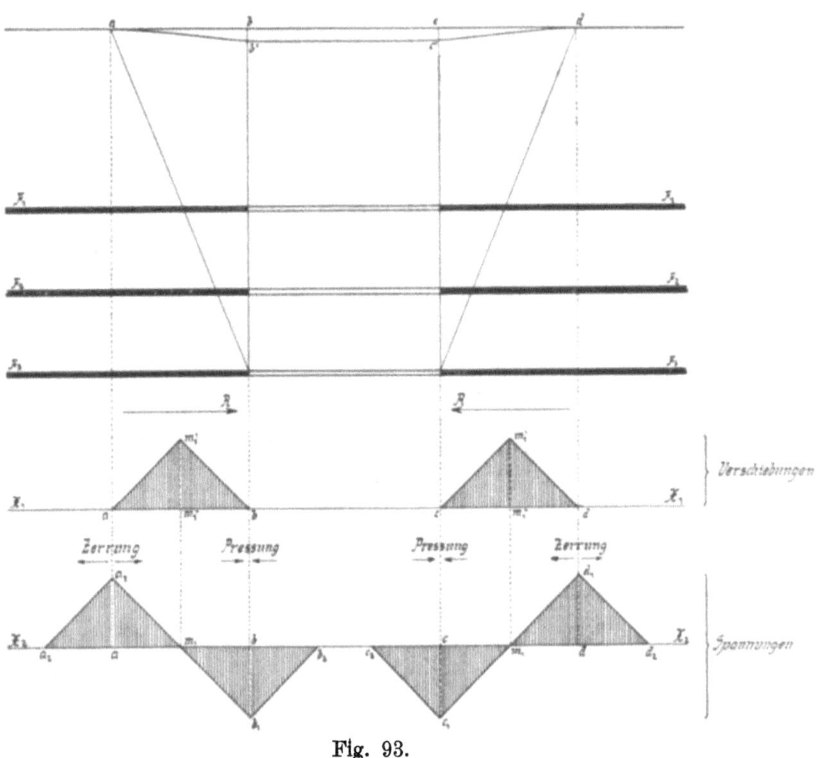

Fig. 93.

angängig erscheint, weil die geologischen Verhältnisse, die Bergbaubetriebsverhältnisse und die in Betracht kommende Oberfläche von Fall zu Fall einer besonderen Behandlung bedürfen.

8. Der Einfluß des Flözfallwinkels auf die Größe des Schiebungsgebietes.

Wir wollen nun abermals einen in lotrechten Grenzebenen nach abwärts reichenden Kohlenpfeiler voraussetzen und unter gewissen Annahmen untersuchen, wie die Schiebungsgebiete durch die Zunahme des Flözfallwinkels beeinflußt werden. In Fig. 94 möge unter Annahme eines konstant bleibenden Richtungswinkels ε der Fallwinkel von 0^0 bei α_1 und α_2 zunehmen, d. h. es möge das Flöz seine Lage von $F_1 F_1$ nach $F_1' F_1'$ und $F_1'' F_1''$ verändern. Die graphische Darstellung läßt ersehen, daß bei Zunahme des Fallwinkels das rechtsseitige Schiebungsgebiet immer mehr eingeschränkt wird. Die zu den einzelnen Abbauen

gehörigen Senkungsmulden seien a b' c' d (F_1 F_1), a b'' c'' e (F_1' F_1')
und a b''' c''' f (F_1'' F_1''). Die zugehörigen linksseitigen Schiebungs-

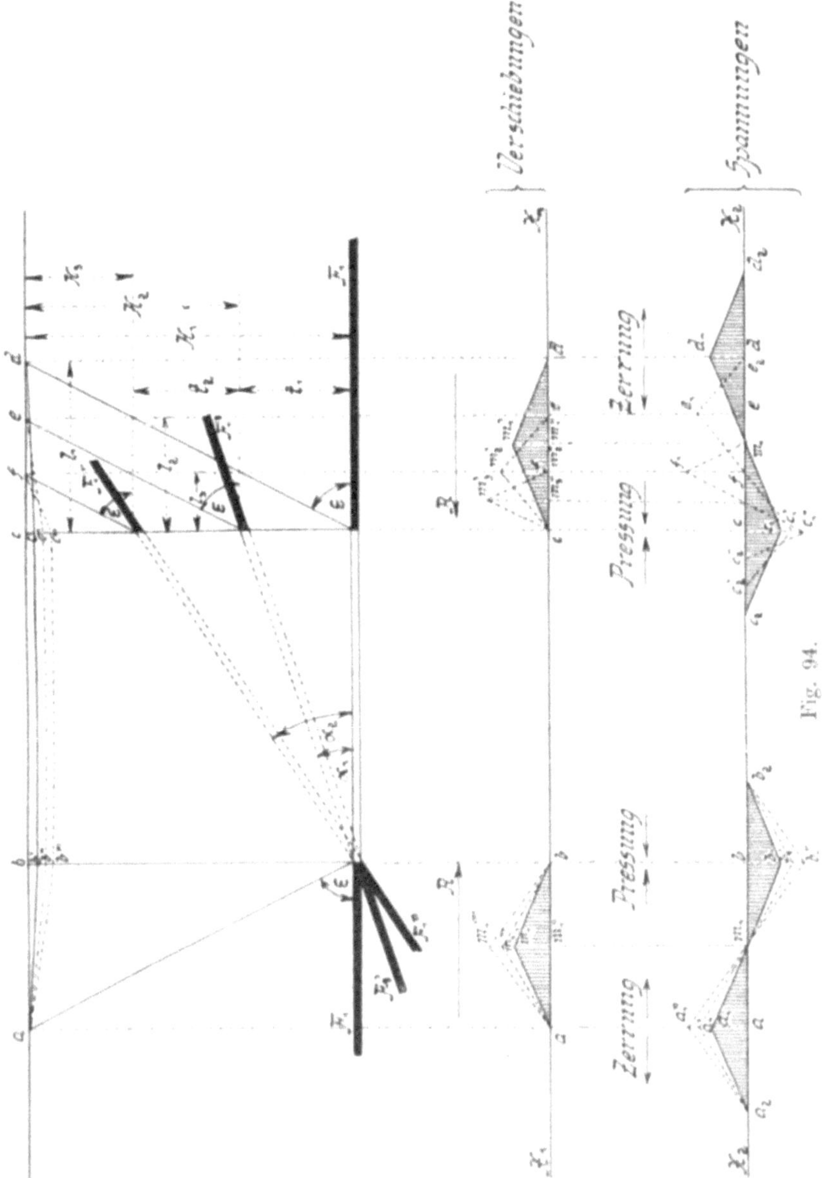

Fig. 94.

gebiete seien a b', a b'' und a b''', welchen die auf der Achse $X_1 X_1$
ersichtlichen Verschiebungsflächen a m_1' b, a m_1'' b und a m_1''' b ent-

sprechen. Die rechtsseitigen Schiebungsgebiete sind $c'd$, $c''e$ und $c'''f$ und die zugehörigen Verschiebungsflächen $c\,m_1'\,d$, $c\,m_2'\,e'$ und $c\,m_3'\,f$.

Infolge der Zunahme des Flözfallwinkels tritt auch eine Vergrößerung des obertägigen größten Senkungsmaßes ein. Es wird deshalb die dem Abbau $F_1'\,F_1'$ entsprechende Senkungsmulde $a\,b''\,c''\,e$ größere Senkungsmaße besitzen als jene $(a\,b'\,c'\,d)$, welche dem Abbau $F_1\,F_1$ entspricht. Die dem Abbau $F_1''\,F_1''$ entsprechende Senkungsmulde $a\,b'''\,c'''\,f$ wird größere Senkungsmaße aufweisen als jene $(a\,b''\,c''\,e)$, welche dem Abbau $F_1'\,F_1'$ entspricht. Außer der Zunahme des Flözfallwinkels hat auch die besonders für die rechtsseitigen Schiebungsgebiete in Betracht kommende Verkleinerung der Flözteufe ihren Einfluß auf die Vergrößerung der obertägigen Senkungsmaße. Die Folge der Vergrößerung der Senkungsmaße ist auch eine Vergrößerung der Verschiebungen und Spannungen. Die Maße der wagerechten Verschiebungen sind außer von der Größe der größten Senkungsmaße auch noch abhängig von der Länge des Schiebungsgebietes und von der Teufe des Abbaues. Mit der Länge des Schiebungsgebietes nehmen die Maße der wagerechten Verschiebungen zu und ab. Mit der Abnahme der Teufe des Abbaues erfolgt eine Zunahme der Maße der wagerechten Verschiebungen. Im vorliegenden Falle nimmt die Länge des rechtsseitigen Verschiebungsgebietes ab, folglich nimmt h_{max} ab; die Teufe des Abbaues nimmt für das rechtsseitige Schiebungsgebiet ab, folglich nimmt h_{max} zu. Es sei nun angenommen, daß diese beiden Einflüsse von l und H auf h_{max} sich gegenseitig aufheben, so daß h_{max} lediglich von den größten Senkungsmaßen weiterhin beeinflußt sei, mit deren Zunahme auch eine Zunahme von h_{max} stattfindet, wie dies in Fig. 94 dargestellt erscheint. Die Werte von h_{max} für das linksseitige Schiebungsgebiet nehmen mit den zunehmenden Senkungsmaßen ebenfalls zu, der Einfluß von l und H kommt nicht in Frage, weil beide Größen konstant bleiben.

In der graphischen Darstellung Fig. 94 ist die für die Abbaue $F_1'\,F_1'$ und $F_1''\,F_1''$ eintretende Vergrößerung der größten wagerechten Verschiebungen und Spannungen für die links- und rechtsseitigen Schiebungsgebiete im selben Ausmaße angenommen. Die größten Verschiebungsmaße der rechtsseitigen Schiebungsgebiete seien $h_{1\,max}$, $h_{2\,max}$ und $h_{3\,max}$, die größten Senkungsmaße s_1, s_2 und s_3. Es ist

$$h_{1\,max} = \frac{s_1}{4}\frac{l_1}{H_1}, \quad h_{2\,max} = \frac{s_2}{4}\frac{l_2}{H_2} \text{ und } h_{3\,max} = \frac{s_3}{4}\frac{l_3}{H_3},$$

wobei H_1, H_2 und H_3 die zugehörigen Teufen der Abbaue bedeuten. Es ist $H_2 = H_1 - t_1$, $H_3 = H_2 - (t_1 + t_2)$, ferner

$$l_1 = H_1 \operatorname{ctg} \varepsilon, \quad l_2 = (H_1 - t_1) \operatorname{ctg} \varepsilon \text{ und } l_3 = [H_1 - (t_1 + t_2)] \operatorname{ctg} \varepsilon,$$

wobei t_1 und t_2 die Abnahmen der Teufen der Abbaue bezeichnen, welche durch die Zunahme des Flözfallwinkels von 0^0 auf α_1 und α_2

verursacht werden. Es ist:

$$h_{1\,max} = \frac{s_1}{4}\frac{l_1}{H_1}, \quad h_{2\,max} = \frac{s_2}{4}\frac{l_2}{(H_1-t_1)} \quad \text{und} \quad h_{3\,max} = \frac{s_3}{4}\frac{l_3}{[H_1-(t_1+t_2)]}.$$

Mit der Zunahme des Fallwinkels des Flözes erfolgt eine Abnahme der Länge des zugehörigen Schiebungsgebietes entsprechend der abnehmenden Teufe des Abbaues unter der Voraussetzung des konstant bleibenden Richtungswinkels; es werden auch die Verschiebungsflächen verkleinert. Durch die Zunahme des Fallwinkels wird jedoch auch eine Vergrößerung des lotrechten Senkungsmaßes bewirkt, so daß $s_1 < s_2 < s_3$. Es wurde angenommen, daß die Einflüsse von l und H auf h_{max} durch die Zunahme des Flözfallwinkels von 0^0 bis α_2 keine Veränderung erfahren, so daß h_{max} lediglich von s_1, s_2 und s_3 beeinflußt sei. In diesem Falle müßten

$$\frac{l_1}{H_1} = \frac{l_2}{H_1-t_1} = \frac{l_3}{H_1-(t_1+t_2)} = \operatorname{ctg}\varepsilon \quad \text{sein.}$$

Da die Maße der Spannungen jenen der Verschiebungen proportional sind, so gelten für die Spannungsflächen die gleichen Verhältnisse wie für die Verschiebungsflächen. Auf $X_2\,X_2$ seien die infolge der Zunahme des Flözfallwinkels von 0^0 bis α_1 und α_2 stattfindenden Veränderungen der Spannungsflächen ersichtlich gemacht.

D. Die reine elastische Durchbiegung.

Im Falle der reinen elastischen Durchbiegung des Hangenden und der dasselbe überlagernden Schichten wird obertags eine Senkungsmulde zum Vorschein gelangen. Diese Senkungsmulde (Fig. 95) a m b ist jedoch in ihrer gesamten Ausdehnung ein Gebiet der rein lotrechten Absenkung, welche durch den in meiner „Theorie der Bodensenkungen in Kohlengebieten" erörterten Prozeß der elastischen Durchbiegung erörtert erscheint. Die hier obertags sich zeigende Senkungsmulde besitzt

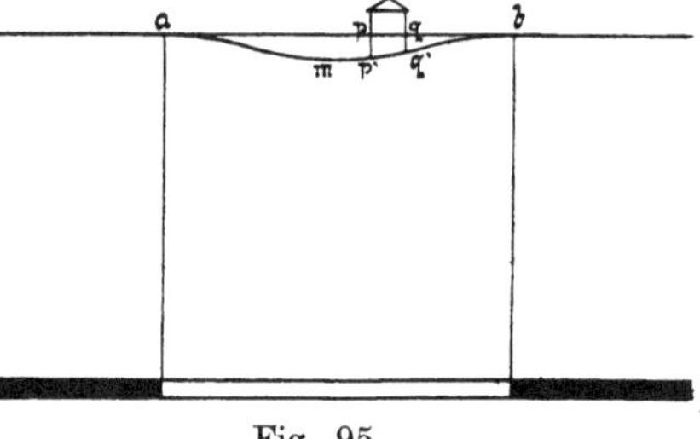

Fig. 95.

keine Gebiete der Verschiebungen. Für die in einer derartigen Mulde obertags auftretenden Bauschäden werden die ungleichmäßigen lotrechten Absenkungen ($p\,p' > q\,q'$) der Fundamente und die dadurch hervorgerufene Neigung der Bauwerke veranlassend sein.

Es wäre deshalb eine irrige Folgerung, wollte man die Gebiete ungleichmäßiger Senkungsmaße für alle Fälle als Gebiete der Verschiebungen bezeichnen.

Im Kapitel betreffend die „Allgemeinen Betrachtungen über die Sicherung obertägiger Bauwerke gegen Bergbauschäden" werden die verschiedenen Arten der Bodenbewegungen und deren Einflüsse auf die Tagesoberfläche eingehender behandelt.

V. Maßnahmen zur Milderung der Bodenbewegungen.

Die bedeutenden obertags entstandenen Bauschäden waren für den Bergbau veranlassend, die Bruchbaumethode in gewissen Fällen zu verlassen, um sie durch jene Abbaumethode zu ersetzen, bei welcher die ausgekohlten Räume mit Bergen versetzt werden (Handversatz). Während man bei den bisher üblich gewesenen Abbaumethoden die hangenden Firstgesteinschichten in die ausgekohlten Hohlräume nachbrechen ließ, wurde nunmehr die Ausfüllung dieser Hohlräume mit sogenannten Versatzbergen bewerkstelligt. Es soll nicht unerwähnt bleiben, daß meist auch Betriebsrücksichten für die Anwendung des Versatzes veranlassend sind. Durch die sorgfältige mit der Hand bewirkte Ausfüllung der durch den Abbau geschaffenen Hohlräume wird den Firstgesteinsschichten Gelegenheit gegeben, sich allmählich auf den aus Bruchstein hergestellten Versatzpolstern abzusenken. Es soll auf diese Art das plötzliche Absenken der Hangendschichten vermieden werden, welches bei der Bruchbaumethode insbesondere beim Abbau mächtigerer Flöze eintritt. Es ist wohl unzweifelhaft, daß durch die Versatzmethode nicht nur eine wesentliche Herabminderung der lotrechten Absenkungen der Oberfläche erzielt wird, sondern es finden auch allmähliche, gleichmäßigere obertägige Bodensenkungen statt, durch welche die Bauwerke in bedeutend geringerem Maße beeinflußt werden. Es ist unzweifelhaft erwiesen, daß durch die Anwendung des Handversatzes die Schäden ganz wesentlich gemildert wurden. Die Herabminderung der obertägigen Schäden und die dadurch eingetretene Verringerung der vom Bergbau zu tragenden Ersatzkosten waren Ursache genug, eine Verbesserung der Versatzmethode anzustreben, um auch dort den Kohlenabbau betreiben zu können, wo bis nun aus Gründen der öffentlichen Sicherheit der Abbau verboten war. Es ist selbstverständlich, daß in Gebieten mächtigerer Flöze ein besonderes Interesse für die Verbesserung des Versatzes besteht, weil mit der Zunahme der Flözmächtigkeit auch eine Zunahme der obertägigen Schäden verbunden ist. So kam es auch, daß insbesondere der oberschlesische Bergbau sich für jenes Abbauverfahren interessiert hat, welches das Versatzgut unter Beimengung von Wasser, also in besonders dichtem Zustand in den ausgekohlten Räumen zur Ablagerung bringt.

In der Zeitschrift des Oberschlesischen Berg- und Hüttenmännischen Vereines (1911) macht Bergassessor Kurt Seidl sehr beachtenswerte Mitteilungen über das Spülverfahren in Oberschlesien. Wir entnehmen dieser Arbeit, daß bereits im Jahre 1901 in Oberschlesien der Spülversatzabbau betrieben wurde, welches Verfahren zuerst zum Einspülen von Abgängen der Separation in die offenstehenden Pfeiler verhauener Baufelder auf Black Diamand Colliery in Pennsylvanien verwendet wurde. Seidl berichtet, daß das Anwendungsgebiet des Spülversatzabbaues der Hauptsache nach durch folgende Gründe veranlaßt sei: 1. zur Ermöglichung des Verhiebes eines Teiles der Sicherheitspfeiler, die zum Schutze der Tagesoberfläche oder der Grubenabbaue (z. B. Markscheidesicherheitspfeiler) vorgesehen waren; 2. zur Durchführung des Abbaues auch unter unbedeckter Tagesoberfläche, wenn übermäßige Flözmächtigkeit einen Verhieb in voller Mächtigkeit mit Bruchbau ausschließt, und 3. zur Verhütung und Bekämpfung des Grubenbrandes.

Wir ersehen also, daß in erster Linie Rücksichten auf die Tagesoberfläche zum Zwecke des Abbaues ehemals behördlich festgelegter Sicherheitspfeiler für die Einführung dieser besten, allerdings kostspieligen Versatzmethode maßgebend waren, wenn auch dem in Rede stehenden Abbauverfahren wesentliche Vorteile für den Bergbaubetrieb selbst eigentümlich sind. Das große Interesse der reichsdeutschen Bergbaubesitzer für die Einführung der Spülversatzmethode ist durch die unausgesetzte Verbesserung und Vervollkommnung der Spülversatz- und Abbautechnik bewiesen. Wir finden in der im Jahre 1913 erschienenen Seidlschen Arbeit über den „gegenwärtigen Stand des Spülversatzverfahrens in Oberschlesien" sehr interessante Mitteilungen, in welchen darauf hingewiesen wird, daß die Technik des Spülversatzverfahrens in Oberschlesien in ihrer Entwicklung zu einem gewissen Abschluß gelangt ist. Es soll nicht unerwähnt bleiben, daß in gewissen Kreisen die obertägigen Wirkungen beim Spülversatzabbau eine gewisse Enttäuschung hervorperufen haben; man hatte sich der Hoffnung hingegeben, daß die in Rede stehende Abbaumethode jedwede, auch noch so geringe Bodenbewegung verhindern würde. Wir erfahren darüber in der Veröffentlichung des Berginspektors Volmer in Fürstenhausen im Saarrevier (Zeitschrift für das Berg-, Hütten- und Salinenwesen im preußischen Staate 1911) Mitteilungen, welche besagen, daß die meisten Gruben den „Spülversatz" hauptsächlich deshalb eingeführt haben, um Senkungen an der Tagesoberfläche zu vermeiden. „Diese Hoffnungen", heißt es weiter, „haben sich keinesfalls erfüllt. Die bisherigen Erfahrungen lassen schon bis jetzt erkennen, daß auch die verhältnismäßig schwachen Flöze des Saarreviers trotz des Abbaues mit Spülversatz erhebliche Einwirkungen auf die Tagesoberfläche ausüben."

In ähnlicher Weise äußert sich der in den Fachkreisen bestbekannte Oberbergrat Buntzel in Breslau in seiner Abhandlung „Über die in Oberschlesien beim Abbau mit Spülversatz beobachteten Erdsenkungen" (1911). Auf Grund einer Reihe angeführter Senkungsfälle kommt der genannte hervorragende Fachmann zur Schlußfassung, daß der Abbau mit Spülversatz in allen Fällen Senkungen der Erdoberfläche herbeigeführt hat. „Der Spülversatz", führt Buntzel aus, „ist also nicht imstande, Einwirkungen des Abbaues auf die Tagesoberfläche auszuschließen. Wohl aber ist der Spülversatz geeignet, die Abbauwirkungen auf die Erdoberfläche zu mildern, und zwar sowohl hinsichtlich der Art wie auch des Maßes der Senkungen." Oberbergrat Buntzel führt aus, daß über dem Abbau mit Spülversatz nur flachmuldenförmige Bodensetzungen aufgetreten sind. Risse im Erdreich sind hierbei nicht beobachtet worden. In seiner im Jahre 1913 neuerlich erschienenen Arbeit „Über die in Oberschlesien mit Spülversatz beobachteten Erdsenkungen", welche Veröffentlichung eine Erweiterung der im Jahre 1911 vorgeführten Beobachtungen darstellt, kommt der hervorragende Fachmann neuerlich zur Schlußfassung, daß der Spülversatzabbau nicht imstande ist, Einwirkungen auf die Tagesoberfläche auszuschließen. Buntzel deduziert jedoch, daß beim Spülversatzabbau der Gebirgskörper im ganzen langsam so lange niederzugehen pflegt, bis das Versatzgut vollständig zusammengepreßt ist und eine feste Auflage bietet.

Wenn nun über die Wirkungen der Spülversatzabbaumethode einiges mitgeteilt wurde, so soll nun auf die Tatsache hingewiesen werden, daß die für die verschiedenen öffentlichen Anlagen von den Behörden vorgeschriebenen Kohlenschutzpfeiler keineswegs ihren Zweck erfüllt haben. Es muß wohl dabei hervorgehoben werden, daß diese Sicherheitspfeiler in ihren Abmessungen nicht ausreichend festgelegt waren. Die Erfahrung hat auch in zahlreichen Revieren Deutschlands den Beweis erbracht, daß zum vollständigen Schutze öffentlicher Anlagen der Bestand sehr bedeutender Sicherheitspfeiler nötig wäre, welche ungeheure Kohlenverluste zur Folge hätten. Im größten und wichtigsten Industrie- und Kohlenbergbaubezirke Deutschlands, im rheinisch-westfälischen Steinkohlenrevier, sind zahlreiche Erfahrungen über den Bestand der wohl zu gering bemessenen Sicherheitspfeiler gemacht worden, und es ist sehr interessant zu erfahren, wie sich im Laufe der Zeit die Ansicht über den Wert von Sicherheitspfeilern geändert hat. Auch die Bergbehörden sind zur Überzeugung gelangt, daß der Bestand von Sicherheitspfeilern als schädlich angesehen werden kann; so kam es, daß die in den meisten Stadtgebieten des erwähnten Revieres zum Schutze der öffentlichen Anlagen belassenen Kohlenpfeiler freigegeben wurden. Die Bergbehörden haben nicht, wie es auch möglich gewesen wäre, die Erweiterung der zu gering bemessenen Kohlenpfeiler vorgeschrieben, sondern es wurden, wie bereits erwähnt, die Kohlenpfeiler zum Abbau mit Versatz freigegeben. Hierzu dürften zweifellos die großen Kosten der Kohlenpfeiler veranlassend gewesen sein, welche, wie aus verschiedenen Berechnungen hervorgeht, in keinem Verhältnis zum Werte der zu schützenden Bauwerke gestanden hätten. Die Zulassung des Abbaues von Kohlenpfeilern hat jedoch gleichzeitig den Anlaß gegeben, die Abbaumethoden derart auszubilden, daß die obertägigen Schäden möglichst vermieden werden. Es ist eine bekannte Tatsache, daß die Ränder der obertägigen Senkungsmulden die eigentlichen Schadenszonen (Schiebungsgebiete) darstellen. Die Erkenntnis dieser Tatsache ist veranlassend für das Bestreben, zum Schutze unterbauter obertägiger Bauwerke die Entwicklung dieser Muldenränder im Bereiche der Bauwerke zu verhindern. Man muß zu diesem Zwecke trachten, daß das zu schützende Bauwerk in die Mitte der Senkungsmulde, also in das stärkste Senkungsgebiet zu liegen kommt.

In einem Gutachten des königl. preußischen Bergrates Friedrich Illner, betreffend den Kohlenabbau unter der Stadt Zwickau in Sachsen, führt der Genannte unter anderem folgendes aus: „Um also beim Spülversatzabbau einen Tagesgegenstand bestens zu sichern, darf er nicht mit einem Sicherheitspfeiler umgeben werden, in dem er von den Grenzlinien der umliegenden Abbaufelder immer wieder getroffen und nach den verschiedenen Richtungen hin- und hergezogen wird, da mit den Senkungen an den Rändern der Einmuldungen auch horizontale Verschiebungen verbunden sind, sondern es muß mit dem Verhieb unmittelbar unter ihm begonnen werden und dieser dann mit breiter Front nach allen Seiten stetig und möglichst schnell unter ihm selbst fortgesetzt werden, um für seine Grundfläche ein einziges, gemeinsames Senkungsgebiet zu schaffen. Der Tagesgegenstand liegt dann von vornherein im Muldentiefsten.“

Bergassessor Seidl sagt in seiner bereits erwähnten Abhandlung vom Jahre 1911: „Die größte Gefährdung für einen Gegenstand des Tages besteht in dem Falle, wenn er bei Annäherung der Abbauränder aus seiner früheren Ruhelage über die Ränder der Einmuldung in deren Inneres, wo wieder Ruhe herrscht, wandert. Daraus folgt, daß man einen besonders kostbaren Tagesgegenstand, etwa eine Kirche, nicht besser schützen kann, als wenn man mit dem Verhieb unmittelbar unter dem Gebäude beginnt und mit breiter Front nach allen Seiten möglichst schnell fortschreitet.“ Für eine schnelle Beruhigung des Deckgebirges gelten also nach Seidl folgende Bedingungen:

1. ein konzentrierter Verhieb mit breiter Front ohne Stehenlassen irgendwelcher Kohlenpfeiler; 2. ein möglichst schneller Verhieb zur gleichmäßigen Senkung möglichst großer Flächen.

Durch diese Ausführungen soll vorläufig darauf hingewiesen werden, daß in Deutschland ein ganz besonderes Interesse besteht, den Kohlenabbau derart zu betreiben, daß obertägige Schäden soweit als möglich hintangehalten werden; auch hat der reichsdeutsche Bergbau sehr bedeutende Geldmittel geopfert, um diesen Rücksichten öffentlicher und privater Natur entsprechend Rechnung zu tragen.

1. Die Mitteilungen des Oberbergrates Buntzel.

Mit der fortschreitenden Entwicklung des Bergbaubetriebes muß das Interesse an der Klarstellung der Bodensenkungsfrage wachsen, es muß ein Weg gefunden werden, um die entstehenden Interessengegensätze zu beseitigen. Zur Klärung dieser Frage hat in den letzten Jahren eine Anzahl oberschlesischer Grubenverwaltungen über diejenigen Gebäude, unterhalb welcher der Abbau mit Spülversatz umgehen sollte, vor Beginn des Abbaues ein umfangreiches Nivellementnetz ziehen lassen, wie einem sehr interessanten Vortrag des bereits mehrfach erwähnten hervorragenden Fachmannes, des königlichen Oberbergrates Buntzel (Festschrift des Allgemeinen deutschen Bergmannstages in Breslau 1913), entnommen werden kann. Ferner haben die Verwaltungen von Beginn des Abbaus an die einzelnen Nivellementpunkte in regelmäßigen Zeitabschnitten meist ein oder mehrere Male kontrollieren lassen. Das Ergebnis der umfangreichen nivellistischen Beobachtungen, die auf einer größeren Anzahl von Werken durch mehrere Jahre fortgesetzt worden sind und zum Teil mit großer Sorgfalt ausgeführt wurden, hat nun zu der Erkenntnis geführt, daß diejenigen sich arg getäuscht haben, welche hofften, daß ein guter Spülversatz Erdbewegungen völlig ausschließen würde. Es ist vielmehr festgestellt worden, daß Abbau mit Spülversatz in allen Fällen, also ausnahmslos, Senkungen der Erdoberfläche herbeiführt, daß also der Spülversatz nicht imstande ist, Einwirkungen des Abbaues auf die Tagesoberfläche abzuhalten. Wohl aber ist der Spülversatz geeignet, die Abbauwirkungen auf die Erdoberfläche zu mildern, und zwar sowohl hinsichtlich der Art wie des Maßes der Senkungen.

Was nun das Maß der Senkungen anbelangt, so hatte der oberschlesische Bergmann in der Zeit, als nur der Bruchbau bekannt war, sich daran gewöhnt mit Einsenkungen von 30—40% der Flözmächtigkeit zu rechnen, vorausgesetzt, daß im Deckgebirge der Sandstein vorherrschte und die Diluvialauflagerung gering war. Bestand jedoch das Deckgebirge vorwiegend aus Schiefer und war eine starke Diluvialschicht vorhanden, so waren Einsenkungen bis 55%, ja sogar bis 70% der Abbaumächtigkeit nicht gerade selten.

Beim Spülversatzabbau ist das Maß der Senkungen viel geringer. Es schwankt nach den bisher gemachten Beobachtungen von $1\frac{1}{2}\%$ bis 13% der Mächtigkeit der ausgehöhlten Räume. Ausschlaggebend für die Tiefe der Senkung ist die Zusammendrückbarkeit des Versatzmaterials und die Vollständigkeit der Ausfüllung der Hohlräume; die Vollständigkeit der Ausfüllung der Hohlräume hängt wieder ab von der Stärke des Einfallens und von der

Mächtigkeit der Flöze. Während das als untere Grenze angegebene Maß der Senkungen, nämlich 1,5%, einen Abbau betrifft, der erst zwei Jahre alt ist, bei dem also sicher Nachsenkungen zu erwarten sind, betrifft der als obere Grenze angegebene Fall — nämlich 13% — einen Abbau, bei dem bereits die vollständige Beruhigung des Deckgebirges eingetreten ist.

Die gemachten Beobachtungen haben ferner gelehrt, daß die Erdsenkungen regelmäßig unmittelbar, nachdem der Abbau erfolgt und das Versatzgut eingebracht ist, ihren Anfang nehmen. Und zwar setzen die Hauptwirkungen des Spülversatzabbaues alsbald ein, während die Nachwirkungen sich auf einen längeren Zeitraum, in der Regel von 3—5 Jahren, erstrecken.

Auch die Art der durch den Spülversatzabbau entstehenden Erdsenkungen unterscheidet sich wesentlich von den Wirkungen, welche der Bruchbau hervorruft. Während der Bruchbau bei den Teufen, in denen er zurzeit in Oberschlesien umgeht, meist starke Veränderungen der Oberfläche, nämlich erhebliche Erdsenkungen, Bodenrisse, Tagbrüche, nach sich zieht, entstehen über dem Abbau mit Spülversatz nur flachmuldenförmige Bodensenkungen. Risse im Erdreich sind hierbei nicht beobachtet worden. Der tiefste Punkt der Mulde liegt dort, wo die ganze Last des Gebirges auf dem Versatz ruht, also die Zusammenpressung des Versatzgutes am stärksten ist, d. i. über der Mitte des Abbaufeldes. Die Senkungen verringern sich nach den Abbaukanten zu, die Muldenränder aber greifen immer über die Abbaugrenze noch hinaus, Wie weit dieses Übergreifen des Spülversatzabbaus über die Abbauränder hinaus zu erfolgen pflegt, und welche Momente dabei mitspielen, ist in ausreichender Weise bisher noch nicht beobachtet worden.

In den Fällen, in denen über dem liegendsten Abbau noch Spülversatzabbau in verschiedenen Höhenlagen, nämlich in einem hangenderen Flöze und auf der Tagesoberfläche, gleichzeitig Nivellements ausgeführt worden sind, hat sich deutlich gezeigt, daß der gesamte Gebirgskörper, der über den durch Abbau ausgehöhlten und mit dem Spülgut ausgefüllten Raume liegt, im ganzen langsam niedergeht, und zwar so lange niedergeht, bis das Versatzgut vollständig zusammengepreßt ist und dem niedergehenden Gebirge eine feste Auflage bietet. Der Gebirgskörper erfährt also bei der Senkung und bei der muldenförmigen Durchbiegung seiner Schichten keine Auflockerung, wie sie sich beim Bruchbau in der Regel bildet. Es ist naturgemäß aber nicht ausgeschlossen, daß eine Zerreißung der Gebirgsschichten stattfindet, sobald bei der Durchbiegung ihre Elastizitätsgrenze überschritten wird. Ein Verbruch der Schichten erfolgt hierbei indessen nicht. Aus diesem Grunde hat in Oberschlesien die Bergbehörde den Abbau der mächtigen Flöze mit Spülversatz unter allen Eisenbahnstrecken, sogar unter Schnellzugsstrecken bei Beobachtung einiger Vorsichtsmaßregeln, bisher immer unbedenklich zugelassen.

Senkungen des ganzen Gebirgsblockes über den Spülversatzabbau werden dann, wenn größere Schollen an allen ihren Punkten in annähernd gleichem Maße, also ohne in ihrem Verbande gestört zu werden, langsam niedergehen, an den auf der Tagesoberfläche stehenden Tagesanlagen nennenswerte Beschädigungen nicht verursachen. Derartige annähernd gleichmäßige Senkungen der Tagesoberfläche über Spülversatzabbau lassen sich dadurch erzielen, daß mit dem Abbau genau unter dem Tagesgegenstande, den man zu schützen wünscht, begonnen wird, und daß der Abbau radial nach allen Seiten hin rasch fortgeführt wird. Es muß also unterhalb des zu schützenden Gegenstandes schnell eine tunlichst große Fläche zum Verhieb kommen, dann pflegt das Gebirge erfahrungsgemäß annähernd gleichmäßig und im ganzen zu sinken.

Diese Erkenntnis hat sich eine oberschlesische Grubenverwaltung zunutze gemacht. Sie hat versucht, gewissermaßen die Probe auf das Exempel zu machen, dadurch daß sie unter einer Kirche bei etwa 170 m Teufe ein 5,5 m mächtiges Flöz, das Pochhammerflöz, mit Spülversatz abbaute. Die Kirche hatte schon vor Beginn dieses Abbaues durch den Bergbau Schaden gelitten, und zwar durch einen Spülversatzabbau, der sich der Kirche genähert hatte. Und zwar haben sich die Abbaue des 4,5 m mächtigen Heinitzflözes bis auf 100 m, des 4,5 m mächtigen Redenflözes bis auf 120 m und des 5,5 m mächtigen Pochhammerflözes bis auf 150 m der Kirche genähert. Die genannten Flöze liegen in 132, 150 und 170 m Teufe. Die Hauptbeschädigungen der Kirche zeigten sich an denjenigen Stellen, die durch die hohen Fensteröffnungen durchbrochen sind. Die Risse stiegen von den Fundamenten bis zu den Fensterbrüstungen auf, setzten sich in den Fensterbögen fort und verliefen zum Teil bis zur Dachtraufe. Sie wiesen eine Stärke von 3—4 mm auf. Bei der Renovierung der Kirche, die vor Beginn des Abbaues unter der Kirche (1910) stattfand, nahm die Werksverwaltung Bedacht darauf, gleichzeitig mit den Reparaturen geeignete Maßnahmen zu treffen, um das Bauwerk gegen die Folgen derjenigen Senkungen tunlichst zu schützen, die nach dem Verhieb des unter der Kirche liegenden Pochhammerflözes bestimmt zu erwarten waren.

Diese interessanten Sicherungen der Kirche bestanden in der Herstellung eines dicht versteiften, eisenarmierten Fundamentrostes, welcher durch die in Fußbodenhöhe durchgeführte, besonders kräftige Verankerung erzielt wurde, wie dies durch Fig. 96 dargestellt wird. Die Anker bestanden durchweg aus Rundeisen von 48 mm Stärke. Außerdem wurden im Hauptschiff der Kirche 3 Quersteifungen angebracht; sie bestehen aus Eisenbetonbalken, in denen die Anker eingebettet wurden (Fig. 97). Die beiden Rundeisen sind mit U-förmigen Eisen umfaßt; letztere sollen den Zweck haben, bei etwaigem Seitendruck das Heraustreten der Anker aus den Betonbalken zu verhindern. Die Betonbalken liegen 70 cm unter dem Fußboden. Die **Fundamente des 60 m hohen Turmes** mußten, da sie mit dem übrigen Mauerwerk verbunden sind, in das allgemeine Ankersystem

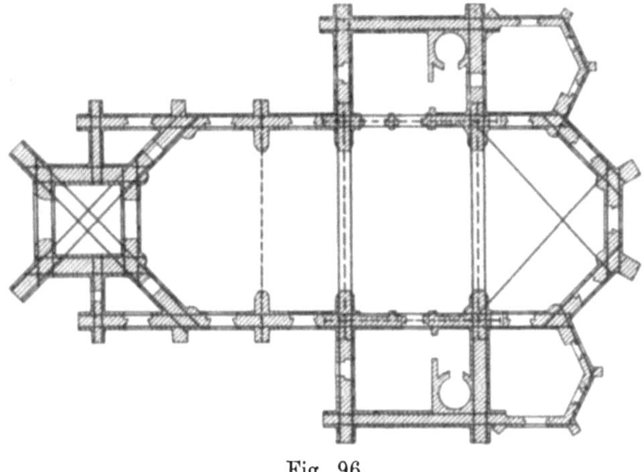

Fig. 96.

hineinbezogen werden. Außerdem erhielt das Turmmauerwerk noch in 10 und 14 m Höhe je eine kräftige Ankerlage. Die Hauptgurthbögen im Haupt- und Kreuzschiff wurden durch eine Ankerlage im ersten Drittel der Pfeilerhöhe gesichert.

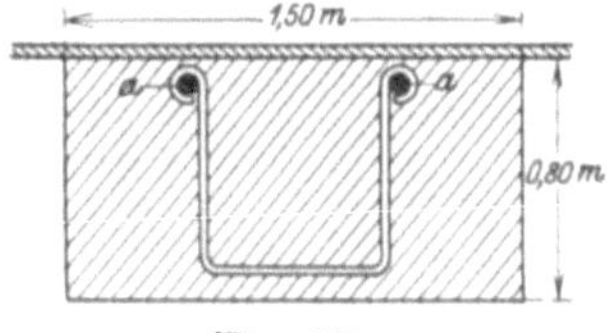

Fig. 97.

Bei allen Ankern von mehr als 4 m Länge ist durch den Einbau leicht zugänglicher **Spannschlösser** die Möglichkeit gegeben, so nachzuziehen, daß sie stets in der für ihre Wirkung erforderlichen Spannung verbleiben. Für das Durchstemmen der Ankerlöcher in den Sandsteinquadern wurden elektrisch angetriebene Bohrmaschinen mit Diamantkrone und Wasserspülung verwendet. Die Renovierungs- und Ankerungsarbeiten sind in sieben Wochen fertiggestellt worden und haben rund 40000 M. gekostet.

Der Spülversatzabbau wurde im dritten Quartale 1911 begonnen. An ihn schloß sich ohne Verzug konzentrisch weiterer Spülversatzabbau. Im ersten Quartal 1913 war eine annähernd runde Fläche von 11500 m², d. i. eine etwa 20 mal größere Fläche als die Grundfläche der Kirche, verhauen (Fig. 98).

Als Spülgut wurde ein Gemisch von 95 % Sand und 5 % granulierter Hochofenschlacke verwendet. Über dem Pochhammerflöz liegt das Steinkohlengebirge in einer Mächtigkeit von 100 m und darüber eine 70 m starke Schicht diluvialen Sandes.

Vor Beginn des Abbaues wurden 4 Ecken des Kirchengebäudes einnivelliert. Gleichzeitig wurden in den über dem Pochhammerflöz liegenden Flözen Reden (Fig. 99) und Heinitz (Fig. 100), und zwar in den genau unterhalb der Kirche gelegenen Strecken, Nivellements gelegt. Die Wiederholung aller Nivellements läßt erkennen, daß

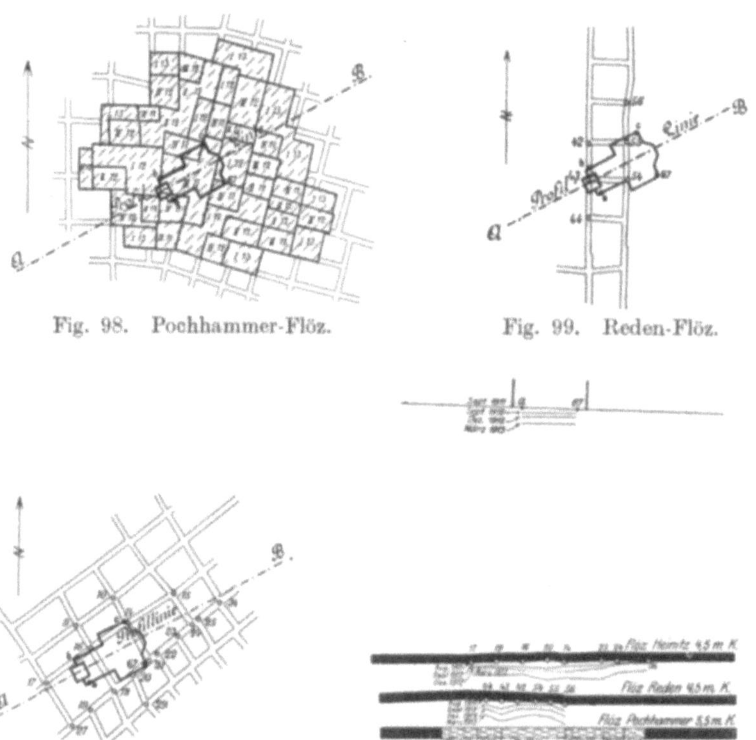

Fig. 98. Pochhammer-Flöz.

Fig. 99. Reden-Flöz.

Fig. 100. Heinitz-Flöz.

Fig. 101. Profil *A B*.
Senkungslinien 100 fach überhöht.

die Senkungen des über dem Pochhammerflöz liegenden Gebirgskörpers unmittelbar nach dem erfolgten Abbau eingesetzt haben. Die Senkungen der Kirche bei den Punkten a, b, c und 67 sind in der folgenden Tabelle A ausgewiesen.

A. Nivellements der Gebäude-Eckpunkte.

Nivellement-punkt	Senkungen in mm						Zusammen
	Von Sept. 1911 bis Dez. 1911	Von Dez. 1911 bis März 1912	Von März 1912 bis Juni 1912	Von Juni 1912 bis Sept. 1912	Von Sept. 1912 bis Dez. 1912	Von Dez. 1912 bis März 1913	mm
67	+4	15	2	11	20	32	76
a	0	15	5	12	21	30	83
b	1	15	7	11	20	28	82
c	+1	14	7	10	19	29	78

B. Nivellements im Flöze Heinitz.

Nivellementpunkt	Senkungen in mm					Zusammen
	Von Aug. 1911 bis Dez. 1911	Von Dez. 1911 bis Juni 1912	Von Juni 1912 bis Sept. 1912	Von Sept. 1912 bis Dez. 1912	Von Dez. 1912 bis März 1913	mm
17	9	8	0	8	38	63
27	1		0	17	37	55
19	4	12	7	7	43	73
9	2	6	6	27	23	64
16	24	0	5	17	21	67
18	8	14	13	56		91
20	6	15	22	58		101
10	5	1	2	23	32	63
14	9	8	4	29	34	84
21	4	16	17	17	46	100
22	3	12	17	15	49	96
23	4	10	13	13	56	96
15	6	18	3	23	33	83
24	2	3	7	8	44	64
25	+1[1])	8	4	18	43	72
34	0	+2	3	10	36	47

C. Nivellements im Flöze Reden.

Nivellementpunkt	Senkungen in mm						Zusammen
	Von Aug. 1911 bis Dez. 1911	Von Dez. 1911 bis März 1912	Von März 1912 bis Juni 1912	Von Juni 1912 bis Sept. 1912	Von Sept. 1912 bis Dez. 1912	Von Dez. 1912 bis März 1913	mm
44	+4	+11	36	2	23	32	78
43	+2	+7	29	22	28	36	106
42	+1		19		21	41	80
54	+2	+2	22	+2	22	29	67
55	+6	+3	13	12	25	37	78
56	3	+1	22	14	25	37	100

Vergleicht man die Senkungen, welche die Kircheneckpunkte erlitten haben, mit den Senkungen, welche in den Flözen Reden und Heinitz an den unter der Kirche liegenden Punkten beobachtet worden sind, so ergibt sich folgende Tabelle:

Nivellementpunkt		Nivellementpunkt		Nivellemementpunkt	
über Tage (Gebäude-Eckpunkt)	Senkung von September 1911 bis März 1913 mm	im Flöze Heinitz	Senkung von August 1911 bis März 1913 mm	im Flöze Reden	Senkung von August 1911 bis März 1913 mm
a	83	18	91	43	106
67	76	21 20 22	100 101 96	54	67
c	78	14 10	84 63	55	78
b	82	16 9	67 64	43 42	106 80

[1]) Das +-Zeichen bedeutet eine Hebung des Geländes.

Berücksichtigt man die unvermeidlichen kleinen Fehler bei den Nivellements und erwägt dann, daß die einzelnen Senkungszahlen nur um einige Millimeter differieren, so kann gesagt werden, daß die Senkungen im allgemeinen gleichmäßig verlaufen sind. Das ergibt ohne weiteres auch die Tatsache, daß das Kirchengebäude bis auf eine geringe Erweiterung eines schon vor den Reparaturarbeiten bestandenen, also eines schon alten Risses in einem Fensterbogen bis jetzt nicht die geringsten Beschädigungen erlitten hat. Auch der Turm ist nicht aus dem Lot gekommen. Da es aber bekanntlich nur geringer Erdbewegungen bedarf, um Risse und Sprünge hervorzurufen, so folgt daraus, daß die von der Werksverwaltung immerhin mit einem gewissen Wagemute angestellte Probe des Abbaues unter der Kirche bis jetzt glänzend gelungen ist. Freilich sind noch weitere Senkungen zu erwarten. Oberbergrat Buntzel gibt auf Grund dieser von ihm gegebenen hochinteressanten Mitteilungen der Hoffnung Raum, daß das gleichmäßige Senken der Kirche anhalten und Mauerrisse von Belang sowie auch insbesondere ungleichmäßige Senkungen des Turmes ausbleiben werden. Werden die Hoffnungen Buntzels erfüllt, so eröffnet sich für den oberschlesischen Bergbau die Hoffnung, daß die bis jetzt zum Schutze von Tagesobjekten belassenen Kohlensicherheitspfeiler nach und nach zum Abbau gelangen werden.

Bezüglich der in Oberschlesien mit dem Spülversatze gemachten Erfahrungen seien zwei der von Buntzel veröffentlichten Senkungsfälle im folgenden wiedergegeben:

Fall VII: Für einen etwa 1 km langen Teil einer Chaussee, zu deren beiden Seiten Häuser errichtet sind, ist in den Flözen a und b ein Sicherheitspfeiler von 150 bis 200 m Stärke stehen gelassen worden. Bis an den Sicherheitspfeiler heran reichte in beiden Flözen Bruchbau, der in den Jahren 1896 bis 1906 umging und in dem 5 m mächtigen Flöze a in einer Teufe von 65 m bis 150 m, in dem 4,1 m

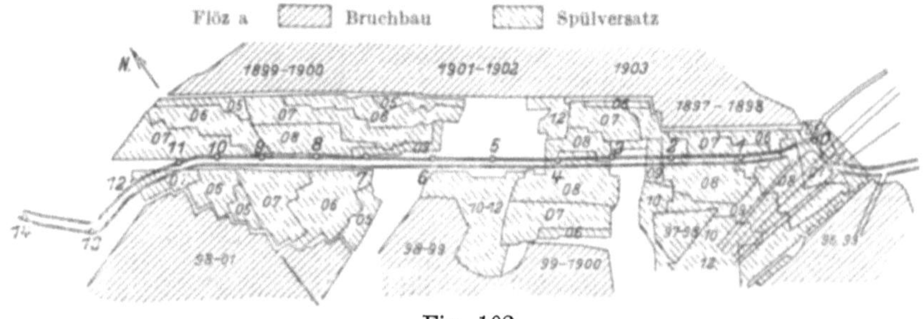

Fig. 102.

mächtigen Flöze b in einer Teufe von 150 m bis 250 m lag. Das Steinkohlengebirge besteht aus Sandstein und Schiefer; über ihm liegt eine bis zu 45 m mächtige Sandschicht. Im Jahre 1905 wurde der Verhieb des Sicherheitspfeilers mittels Spülversatzabbaues begonnen, nachdem vorher die Oberfläche der Chaussee durch ein Nivellement eingewogen war, das seit dieser Zeit vierteljährlich wiederholt wurde. Die Hereingewinnung des Sicherheitspfeilers erfolgte zu gleicher Zeit in zwei Zonen, in einer westlichen und einer östlichen. In der westlichen Partie begann der Spülversatzabbau im Flöze a im Jahre 1905 an mehreren Punkten zwischen den Nivellementsstationen 6 und 12 (Fig. 102) und war im Jahre 1909 beendet. In dem etwa 90 m unter dem Flöze a liegenden Flöze b (Fig. 103) wurde der Verhieb des Sicher-

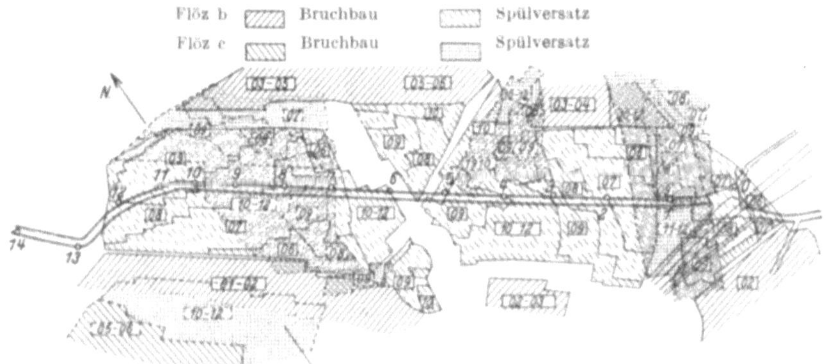

Fig. 103.

heitspfeilers innerhalb der Stationen 7 und 12 ein Jahr später, also 1906, in Angriff genommen, im Jahre 1909 zum Abschluß gebracht und in den Jahren 1910 bis 1912 auf den zwischen den Stationen 6 und 7 gelegenen Teil des Sicherheitspfeilers ausgedehnt. Außerdem ging noch in dem nördlichen Teil des Chausseepfeilers in der 5 m mächtigen Niederbank des c-Flözes in den Jahren 1907 und 1909 Spülversatzabbau um, der in den Jahren 1910 bis 1912 zwischen den Nivellementsstationen 7 und 10 nach Süden zu fortgesetzt wurde. Fig. 104 läßt erkennen, daß schon im Jahre 1907 gesunken waren:

Nivellementpunkt	7	8	9	10	11	12	13	14
um Zentimeter	27	20	17	17	12	4	2	3
Weitere Senkungen traten ein:								
im Jahre 1908 um Zentimeter	20	32	28	18	12	4	0	0
„ „ 1909 „ „	12	20	26	24	18	7	1	2
„ „ 1910 „ „	10	10	10	8	8	4	1	Punkt
„ „ 1911 „ „	15	15	9	5	2	0	+1	ver-
„ „ 1912 „ „	10	13	15	9	6	3	2	ändert
Zusammen:	94	110	105	1	58	22	5	5

Die Senkung, welche die Chaussee erlitten hat, zeigt deutlich einen muldenförmigen Verlauf. Die tiefste Senkung liegt bei Station 8; sie beträgt 110 cm, also 7,8 % der Höhe der ausgekohlten

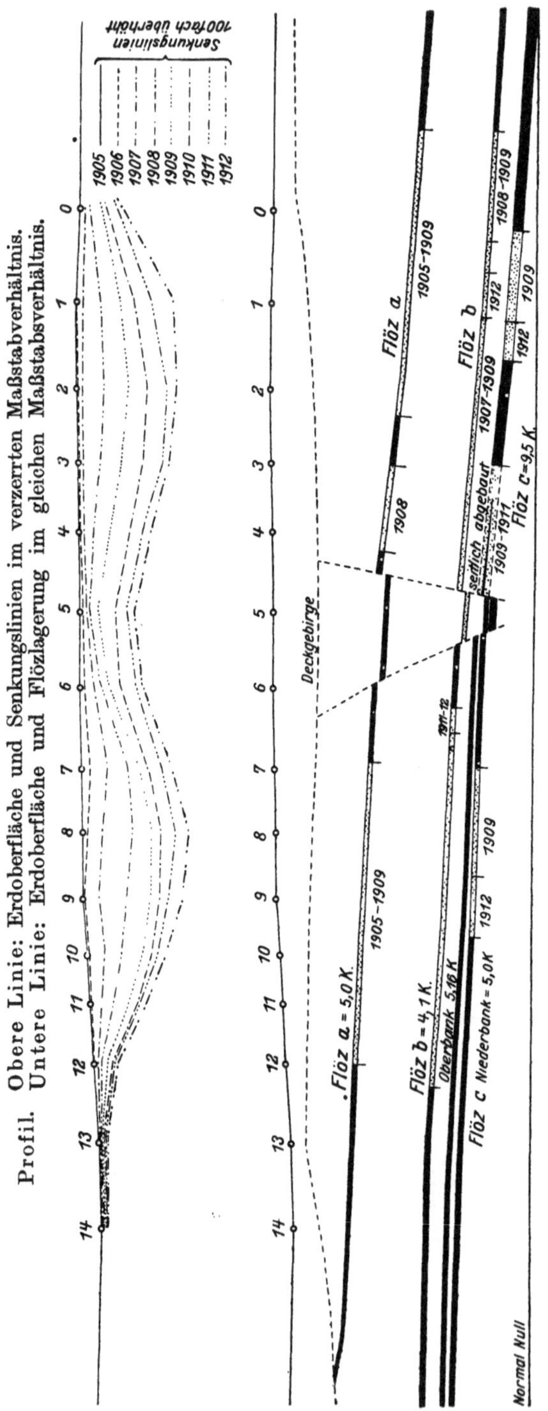

Fig. 104.

Räume. Eine Beruhigung des Deckgebirges kann in Rücksicht auf den aus 1910 bis 1912 stammenden Spülversatzabbau im Flöze c nicht angenommen werden.

Die zweite Abbauzone liegt zwischen den Stationen 0 und 5. Im Flöze a begann der Verhieb mit nachfolgendem Spülversatz im Jahre 1905 im Norden der Chaussee bei Punkt 0, setzte sich gegen Westen in den Jahren 1906 bis 1908 fort und bewegte sich noch 1912 auf einer kleinen Fläche nördlich vom Nivellementpunkte 4. Im Süden der Chaussee fand Spülversatzabbau in den Jahren 1906 bis 1908 und zwischen den Nivellementstationen 2 und 3 sowie 4 und 6 auch noch in den Jahren 1910 bis 1912 statt. Im Flöze b begann der Spülversatzabbau im Jahre 1906 bei Station 0 und westlich von Punkt 1. Er wurde an beiden Stellen zu beiden Seiten der Chaussee in westlicher Richtung fortgesetzt und 1912 beendet. Bei der Nivellementstation 1 hat auch noch in einem etwa 110 m breiten Streifen nördlich von der Chaussee in den Jahren 1907 bis 1910 und südlich von der Chaussee in den Jahren 1911 bis 1912 Spülversatzabbau in den hier zusammenliegenden Bänken des c-Flözes stattgefunden. Dasselbe gilt von einer nördlich von den Nivellementpunkten 3, 4 und 5 gelegenen Fläche.

Die Senkungslinien über der zweiten Abbauzone zeigen ebenfalls eine muldenartige Form. Den Fortschritt der Senkungen in den einzelnen Jahren macht Fig. 104 und die nachstehende Tabelle ersichtlich:

Jahr	Nivellementpunkt						
	0	1	2	3	4	5	6
	Senkungen in Zentimeter						
1907	6	6	6	5	4	4	9
1908	5	17	22	18	10	3	7
1909	11	21	24	23	17	9	9
1910	7	14	20	21	22	16	13
1911	9	18	19	19	15	10	14
1912	7	22	13	8	9	10	8
Zusammen:	45	98	104	94	77	52	60

Die tiefste Senkung wäre beim Nivellementpunkte 1 zu erwarten, da unterhalb desselben alle drei Flöze zum Verhieb gelangt sind; tatsächlich liegt sie etwa über der Mitte des Abbaues bei Punkt 2, wo nur die Flöze a und b verhauen und verspült worden sind. Station 2 ist bis zum Jahre 1912 um 104 cm gesunken. Die Senkung beträgt 11,4% der Mächtigkeit der beiden Flöze a und b, wobei aber eine Mitwirkung des nur 40 m östlich vom Punkte 2 gelegenen aus 1911 und 1912 stammenden Spülversatzabbaus im Flöze c zu berücksichtigen ist. Bei beiden Abbauen liegt eine Mitwirkung des benachbarten Bruchbaus vor.

Zwischen den Stationen 4 und 6 ist auf der nördlichen Seite der Chaussee im Flöze a auf eine Erstreckung von 130 m Abbau nicht umgegangen; auf der südlichen Seite fand Spülversatzabbau erst in den Jahren 1910 bis 1912 statt. Im Flöze b beschränkte sich der Spülversatzabbau bis zum Jahre 1909 auf kleine Flächen und dehnte sich erst 1910 bis 1912 in größerem Umfange aus. Auf der nördlichen Seite der Chaussee trat in dieser Zeit noch Spülversatzabbau im Flöze c hinzu. Unter diesen Umständen konnten bedeutende Senkungen bis 1909 auf der Chaussee nicht auftreten. In der Tat sind sie nur gering gewesen, wie der Rücken erkennen läßt, der sich in der Chaussee bei Punkt 5 gebildet hat. Immerhin ist der Umfang der Senkungen (bis 1909 = 16 cm) bemerkenswert. Er dürfte nicht bloß auf den Spülversatzabbau im b Flöze, sondern auch darauf zurückzuführen sein, daß Punkt 5 in der Bruchzone des östlichen und westlichen Abbaugebietes liegt, also von Westen nach Osten her Abbauwirkungen ausgesetzt war.

Fall IX: Unterhalb einer normalspurigen Eisenbahn ist in dem 3 m mächtigen a-Flöze, dem 5 m mächtigen b-Flöze und dem 8 bis 8,5 m mächtigen c-Flöze ein 45 bis 50 m starker Sicherheitspfeiler stehen gelassen und zu beiden Seiten dieses Pfeilers Bruchbau betrieben worden (Fig. 105). Der Bruchbau in den Flözen a und b war schon 1890 beendet, während der Bruchbau im c-Flöze bis in das Jahr 1903 reicht, in der Hauptsache aber in den Jahren 1883 bis 1898 umging. Die Flöze fallen mit 10^0 bis 13^0 von NO nach SW ein; die Teufe des a-Flözes beträgt bei Station 0 = 200 m; 140 m unter dem a-Flöze liegt das b-Flöz und weitere 25 m tiefer das c-Flöz (Fig. 106). Über dem Steinkohlengebirge ist eine bis zu 25 m mächtige Sandschicht gelagert.

Im Jahre 1903 wurde der Verhieb des Sicherheitspfeilers mittels Spülversatzes aufgenommen und bis 1909 auf eine Länge von rund 400 m durchgeführt. Im Jahre 1904, also etwa ein Jahr nach dem Beginn des Spülversatzabbaues, erfolgte eine Nivellierung der Bahnlinie und in der Folgezeit — bis 1910 — alljährlich eine Wiederholung des Nivellements. Außer der Einwägung einer Reihe von auf dem Bahndamme in einem Abstande von 45 m gelegenen und mit 0 bis 90 bezeichneten Punkten ist noch im Norden und Süden des Bahnkörpers am Fuße desselben ein Nivellement gelegt worden. Die Senkungen zwischen den Stationen 0 bis 40 sollen hier außer Betracht bleiben, weil sie teils auf den im Norden und Süden von der Bahnlinie in den Jahren 1908 bis 1910 im c-Flöze umgegangenen Abbau mit Spülversatz, vor allem aber auf den Bruchbau zurückzuführen sind, der in der Nähe der Bahnlinie bis zum Jahre 1903 und später wieder in den Jahren 1905, 1907 und 1908 im c-Flöze sich bewegt hat. Zwischen den Stationen 40 und 90 ist im c-Flöze mit dem Sandspülversatzabbau unregelmäßig an verschiedenen Punkten begonnen worden. Obwohl die in den beiden ersten Jahren zum Verhieb gekommenen Teile nicht gerade umfangreich waren, wurden im Jahre 1905 schon bis zu 14 cm betragende Senkungen auf dem Bahndamme beobachtet. Wie die Fig. 106 und die nachfolgende Tabelle zeigen, vergrößerten sich die im allgemeinen in einer Muldenform aufgetretenen Senkungen in den Jahren 1905 bis 1908 (Station 65) bis zu 54 cm = 6,3 % der Flözmächtigkeit. In der Folgezeit sind die Senkungen sicher noch größer geworden, könnten aber wegen der in den Jahren 1909 und 1910 erfolgten Aufhöhung der Bahnkrone nicht mehr sicher ermittelt werden. Die beobachteten Senkungen sind nicht ganz allein auf die Wirkungen des Abbaues mit Spülversatz zurückzuführen. Zweifellos haben die Folgen des zu beiden Seiten der Bahnlinie stattgefundenen Bruchbaus insofern mitgewirkt, als der unter dem Bahndamme liegende Gebirgskörper durch den benachbarten Bruchbau schon einmal in Bewegung gekommen war und die auf diese Weise aufgelockerten Erdschichten den durch den Spülversatzabbau hervorgerufenen Senkungen nur geringen Widerstand boten. Das gilt insbesondere von dem zu beiden Seiten der Bahn befindlichen Gelände, das, wie die Tabelle erkennen

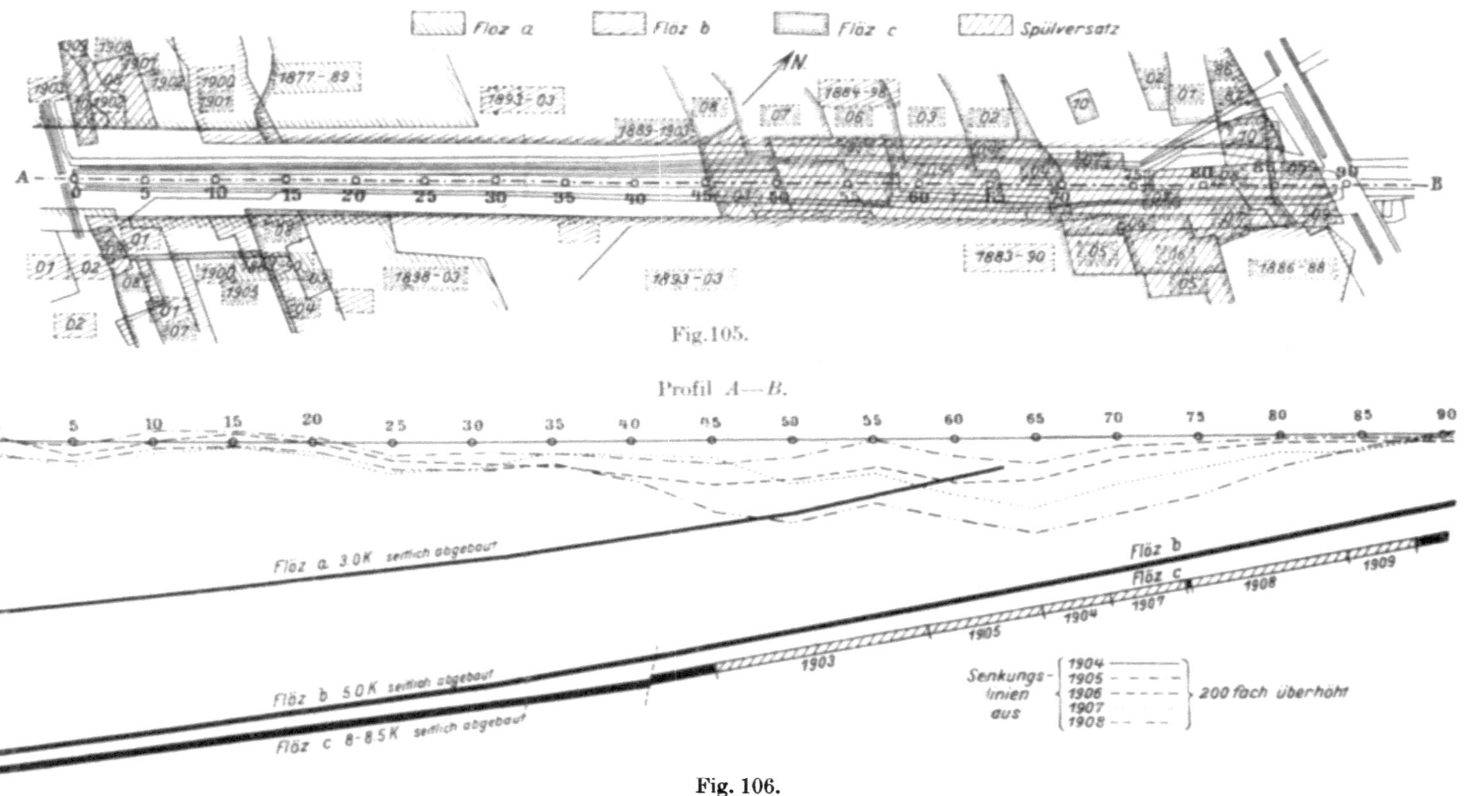
Flöz a
Flöz b
Flöz c
Spülversatz
N
A
B
Fig. 105.
Profil A—B.
Flöz a 3,0 K seitlich abgebaut
Flöz b 5,0 K seitlich abgebaut
Flöz c 8-8,5 K seitlich abgebaut
Flöz b
Flöz c
1903
1904
1905
1907
1908
1909
Senkungs-
linien
aus
1904
1905
1906
1907
1908
200 fach überhöht
Fig. 106.

läßt, Senkungen bis zu 74 cm erlitten hat. Bei einem Teile der Bahnlinie wird auch der im Norden der Bahn in den Jahren 1906, 1907 und 1908 geführte Bruchbau im c-Flöze auf die beobachteten Senkungen nicht ohne Einfluß gewesen sein.

Nivellement-punkt		Senkungen in Zentimeter						Zusammen	
		von 1904 bis 1905	von 1905 bis 1906	von 1906 bis 1907	von 1907 bis 1908	von 1908 bis 1909	von 1909 bis 1910	von 1904 bis 1908	von 1904 bis 1910
1.[1]	19	15	5	—	31	6	—	51	57
2.	45	13	12	+ 15[2]	32	—	—	42	—
3.	8	16	5	8	16	—	—	45	—
1.	20	20	7	—	41	4	0	68	72
2.	50	10	12	3	22	—	—	47	—
3.	7	18	8	12	12	4	1	50	55
1.	21	17	14	—	40	3	—	71	74
2.	55	1	15	4	17	—	—	37	—
3.	6	20	11	9	12	2	1	52	55
1.	21a	17	15	—	37	4	+ 1	69	72
2.	60	10	15	7	14	—	—	46	—
3.	5	19	10	16	9	3	0	54	57
1.	22	12	12	—	33	3	1	57	61
2.	65	14	10	16	14	—	—	54	—
1.	23	8	8	—	31	4	1	47	52
2.	70	6	6	15	17	—	—	44	—
3.	4	10	4	9	18	5	1	41	47
1.	24	0	2	—	24	7	—	26	33
2.	75	4	4	10	16	—	—	34	—
3.	3	7	0	10	18	6	1	35	42
2.	80	2	2	6	8	—	—	18	—
3.	2	5	1	4	13	7	2	23	32
2.	85	2	2	5	+ 1	—	—	8	—
2.	90	2	2	+ 2	+ 2	—	—	—	—
3.	1	3	0	1	+ 3	0	0	1	1

Buntzel betont noch, daß aus mehreren Senkungsfällen zu entnehmen ist, daß die Nivellements an einer Reihe von Vermessungspunkten den Eintritt von Hebungen ergaben. „Wenn es sich", führt Buntzel aus, „auch in einzelnen Fällen vielleicht nur um Ungenauigkeiten in den Messungen oder um geringe Änderungen der Nivellementsausgangspunkte handeln mag, so führt doch die große Anzahl einwandfreier Nivellements zu der Erkenntnis, daß an den Rändern der durch Spülversatzabbau hervorgerufenen

---

[1] 1. = Nivellement im Norden des Bahnkörpers,
  2. =   „   auf dem Bahnkörper (Profil A—B),
  3. =   „   im Süden des Bahnkörpers.
[2] Das +-Zeichen bedeutet eine Hebung des Geländes.

Senkungsmulden tatsächlich zuweilen schollenartige Hebungen der Erdoberfläche vorkommen."

Es sei mit besonderem Nachdruck auf die äußerst interessanten und verdienstvollen Veröffentlichungen Buntzels, welche im Verlage des Oberschlesischen Berg- und Hüttenmännischen Vereines erschienen sind, hingewiesen. Buntzel hat sich insbesondere auch dadurch besondere Verdienste erworben, daß er den Resultaten des Abbaues mit Spülversatz unter jenen Bauwerken ein besonderes Augenmerk geschenkt hat, deren gefahrloser Bestand im Interesse der öffentlichen Sicherheit unbedingt geboten erscheint.

2. Die Mitteilungen des Bergassessors Seidl.

Der auf dem Gebiete des Spülversatzverfahrens hervorragend tätige Bergassesor Seidl macht in seiner Veröffentlichung über den „gegenwärtigen Stand des Spülversatzverfahrens in Oberschlesien (1913) (Verlag des Berg- und Hüttenmännischen Vereines Oberschlesiens) sehr interessante Mitteilungen.

Seidl führt unter anderem aus: „Das Spülversatzverfahren hat nach seinem Aufkommen in Oberschlesien im Jahre 1901 binnen wenigen Jahren eine schnelle Verbreitung nicht nur in den Nachbarländern, sondern über die ganze Welt erfahren. Die Gründe für die Einführung des Verfahrens sind in der Regel: der Abbau mächtiger, tiefliegender Lagerstätten, insonderheit mächtiger Steinkohlenflöze, der Schutz der Tagesoberfläche und die Ermöglichung eines regelrechten Abbaues überhaupt mit Rücksicht auf den Grubenbrand und Abbauverluste.

Das Spülversatzverfahren war im Jahre 1907 in Oberschlesien auf 26 Gruben bzw. selbständigen Schachtanlagen im Betriebe. Die Zahl dieser Anlagen war bis zum Jahre 1911 bis auf 30 gestiegen. Die Gesamtförderung aller oberschlesischen Steinkohlengruben belifsich nach der Statistik des Oberschlesischen Berg- und Hüttene männischen Vereines im Jahre 1907 auf 32222000 t, im Jahre 1911 auf 36623000 t. Es betrug der Anteil der im Spülversatzverfahren geförderten Kohlen im Jahre 1907 11,8 % und im Jahre 1911 19 %. Der tägliche Bedarf an Spülversatzmaterial ist für das Jahr 1907 zu etwa 12000 m³ festgestellt worden. Nach der Ermittlung des Oberschlesischen Berg- und Hüttenmännischen Vereines ist er inzwischen auf rund 27000 m³ im Jahre 1912 gestiegen. Die größten Mengen verspülen die Gruben Königin Louise mit 5200 m³, Gieschegrube mit 4500 m³ und die Myslowitzgrube mit 2400 m³ täglich. In ganz Oberschlesien sind im Jahre 1911 nach den Ermittlungen des genannten Vereines 6,6 Millionen Kubikmeter Spülversatzmaterial verbraucht worden. Da im Jahre 1911 6,6 Millionen Kubikmeter Versatzmaterial verbraucht und rund 6,9 Millionen Tonnen Spülversatzkohle gefördert wurden, so entfällt im Durchschnitt des ganzen Reviers auf 1 t Kohle 0,96 m³, also fast 1 m³ Spülgut. 1 t Steinkohle wird anstehend von 0,75—0,80 m³ Spülgut ausgefüllt. Es wird also dem Raumverhältnis nach wesentlich mehr Versatzgut eingespült als Kohle gewonnen.

Unter den einzelnen Gruben schwankt dieses Verhältnis sehr stark. Die Ermittlungen haben ergeben, daß es Gruben gibt, welche nur 0,62 m³ Versatzmaterial per Tonne Kohle brauchen, während andere fast die dreifache Menge, und zwar 1,72 m³ per Tonne, verspülen. Natürlich spielt die mehr oder weniger sorgfältige Herstellung des Versatzgutes eine große Rolle, insofern als ein mangelhafter, wenig dichter Versatz mit einer verhältnismäßig geringen Menge Spülgut auskommt. Auch die Beschaffenheit des Versatzmateriales spielt eine Rolle und der Verbrauch ist dann ein verhältnismäßig sparsamer, wenn scharfer Sand oder rolliges Material als Spülgut in Verwendung stehen. Die oberschlesischen Gruben verwenden als Spülgut: Sand, Lehm, lehmigen Sand, Mergel, Grubenberge, Haldenberge, Kesselasche, Abgänge von Gruben und Hütten, Hochofenschlacke, Zinkräumasche, Staubkohle, Müll und Kehricht.

Das Vorhandensein mächtiger Flöze, das Vorkommen großer natürlicher Ablagerungen von brauchbarem Versatzmaterial sind die Gründe dafür, daß das Spülversatzverfahren in seiner oberschlesischen Heimat auch heute noch in weit größerem Umfange in Verwendung ist als in irgendeinem anderen Steinkohlenrevier der Welt. Oberschlesien ist das klassische Land des Spülversatzverfahrens, welches der Hauptsache nach für folgende Zwecke verwendet wird:

1. Verhieb von Sicherheitspfeilern: Eisenbahnsicherheitspfeilern und Sicherheitspfeilern von Grubenbauen, wie insbesondere Markscheide-, Bremsberg-, Grundstrecken- und Schachtsicherheitspfeilern. 2. Durchführung des Scheibenbaues bei größerer Flözmächtigkeit. 3. Verhütung und Bekämpfung des Grubenbrandes. 4. Durchführung des vorzeitigen Verhiebes liegender Flöze vor den hangenderen. 5. Ersatz des Bruchbaues in größeren Teufen, wo seiner Anwendbarkeit durch den übermäßigen Gebirgsdruck und das Steigen der Abbauverluste und der Grubenbrandgefahr immer engere Grenzen gesetzt werden.

Alle Gruben verdanken dem Spülversatzverfahren eine Schonung der Bergwerkssubstanz, welche mittelbar oder unmittelbar in einer Verlängerung der Lebensdauer zunächst der einzelnen Bausohle und schließlich der ganzen Grube zum Ausdruck kommt. Der allgemeinen Anwendung des Spülversatzverfahrens stehen zurzeit die hohen Selbstkosten entgegen. Ob im einzelnen Falle seine Einführung in Frage kommt oder nicht, hängt heute und in der Zukunft ab: 1. von der Höhe der Selbstkosten des Spülversatzverfahrens, 2. von der Höhe der Kohlenpreise und 3. von der Höhe der Grundpreise, welche durch Rücksichten auf den Schutz der Tagesoberfläche gegeben erscheinen.

Laut den Ermittlungen des Oberschlesischen Berg- und Hüttenmännischen Vereines betragen die Selbstkosten des Spülversatz-

verfahrens 0,51 M. bis 3,00 M. per Tonne geförderter Kohle. Der
Durchschnitt der Selbstkosten beträgt 1,20 M. per Tonne. Die Selbstkosten nehmen im einzelnen Falle mit dem Umfange des Spülbetriebes ab.

Seidl gibt weitere interessante Mitteilungen über die Beschaffung
des Versatzgutes nach dem sogenannten Abspritzverfahren,
bei welchem das Versatzmaterial durch Abspritzbetrieb unter Verwendung von Strahlapparaten stattfindet. Es wird dann der sogenannte Baggerbetrieb erörtert, welcher in neuerer Zeit von vielen
Gruben zur Gewinnung des Versatzmateriales verwendet wird. Nach
Anführung eines Kapitels über die Spültechnik behandelt Seidl
die Abbautechnik des Spülverfahrens und erörtert die in Anwendung
befindlichen Abbaumethoden, und zwar: 1. den Pfeilerbau, 2. den
Querbau und 3. den Stoßbau. Im Kapitel über die Versatztechnik
behandelt Seidl 1. die Trennung des Versatzgutes vom Spülwasser und 2. die Spülwasserklärung.

Mit Rücksicht auf den Umstand, daß die weitere Erörterung der
äußerst interessanten Arbeiten Seidls den Rahmen des vorliegenden Buches überschreiten würde, muß von der eingehenden Behandlung
derselben in diesen Zeilen abgesehen werden; doch seien die Veröffentlichungen des genannten Fachmannes dem Studium
bestens empfohlen.

3. Die Mitteilungen des Berginspektors Volmer.

Auch im Saarbezirk wird der Spülversatzabbau betrieben
und wir erfahren in dieser Hinsicht sehr interessante Mitteilungen
aus der bereits einleitungsweise erwähnten Abhandlung von Berginspektor Volmer in Fürstenhausen (Zeitschrift für das Berg-, Hütten-
und Salinenwesen im preußischen Staate 1911). Der Spülversatz ist
im Saarrevier auf den königlichen Gruben im Jahre 1903 eingeführt
worden und ist auf 11 staatlichen Gruben mit zusammen 20 selbständigen Spülsystemen in Anwendung. Als Spülmaterial werden
verwendet: Abgänge eigenen Betriebes oder der benachbarten industriellen Anlagen; verwitterte Haldeberge, frische Gruben- oder
Klaubberge, Waschberge, Asche usw.

Der streichende Stoßbau ist der normale Abbau beim Spülversatz. Auch Strebbau ist jedoch nur in einzelnen Gruben üblich.
Der Strebbau ist jedoch wenig geeignet, weil die Abwässer den tiefer
gelegenen Streben zufließen und auf diese Weise den Betrieb stören.
Die offen bleibenden Strebstrecken verlangen namentlich bei schlecht
sich klärendem Material besonderen Schutz und verursachen Förder-
störungen und Streckenreinigungskosten. Volmer weist auf die zahlreichen vorteilhaften Wirkungen des Spülversatzes hin, und
zwar: 1. Bessere Druckverhältnisse, wodurch eine Ermäßigung
der Streckenunterhaltungskosten und eine Verringerung des Holzver-
brauches erzielt wird, 2. Erhöhung der Hauerleistung in dem
Maße, als die Mehrarbeit des Handversatzes fortfällt, 3. Verringerung
von Verunglückungen durch Stein- und Kohlenfall.

Es wurde bereits mehrfach erwähnt, daß die meisten Gruben den Spülversatzabbau eingeführt haben, um Senkungen der Tagesoberfläche zu vermeiden, daß sich jedoch diese Hoffnung keineswegs erfüllt hat. Bei den Beobachtungen in Friedrichsthal wurde die Zusammendrückbarkeit des Versatzes mit ca. 20 % gemessen. Das Hangende war nirgends gebrochen; der Gebirgsdruck äußert sich senkrecht zum Einfallen der Flöze.

„Der Spülversatz", führt Volmer aus, „ist teurer als der Handversatz. Er bewirkt aber überall dort einen wirtschaftlichen Erfolg, wo seine zahlreichen vorteilhaften Wirkungen die erhöhten Versatzkosten ausgleichen."

VI. Zur Frage des Kohlenabbaues unter verbauten Stadtgebieten, Industrieanlagen und Verkehrswegen.

1. Der Kohlenabbau unter der Stadt Zwickau in Sachsen[1]).

Die Frage des Kohlenabbaues unter der Stadt Zwickau in Sachsen beschäftigt schon seit längerer Zeit nicht nur die hierbei unmittelbar interessierten Bergwerke, sondern auch die staatlichen und städtischen Behörden sowie Grund- und Hausbesitzer und sonstige Interessenten; sie ist daher eine Frage fast allgemeinen Interesses geworden. Während früher mit den ehemals üblich gewesenen Abbaumethoden ein Abbau unter den dichtbebauten Teilen von Zwickau kaum denkbar gewesen wäre, konnte durch die Einführung des Spülversatzverfahrens auf Grund der mit diesem gemachten Erfahrungen die Ausführung des Kohlenabbaues unter Zwickau ernstlich erwogen werden. Der zur Wahrung der öffentlichen Interessen berufene Rat der Stadt Zwickau hat manche Zweifel und Bedenken gegen den Abbau unter der Stadt geltend gemacht.

Der Erzgebirgische Steinkohlen-Aktien-Verein, der von den Bergwerken des Zwickauer Reviers vor allem als Erwerber der Abbaurechte und Betreiber des Abbaues unter Zwickau in Frage kommt, hat nun versucht, die beteiligten Kreise über die vorliegende Frage an der Hand ausführlicher Gutachten angesehener Fachleute zu informieren. Die genannte Gewerkschaft hat in einer umfangreichen, sehr gehaltvollen Schrift über „die Frage des Kohlenabbaues unter der Stadt Zwickau" die vorliegenden eigenen Erfahrungen über das Spülversatzverfahren veröffentlicht.

Es werden ferner die langjährigen Erfahrungen des rheinisch-westfälischen Reviers über den Kohlenabbau unter Städten, Monumentalbauten, großen Industriebauten, Kanälen usw. ins Treffen geführt, um die Ausführbarkeit des Kohlenabbaues unter Zwickau ohne Gefährdung der Oberfläche zu beweisen.

---

[1]) Die Mitteilungen stammen a. d. Jahre 1912. S. Goldreich, Ing. A. H.: Der Kohlenabbau unter verbauten Stadtgebieten. Mont. Rdsch. 1916.

Der Königlich Preußische Bergrat Illner in Görlitz wurde zur Erstattung eines Gutachtens seitens der Gewerkschaft aufgefordert, welcher Aufgabe sich der genannte Fachmann am 23. Dezember 1911 entledigt hat. Herr Bergrat Illner kommt zur Schlußfolgerung, daß die für die Sicherheit der inneren Stadt günstigste Abbauweise diejenige sei, welche den vollständigen Verhieb der Flöze unter der Stadt vorsieht, sofern der Abbau in der Weise geführt wird, wie dies seitens des genannten Fachmannes eingehend erörtert wird.

Der Erzgebirgische Steinkohlen-Aktien-Verein hebt in der gegenständlichen Schrift auch hervor, daß zahlreiche Beispiele aus anderen Bergrevieren zeigen, daß man dem Spülversatzverfahren auf Grund der langjährigen Erfahrungen, die in Deutschland darüber vorliegen, größtes Vertrauen entgegenbringt. Es heißt in der in Rede stehenden Veröffentlichung der Gewerkschaft weiter: „Behörden und Unternehmer haben sich entschlossen, mit diesem Verfahren den Abbau auch dort zuzulassen und zu betreiben, wo etwaige schädliche Einwirkungen auf die Oberfläche von großer Tragweite sein würden und deshalb vermieden werden müssen. Wir verweisen hierbei auf die Auskünfte, die den Umfang und Erfolg des Spülversatzverfahrens in Oberschlesien, Niederschlesien, Rheinland-Westfalen, Poln.-Ostrau und Ungarn überzeugend dartun. Man kann sagen, daß in allen diesen Steinkohlenrevieren, wenn die Anwendung von Spülversatz mit geeignetem Material möglich ist, die Notwendigkeit einer Abbaubeschränkung aus Rücksicht auf die Tagesoberfläche nicht mehr besteht. Im Gegenteil hat man überall auf Grund der nunmehr zahlreichen vorliegenden Erfahrungen erkannt, daß man in Kohlenbergbaurevieren ein Gebiet der Oberfläche vor Bergschäden nicht besser schützen kann, als wenn man unter ihm die Kohle ohne Stehenlassen von Sicherheitspfeilern unter Einbringung guten Versatzes möglichst gleichmäßig abbaut.‟

Der Erzgebirgische Steinkohlen-Aktien-Verein verweist ferner darauf, daß nach umfangreichen und sorgfältigen Erhebungen im Jahre 1909 die bergbehördliche Zustimmung erteilt wurde, den bis dahin mit Abbauverbot belegten Schutzpfeiler unter dem größten Teile des dicht bebauten Dorfes Schedewitz unter Einbringung von Sandspülversatz abzubauen. Der Erzgebirgische Steinkohlen-Aktien-Verein beabsichtigt auch beim Abbau unter Zwickau vorwiegend sandiges Material aus den Gruben bei Dänkritz zu verwenden. Dieses Spülgut besteht in der Hauptsache aus Quarzsand von feinem Korn und enthält nur wenig gröbere Kiesstücke. Dieses Material eignet sich für den Spülversatz deshalb sehr gut, weil bei vorherrschend grobkörnigem Material die Aneinanderlagerung der einzelnen Stücke nicht so dicht erfolgen kann wie bei feinkörnigem Sande. Unter der inneren Stadt Zwickau besitzen die Flöze ein Fallen von 12^0—18^0. Die Gewerkschaft verweist auf dieses für die Technik des Spülverfahrens günstige Flözfallen; sie betont ferner den günstigen Einfluß der großen Tiefe der Flöze, da infolge des großen Höhenunterschiedes (von etwa 500—700 m) zwischen Einspülstelle und Spülort das Versatzmaterial mit großer lebendiger Kraft am Ausgußende der Rohrleitung ausströmt.   Auch auf die günstige Beschaffenheit des Dachgebirges wird hingewiesen, welches aus Sandstein besteht und infolge seiner Tragfähigkeit vom Zeitpunkte des Herausnehmens der Kohle bis zum Wiederausfüllen der Hohlräume unverletzt bleibt.

Es wird ferner auf die seitens der Gewerkschaft mit großem Kostenaufwand errichtete Sandspülanlage verwiesen und auch betont, daß alle bei der Ausführung des Versatzes (seit 1903 in Anwendung) in Frage kommenden Organe langjährige und weitgehende Erfahrung und Übung in der Spülversatztechnik besitzen.   Nach Berechnungen der Gewerkschaft würden beim Abbau unter der inneren Stadt Zwickau die Kosten des Spülversatzes pro Tonne geförderter Kohle 3,50 Mark betragen.

a) Die Mitteilungen des Bergrates Illner. In einem groß angelegten Gutachten äußert sich Bergrat Friedrich Illner über die bereits angeführten geologischen Verhältnisse im Bereich der Stadt Zwickau. Illner bespricht den bisher umgegangenen Bergbau an den Grenzen der inneren Stadt und die daraus auf die Flözverhältnisse unter der inneren Stadt zu ziehenden Schlüsse.   Die Einwirkungen des bisherigen Abbaues auf die Tagesoberfläche Zwickaus werden besprochen und die bisherigen Ergebnisse des Spülversatzverfahrens eingehend behandelt. Illner bedient sich einiger von Oberbergrat Buntzel veröffentlichter Senkungsfälle, um das Maß und die Art der Senkungen zu erörtern. In seinen allgemeinen Folgerungen aus den bisherigen Ergebnissen mit dem Spülversatzverfahren hinsichtlich des Verhaltens der Tagesoberfläche kommt Illner zur folgenden Schlußfassung: „Um daher einen Tagesgegenstand beim Spülversatzabbau bestens zu sichern, darf er nicht mit einem Sicherheitspfeiler umgeben werden, da er sonst von den Senkungsgrenzlinien der umliegenden Abbaufelder immer wieder getroffen und nach den verschiedenen Richtungen hin- und hergezogen würde, sondern es muß mit dem Verhieb unmittelbar unter ihm begonnen werden.   Der Tagesgegenstand liegt dann von vornherein im Muldentiefsten, und die eintretende Senkung ruft gar keine oder nur ganz geringe Beschädigungen hervor." Illner zieht noch seine speziellen Folgerungen für den Spülversatzabbau unter der ganzen inneren Stadt Zwickau und resümiert in seinen Schlußfolgerungen: „Die für die Sicherheit der inneren Stadt günstigste Abbauweise ist demnach die, welche den vollständigen Verhieb der Flöze unter der Stadt vorsieht, sofern der Abbau in der Weise geführt wird, wie dies oben eingehend (im Gutachten) erörtert worden ist." Illner kommt auch auf das große wirtschaftliche Interesse zu sprechen, welches neben den bergtechnischen Fragen und dem Interesse der Sicherheit der Tagesoberfläche in Betracht kommt.   Bei einem Abbau unter der Stadt Zwickau würden 3,5 Millionen Tonnen Kohle im Werte von rund 50 Millionen Mark gewonnen werden, die andernfalls unverwertet im Erdinnern verblieben.

b) Die Mitteilungen des Markscheiders B. Otto. Herr Bergverwalter B. Otto aus Niederplanitz erstattete am 10. Juni 1911 ein Gutachten über das Spülversatzverfahren des Erzgebirgischen Steinkohlen-Aktien-Vereines. Der genannte Fachmann führt unter anderem aus: „Um das Nachsinken des Dachgebirges während des Verhiebes der Kohlenpfeiler nach Möglichkeit zu verhindern, verfolgt der Verein den Grundsatz, den zu verspülenden Abbauräumen nicht zu große Ausdehnung zu geben. Das angewandte Abbauverfahren ist der streichende Pfeilerbau, der in der Weise durchgeführt wird, daß von Fallörtern aus in Abständen von 15—30 m streichende Abbaustrecken aufgefahren und die zwischen diesen befindlichen Pfeiler zum Verhieb gebracht werden. Je nach der Festigkeit des Dachgebirges werden die Pfeiler oder Abschnitte 15—30 m lang und 6 m breit genommen, so daß 90—180 m² Fläche bloßgelegt werden. Gegenwärtig begnügt man sich in der Regel mit den Abschnitten von 15 × 6 = 90 m² Fläche, so daß die Auskohlung auch bei Flözen von 3 m Mächtigkeit und darüber nur kurze Zeit in Anspruch nimmt. Nach beendigtem Verhieb eines Kohlenpfeilers erfolgt sofort die Einbringung des Versatzes, und um diese in schnellster Weise bewirken zu können, sind vom Ergebirgischen Verein Einrichtungen geschaffen worden, die in jeder Hinsicht mustergültig sind und den in der Praxis der Spülversatztechnik zu stellenden Anforderungen vollkommen Genüge leisten."

c) Die Mitteilungen des Bergverwalters Dipl.-Ing. Steinmayer. Der Erzgebirgische Steinkohlen-Aktien-Verein hat in den Monaten November und Dezember 1911 in einem etwa 1½ Jahre vorher abgebauten und mit Spülversatz ausgefüllten Teil des Ludwigflözes im Nordfelde ihrer Tiefbauschächte Untersuchungsstrecken wiederaufgefahren. Dies geschah, um Klarheit zu erlangen über das Maß der beim Spülversatz eintretenden Senkungen und über die Beschaffenheit des Dachgebirges über einem mit Spülversatz abgebauten Felde. Der fragliche Feldesteil besaß eine abgebaute Fläche von rund 40000 m². Herr Dipl.-Ing. Steinmayer (Bergverwalter der Gewerkschaft) hat diese Arbeiten geleitet und auch der Veröffentlichung zugeführt. Die Untersuchung über die Annäherung von Dach und Sohle wurde 1. unter Benutzung von Meßpunkten, die früher beim Auskohlen festgelegt worden waren, durchgeführt (Tabelle 1, Seite 177) und 2. nach den Befunden an den zur vorläufigen Unterstützung des Dachgebirges bei der Auffahrung eingebauten Stammhölzern (Abbaubolzen) (Tabelle 2 Seite 179) genau verfolgt. Die untersuchten Abbaue (Nr. 216 I, Längsschnitt durch einen derselben siehe Fig. 107) sind in der Nähe der jetzigen Grubenfeldgrenze des Erzgebirgischen Steinkohlen-Aktien-Vereins mit der inneren Stadt unter dem Schulgrabenweg etwa 600 m unter der Tagesoberfläche gelegen. Es liegen also an der Untersuchungsstelle in allen wesentlichen Punkten, besonders bezüglich der Tiefe, der Art des Dachgebirges und der Neigung der Flöze dieselben Verhältnisse vor, wie unter der inneren Stadt zu erwarten sind. Man kann demnach mit Bestimmtheit annehmen, daß mit dem Spülversatz bei einem

weiteren Abbau in dieser Gegend die gleichen Erfolge bezüglich der
Schonung des Dachgebirges erzielt werden wie im vorliegenden Falle.

Die drei untersuchten Abbaue 216 I, 216 IIa u. 216 IIb
(siehe Tabelle I, Seite 177) waren seinerzeit nach dem Auskohlen
verspült worden mit insgesamt 640 cbm Waschbergen und 1600 cbm
Dänkritzer Sand. Nach der folgenden Tabelle I ergibt sich als
Mittelwert aus den Feststellungen von 18 Meßpunkten eine lotrechte
Annäherung von Dach an Sohle vom Beginn der Herausnahme an Kohle
bis zum Untersuchungstage, also im Mittel nach 14 Monaten, von
16,8 cm oder von 6 % der ursprünglichen Entfernung von Dach und
Sohle. Zu diesem Ergebnis ist zu bemerken, daß das aus tonigen Schiefern
und schwachen, sogenannten „wilden" Kohlenschichten zusammengesetzte Sohlengebirge des Flözes infolge Wasseraufnahme bei Aus-

Spülversatz-Untersuchungsort Nr. 216 I.

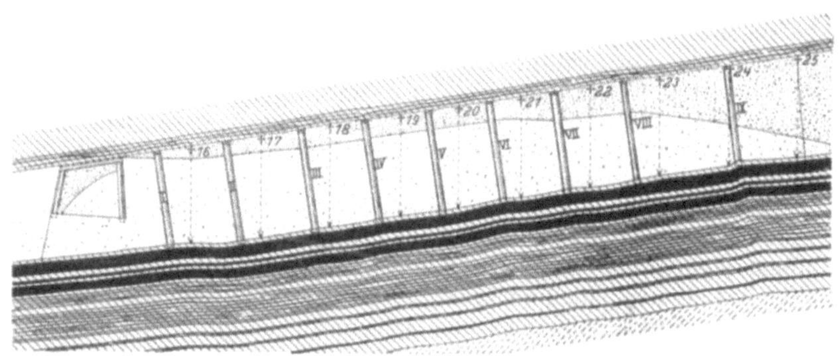

Fig. 107.
Profil durch eine Untersuchungsstrecke im abgebauten und verspülten Felde.

räumen des Sandes sich sehr stark und in kurzer Zeit, oft schon nach
wenigen Stunden in die Höhe hob und aufblähte, so daß dadurch eine
genaue Abnahme der Maße erschwert und diese selbst ungünstig beeinflußt wurden. Diese Fehlerquelle fällt bei der 2. Messungsart weg, und
aus diesem Grunde ist der im folgenden dargelegten Feststellung, die sich
auf den Befund der in der Nähe der Meßpunkte vorhandenen alten Abbau-
hölzer gründet, das Hauptgewicht beizulegen. Die einzelnen Beobachtungen und Messungen sind in der folgenden Tabelle II (Seite 179) zusammengestellt. Sie zeigen, daß man dabei im Mittel zu einer Annäherung von Dach und Sohle von 5,6 % der ursprünglichen Flözmächtigkeit
gelangt. Ein Teil dieser zur Feststellung der Senkung verwendeten
Holzbolzen ist ausgebaut und über Tage aufbewahrt worden, so daß
jederzeit eine Nachprüfung der Ergebnisse stattfinden kann. Einige
Bolzen sind auch in der Fig. 108 dargestellt und außerdem in der Fig. 109
im Vergleich zu Bolzen, die aus mit Handversatz betriebenen Abbauen
stammen.

Fig. 108. Bolzen (Abbaustempel) aus alten, verspülten Abbauen.

Schon bei flüchtiger Betrachtung kann man erkennen, wie gering
bei den aus Spülversatz stammenden Bolzen die Stauchungen sind;
gebrochene Bolzen, wie sie im Handversatzbau (vgl. Fig. 108 und 109)

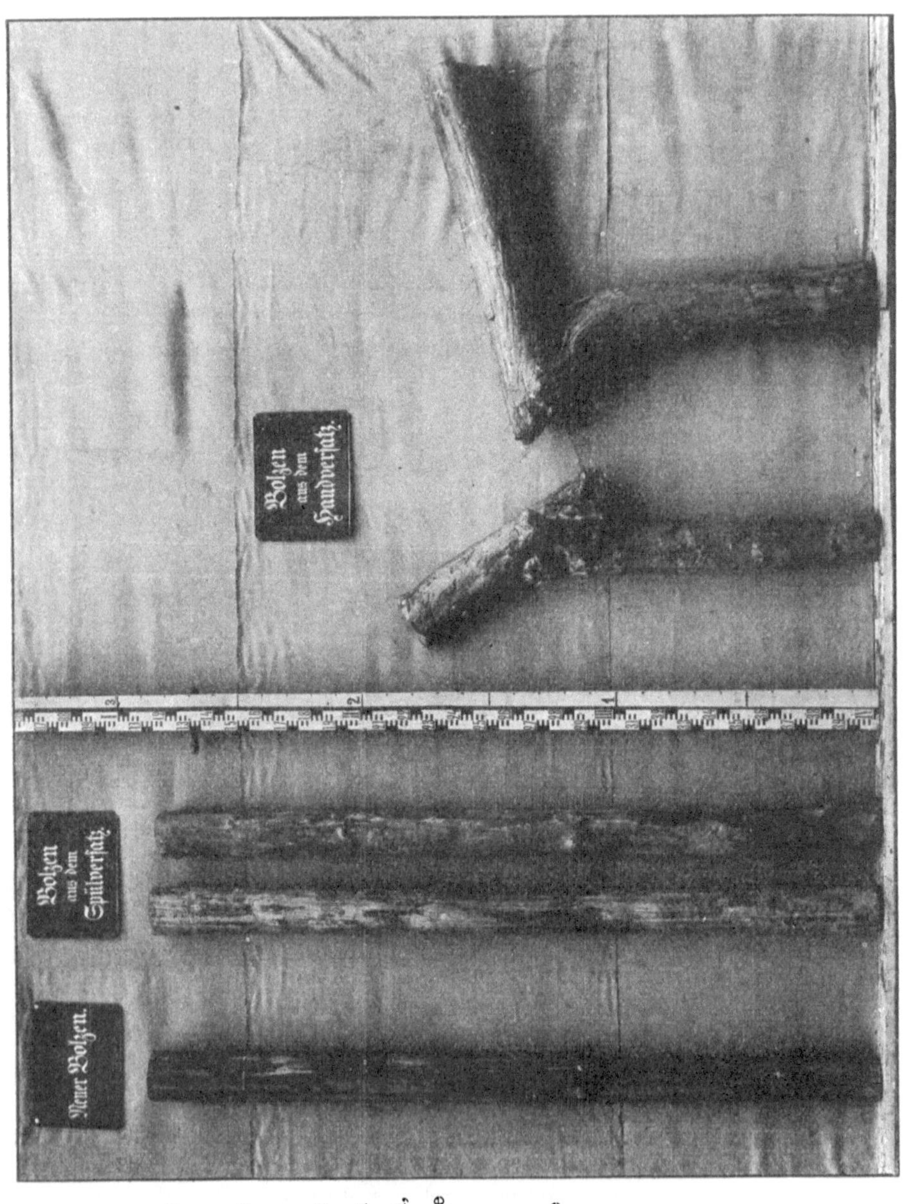

Fig. 109. Alte Bolzen (Abbaustempel) aus Spül- und Handversatz neben einem neuen Bolzen, dessen Länge etwa der ursprünglichen Länge der alten Bolzen entspricht.

stets vorkommen, sind in den im Spülversatz getriebenen Untersuchungsstrecken überhaupt nicht vorgefunden worden. (Vgl. Fig. 109 u. 110.)

Außer der Tatsache, daß sich das unmittelbar auf dem Flöz lagernde Dachgebirge nur um ein ganz geringes Maß gesenkt hatte, ergab die Untersuchung noch die hochwichtige Tatsache, daß das Dachgebirge des Flözes seinen Zusammenhang auch nicht im geringsten verloren hatte. Auflockerung des Dachgebirges oder Sprünge, wie sie bei Abbauen, die mit Hand versetzt wurden, auftreten, waren überhaupt nicht festzustellen. Besonders überzeugend trat das in die Erscheinung an einer Stelle, die Fig. 111 wiedergibt, nämlich dort, wo der Versatz an die noch unverritzte Kohle angrenzt.

Es ist bekannt, daß dort, wo ein stehengebliebener Kohlenpfeiler an ein Feld angrenzt, das mit Bruchbau oder Handversatz abgebaut worden ist, ein Abbrechen der hangenden Gebirgsschichten erfolgt, und daß sich dieser Bruch unter einem steilen Winkel (etwa 70—80°) bis über Tage fortpflanzen und an der Oberfläche als sogenannte Überzugsgrenzlinie bemerkbar machen kann. In unserm Falle zeigte es sich in der vom Spülversatz bis an die Kohle gefahrenen Strecke dagegen außerordentlich charakteristisch und durchaus einwandfrei, daß das Dachgebirge über dem verspülten Abbau ohne jede Knickung oder auch

Tabelle I.

Meßpunkt Bezeichnung	Lotrechte Entfernung von Dach u. Sohle				Unterschied zwischen A und B		Bemerkungen
	A Beim Auskohlen		B beim Wiederauffahren		in cm	in % der ursprünglichen Entfernung	
	Datum	Maß in cm	Datum	Maß in cm			
			Abbau 216 I.				
19	18. 9. 10	305	13. 11. 11	284,5	20,5	6,7	
20	22. 9. 10	306	14. 11. 11	284,9	21,1	6,9	
21	23. 9. 10	304	15. 11. 11	283,6	20,4	6,7	
22	26. 9. 10	311	16. 11. 11	289,4	21,6	6,9	
23	29. 9. 10	307	17. 11. 11	284,8	22,2	7,2	
24	—	—	—	—	—	—	Punkt 24 war beim Spülbetrieb beschädigt worden.
25	6. 10. 10	309	19. 11. 11	292,4	16,6	5,4	
			Abbau 216 IIa.				
9	21. 7. 10	291	20. 11. 11	277,9	13,1	4,5	
10	21. 7. 10	301	21. 11. 11	282,6	18,4	6,1	
11	28. 7. 10	308	22. 11. 11	291,1	16,9	5,5	
12	4. 8. 10	302	24. 11. 11	294,3	17,7	5,9	
13	4. 8. 10	304	29. 11. 11	287,5	16,5	5,4	
14	7. 8. 10	307	1. 12. 11	291,3	15,7	5,1	
15	9. 8. 10	311	3. 12. 11	294,1	16,9	5,4	
			Abbau 216 IIb.				
5	20. 4. 10	304	1. 12. 11	286,0	18,0	5,9	
33	12. 11. 10	295	6. 12. 11	275,8	19,2	6,5	
34	16. 11. 10	299	7. 12. 11	274,2	24,8	8,3	
35	19. 11. 10	298	9. 12. 11	281,8	16,2	5,4	
36	21. 11. 10	305	9. 12. 11	292,0	13,0	4,3	

Fig. 110. Ansicht eines alten, wieder aufgemachten Handversatzabbaues. (Das Dachgebirge hat sich um etwa

nur die leiseste Biegung in den Kohlenpfeiler überging und keine Spur von Bruchlinienbildung eingetreten war (siehe Fig. 111 oben). ·Das aber beweist, daß der eingebrachte Versatz zur Unterstützung der darüberliegenden Schichten einen vollwertigen Ersatz für die herausgenommene Kohle bildet. Schließlich hat sich bei den Untersuchungsarbeiten allenthalben gezeigt, daß die Ausfüllung aller vorhandenen Hohlräume bei dem vom Erzgebirgischen Verein betriebenen Spülversatz ganz vorzüglich ist; bis in die feinsten Risse und Sprünge im Sohlengebirge und in der benachbarten Kohle, ja sogar in die Schwindrisse des Abbauholzes war der Sand eingedrungen. Auch die Zwischenräume der auf der Sohle verstreut liegenden etwa 30—50 cm hohen Ortsberge waren vollständig ausgefüllt, so daß diese dunkelgefärbten Berge mit dem dazwischen gedrungenen Sand ein Bild ähnlich einer gut aufgeführten Bruchsteinmauer ergaben (siehe Fig. 111 auf Seite 180, 112 auf Seite 181, 113 auf Seite 183, 114 auf Seite 184, 115 auf Seite 185.)

Es sei noch erwähnt, daß die hier geschilderten Wiederauffahrungen im alten Spülversatz auch von einigen bergmännischen Fachleuten, darunter von den Herren Bergdirektor a. D. und Stadtrat Würker, Bergverwalter B. Otto aus Niederplanitz, Bergrat Illner aus Görlitz

Tabelle II.

Abbaubolzen-Bezeichnung	Datum des Freilegens	A Vorgefundene Länge	B Berechnete Länge	Unterschied zwischen A und B	
		des Holzausbaues von Dach bis Sohle (Maße senkr. z. Fallen)		in cm	in % der Flözmächtigkeit
		cm	cm		
*VII	15. 11. 11	277,0	296,7	19,7	6,6
*VIII	16. 11. 11	282,0	295,0	13,0	4,4
*IX	18. 11. 11	275,0	292,7	17,7	6,2
II	21. 11. 11	273,2	295,0	21,8	7,4
III	22. 11. 11	293,8	310,5	16,7	5,4
IV	23. 11. 11	278,8	294,0	15,2	5,2
V	24. 11. 11	286,0	303,2	17,2	5,6
*VI	29. 11. 11	276,0	291,3	15,3	5,3
VII	30. 11. 11	279,5	296,1	16,6	5,6
VIII	1. 12. 11	288,0	302,2	14,2	4,7
*IX	2. 12. 11	289,0	303,0	14,0	4,6
*X	3. 12. 11	288,5	303,4	14,9	4,9
*b	27. 12. 11	272,2	292,7	20,5	7,0
*f	1. 12. 11	293,2	309,0	15,8	5,1

Unter "Abbau 216 I." stehen die Zeilen *VII, *VIII, *IX; unter "Abbau 216 IIa." die Zeilen II bis *X; unter "Abbau 216 IIb." die Zeilen *b und *f.

Anmerkung 1: Die mit * bezeichneten Bolzen sind herausgenommen worden (siehe Fig. 108, Seite 175).

Anmerkung 2: Die Maße unter B, welche die ursprünglichen Längen der Abbaustempel darstellen, sind durch genaueste Messungen der Stauchungen usw. des Holzes erhalten worden.

Fig. 111. Ansicht eines verspülten Abbaues an der Grenze mit anstehender Kohle.

Fig. 112. Ansicht einer Untersuchungsstrecke im alten verspülten Abbaufeld.
(Der noch vom Auskohlen stammende Holzausbau ist nahezu unversehrt.)

und Bergschuldirektor und Stadtverordneter Treptow besichtigt
wurden. Auch diese Herren waren von der offenkundigen Dichte des
Versatzes und von der guten Beschaffenheit des Dachgebirges voll-
befriedigt.

Ferner hat Herr Bergrat Tittel, Vorstand der Königlichen Berginspektion in Zwickau I, die Untersuchungsarbeiten mehrfach befahren
und Kontrollmessungen vorgenommen.

Als Mittelwert aus 18 Meßpunkten ergeben sich somit 6% lotrechte
Annäherung von Dach und Sohle, gerechnet vom Beginn des Auskohlens
bis zur Wiederauffahrung im Spülversatz.

Als Mittelwert aus 14 Abbaubolzen erhält man somit 5,6% Annäherung von Dach und Sohle (in senkrechter Richtung zum Fallen des
Flözes), gerechnet vom Beginn des Auskohlens bis zur Wiederauffahrung
im Spülversatz.

Der Königliche Berginspektor Tittel schreibt: „Am 28. November
und 4. Dezember 1911 habe ich die in dem ungefähr vor 13—18 Monaten
eingebrachten Spülversatz getriebenen Strecken im Ludwigsflöze befahren und hierbei folgendes festgestellt: Die Strecken hatten das
Dach und die Sohle des Flözes freigelegt und zeigten den fast unverändert
gebliebenen Ausbau der ausgespülten Örter. Die Bolzen (Ausbauhölzer)
waren ungeknickt, nur zeigten sie eine oder zwei kleine Wülste, die jedoch
nur auf eine ganz geringe Zusammendrückung der Hölzer in ihrer Längs-
achse von ungefähr je 5 mm schließen ließen. Das Flözdach wurde
nirgends aufgebrochen angetroffen, auch waren die Kappen (d. s. an das
Flözdach angelegte Hölzer) in den Abbauen unversehrt. An der Grenze
des noch anstehenden Flözes mit dem eingebrachten Spülversatze
war das Flözdach vollständig unverändert, ein Zeichen dafür, daß der
Spülversatz durch das aufliegende Dachgebirge nach der Ausspülung
nicht hat zusammengedrückt werden können. Die in dem anstehenden
Flöze vor dem Ausspülen vorhandenen Klüfte in der Kohle waren mit
feinem Sande ausgefüllt. Die Berechnungsart der Zusammendrückung
der ausgekohlten Räume, wie solche von dem Bergverwalter Steinmayer des Erzgebirgischen Steinkohlen-Aktien-Vereins in den Tabellen
1 und 2 der mir vorgelegten Niederschrift vom 12. d. M. erfolgt ist,
halte ich für einwandfrei. Bei meinen sonstigen Befahrungen der Grubenbaue der Tiefbauschächte habe ich mich von der sorgfältigen und ge-
wissenhaften Einbringung des Spülversatzes des öfteren überzeugen
können."

**d) Entscheidung der Königlichen Amtshauptmannschaft zu Zwickau
und des Königlichen Bergamtes zu Freiberg über die Genehmigung des
Abbaues im Nordfelde des Erzgebirgischen Steinkohlen-Aktien-Vereines.** Im Königreich Sachsen gehört dem Oberflächenbesitzer
auch die unterirdische Kohle. Im § 1 des sächsischen Berggesetzes
sind nur die metallischen Mineralien vom Verfügungsrecht des Grund-
eigentümers ausgeschlossen und werden vom Staate verliehen. Alle
übrigen Mineralien (Kohle usw.) gelten als Bestandteile des Grundstückes,
unter dem sie sich befinden. Man kauft sich in Sachsen das Recht zum

Fig. 113. Ansicht einer Untersuchungsstrecke im verspülten Abbaufeld.
(Es ist deutlich die vollständige Ausfüllung auch oben am Dach ersichtlich.)

Fig. 114. Ansicht eines alten verspülten Abbaues.

Fig. 115. Alter verspülter Abbau und neuer ausgekohlter Abbau unmittelbar vor dem Verspülen.

Abbau von Kohle bei jedem einzelnen obertägigen Grundbesitzer, und zwar geschieht dies notwendigerweise durch den Kauf in bar oder in Form der sogenannten Zehntengewährung. Der Grundbesitzer kann ein Grundstück ohne das Abbaurecht oder mit dem Abbaurecht verkaufen. Die Zehntengewährung ist eine vertragsmäßig bestimmte Abgabe (früher $\frac{1}{10}$) vom jährlichen Wert der aus dem betreffenden Grundstück geförderten Kohle. Zur Vereinfachung der Erhebungen der Kohlenmenge haben sich unter den Grundbesitzern die sogenannten Zehntenverbände gebildet.

Es ist gewiß von Interesse, die von der genannten Gewerkschaft veröffentlichte Entscheidung der Königlichen Amtshauptmannschaft zu Zwickau und des Königlichen Bergamts zu Freiberg betreffend die Genehmigung des Abbaues in dem nördlich der Linie Hauptmarkt —Innere Dresdener Straße gelegenen Nordfelde der Gewerkschaft vorzuführen. Sowohl in rechtlicher als auch in bergtechnischer Beziehung erscheint dem Verfasser diese Entscheidung beachtenswert: In der Angelegenheit, betreffend den Schutz der Stadt Zwickau gegen Bodensenkungen infolge des dortigen Bergbaues, treffen die unterzeichneten Behörden im Anschlusse an Ziffer 8 der gemeinschaftlichen Entscheidung vom 21. Juni 1902 auf Grund der §§ 81, 91 in Verbindung mit den §§ 361, 367, 353 des Allgemeinen Berggesetzes vom 31. August 1910 folgende Entscheidung:

Die Ausrichtung und Vorrichtung sowie der Abbau des Grubenfeldes nördlich der Linie Hauptmarkt—Innere Dresdener Straße in Zwickau, das am 9. Juni 1911 im Eigentum des Erzgebirgischen Steinkohlen-Aktien-Vereines zu Schedewitz stand, wird unter folgenden Bedingungen genehmigt: 1. Die Teile des Grubenfeldes, die weniger als 100 m von dem Mauerwerk der Katharinenkirche, gemessen in der Pflastersohle, entfernt liegen, werden bis auf weiteres für den Abbau gesperrt. Die Gestattung kleinerer, die Gesamtschutzwirkung nicht beeinträchtigender Abweichungen bleibt vorbehalten. 2. In den übrigen Teilen des Grubenfeldes darf der Abbau nur unter Anwendung von Spülversatz und mit möglichst kleinen Ausschnitten betrieben werden; dabei sind alle ausgehauenen Hohlräume unverzüglich mit vorwiegend sandigem Spülgut sorgfältig auszuspülen.

Entscheidungsgründe:

I—VII: (Allgemeine und rechtliche Erörterungen).

VIII: Nach § 81 Allgemeinen Berggesetzes hat der Bergwerksunternehmer die Pflicht, beim Betriebe des Bergbaues dafür zu sorgen, „daß die öffentliche Sicherheit, das Leben oder die Gesundheit der Arbeiter, die Sicherheit der benachbarten Bergwerksunternehmungen, der Grundstücke und der Gebäude auf der Oberfläche nicht gefährdet wird". Damit ist nicht ausgesprochen, daß der Bergwerksunternehmer beim Betriebe jede schädigende Einwirkung auf die Oberfläche und ihre Anlagen vermeiden müsse; es ist vielmehr allgemein anerkannt, daß der Bergbauberechtigte nicht verhindert werden kann, Schädigungen des Oberflächenbesitzes, die sich als einen Eingriff in privatrechtlich geschützte Interessen darstellen, durch seinen Betrieb herbeizuführen, und daß er in diesen Fällen nur nach näherer Bestimmung der §§ 355 ff. über das Bergschädenrecht vollen Ersatz zu leisten hat. Wohl aber muß, wie sich aus § 81 verbunden mit § 361 Allgemeinen Berggesetzes ergibt, der Bergbau dann beschränkt werden oder ganz unterbleiben, wenn er zu Störungen der öffentlichen Sicherheit und der guten Ordnung des Gemeinwesens führen würde, die sich auf andere Weise, z. B. durch Veränderung oder Verlegung gefährdeter öffentlicher Anlagen (§ 361), nicht vermeiden lassen.

Es kann also nicht die Aufgabe der vorliegenden Entscheidung sein, jede Bodenbewegung, die durch den Bergbau entstehen könnte, zu verhüten, sondern nur die Maßnahmen zu schaffen, von denen nach dem jetzigen Stande der Erfahrung eine solche Milderung der Oberflächenbewegung zu erwarten ist, daß durch den Bergbau gemeinschädliche Folgen nicht hervorgerufen werden. Die zu schützenden Anlagen an der Oberfläche im Innern der Stadt sind auch jetzt im wesentlichen von der gleichen Art wie im Falle der Entscheidung vom 21. Juni 1902, nämlich die privaten und öffentlichen Hochbauten und die Straßen mit ihrem Zubehör, also dem Straßenkörper sowie den Gas- und Wasserleitungen und dem Schleusennetz.

Der Stadtrat nimmt an, daß im Falle des Abbaues auch die Beschädigungen der Privathäuser der inneren Stadt eine so erhebliche sein werde, daß dadurch außer den für die Betroffenen erwachsenden rein vermögensrechtlichen Nachteilen auch eine erhebliche Gefährdung öffentlicher Interessen eintreten werde. Daß durch den Bergbau und seine Einwirkung auf die Privathäuser mittelbar auch erhebliche Nachteile für die Allgemeinheit eintreten können, ist nicht zu leugnen. Das wird aber nur dann der Fall sein, wenn die Beschädigungen der Gebäude mindestens solche sind, daß entweder Leben und Gesundheit von Personen gefährdet wird, oder daß die Gebäude auch ohne das Vorliegen dieser Personengefährdung doch zeitweise oder dauernd ihrer bestimmungsgemäßen Benutzung entzogen werden. Jedoch ist in Fällen der letzterwähnten Art — Gefährdung der Benutzung eines Hauses — eine Beeinträchtigung öffentlicher Interessen oder, wie § 196 des preußischen Allgemeinen Berggesetzes sagt, eine „gemeinschädliche Einwirkung des Bergbaues" nur dann vorhanden, wenn die Gefahr der Unbenutzbarkeit nicht nur wenigen im voraus genau zu bestimmenden Häusern droht, sondern einer unbestimmten größeren Anzahl von Häusern oder ganzen Häusergruppen oder Stadtteilen (vgl. für das preußische Recht Rekursbescheid des Ministers für Handel und Gewerbe vom 2. Februar 1899, Zeitschrift für Bergrecht, Band 40, S. 241). Auch wenn durch so weitreichende Beschädigungen ein Mangel an Wohnungen noch nicht eintritt, so müssen doch schon Beeinträchtigungen des Grundbesitzes in diesem Umfange als eine öffentliche Kalamität bezeichnet werden.

Eine solche Gefahr ist aber für das hier in Frage stehende Abbaugebiet nicht zu befürchten. Bereits in der Entscheidung von 1902 ist ausgeführt, daß selbst da, wo in Zwickau ohne besondere Vorsichtsmaßregeln, namentlich ohne Bergeversatz, abgebaut wird, nur vereinzelte Gebäudebeschädigungen (Mauerrisse, Sprünge in den Kellergewölben, Fensterbänken, Türstöcken, Klemmungen an den Türen, Fenstern und dergl.) eintreten, die sich wieder herstellen lassen. Die seit Erlaß jener Entscheidung gemachten Erfahrungen haben gezeigt, daß diese Annahme auch jetzt noch im wesentlichen zutrifft. Namentlich sind dort, wo der Abbau mit vollem Handversatz ausgeführt worden ist, die Bergschäden nirgends in dem Maße aufgetreten, daß sich dadurch die Unbrauchbarkeit der Gebäude oder gar eine plötzliche Einsturzgefahr und somit Nachteile für die Allgemeinheit ergeben hätten.

Nun wird aber in der gegenwärtigen Entscheidung dem Erzgebirgischen Verein für das gesamte Abbaugebiet nicht nur die Einbringung des vollen Bergeversatzes, wie er in der Entscheidung von 1902 für die Schleusensicherheitspfeiler und damit im größten Teile des von jener Entscheidung getroffenen Grubenbesitzfeldes verlangt wurde, zur Pflicht gemacht, vielmehr soll das Grubenfeld des Erzgebirgischen Vereins, auf das sich der mit der vorliegenden Entscheidung zugleich genehmigte Betriebsplan erstreckt, nur unter Anwendung von Spülversatz abgebaut werden. Daß aber mit diesem Abbauverfahren die Gefahr einer Beschädigung von Oberflächenanlagen wesentlich geringer ist als bei jedem anderen und namentlich auch beim Abbau mit vollem Handversatz, wird auch vom Stadtrat nicht bestritten.

Für die öffentlichen Hochbauten gilt dasselbe wie für die privaten. Abgesehen von den beiden im Stadtinnern gelegenen Kirchen, der Marien- und Katharinenkirche, kommen hier im wesentlichen die Gebäude des Staates und der Stadtgemeinde in Betracht. Auch bei ihnen werden die Schäden, die durch den geplanten Abbau entstehen, geringer als bei jeder anderen Abbaumethode und jedenfalls so gering sein, daß ihre dauernde oder zeitweilige Außerbrauchsetzung nicht zu befürchten ist.

Die beiden Kirchen im Innern der Stadt nehmen wegen ihres Alters und ihres Kunstwertes eine Ausnahmestellung unter den öffentlichen Gebäuden ein. Bei ihnen war deshalb weiter noch die Frage zu untersuchen, was zu geschehen habe, um sie auch gegen solche Beschädigungen zu schützen, die zwar nicht ihren bestimmungsmäßigen Gebrauch, wohl aber ihre künstlerische Eigenart und ihren geschichtlichen Wert beeinträchtigen könnten. Der für die Marienkirche in der Entscheidung vom 21. Juni 1902 festgesetzte Sicherheitspfeiler hat seinen Zweck bisher erfüllt. Wenn auch seitdem an den Grundmauern der Kirche Senkungen bis zu 14 cm eingetreten sind, so hat sich doch ein schädlicher Einfluß der Senkungen nicht gezeigt, wie eine vor Jahresfrist vorgenommene eingehende bautechnische Untersuchung durch zwei hervorragende auswärtige Bausachverständige festgestellt hat. Das zum Abbau zugelassene Nordfeld des Erzgebirgischen Vereines liegt von der äußersten Grenze des Sicherheitspfeilers noch etwa 300 m entfernt, kommt also für eine Wirkung auf die Marienkirche nicht in Frage.

Zur Beantwortung der Frage, ob und in welchem Umfange die Katharinenkirche zu schützen sei, hatte man sich vor allem die voraussichtlichen Wirkungen des Spülversatzes auf der Oberfläche gegenüber dem bisherigen Abbauverfahren vor Augen zu halten. Je nach der Beschaffenheit des Dachgebirges entstehen im Zwickauer Revier beim Bruchbau ohne jeden Versatz Senkungen an der Oberfläche, die ungünstigstenfalls die Mächtigkeit der abgebauten Flöze erreichen können; in der Regel beläuft sich indessen diese Senkung auf etwa 70 % der Flözmächtigkeit. Beim Abbau mit Handversatz richtet sich das Maß der Senkungen auch nach der Vollständigkeit des Versatzes und nach der Sorgfalt seiner Einbringung und schwankt zwischen 20 % und 50 % der Flözmächtigkeit. Über die Wirkungen, die der Abbau mit Spülversatz auf die Tagesoberfläche hat, sind in den letzten Jahren in verschiedenen Revieren viele Erfahrungen gesammelt worden. Hiernach läßt sich mit Sicherheit feststellen, daß unter gewöhnlichen Verhältnissen die durch Spülversatzabbau an der Oberfläche hervorgerufene Bodensenkung nicht über 10 % der Mächtigkeit der abgebauten Flöze hinausgeht, in günstigen Fällen aber nur 5 % und noch weniger beträgt. Im Zwickauer Revier hat der Erzgebirgische Verein selbst die meisten Erfahrungen mit dieser Abbaumethode. Nach zahlreichen Beobachtungen, die zum Teil auch von der Bergbehörde nachgeprüft werden konnten und als richtig befunden worden sind, betragen in seinem Grubenfelde die durch den Spülversatz hervorgerufenen Senkungen an der Oberfläche im Mittel 5 %, im höchsten Falle 8 %.

Stellt man die angegebenen Zahlen nebeneinander, so ergibt sich für das Zwickauer Revier die Senkung an der Oberfläche in Hundertteilen der Flözmächtigkeit ausgedrückt: beim Bruchbau zu etwa 70 %, beim Handversatz im Durchschnitt zu etwa 40 % und beim Spülversatz im Durchschnitt zu etwa 7 %. Hieraus ist der außerordentlich günstige Einfluß des Spülversatzabbaues auf das Maß der Senkung im Vergleich zu den anderen Abbauverfahren ohne weiteres zu ersehen.

Die Wirkungen der durch den Bergbau entstehenden Bodenbewegungen auf Anlagen an der Oberfläche sind aber nicht allein und nicht einmal vorwiegend von dem Maß der Senkungen, sondern vor allem davon abhängig, in welcher Weise diese verlaufen. Man macht vielfach die Beobachtung, daß Gebäude, die eine ziemlich starke Senkung erlitten haben, unbeschädigt bleiben, während andere schon bei einem geringen Niedergang des Baugrundes Risse zeigen. So hat beispielsweise das ziemlich lange Gebäude der höheren Bürgerschule am Grabenweg infolge des unter ihm und in seiner Umgebung zu verschiedenen Zeiten betriebenen Abbaues seit den 1870er Jahren eine Senkung von etwa 1,5 m erfahren, ohne daß Klagen über dadurch entstandene Störungen laut geworden sind. Hier wie in allen ähnlichen Fällen sind die Senkungen allmählich und gleichmäßig verlaufen und der Baugrund hat in sich keine seitlichen Verschiebungen erlitten.

Beim Bruchbau und auch beim Handversatz entstehen er fahrungsgemäß an den Stellen der Oberfläche, an denen sich die Grenze zwischen den abgebauten und den unabgebauten Flözteilen — der Abbaurand — geltend macht, besonders leicht schädigende Wirkungen, was unschwer zu erklären ist. Selbst bei mittleren Flözmächtigkeiten sind bei diesen Abbaumethoden nach den oben angegebenen Zahlen die offen bleibenden Hohlräume schon so groß, daß beim Niedergehen des Dachgebirges in sie die Biegungsgrenze der Gesteinsschichten in der Regel überschritten wird und daß deshalb ein Aufbrechen der Schichten und damit eine Auflockerung des Daches eintritt. Da die Beanspruchung der Dachschichten auf Biegung am Abbaurand am größten ist, so ist es einleuchtend, daß hier das Abreißen der Schichten zuerst eintritt. Nach allen Erfahrungen pflanzt sich dieser Abriß in ziemlich steiler Böschung, im Zwickauer Revier etwa in einem Winkel von 80⁰ noch über Tage fort, verursacht hier in vielen Fällen ungleichmäßige Senkungen und Verschiebungen des Geländes. Wenn solche Wirkungen bei den Abbauen, die gemäß der Entscheidung vom 21. Juni 1902 getrieben wurden, nur im ganz geringen Maße aufgetreten sind, so ist dies einmal eine Folge der günstigen Beschaffenheit des Dachgebirges, sodann aber auch des Umstandes, daß die beiden beteiligten Werke freiwillig an Stelle des vorgeschriebenen vollen Handversatzes vielfach Spülversatz eingebracht und nur in Ausnahmefällen von der Befugnis Gebrauch gemacht haben, bestimmte Flächen unter Bruchbau ohne jeden Versatz abzubauen.

Beim Abbau mit Spülversatz kommt es auch bei starker Mächtigkeit der Flöze nicht zu einem Aufbrechen der Schichten. Das Dach legt sich in sanfter Einsenkung auf den Versatz auf, ohne daß an den Abbaurändern der Zusammenhang der Schichten gelöst wird. Diese gleichmäßige, flache, muldenförmige Biegung der Dachschichten über dem Abbau pflanzt sich in die darüberliegenden Gesteinsschichten allmählich fort, indem sie sich nach allen Seiten ausbreitet und dadurch nach obenhin an Tiefe abnimmt. Dies bestätigt auch die Beobachtung, daß beim Abbau mit Spülversatz die Fernwirkungen über Tage in der Regel weiter reichen als bei anderen Abbauarten. Naturgemäß muß dementsprechend daß Maß der Senkung, das noch über Tage bemerkbar wird, ab- und die Gleichmäßigkeit derselben zunehmen. Daß die Wirkungen des Spülversatzes auch im Zwickauer Revier in der geschilderten Weise verlaufen, zeigt der Zustand eines von der Berginspektion Zwickau I untersuchten, reichlich ein Jahr alten Spülversatzabbaues des Erzgebirgischen Vereins im Ludwigflöze. Der Abbau erstreckt sich über eine Fläche von etwa 40000 qm, war also groß genug, um die Art der Beanspruchung der Dachschichten auf Biegung erkennen zu lassen. Der stehengebliebene Holzausbau in den Abbauen war nahezu unverändert, die Bolzen waren nicht geknickt, sie zeigten eine kleine Zusammendrückung in der Längenachse von etwa 5 mm; die Kappen waren unversehrt. An der Grenze des Spülversatzes mit dem noch anstehenden Flöze war das Dach völlig unverändert und ging ganz allmählich in das Dach über dem unverritzten Kohlepfeiler über. Die Annäherung zwischen Dach und Sohle wurde im Mittel zu 5,6 % der durchschnittlich 3 m betragenden Flözmächtigkeit bestimmt; die über Tage zu erwartende Senkung wird naturgemäß noch unter diesem Betrag bleiben.

Bei diesen Erfahrungen ist es verständlich, daß in anderen Steinkohlenrevieren das Spülversatzverfahren von Sachverständigen als das geeignetste Mittel angesehen wird, um Oberflächenschäden auf das geringste Maß zurückzuführen und um den vollständigen Abbau der Kohlen unter dicht bebauten Gegenden zu ermöglichen. Man kommt neuerdings allgemein zu der Ansicht, daß eine wertvolle Anlage an der Oberfläche durch einen unter ihr zweckmäßig geführten Abbau mit Spülversatz gegen Beschädigungen besser geschützt wird als durch Stehenlassen eines Sicherheitspfeilers. Es haben deshalb die Bergbehörden in neuerer Zeit in verschiedenen Fällen den Abbau von früher für Kirchen und ähnliche Objekte festgesetzten Sicherheitspfeilern nachträglich gestattet. Auch im Zwickauer Revier gehen die Werke dazu über, die früher zum Schutze der Schächte und der Tagesanlagen festgesetzten Sicherheitspfeiler vorzeitig mittels Versatzes abzubauen, weil sie dadurch einen besseren Schutz für diese gegen Bodenbewegungen sehr empfindlichen wertvollen Objekte zu erreichen hoffen. Hiernach ist die Behauptung des Stadtrates unzutreffend, daß über den Spülversatz genügende Erfahrungen im allgemeinen und für das Zwickauer Revier im besonderen noch nicht vorliegen. Schon aus den angeführten Tatsachen, die sich unschwer vermehren ließen, kann man, wenn die Mächtigkeit, die Art der Lagerung und die Tiefe der Flöze sowie die Beschaffenheit des Dachgebirges hinlänglich bekannt sind, mit ausreichender Sicherheit die Wirkungen vorausbestimmen, die ein Abbau mit Spülversatz auf Anlagen an der Oberfläche haben wird.

Für das zum Abbau zugelassene Nordfeld des Erzgebirgischen Vereins sind die örtlichen Verhältnisse für den Spülversatz günstig. Das Fallen der Flöze beträgt etwa 15°, was für ein dichtes und vollständiges Ausspülen der ausgehauenen Hohlräume sehr vorteilhaft ist. Auch bietet die Beschaffenheit des Dachgebirges, wie schon erwähnt, eine Gewähr, daß die Senkungen möglichst gleichmäßig verlaufen, ebenso der Umstand, daß nach allen Aufschlüssen die Lagerung der Flöze ziemlich ungestört ist. Ebenfalls mildernd und ausgleichend auf die Senkungen wirkt die verhältnismäßig große Tiefe, zwischen 600 und 900 m unter Tage. Hierzu kommt noch, daß dem Erzgebirgischen Verein Spülgut von besonders guter Beschaffenheit zur Verfügung steht, und daß seine Beamten und Arbeiter reiche Erfahrung und lange Übung in diesem Verfahren besitzen. Nach alledem wird man die zu befürchtenden Senkungen nicht höher als auf 7 % der Flözmächtigkeit zu schätzen haben. Diese Mächtigkeit, die nach Norden hin abnimmt, ist im Durchschnitt mit insgesamt 8,5 m Kohle anzunehmen. Man hat sonach bei dem genehmigten Abbau im Nordfelde mit einer Gesamtsenkung von höchstens rund 60 cm zu rechnen, die sich auf eine Reihe von Jahren verteilen wird. Dabei ist die Möglichkeit des Totbrechens, d. h. die Verminderung der Senkungstiefe von den Abbauen bis über Tage, außer Betracht gelassen worden, weil sich hierfür im voraus ein bestimmtes Maß nicht angeben läßt.

Nach alledem ist es höchst unwahrscheinlich, daß die Katharinenkirche infolge des vom Erzgebirgischen Verein geplanten Abbaues seines Nordfeldes Beschädigungen erleidet, die ihren geschichtlichen und künstlerischen Wert beeinträchtigen. Gleichwohl hielten es die erkennenden Behörden für angezeigt, die Teile des Grubenfeldes, die in unmittelbarer Nähe der Kirche liegen, bis auf weiteres für den Abbau zu sperren. Einmal bildet das Grubenfeld nordöstlich von der Kirche jetzt eine ausspringende Ecke, die bis 20 m an das Mauerwerk heranreicht. Diese Gestalt des Feldes ist nicht günstig für die Verteilung der Senkungen an der Oberfläche. Sodann haben die unterzeichneten Behörden im Hinblick auf die neueren Erfahrungen auch die Überzeugung gewonnen, daß zwar der Abbau mit Spülversatz unter einem zu schützenden Tagesgegenstand wenigstens ebenso großen Schutz gegen die Wirkungen des Bergbaues bietet wie ein Sicherheitspfeiler. Es ist dabei aber die Voraussetzung, daß das abzubauende Feld unter dem Gegenstand und in seiner nächsten Umgebung genügend groß und tunlichst unverritzt ist. Da dem Erzgebirgischen Verein zurzeit nur in einem kleinen Teile in der Nähe der Kirche das Abbaurecht zusteht, so würde durch Zulassung des Abbaues dieses Teiles allein ein zweckmäßiger späterer Abbau unter der Kirche sehr erschwert, und der Schutz durch einen solchen wäre nicht mehr so hoch wie beim Vorhandensein eines unverritzten und regelmäßig gestalteten Feldes.

Bei der Art und dem Umfang der Abbaubeschränkung waren folgende Erwägungen maßgebend. Es lag nahe, ebenso wie dies für die Marienkirche geschehen ist, auch für die Katharinenkirche einen Sicherheitspfeiler zu bestimmen. Man hat aber davon abgesehen, weil es sich nicht darum handelte, einen Schutz dadurch zu schaffen, daß die Kohlen für alle Zeiten stehen bleiben, sondern nur zufällige örtliche Verhältnisse — namentlich die ungünstige Ge-

stalt des Grubenfeldes —, die sich jederzeit ändern können, einen Abbau
verbieten. Wäre schon jetzt unter und in der Umgebung
der Katharinenkirche ein genügend großes günstig ge-
staltetes Grubenfeld zum Abbau vorhanden, so wäre es,
wie schon oben ausgeführt, unbedenklich, den Abbau
eines solchen Feldes zu gestatten. Unter diesen Umständen
konnte man auch davon absehen, die Abbaubeschränkung nach der
Art der Sicherheitspfeiler nach der Tiefe zu erweitern.

Bei der Festsetzung des Umfanges der Abbaubeschränkung
ging man davon aus, daß der Sicherheitspfeiler der Marienkirche bei
den Flözteufen unter der Katharinenkirche zu etwa 150 m vom Mauerwerk ab zu bemessen wäre. Nun hat aber die Katharinenkirche geringere Abmessungen und namentlich wesentlich geringeres Mauerwerk als die Marienkirche; sie besitzt auch keinen so hohen kunst-
geschichtlichen Wert wie diese und hat daher für die Allgemeinheit
nicht dieselbe Bedeutung. Sodann ist der Umfang des Sicherheitspfeilers für die Marienkirche in der Entscheidung vom 21. Juni 1902
in der Voraussetzung festgesetzt worden, daß außerhalb desselben an
allen Stellen, an denen keine Schleusensicherheitspfeiler einzuhalten
sind, die Kohle ohne jeden Bergeversatz, also mit Bruchbau gewonnen
werden darf. In der Umgebung der Katharinenkirche hingegen soll
das ganze Grubenfeld gleichmäßig unter Einbringuug besten Spülversatzes abgebaut werden. Beide Umstände sprechen dafür, daß, wenn
für die Katharinenkirche ein Sicherheitspfeiler festgesetzt worden
wäre, er wesentlich kleiner hätte genommen werden können als für
die Marienkirche. Um so mehr konnte die Abbaubeschränkung eine
geringere Ausdehnung erhalten. Der dem Abbauverbot gegebene
Umfang — 100 m Abstand von dem Mauerwerk der Kirche — ist
völlig ausreichend.

Der in der Entscheidung gemachte Vorbehalt, kleinere Abweichungen zu gestatten, die die Gesamtwirkung nicht beeinträchtigen, entspricht dem in der Entscheidung von 1902 gemachten gleichartigen
Vorbehalte und erschien auch hier unbedenklich. Sollte der Erzgebirgische Verein innerhalb des gesperrten Feldes Strecken aufzufahren
genötigt sein, so würde hierüber gemäß § 1 der Allgemeinen Berg-
polizei-Vorschriften für das Königreich Sachsen vom 2. Januar 1901
das Bergamt zu entscheiden haben.

Die von dem genehmigten Abbau den Straßen und den in ihnen
liegenden Gas- und Wasserleitungen drohenden Störungen lassen
sich am sichersten nach den Wirkungen beurteilen, die der gemäß der
Entscheidung vom 21. Juni 1902 verführte Abbau an ihnen verursacht
hat. Nimmt man auch als erwiesen an, daß die vom Stadtrat in dem
Schreiben vom 9. Juli 1912 aufgezählten Rohrbrüche und Straßen-
beschädigungen im wesentlichen eine Folge des Abbaues sind, und daß
auch viele der übrigen noch vom Bergamt seit 1903 festgestellten
derartigen Schäden hierauf zurückzuführen sind, so sind jedoch in
keinem Falle die Störungen derart gewesen, daß sie die

öffentliche Sicherheit und die gute Ordnung des Gemeinwesens irgendwie gefährdet hätten.

Nach den Ausführungen unter XI 2a sind von dem jetzt genehmigten Abbau geringere Wirkungen auf die Oberfläche zu erwarten als von dem Abbau, der gemäß der Entscheidung von 1902 betrieben werden darf. Wenn aber damals ein besonderer Schutz der Straßen, der Gas- und Wasserleitungen nicht vorgesehen war, so ist anzunehmen, daß die für den gesamten Abbau des Nordfeldes vorgeschriebene Anwendung von Spülversatz auch für den diesen Oberflächenanlagen im öffentlichen Interesse zu gewährenden Schutz völlig ausreicht.

Wie schon in den Gründen für die Entscheidung vom 21. Juni 1902 ausgeführt wurde, hat das Schleusennetz für die öffentliche Sicherheit und gute Ordnung eines Gemeinwesens eine besondere Bedeutung. Man hat jedoch auch damals für die südlichen Schleusen einen besonderen Schutz gegen die Einwirkungen des Abbaues vorgesehen. Diese Maßnahmen haben sich bis jetzt als völlig ausreichend erwiesen. Nach den Feststellungen der Berginspektion Zwickau I, die im Auftrag des Bergamts seit dem Jahre 1901 alle in Zwickau auftretenden Schäden an Oberflächenanlagen erörtert, sind in den von der Entscheidung von 1902 betroffenen Stadtteilen seitdem sehr wenig Schleusenstörungen vorgekommen. Nur im Jahre 1907 hat der Stadtrat wegen Störung der Wasserabfuhr in den Hauptschleusen in den Straßen am Silberhof, Mühlgrabenweg, Innere Dresdener Straße, Nikolaistraße und Schloßgrabenweg eine Bergschädenklage erhoben; diese wurde dadurch erledigt, daß auf gemeinsame Kosten der Stadt und der beteiligten Gruben Anlagen zur Hebung der Schleusenwässer errichtet wurden, die seitdem n ungestörtem Betrieb sind. In der Entscheidung vom 21. Juni 1902 wurden für die Schleusen Sicherheitspfeiler vorgeschrieben, innerhalb deren der Abbau nur mit vollem Bergversatz — also auch mit Handversatz — zulässig ist. Vorliegendenfalls wird dagegen Spülversatz für das ganze zum Abbau zugelassene Feld verlangt. Daß dieses Verfahren wesentlich größeren Schutz für die Oberfläche bietet als jede andere Abbaumethode, ist bereits unter XI 2a eingehend begründet worden. Auch das Schleusennetz erhält daher nach der jetzigen Entscheidung einen noch besseren Schutz als durch die Entscheidung vom 21. Juni 1902. Schließlich hatte man noch die Frage zu beantworten, ob durch die zu erwartenden Senkungen nicht der Abfluß der Schleusenwässer in die Mulde in unzulässiger Weise beeinflußt wird. Die Hauptschleuse, die in der Nähe der Moritzkirche beginnt und die Abwässer der Mulde zuführt, liegt außerhalb des eigentlichen Senkungsgebietes des Nordfeldabbaues Sollten wider Erwarten sich auch in der Nähe der Moritzkirche noch Fernwirkungen geltend machen, so können diese nur so gering werden, daß sie keinen merkbaren Einfluß auf die Gefällverhältnisse der genannten Schleuse ausüben. Hiernach sind durch den Abbau auch keine solchen Vorflutstörungen zu befürchten, die im Interesse des Gemeinwesens verhindert werden müßten.

In die Entscheidung selbst konnten unter Ziffer 2 nur die grundlegenden Vorschriften über die Art des Abbaues aufgenommen werden, weil sich die Abbauverhältnisse nach den zurzeit noch nicht bekannten örtlichen Verhältnissen richten müssen. Die näheren Anweisungen über die Durchführung der unter 2 aufgestellten Bedingungen zu erlassen, ist die Aufgabe der Bergpolizeibehörde, die nach einem besonderen Vorbehalt in der Entscheidung nach § 86 des Allgemeinen Berggesetzes vom 31. August 1910 in der Lage ist, im Rahmen der Entscheidung das Nötige vorzukehren. Die Entscheidung gilt zunächst nur für das Grubenfeld, das dem Erzgebirgischen Verein zur Zeit des Antrages, also bis zum 9. März 1911, gehörte. Sollte dieser auf der Linie Hauptmarkt — Innere Dresdener Straße weitere Abbaurechte erwerben, so bedürfte es zur Gewinnung der unter diese fallenden Kohlen einer weiteren Entscheidung der unterzeichneten Behörden.

2. Die Mitteilungen des Bergassessors Bäumer.[1]

Das Stadtgebiet von Essen umfaßt gegenwärtig 3857 ha, und die Bevölkerung beträgt ungefähr 300 000 Einwohner. Essen ist der Mittelpunkt und die größte Stadt des rheinisch-westfälischen Industriebezirks. Ihrer Bedeutung angemessen enthält die Stadt natürlich viele große öffentliche und private Monumentalbauten. Im Stadtkreis Essen liegen 9 Gruben, die etwa 12 000 Mann Belegschaft haben und pro Jahr etwa 55 Millionen Tonnen Kohle fördern. Die unter dem Weichbild der Stadt bauenden Gruben sind insbesondere „Viktoria-Mathias" und „Vereinigte Sälzer und Neuack".

Die Kohlenlagerung ist zum Teil flach, zum Teil sehr steil. Die Gewerkschalt „Viktoria-Mathias" baut unter der Stadt Essen mit Handversatz ab; die Abbaue bewegen sich in Teufen von etwa 250 m bis 400 m unter Tage. Mit den wertvollsten Tagesgegenständen ist das Grubenfeld der vom Verfasser besichtigten Kruppschen Zeche „Sälzer und Neuack" bedeckt. Die Abbaue dieser Zeche gehen zum Teil unter der weltbekannten Gußstahlfabrik von Friedrich Krupp A.-G. um, die einen Komplex von etwa 160 ha bedeckt, von dem fast die Hälfte mit mächtigen Werkstätten bebaut ist, in denen die verschiedensten und allergrößten Kraft- und Arbeitsmaschinen in Betrieb stehen. Bekanntlich wird in dem Kruppschen Werk in Essen auch ein großer Teil des deutschen Kriegsmaterials hergestellt, und es besteht mit Rücksicht auf diesen Umstand ein überaus großes öffentliches Interesse an der ungestörten Erhaltung dieser Fabrikanlagen.

Herr Bergassessor Bäumer gibt über die Abbauverhältnisse auf Zeche „Sälzer und Neuack" folgende Mitteilungen: Die Zeche „Ver. Sälzer-Neuack" baut unter der Fabrik der Firma Krupp und unter einem Teile der Stadt Essen. Auf der überall dicht bebauten Oberfläche liegen zahlreiche wichtige und wertvolle Werkstätten und viele

---

[1] Die Mitteilungen stammen aus dem Jahre 1912.

öffentliche Gebäude, wie Kirchen, Schulen usw. Die Werte der kostspieligsten Gebäude betragen im einzelnen bis zu 9 Millionen Mark. Abbau wird zurzeit in der unteren Fettkohlenpartie in den Flözen Dreckherrnbank, Dreckbank, Röttgersbank, Herrnbank, Wiehagen, Rieckenbank, Beckstadt, Fettlappen und Sonnenschein in einer Teufe von 240, 300, 360 und 420 m betrieben. Die mit 10—25° flach einfallenden Flöze haben eine Gesamtmächtigkeit von etwa 10 m, und zwar Dreckherrnbank 1,50 m, Dreckbank 1,00 m, Röttgersbank 1,50 m, Herrnbank 1,10 m, Wiehagen 0,80 m, Rieckenbank 0,50 m, Beckstadt 1,30 m, Fettlappen 0,80 m, Sonnenschein 1,30 m. Das Nebengestein ist sehr gut und besteht zu $^2/_3$ aus Sandstein und Sandschiefer und zu $^1/_3$ aus Schiefer. In den oberen Teufen wurde anfags Pfeilerbau (Bruchbau), später Schachbrettbau und schließlich, als sich Bergschäden in erheblichem Maße zeigten, Strebbau mit Handversatz geführt. Obwohl hierbei ein plötzliches Hereinbrechen des ganzen Gebirges vermieden und infolgedessen auch eine gleichmäßige Bodensenkung an der Oberfläche herbeigeführt wurde, sah man sich für die Folge doch gezwungen, für die wichtigsten Fabrikanlagen und für einen Teil der Stadt Schutzbezirke zu ziehen, in denen der Abbau untersagt wurde.

Um die in diesen Sicherheitspfeilern anstehenden Kohlen, die einen erheblichen Teil unserer Berechtsame ausmachen, nicht zu verlieren, wurde im letzten Jahrzehnt der Abbau mit Spülversatz eingeleitet und derart vervollkommnet, daß die Bergbehörde auf Grund der weiterhin gemachten Erfahrungen unserm Antrag entsprechend die Sicherheitspfeiler a) unter dem Panzerplattenwalzwerk, b) unter der Marienkirche, c) unter den Kanonenwerkstätten usw., die zur Verhütung eines Gemeinschadens behördlich gestreckt waren, aufhob und ihren Abbau mit vollständigem Spülversatz gestattete. Infolge der günstigen Ergebnisse, die wir inzwischen mit dem Abbau der Sicherheitspfeiler gemacht haben, wird die Bergbehörde, wie wir aus einer kürzlich stattgefundenen Unterredung entnommen haben, auch den unter der Stadt noch anstehenden Sicherheitspfeiler zweifellos unbedenklich freigeben.

An Versatzmaterial verwenden wir in der Hauptsache Asche, Schlacken, überhaupt alle Abfälle der Gußstahlfabrik, ferner Bauschutt, Waschberge, Haldenmaterial und gemahlene Grubenberge. Das gesamte Versatzgut wird in einer neuerdings errichteten Versatzaufbereitung auf 40 mm zerkleinert und so gemischt, daß wir mit einer durchschnittlichen Zusammendrückbarkeit des Spülgutes von 15 % bis 20 % bei 150 atm Druck zu rechnen haben. Bei besonders empfindlichen und wichtigen Gebäuden wird die Dichte des Versatzes durch entsprechende Mischung des zur Verfügung stehenden Materiales noch erhöht. Sand, der sich für solche Fälle wegen seiner geringen Zusammendrückbarkeit von 2 bis 5 % wohl am besten eignet, kann für uns nicht in Frage kommen, da er nur mit sehr hohen Kosten zu beschaffen ist. Die gute Wirkung des Spülversatzes an sich wird bei uns noch dadurch erhöht, daß wir vermöge des Abbaues mit Schüttelrutschen in der Lage sind, bis zu 100 m hohe Pfeiler sehr schnell abzubauen, wodurch die Senkungen auf möglichst große Flächen verteilt werden und einen ziemlich gleichmäßigen Verlauf nehmen. Die gegenwärtig noch vereinzelt auftretenden ungleichmäßigen Senkungen innerhalb unseres Grubenfeldes führen wir auf den in den oberen Sohlen stattgefundenen Abbau ohne Spülversatz zurück. Sobald diese Nachwirkungen aus den früheren Bauen, die schon jetzt von Jahr zu Jahr geringer werden, aufhören, sind wir sicher, daß selbst bei unserem Spülversatz, der, wie Sie oben gesehen haben, immerhin noch gewisse Senkungen zuläßt, infolge schnellen Abbaues großer Flächen und der hierdurch bewirkten Gleichmäßigkeit dieser Senkungen die größtmögliche Schonung der Erdoberfläche erreicht wird.

Durch den schnellen Verhieb ist eine ziemliche Konzentration des Verhiebes herbeigeführt worden, so daß hierdurch die Jahresleistung pro Mann in Tonnen der Nettoförderung jetzt 352 t beträgt, während dieselbe 1909/1910 : 252 t, 1910/1911 : 306 t, 1911/1912 : 313 t betrug. Oberschlesien hat, wie vergleichsweise angegeben werden soll, 313 t, der Saarbezirk 222 t und der Bezirk Dortmund 267 t.

3. Verschiedene Auskünfte aus dem rheinisch-westfälischen Steinkohlenrevier.[1]

Einer Rundfrage des bereits vielerwähnten Erzgebirgischen Steinkohlen-Aktienvereins verdankt der Verfasser die Kenntnis über die Abbauverhältnisse unter einigen Städten des Oberbergamtes Dortmund.

a) Äußerung des Oberbürgermeisters Schmidt der Stadt Essen. Unter der Stadt Essen wird schon seit Jahrzehnten Bergbau betrieben. Dieser Bergbau wurde früher ohne sogenannten Bergeversatz vorgenommen, d. h. die Hohlräume, welche durch das Herausnehmen der Kohle in dem Untergrund verursacht wurden, blieben stehen und gaben nach Verfaulung der Stützhölzer zu einem Zusammenbruch der Aushöhlungen im Erdinnern und anschließend hieran zu Senkungen an der Erdoberfläche Anlaß. Hierdurch sind an den einzelnen Stellen der Stadt fortlaufend Senkungen von etwa 20 cm im Laufe eines Jahres vorgekommen. Neuerdings wird mit Bergeversatz gearbeitet, d. h. die Hohlräume, welche durch Herausnahme der Kohle erzeugt sind, werden wieder mit dauernd in Wirkung bleibendem Material ausgefüllt. Hierdurch wird das Maß der Senkung verringert. Die Senkungen üben naturgemäß auch Einflüsse auf Gebäulichkeiten aller Art aus, indem Risse einseitige Senkungen und auch Verschiebungen von Gebäuden eintreten. Die Ansprüche der Eigentümer der Baulichkeiten wurden in allen mir bekannten Fällen befriedigt. Die Senkung ganzer Stadtteile ging ohne wesentlichen Einfluß auf die Gesamtanlage der Gebäude vor sich. Zeitweise war es auch üblich, im Untergrunde den Kohlenabbau in einem gewissen Umfange zu unterbrechen, wenn

---

[1] Die Auskünfte stammen aus dem Jahre 1912.

auf der Erdoberfläche ein besonderer Monumentalbau wie etwa eine Kirche oder ein öffentliches Monumentalgebäude vorhanden war. Dieses Stehenbleiben der Sicherheitspfeiler hat sich direkt als nachteilig erwiesen, weil dadurch die gleichmäßige Senkung größerer Gebiete aufgehoben wurde, so daß es besser ist, keine Sicherheitspfeiler mehr stehen zu lassen. Der Kohlenabbau erfolgt unter der Altstadt und dem größten Teile der Neustadt. Der älteste Abbau reicht etwa 100 Jahre zurück. Die Bergschäden sind, seit mit Bergeversatz gearbeitet wird, bedeutend zurückgegangen. Der geringe Einfluß der Senkungen in der Stadt ist auf die geologischen Verhältnisse zurückzuführen, weil das Carbon überlagert ist von einer 30 bis 50 m mächtigen Mergelschicht, die ein fast gleichmäßiges Sinken der Erdoberfläche zur Folge hat. Trotz des recht intensiven Bergbaues unter der Stadt hat der Bodenkredit und die Beleihbarkeit der Grundstücke keineswegs gelitten.

b) Äußerung des Vereins für die bergbaulichen Interessen im Oberbergamtsbezirk Dortmund. Laut den Mitteilungen des Vereins für die bergbaulichen Interessen im Oberbergamtsbezirk Dortmund wird unter den Städten des gegenständlichen Industriebezirkes allgemein Abbau betrieben, ohne daß sich besondere Übelstände gezeigt hätten. Selbstverständlich treten an den Gebäuden Bergschäden öfters auf. Seitdem der alte Bruchbau verlassen ist und mit Bergeversatz (Handversatz) abgebaut wird, sind die Schäden nur geringfügig. Vor allem treten sie an den Grenzen des Einwirkungsgebietes auf, in der Mitte des Senkungsgebietes nur selten. Wie bedeutend der Abbau unter den Städten ist, zeigen die im folgenden angeführten Beispiele. Es bauen ab unter den Städten: 1. Oberhausen (rund 52 000 Einwohner) die Gruben Concordia, Roland, Oberhausen, 2. Hamborn (rund 102 000 Einwohner) die Grube Deutscher Kaiser, 3. Essen (rund 300 000 Einwohner) die Gruben Langenbrahm, Sälzer-Neuack, Graf Beust, Herkules, Königin Elisabeth, Viktoria-Mathias, 4. Altenessen (rund 47 000 Einwohner) die Gruben Kölner Bergwerksverein, Helene-Amalie, Neuessen, 5. Gelsenkirchen (rund 169 000 Einwohner) die Gruben Dahlbusch, Hibernia, Rheinelbe, Alma, Wilhelmine Viktoria, Consolidation, Graf Bismarck, Pluto, 6. Herne (rund 58 000 Einwohner) die Gruben Shamrock, Julia, von der Heydt, Friedrich der Große, 7. Bochum (rund 134 000 Einwohner) die Gruben Engelsburg, Carolinenglück, Präsident, Constantin der Große.

In einigen Städten hat die Senkung ganzer Stadtteile im Laufe der Jahre weit über 1 m erreicht. Eine Verminderung des Bodenwertes oder Bodenkredits ist hierbei nirgends beobachtet worden. Das tritt deutlich hervor in der Abhandlung von Dr. Strehlow „Die Boden- und Wohnungsfrage des rheinisch-westfälischen Industriebezirks" (Verlag von Baedecker, Essen). In dieser Abhandlung wird unter anderem die bedeutende Wertsteigerung des Bodens im hiesigen Revier besprochen. Ferner verfehlen wir nicht, ein Urteil des Landgerichts Dortmund anzuführen, das folgenden Satz enthält: „Im übrigen erscheint die von (dem Gutachter)

T. bekundete Ansicht, daß die Bewohner von M. eine Bergschädengefahr nicht als Wertverminderung der Grundstücke ansehen, gar nicht unverständlich."

Die Bergbehörde hat gegen den Abbau unter Städten, Fabriken, Flüssen, dem Kanal (Rhein-Herne-Dortmund-Emskanal) usw. keine Bedenken. In wichtigen Fällen schreibt sie nur vor, daß mit Bergversatz abgebaut werden soll. So ist z. B. für den Abbau unter dem Panzerplattenwerk der Firma Krupp Bergeversatz vorgeschrieben, und der Abbau unter dem Rhein-Herne-Kanal ist ebenfalls nur mit Bergeversatz gestattet. Zum Schutze dieses Kanals ist eine besondere Berg-Polizeiverordnung (siehe Zeitschrift für Berg-, Hütten- und Salinenwesen 1908, S. 60) erlassen worden, deren Begründung sehr interessante Gesichtspunkte enthält. Der § 1 der Bergpolizeiverordnung lautet: „Unter dem Gelände des Rhein-Herne-Kanals bis zu einer Entfernung von je 300 m von der Kanalmitte darf Bergbau nur mit Bergeversatz geführt werden."

Nach dem Gesetze betreffend die Herstellung und den Ausbau von Wasserstraßen vom 1. April 1905 wurden die Kosten des Rhein-Herne-Kanals auf 74½ Millionen Mark und die gesamten Kosten des Kanalsystems vom Rhein bis zur Weser einschließlich Kanalisierung der Lippe auf $250^3/_4$ Millionen Mark veranschlagt. Die Sohlenbreite des Rhein-Herne-Kanals beträgt 15 m und seine normale Wassertiefe 3,5 m. Die Breite der Wasseroberfläche stellt sich sodann auf 34,5 m und der wasserhaltende Querschnitt auf 91,6 qm. Die Schleusen sind 165 m lang und 10 m breit. Die Leistungsfähigkeit des Kanals wird, je nachdem welche Schiffsgröße angenommen wird, auf 11 bis 20 Millionen Tonnen veranschlagt.

c) Der Abbau unter der Stadt Gelsenkirchen. Unter der Stadt Gelsenkirchen mit etwa 169 000 Einwohnern geht Abbau seit den 50er Jahren auf zahlreichen Flözen um. Der Abbau wird unter der inneren Stadt insbesondere von den Zechen Rhein-Elbe und Alma, Hibernia und Consolidation vollführt. Auf der Zeche Rhein-Elbe und Alma herrscht eine ziemlich flache Lagerung der Kohle vor. Vollständig abgebaut sind unter Gelsenkirchen von dieser Zeche ein Flöz in 150 m Teufe mit 1,3 m Kohlenmächtigkeit ohne Versatz, ein Flöz in 330 m Teufe mit 1,5 m Kohlenmächtigkeit ohne Versatz, ein Flöz in 360 m Teufe mit 1,25 m Kohlenmächtigkeit mit Handversatz. Weitere 10 Flöze von zusammen etwa 14,5 m Kohlenmächtigkeit stehen dagegen zurzeit in umfangreichem Abbau mit Handversatz, und zwar in Teufen von 249 bis 690 m unter der Tagesoberfläche. Bis zur Tiefe von 1000 m unter der Tagesoberfläche stehen aber außer den schon in Abbau genommenen noch weitere 15 abbauwürdige Flöze mit zusammen etwa 18,5 m Kohlenmächtigkeit an, für die keinerlei Abbaubeschränkung gilt, so daß also im Felde von Rhein-Elbe und Alma unter der Stadt Gelsenkirchen insgesamt etwa 28 Flöze mit zusammen etwa 37 m Kohlenmächtigkeit in Teufen von 100 bis 1000 m zum Abbau gelangen werden. Da auch noch tiefer Flöze vorhanden sind und der Bergbau später zweifellos auch noch in diese Tiefen vordringen wird, so ist die gesamte abbaufähige Kohlenmächtigkeit mit 37 m eher zu niedrig als zu hoch angesetzt.

Über den Einfluß dieses mit Handversatz betriebenen Bergbaues spricht sich die Verwaltung der **Gelsenkirchener Bergwerks-Aktien-Gesellschaft** wie folgt aus: Schon seit Jahrzehnten wird der Abbau mit Handversatz unter der Stadt Gelsenkirchen und insbesondere auch unter den Kirchen und öffentlichen Gebäuden auf zahlreichen Flözen betrieben, und sind trotz **erheblicher Vertikalsenkungen**, abgesehen von ganz vereinzelten Fällen, irgendwie bedeutende Schäden an der Oberfläche in neuerer Zeit nicht entstanden. Das Stehenlassen von Sicherheitspfeilern hat sich als unzweckmäßig erwiesen, da gerade diese Sicherheitspfeiler die Gleichmäßigkeit der Senkungen verhindern und wegen der stellenweise stattfindenden Abreißungen Anlaß zu Schäden gegeben haben, die andernfalls voraussichtlich nicht eingetreten wären. Was den Einfluß der Bergschäden auf den Bodenkredit anbelangt, so bemerken wir, daß der Bodenkredit und die Beleihbarkeit nicht, jedenfalls nicht in merkbarer Weise, durch den Abbau unter der Stadt beeinträchtigt worden sind. Zurückzuführen ist dies darauf, daß den Grundeigentümern nach § 148 des Allgemeinen Preußischen Berggesetzes voller Anspruch für alle Schäden zusteht, welche dem Grundeigentum oder dessen Zubehörungen durch den Betrieb des Bergwerks zugefügt wird. Im übrigen tragen selbst die kommunalen Sparkassen nicht die geringsten Bedenken, die Grundstücke in hiesiger Stadt nach ihren allgemeinen Grundsätzen zu beleihen, zumal den Hypothekengläubigern nach den Artikeln 67 Abs. 2, 52 und 53 des E. G. zum BGB. der Anspruch auf die von dem Bergwerks-Eigentümer zu gewährende Bergschädenvergütung zusteht. Nicht unerwähnt möchten wir lassen, daß die Bergbaueinwirkungen auf die Oberfläche, insbesondere auf die errichteten Gebäude, keinen Einfluß auf die Verkäuflichkeit der Grundstücke haben, daß im Gegenteil durch den Bergbau gefährdete Häuser lieber gekauft werden als andere, weil die Aussicht besteht, auf Grund der oben angeführten Stelle des Allgemeinen Preußischen Berggesetzes den Bergbaubetreibenden für auftretende Schäden in Anspruch zu nehmen und bei dieser Gelegenheit einen Teil der gewöhnlichen Unterhaltungskosten auf den Bergbaubetreibenden abzuwälzen.

Die Zeche **Hibernia** treibt seit dem Jahre 1861 unter dem Zentrum der Stadt Kohlenabbau; auf ihrem Grubenfeld stehen die wichtigsten öffentlichen Gebäude der Stadt, z. B. der Hauptbahnhof, die Hauptpost, das Rathaus und die katholische Kirche. Im Felde der Zeche Hibernia ist bis jetzt Kohlenabbau auf 10 Flözen mit zusammen etwa 11,5 m Mächtigkeit in Teufen von etwa 140—720 m betrieben worden, und zwar zum größten Teil mit Handversatz. Die gesamte abzubauende Kohlenmächtigkeit beträgt, wie bei Rhein-Elbe und Alma, bis zur Teufe von 1000 m etwa 37 m. Interessant ist aus der nachstehenden Auskunft der Zeche Hibernia noch, wie sich im Laufe der Zeit die

Ansicht über den Wert von Sicherheitspfeilern geändert hat, und wie diese auch seitens der Bergbehörde immer mehr als schädlich angesehen werden.

Trotzdem bei wichtigen und umfangreichen Bauten, wie z. B. bei der evangelischen Kirche, dem evangelischen Krankenhause, der Stadthalle, der städtischen Badeanstalt, dem Rathause und der katholischen Kirche, merkliche Senkungen noch in der allerletzten Zeit eingetreten sind, waren an den angegebenen Bauwerken Beschädigungen nicht eingetreten, welche die Standdauer der Objekte zu gefährden geeignet waren. Für die Zeche Hibernia galten nach genauer Feststellung noch folgende Sicherheitspfeiler: 1. der Mergelsicherheitspfeiler; 2. der Sicherheitspfeiler der Bahnhofstraße gemäß Beschluß des Königlichen Oberbergamts vom 17. Juli 1878. Dieser Sicherheitspfeiler soll die den Hauptverkehrsweg von der Eisenbahn gegen Norden bildende Bahnhofstraße zur Sicherheit der Hauseinwohner und des öffentlichen Verkehrs gegen die Einwirkungen des Bergbaus der Zeche Hibernia schützen. Der Beschluß bestimmt: „Auf einer Fläche, die sich vom Bahnhofe bis zum nördlichen Ende der Bahnhofstraße zieht, in 80 m Breite durch das Grubenfeld, wird jeder Abbau untersagt, und eine Durchörterung des Sicherheitspfeilers nur im Interesse der Wetterführung, Wasserhaltung oder Verbindung der östlich und westlich gelegenen Teile des Grubengeländes mit einzelnen Strecken gestattet". 3. der sogenannte Kirchensicherheitspfeiler für die Kirchen der evangelischen und katholischen Gemeinden. Dieser ist nach Grundsätzen, die sich heute nicht übersehen lassen, zunächst für die 3., 4. und 5. Bausohle durch ganz bestimmte Linien an der Erdoberfläche festgelegt worden. Er deckt sich zum Teil mit dem Sicherheitspfeiler für die Bahnhofstraße. Der bezügliche Beschluß vom 20. Mai 1880 gestattet an Betrieben in den Flözen: a) die Hauptgrundstrecken mit je einem Parallelorte bei Ortshöhen von 2 m, b) die Hauptwetterüberhauen, in jedem Flöze einen Bremsberg nebst den beiden vorgeschriebenen Fahrüberhauen, die streichenden Vorrichtungsstrecken in 16 m Abstand voneinander und die zur Wetterführung erforderlichen Pfeilerdurchhiebe.

Der Kirchensicherheitspfeiler ist durch Beschluß vom 24. März 1883 auf die 350-m-Sohle ausgedehnt worden, hat aber am 19. Dezember 1886 insoweit eine weitere Abbau-Erleichterung erfahren, als damals der Betrieb von den sogenannten Stoßörtern über den Vorrichtungsstrecken genehmigt worden und in dieser Form auch noch für die 8. Sohle festgelegt worden ist. Der Schutzbezirk für die Kirche hat unter dem 21. April 1887 sogar noch eine Ausdehnung dadurch erhalten, daß sich die Zeche Hibernia bereit erklärte, daß der Abbau der in Ausbeutung genommenen Steinkohlenflöze auf eine streichende Länge von mindestens 40 m östlich der Ortsgrenze des in Rede stehenden Schutzbezirkes in der Weise geführt werden sollte, daß innerhalb der vorgenannten Längen keine Bremsberge hergestellt und sämtliche geschaffenen Hohlräume dicht mit Bergen versetzt würden.

Die Bestimmungen über die Sicherheitspfeiler erfuhren dann aber am 6. Mai 1887 eine bedeutungsvolle Abänderung. Der Kirchensicherheitspfeiler blieb zwar stehen, dagegen wurde in dem Sicherheitspfeiler der Bahnhofstraße unterhalb der 295-m-Sohle die Vorrichtung und der Abbau gestattet, und zwar unter der Bedingung, daß die entstandenen Hohlräume dicht mit Bergen auszusetzen und innerhalb des in Rede stehenden Sicherheitspfeilers keine Bremsberge und Fahrüberhauen angelegt werden dürften. Der Kirchensicherheitspfeiler wurde weiter am 7. Dezember 1891 auf die 9. und 10. Tiefbausohle ausgedehnt, erhielt aber am 16. August 1900 ebenfalls eine grundsätzliche Abänderung, als in ihm von diesem Zeitpunkte an Abbau mit vollständigem Bergeversatz gestattet, und er nicht mehr in senkrechten Ebenen, sondern nach den damals geltenden Bruchwinkelkonstruktionen mit 70^0 im Mergel und 75^0 im Steinkohlengebirge in die Tiefe projektiert wurde.

Die Verwaltung der Zeche Consolidation schreibt: Der Abbau der in unserem Grubenfeld anstehenden, zumeist in steiler Lagerung vorhandenen Kohlenmengen bewegt sich zum weitaus größten Teil unter dem dicht bebauten Gelände der heutigen Großstadt Gelsenkirchen. Der Abbau geht um auf 33 Flözen mit einer Gesamtmächtigkeit von rund 30 m. Obwohl in ziemlich weit zurückliegenden Jahren die mächtigen Flöze der Gas- und Fettkohlengruppe auf den oberen Sohlen teilweise ohne Bergeversatz gebaut worden sind, kann von einer verhängnisvollen Einwirkung dieses Abbaues auf die Oberfläche nicht gesprochen werden. Selbstverständlich sind gewisse Gebäudeschäden und auch bei unseren flachen Geländeverhältnissen nicht unwesentliche Vorflutstörungen nicht zu vermeiden gewesen. Nachdem jedoch heute nur noch Abbau mit sorgfältiger Nachführung von Versatz geführt wird, halten sich die Schäden in durchaus erträglichem Maße. Die früher in unserem Felde zum Schutze besonderer Gebäude, namentlich der Kirchen, vorgeschriebenen Sicherheitspfeiler haben sich dagegen nicht nur als zwecklos, sondern als im Interesse einer gleichmäßigen Senkung direkt als schädigend erwiesen.

Auf unseren Antrag ist uns daher seitens des Königlichen Oberbergamtes der vollständige Abbau des früher angeordneten Kirchensicherheitspfeilers unter der Bedingung gestattet worden, daß sämtliche durch den Abbau entstehenden Hohlräume innerhalb des Kirchensicherheitspfeilers durch Anwendung des Spülversatzes wieder erfüllt werden. Die Veranlassung zu dem seinerzeit gestellten Antrag auf Abbau des Sicherheitspfeilers gründet sich auf die in unserem Grubenfelde über Bodensenkungen gemachten Erfahrungen und die an der evangelischen Kirche aufgetretenen Bergschäden, die in Sonderheit darauf zurückzuführen waren, daß die Flöze nur teilweise infolge des Anstehenlassens eines Sicherheitspfeilers abgebaut waren. Auf Grund unserer Erfahrungen sind wir zu der Überzeugung gelangt, daß ein in allem schnell und gleichmäßig geführter Abbau unter Anwendung eines schnell nachgeführten, besten Versatzes, möglichst Spülversatzes, die beste Garantie gegen Bergschäden bietet. In dieser Art des Abbaues haben wir bei der äußerst dichten Bebauung unseres Grubenfeldes in jeder Hinsicht den wirksamsten Schutz gegen Bergschäden erblicken können. Aus dieser Erfahrung heraus sind wir auch ohne Bedenken an den Abbau des Sicherheitspfeilers herangegangen, obwohl uns als Spülversatzmaterial in erster Linie nur Waschberge zur Verfügung stehen, bei denen wir immerhin nur mit einer Ausfüllung von $66\frac{2}{3}\%$ rechnen dürfen. Würde uns als Versatzmaterial guter Sand zur Verfügung stehen, bei dem mit einer Senkung von 5, höchstens 10 % gerechnet werden darf, würden wir Bedenken gegen den weitgehendsten Abbau überhaupt nicht hegen. Aber auch bei unserer Versatzart sind wesentliche Schäden trotz teilweiser nicht unerheblicher Vertikalsenkung nicht aufgetreten. Von einer Schädigung des Bodenkredits durch Bergschäden kann in unserem Bezirk nicht gesprochen werden; das Gegenteil dürfte eher der Fall sein.

d) Der Abbau unter der Stadt Herne. Unter der Stadt Herne (58000 Einwohner) wird Abbau von der Zeche Shamrock der Bergwerksgesellschaft Hibernia getrieben; die Auskunft dieser Zeche lautet:

Unter der Stadt Herne ist unter allen Gebäuden und Kirchen auf zahlreichen Flözen Abbau geführt. Abgesehen von kleineren Schäden sind größere Beschädigungen an diesen Gebäuden nicht vorgekommen. Der Bodenkredit ist eher gestiegen als gesunken, da die unter Bodensenkung leidenden Grundstücke häufig als Spekulationsobjekte dienen. In früheren Jahren hat die Bergbehörde häufig Sicherheitspfeiler zum Schutz von Straßenzügen und von öffentlichen Gebäuden angeordnet. Es kommt hierfür hauptsächlich das Grubenfeld der Zeche Hibernia und der Zeche Alstaden in Betracht. In beiden Grubenfeldern sind aber die Sicherheitspfeiler später aufgehoben worden, und es ist an deren Stelle ein Schutzgebiet abgegrenzt worden, in dem nur Abbau unter vollständigem Bergeversatz geschehen darf.

Der Magistrat der Stadt Herne schreibt: Unter dem ganzen Stadtgebiet der Stadtgemeinde Herne wird seit dem Jahre 1880 Kohlenbergbau betrieben. Es sind im Laufe dieser Zeit an fast allen Gebäuden schädliche Einflüsse durch Bergbau in kleinen Rissen usw. eingetreten. Der Umfang der Schäden ist in den letzten Jahren ein erheblich geringerer geworden als früher, da die Abbaumethode und besonders der Versatz der Flöze ein besserer wurde. In früheren Jahren hat man allgemein den sogenannten Pfeilerbau betrieben. Es kam hierbei häufig vor, daß durch Zubruchegehen einzelner Pfeiler erhebliche Senkungen und Erschütterungen plötzlich eintraten und hierdurch einzelne Grundstücke schwer geschädigt wurden. Neuerdings ist man zum vollständigen Abbau ohne Stehenlassen von Sicherheitspfeilern übergegangen. Die abgebauten

Flöze werden sofort mit an anderer Stelle gewonnenen Steinen vollständig ausgepackt. Hierdurch wird erreicht, daß nur ganz geringe Senkungen eintreten und diese sich auch nur ganz allmählich an der Oberfläche bemerkbar machen. In der Regel ist daher die Senkung infolge Bergbaus eine so gleichmäßige, daß Schäden an den Häusern nicht bemerkt werden. Auch an öffentlichen Gebäuden, insbesondere an Kirchen mit hohen Türmen, sind neuerdings keine Schäden aufgetreten, trotzdem der Bergbau oft auf mehr als 4 übereinanderliegenden Flözen betrieben wird. Eine Verminderung des Bodenkredits ist in keinem Fall eingetreten, da die Bergwerke alle nachweisbar auf Bergbau zurückzuführenden Schäden anstandslos und in kulantester Weise erledigen. Wir möchten noch hinzufügen, daß vielfach in Grundbesitzerkreisen die Überzeugung verbreitet ist, daß die Bergwerke nur in seltenen Fällen Bergschäden als vorliegend anerkennen. Dies hat jedoch seinen Grund darin, daß in Bergbaugebieten jede Art eines Schadens an Gebäuden stets zunächst auf Bergbau zurückgeführt und Ersatz von den Bergwerken gefordert wird. Es ist den Bergwerken nicht zu verdenken, daß sie derartige Anforderungen, welche augenfällige und schlechte Ausführungen, Folgen eines zu schnell aufgeführten Neubaues oder aus sonstigen Gründen notwendige Reparaturen nicht anerkennen. Wir halten jedenfalls die Vorteile, welche der Kohlenbergbau einer Gemeinde durch die Entwicklung der gesamten Industrie bringt, für erheblich größer als die kleinen Belästigungen, die vielleicht für einzelne Besitzer einmal durch bergbaulichen Schaden bei nicht ganz klarer Rechtslage eintreten können.

e) **Der Abbau unter dem Rhein-Herne-Dortmund-Ems-Kanal.** Der Kanal geht vom Rhein bei Ruhrort aus, zieht sich mitten durch das Kohlenabbaugebiet an Oberhausen, Gelsenkirchen und Herne vorbei und dann nordöstlich weiter bis zur Ems und zur Weser. Unter dem Gelände des Hauptkanals und der nach Essen, Dortmund und Oberhausen gehenden Anschlußkanäle geht zum Teile schon seit längerer Zeit Kohlenabbau auf einer Gesamtlänge von etwa 100 km um. In Verbindung mit dem Kanalschlauch stehen noch zahlreiche Hafenanlagen, große Speicher, Brücken und Schleusen. An dem jederzeit brauchbaren Zustand dieser Kanalanlagen liegt natürlich das allergrößte öffentliche Interesse vor.

Einer sehr lehrreichen Abhandlung des bereits vielfach erwähnten hervorragenden Fachmannes, des Regierungsbaumeisters a. D. Korten, seien folgende interessante Mitteilungen entnommen. In der Zeitschrift für Architektur und Ingenieurwesen (Jahrgang 1910) veröffentlichte der genannte Fachmann einen Artikel „Über die bergpolizeilichen Verordnungen und die baulichen Vorkehrungen zum Schutze des Rhein-Herne-Kanals gegen die Einwirkungen des Bergbaues", welcher zum Teil hier wiedergegeben werden soll. Die im Regierungs-Amtsblatt unter dem 3. Juni 1908 veröffentlichte Verordnung des Königlichen Oberbergamtes Dortmund lautet: § 1. Unter dem Gelände des Rhein-Herne-Kanals bis zu einer

Entfernung von je 300 m von der Kanalmitte darf der Bergbau nur mit Bergeversatz geführt werden. § 2. Milderungen oder Verschärfungen dieser Bestimmung bleiben dem Beschlusse des Oberbergamts vorbehalten. § 3 bestimmt die Strafen für Zuwiderhandlungen und § 4 den Tag des Inkrafttretens der Verordnung.

Für diejenigen Bergwerke, welche in ihrem Betriebsplan den Abbau unter den Schleusen des Kanals vorgesehen hatten, ist die in § 2 erwähnte Verschärfung insoweit eingetreten, als der Abbau unter der Schleuse untersagt wurde. Als Beispiel sei die der Bergbau-Aktien-Gesellschaft Concordia in Oberhausen, zugestellte Verordnung angeführt: Für die Doppelschleuse II des Rhein-Herne-Kanals wird im Grubenfelde der Zeche Concordia ein Sicherheitspfeiler festgestellt der, wie in der dem Beschlusse angehefteten Zeichnung dargestellt, begrenzt wird: a) an der Tagesoberfläche durch eine im Abstande von 30 m von den äußersten Teilen des Mauerwerks der Doppelschleuse um diese herumführende Linie, b) nach der Teufe zu durch Ebenen, welche von der unter a) festgesetzten Linie mit 65⁰ auseinandergehend abfallen. Innerhalb dieses Sicherheitspfeilers sind im Grubenfelde Concordia bergmännische Arbeiten jeder Art untersagt, sofern sie nicht von dem unterzeichneten Oberbergamt genehmigt sind.

Die Fig. 116a, 116b und 116c geben den zugehörigen Lageplan und zwei Vertikalschnitte. Hierzu ist zu erwähnen, daß das Abbauverbot durch den Betriebsplan des Schachtes 2 veranlaßt wurde, in welchem der Abbau der Seite des Schnittes A—B vorgesehen war. Die Seite des Schnittes A—C sollte einige Jahre später von Schacht 4 aus und noch später die im Felde Neumühlen liegenden Seiten abgebaut werden.

Nach mündlicher Mitteilung soll dann, wenn der Abbau von Neumühlen bis an den Sicherheitspfeiler vorgetrieben ist, der Abbau des letzteren gleichzeitig von allen Seiten bei Spülversatz voraussichtlich zugelassen werden.

Wie groß das Interesse der betreffenden Bergwerke an den Sicherheitsmaßregeln und der Sicherheit der Schleusen ist, geht aus der Denkschrift vom Juli 1907 hervor, die den „Antrag der bei den Schleusen des Rhein-Herne-Kanals beteiligten Bergwerksgesellschaften auf Befreiung von der Schadenersatzpflicht für Bergschäden" enthält. Nach einem historischen Überblick über die wechselnden Anschauungen bezüglich des zum Schutze des Kanals Erforderlichen (die seit Aufstellung der Denkschrift — Juli 1907 — in den oben aufgeführten Verordnungen aufs neue eine Änderung zeigen) berechnet die Denkschrift die für den Spülversatz in den Sicherheitspfeilern der Schleusen erforderlichen Kosten auf mindestens 37 760 000 Mark. Sie untersucht die Frage, wer diese für die Sicherheit des Kanals aufzuwendenden Kosten zu tragen habe, und kommt zu dem Schluß, daß aller Wahrscheinlichkeit nach die betreffenden sieben Bergwerke sie zu tragen haben werden.

Mehr als diese nachgewiesene direkte Schädigung fürchtet die Denkschrift die indirekte, die durch Unterbrechung des Kanalbetriebs infolge von Bergbauschäden an den Schleusen hervorgerufen werden kann, welche nach der Denkschrift „geeignet ist,

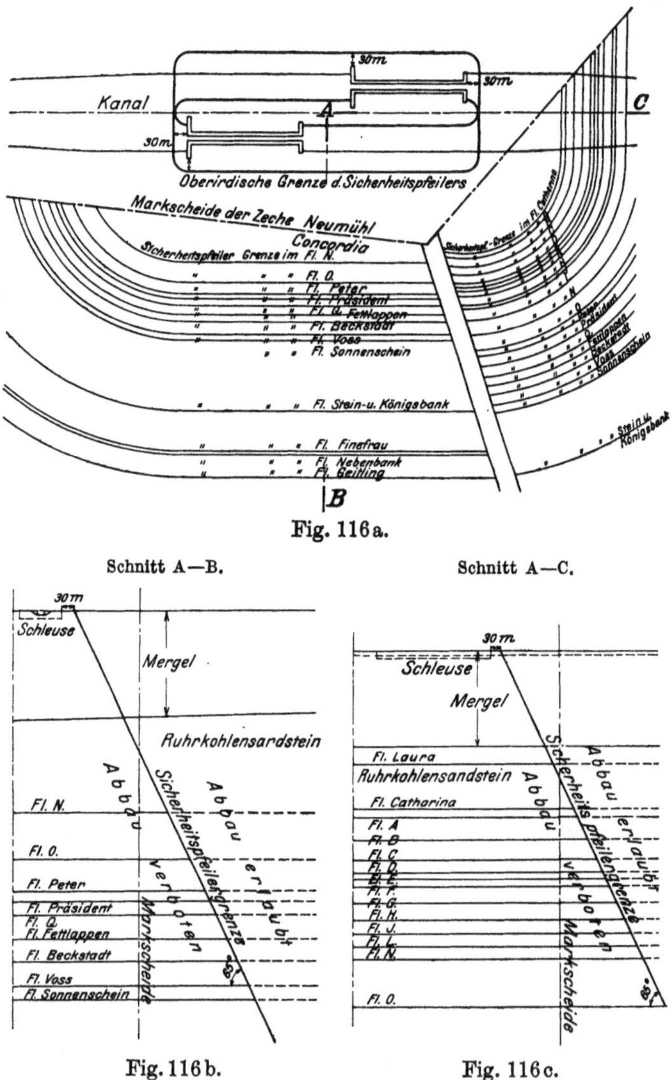

Fig. 116 a.

Schnitt A—B.

Schnitt A—C.

Fig. 116 b.   Fig. 116 c.

selbst das finanzkräftigste und blühendste Unternehmen zu gefährden'', und welche auch dann dem betreffenden Bergwerk zur Last fällt, wenn es „die oberbergamtlich vorgeschriebenen Sicherheitsmaßregeln in aller Form beobachtet hat''. Der dem Kanalbesitzer zu ersetzende Einnahme-

Ausfall wird auf mindestens 23000 Mark für jeden Tag der Betriebsunterbrechung berechnet. In die Berechnung sind die Schädigungen nicht eingeschlossen, welche Dritten durch die Stillegung des Kanalbetriebs entstehen, da nach der herrschenden Ansicht ihnen ein Anspruch auf Schadenersatz nicht zusteht. Für die vorliegende Besprechung interessieren diese Schädigungen jedoch in gleichem Maße wie die oben angegebenen. Nach vorliegenden Entwürfen geschätzt, wird das von kommunalen Verwaltungen, industriellen Unternehmungen und Verbänden von solchen für die Benutzung des Kanals im Kohlenrevier angelegte Kapital mehrere hundert Millionen Mark betragen. Die Verluste, welche durch das Brachliegen dieser Anlagen und der Kanalflotte, die Beschäftigungslosigkeit der dabei Angestellten und als wichtigsten Punkt das Fehlen des billigen Transportweges erwachsen, werden außerordentlich hoch sein und interessieren einen namhaften Teil des hiesigen Industriebezirkes.

Aus Obigem ist zu ersehen, welche schlimmen Folgen die durch eine Beschädigung der Schleusen verursachte Stillegung des Kanal betriebes nach sich zieht, die in ernsteren Fällen mehrere Monate dauern wird. Es ist deshalb die Frage berechtigt, ob die bergpolizeilichen Verordnungen und die Anordnung der Schleusen geeignet sind, die nie ganz zu beseitigende Gefahr einer Beschädigung der letzteren auf das denkbar kleinste Maß zu verringern. Die Frage ist zu verneinen. Die hauptsächlich im letzten Jahrzehnt im Kohlenrevier gebauten Straßenbahnen, welche kilometerlange mit dem Boden innig verbundene Stahlstangen darstellen, haben die Aufmerksamkeit auf eine Beeinflussung der Erdoberfläche durch den Bergbau gelenkt, die bisher wenig oder gar nicht beachtet wurde, und der nach diesen neueren Erfahrungen ein Hauptanteil an den sogenannten Bergschäden zuzusprechen ist. Es sind dieses die mit jedem Sinken der Erdoberfläche durch den Bergbau verbundenen Zerrungen und Pressungen der Erdoberfläche, auf welche der Verfasser dieses (Korten) im „Glückauf" in zwei Aufsätzen schon hingewiesen hat.

In dem vom Kanal durchzogenen Gebiet liegt auf dem Kohlengebirge außer dem oben liegenden Stichboden, wie Lehm, Fließ usw., eine rund 100 m starke Mergeldecke, ein von Westen nach Osten fester und trockener werdendes, aber immer weiches und elastisches Gestein. Die vom Bergbau erzeugten Bodensenkungen zeigen hier meist sanft verlaufende Mulden; in selteneren und den näher angegebenen Fällen treten Erdrisse auf. Die folgenden Besprechungen beziehen sich zunächst auf Bodensenkungen ohne Erdrisse.

Mit jeder Bodensenkung ist eine wagerechte Bodenschiebung verbunden. Sie ist, wie ausnahmslos an den Straßenbahngleisen festgestellt ist, zum Orte der tiefsten Senkung hin gerichtet und ruft in der Senkungsmitte eine Zusammenpressung und am Rande eine Auseinanderzerrung der Erdoberfläche in radialer Richtung zur Senkungsmitte hervor. In einem Teil der

Bergbaukreise sind die bisherigen Veröffentlichungen des Verfassers (Korten) nicht gern gesehen, weil sie die Verantwortlichkeit des Bergbaus über die bisher in Prozessen maßgebende „Bruchgrenze" erweitern. Wenn hierin eine, wenn auch nicht ungerechte Schädigung des Bergbaues liegt, so wird diese mehr wie aufgehoben durch die Klarstellung der schädigenden Einflüsse, deren Kenntnis allein die Mittel zur Verhütung derselben an die Hand gibt. In dieser Hinsicht sei auf den Aufsatz des Verfassers (Korten) in Nr. 40 des „Glückauf" Jahrgang 1909 hingewiesen, wo unter anderm gezeigt ist, daß nicht die bisher allein für schuldig gehaltenen und nicht aufzuhebenden „ungleichmäßigen Senkungen", sondern hauptsächlich die Zerrungen und Pressungen der Fundamentsohle und des anliegenden Erdreichs die Gebäude schädigen, indem sie das Ziegel- oder Bruchsteinmauerwerk des Fundamentes und Kellers, welches solchen horizontalen Kräften nur geringen Widerstand entgegensetzt, auseinanderzerren oder zusammendrücken und dadurch auch die oberen Stockwerke beschädigen. Ein Beweis für die Richtigkeit dieser Auffassung liegt darin, daß sämtliche Gebäuderisse im Keller beginnen, auch wenn die Gebäude auf dem Senkungsrand, also dort liegen, wo die Fundamentsohle sich konvex gebogen hat, und ferner darin, daß, soweit die Erfahrungen des Verfassers reichen, sämtliche Gebäude aus Eisenbeton inmitten von Gebäuden mit Bergschäden unbeschädigt geblieben sind. Es würde genügen, die Fundamente und Kellergeschosse aus Eisenbeton herzustellen, der den Längenänderungen der Fundamentsohle genügenden Widerstand entgegensetzt und dadurch auch die oberen Geschosse schützt. Das Schleusenmauerwerk kann durch Eiseneinlagen so stark gemacht werden, daß die Bausohle sich unter ihm verlängern kann, ohne daß das Mauerwerk zerreißt. Bei ungünstiger Lage der Senkungsmulde, also z. B. auf dem geplanten Sicherheitspfeiler, würden jedoch die umgebenden Spundwände und das Erdreich in gefährlicher Weise vom Mauerwerk abrücken, und das umsomehr, je länger das Bauwerk ist. Der kurze Verbindungsdamm zwischen den zwei in der Längsrichtung zueinander verschobenen zusammengehörigen Schläuchen ist naturgemäß doppelt gefährlich. Hier eine Verbindungsmauer anzubringen, wäre verfehlt, da diese mit Sicherheit reißen würde, sobald die Schleusen anfangen, sich voneinander zu entfernen. Hieraus ist ersichtlich, daß die Zerrungen für die Schleusen am gefährlichsten sind, während die Pressungen, wie oben angezeigt, bezüglich des Mauerwerks ungefährlich gemacht werden können und bezüglich der Dichtigkeit der Erdwerke und ihres Anschlusses an das Mauerwerk nur günstig wirken.

Aus diesen Betrachtungen ist zu entnehmen, daß die durch die bergpolizeilichen Verordnungen vorgesehene Lage der Schleusen nicht nur am Rande einer Senkungsmulde, sondern ringförmig umgeben von Senkungsmulden die denkbar gefährlichste für die Schleusen ist. Vergrößert wird die Gefahr noch dadurch, daß die untereinanderliegenden Flöze zunächst nur bis zu einem solchen, mit der Tiefe zunehmenden Abstande von der Schleuse abgebaut werden sollen, daß die Wirkungen sämtlicher Abbaue sich auf einer Linie der Erdoberfläche addieren. Vergrößert wird ferner die Gefahr dadurch, daß der Abbau der Flöze, an der für jede Schleusenanlage zwei oder drei Bergwerke beteiligt sind, in der gefährlichsten Lage auch jahrelang unterbrochen wird, wodurch die Senkung und damit die Zerrung Zeit erhält, sich voll auszubilden, wozu rund 15 Jahre nach dem Abbau erforderlich sind. Verfasser dieses (Korten) ist der Überzeugung, daß die auf einem so hergerichteten „Sicherheitspfeiler" liegenden Schleusen in einer Weise von klaffenden Erdrissen umgeben werden, daß die Unterbrechung des Kanalbetriebs zur Regel wird. Auch der spätere Abbau mit Spülversatz wird, abgesehen von seinem zu späten Eintreten, nur einen Teil der Gefahr beheben, und zwar bleiben von den Gefahren bestehen, entsprechend der durch den Versatz verhinderten prozentualen Senkung, in der Querrichtung 85 % und in der Längsrichtung des Kanals, auf dem durch Bergeversatz 50 % der Senkung behoben werden, $85 - 50 = 35 \%$.

Es ist leichter zu sagen, was nicht geschehen darf und was wünschenswert ist, als wie das Gewünschte zu erreichen ist; denn in den meisten Fällen werden die Rücksichten auf einen rationellen Grubenbetrieb hindern. Mit dieser Abschwächung sind zum Teil die folgenden Betrachtungen aufzunehmen. Der scheinbar einfachste Weg: das Abbauverbot auf einen so weiten Abstand auszudehnen, daß eine Wirkung des Bergbaus auf die Schleuse ausgeschlossen ist, ist nicht gangbar. Abgesehen von dem erheblichen Verlust an Nationalvermögen würden die Schleusen zu dem sinkenden Kanalschlauch und den Verladevorrichtungen auf einem Berge zu liegen kommen. Die Wassertiefe über den Schleusendrempeln ist zwar so bemessen, daß sie für das normale 1000 tonnige Kanalschiff um 1 m sinken kann. Was der Kanalschlauch aber darüber hinaus sinkt — bei gutem Bergeversatz soll die gesamte Senkung 4 m betragen —, muß durch Aufstauung des Kanalspiegels wiedergewonnen werden. Dadurch nähert sich der Kanalspiegel in der Höhenlage den Verladevorrichtungen und diese müssen, um ihre Benutzung möglich zu halten, mit allen Anlagen und Zufahrten gehoben werden. Dasselbe gilt für die zahlreichen Bahn- und Straßenbrücken. Die Hebungskosten, welche nach der geltenden Rechtsanschauung das die Senkung verursachende Bergwerk zu tragen hat, werden dadurch ungewöhnlich hoch, daß, abgesehen von der 1 m zulässigen Senkung, die absolute Höhe der Anlagen festgehalten bzw. wiederhergestellt werden muß, eine Forderung, die meines Wissens (Korten) für das Kohlenrevier bisher noch niemals aufgestellt ist. Durch die Verhinderung der Senkung der Schleusen werden also nicht nur die Schleusen gefährdet, sondern auch den unter dem Kanal abbauenden Bergwerken äußerst hohe Hebungskosten auferlegt. Die Königliche Kanalbauverwaltung wünscht auch nicht die Schleusen in ihrer Höhenlage festzuhalten; sie wünscht die möglichste Gleichmäßigkeit des Sinkens des Kanals mit den Schleusen unter tunlichster Vermeidung von Bergschäden.

Die geringsten Bergschäden werden eintreten, wenn ohne Aufenthalt unter der Schleuse her so weit abgebaut wird, daß sie in die Mitte zwischen Rand- und Senkungsmitte zu liegen kommt, da hier das Hohlliegen am geringsten ist, und die Zerrungen und Pressungen gleich Null sind. Das wird in der Praxis in den seltensten Fällen zu erreichen sein. Es gibt aber noch eine günstige Lösung. Nach Vorstehendem ist die Zerrung am größten an dem Berührungspunkt zweier Mulden (Fig. 117 A). Durchdringen sich die Mulden so weit, daß der Punkt der tiefsten Senkung im gemeinsamen Teil liegt (Fig. 117 C), so vermehrt sich hier die Pressung. Es ist klar, daß es eine Zwischenlage (Fig. 117 B) geben muß, bei der auf dem Schnitt· punkt der beiden Senkungslinien weder Zerrung noch Pressung auftritt.

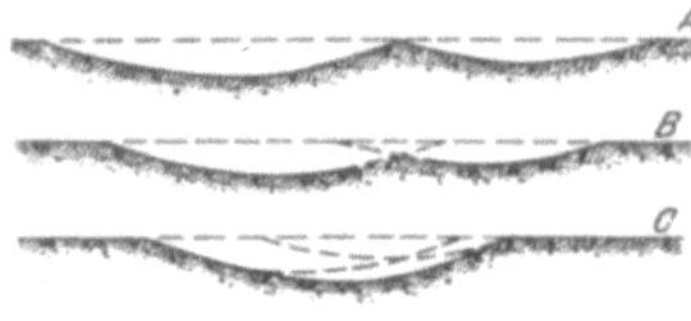

Fig. 117.

Die wagerechte Verschiebung des Schnittpunktes der beiden Senkungslinien ist auch nur gering, da die Verschiebung zu den beiden Senkungsmitten hin sich mehr oder weniger aufhebt. Diese vorteilhaften Verhältnisse sind schätzungsweise für den Kanalschlauch durch die glückliche Bestimmung geschaffen, daß auf 300 m beiderseits der Kanalachse Bergeversatz anzubringen ist, auf weitere Entfernung aber beliebig abgebaut werden kann. Unter der Annahme, daß beiderseits auf weitere Entfernung ohne Versatz abgebaut ist, wird durch den Bergeversatz unter dem Kanal mit seiner Verminderung der Senkung auf 50—60 % das in Fig. 117 B skizzierte Senkungsbild mit seinen denkbar günstigsten Einflüssen auf die Kanallinie sich annähernd herausbilden. Es ist daher auch für die Schleusen am vorteilhaftesten, wenn ohne Aufenthalt unter ihnen her abgebaut wird, mit Bergeversatz innerhalb 300 m von der Kanalachse und ohne Bergeversatz auf weitere Entfernung. Das ist aber dadurch verhindert, daß die Schleusen möglichst auf Markscheiden gelegt sind, und zwar zum Teil auf Betreiben der Bergwerksbesitzer selbst, die dadurch, daß auch der Nachbar an der Belästigung durch die Schleusen teilnehmen mußte, die eigene Belästigung zu vermindern glaubten. Daß dieses nicht der Fall ist, daß im Gegenteil die Verhinderung der richtigen Abbauweise durch die Markscheide die eigenen Gefahren so vermehrt, daß der Eintritt von Katastrophen wahrscheinlich wird, geht aus den vorstehenden Betrachtungen klar hervor. Außerdem wird auch das gleichmäßige Sinken der Schleusen zusammen mit dem Kanalschlauch durch die Beteiligung mehrerer Bergwerksbesitzer für absehbare Zeit in Frage gestellt, da nur einer der Beteiligten das Schleusengebiet zu meiden braucht, um auch den oder die andern am Abbau der unter der Schleuse liegenden Kohle zu verhindern. Mehr oder weniger trifft dieses fast für sämtliche Schleusen zu.

In einem Falle ist z. B. im Schleusengebiet des einen Feldes die Kohle teils schon vor längerer Zeit abgebaut, teils das Gebirge so arm, daß ein Abbauen in absehbarer Zeit nicht beabsichtigt ist. Der Besitzer des benachbarten Feldes, der schon bald bis an die Markscheide abzubauen wünscht, darf im Schleusengebiet nur bis zu einem wie oben für Concordia angegebenen Abstand von der Schleuse abbauen. Er verliert also eine namhafte Menge Kohle, die Schleuse wird dabei bis auf das Äußerste gefährdet, in absehbarer Zeit nicht gesenkt und bald zu den anstoßenden Kanalstrecken unter denen starker Bergbau umgeht, auf einer Anhöhe liegen, was die oben angegebenen Übelstände zur Folge hat. Läge dagegen die Schleuse genügend weit innerhalb des einen Feldes, so könnten die Kohlen jederzeit bei Bergeversatz gewonnen werden, die Gefährdung der Schleuse erreicht dabei das denkbar geringste Maß, und die Schleuse sinkt mit dem Kanalschlauch. **Es müssen deshalb die Schleusen von den Markscheiden entfernt, oder die Markscheiden müssen aus dem Schleusengebiet fortgelegt werden und letzteres demjenigen** (durch Austausch) überwiesen werden, dessen Betriebsplan eine möglichst gleichmäßige Senkung mit dem Anstoßen des Kanalschlauches erwarten läßt. Da hohe Werte und das allgemeine Interesse auf dem Spiele stehen, ist Abhilfe dringend erforderlich.

4. Die Mitteilungen des Bergreferendars Puschmann.

In der Zeitschrift für Berg-, Hütten- und Salinenwesen im preußischen Staate (Jahrgang 1910) hat Bergreferendar Puschmann „**Über den nachträglichen Abbau hängender Flöze beim oberschlesischen Steinkohlenbergbau**" sehr interessante Mitteilungen gemacht. Puschmann teilt mit, daß die Zeit, in welcher ängstlich und zähe an der alten Gepflogenheit festgehalten wurde, **hangende Flöze vor den tieferliegenden abzubauen**, für das oberschlesische Kohlenrevier schon längst vorüber ist. Es gibt wenige Gruben, welche von der ehemals in Übung gewesenen Regel nicht abgewichen wären. In den weitaus meisten Fällen wird das **liegendere Flöz unter Nachführung von Versatz vor dem hangenderen** gewonnen, aber nicht selten sind auch nach regelrechtem **Bruchbau in den liegenderen Flözen nachträglich hangende Flöze** abgebaut worden **Die hangenderen Flöze werden auf der Mehrzahl der oberschlesischen Gruben nach vollendetem, mit Spülversatz betriebenen Abbau der tiefer liegenden Flöze** abgebaut.

Puschmann führt ein diesbezügliches sehr lehrreiches Beispiel an über Erfahrungen der Hedwigswunschgrube anläßlich des Abbaues des dortigen Redenflözes. Das Pochhammerflöz, das hier 5 m Mächtigkeit und ein durchschnittliches Einfallen von 2^0 besitzt, ist in den Jahren 1902 bis 1905 vor den darüber liegenden Flözen Reden und Heinitz mit Spülversatz abgebaut worden. Das Spülmaterial bestand zu einem Drittel aus granulierter Hochofenschlacke und

Asche und zu zwei Dritteln aus reinem Saud. Über dem Pochhammerflöz wurde das 5,3 m mächtige und unter 3° einfallende Redenflöz in den Jahren 1906 bis 1908 mit Bruchbau abgebaut. Das Mittel zwischen beiden Flözen beträgt 14 m und besteht im unteren Teil aus festem Sandstein, weiter oben aus sandigem Schiefer. Beim Abbau des Redenflözes zeigten sich keinerlei Erscheinungen, die auf den bereits erfolgten Verhieb des Pochhammerflözes hätten schließen lassen. Besonders waren keinerlei Bruch- und Senkungswirkungen mit bloßem Auge wahrzunehmen, und doch hatte im Reden- und Heinitzflöze je eine muldenförmige, sanfte Senkung stattgefunden.

Als im Jahre 1902 das Pochhammerflöz mit Spülversatz zum Verhiebe kam, waren das Reden- und Heinitzflöz zum Teil bereits vorgerichtet, so daß die Möglichkeit gegeben war, die Senkungsbeobachtungen frühzeitig zu beginnen. Puschmann gibt auch die Nivellementsergebnisse tabellarisch bekannt, welche folgende Resultate zutage gebracht hatten: Im Redenflöz beträgt die größte Senkung 36 cm, die mittlere Senkung 18½ cm. Das 4,4 m mächtige Heinitzflöz wurde früher abgebaut als das liegendere Redenflöz, aber teilweise später als das 37 m tiefere Pochhammerflöz. Das Mittel zwischen Reden- und Heinitzflöz besteht in der Mitte aus festem Sandstein, im Hangenden und Liegenden aus sandigem Schiefer. Ebenso wie im Redenflöz läßt sich eine sanfte, muldenförmige Senkung erkennen.

In einer Tabelle gibt Puschmann auch die Senkungsergebnisse im Flöze Heinitz bekannt, aus welchen hervorgeht, daß das tiefste Senkungsmaß 38 cm beträgt, während das mittlere Senkungsmaß sich mit 12 cm berechnen läßt. Diese Zahlen ergeben ein sehr günstiges Verhältnis für den unter mittleren Bedingungen angewandten Spülversatz. Die in Oberschlesien gemachten Erfahrungen haben jedenfalls gelehrt, daß der Bau eines hangenden Flözes nach vollendetem, mit Spülversatz erfolgtem Verhiebe eines darunter abgelagerten Flözes immer in der gleichen Weise wie unter normalen Verhältnissen möglich ist. Unter der Last der überlagernden Gebirgsmassen drückt sich der Versatz je nach dem verwendeten Material um 5—10 % zusammen, und die Gebirgsmassen folgen der Bewegung allmählich. Es findet kein Brechen der Schichten statt, sondern die Gebirgsschichten mit den hangenden Flözen senken sich über dem abgebauten Flözteile als ganze Scholle zusammenhängend ohne dem bloßen Auge sichtbare Veränderung.

Bergreferendar Puschmann kommt auf einen Fall zu sprechen, bei welchem auf der Berthawunschgrube in dem liegenden 5 bis 5,5 m mächtigen in zirka 300 m Teufe befindlichen Pochhammerflöz Abbau mit Handversatz angewendet wurde. Es wurde im Pochhammerflöz in dem hier in Frage kommenden Teile in den Jahren 1897—1904 Pfeilerbau mit Handversatz betrieben. Das darübergelagerte Heinitzflöz hat eine Mächtigkeit von 3,5—4 m, und ist das Zwischenmittel (zwischen Pochhammer und Heinitz) 22 m mächtig und aus Schieferton und Sandstein bestehend. Das Heinitzflöz wurde in den Jahren 1907 urd 1908, also vier Jahre nach erfolgtem Verhiebe des Pochhammerflözes mit Pfeilerbau abgebaut. Beim Abbau zeigte es sich, daß das Firstgestein sich oft in seinem Gefüge stark gelockert hatte und an solchen Stellen gebräch war. Es waren recht ungünstige Verhältnisse, unter denen in diesem Falle das Heinitzflöz abgebaut wurde. Indessen wird auch der Abbau mit Handversatz kein Brechen der Schichten, sondern höchstens ein unerhebliches Einknicken an den Rändern der abgebauten Flöze zur Folge haben. In der Regel wird auch hier das Hangende im wesentlichen als ganze Scholle sich senken, so daß die Einwirkungen im allgemeinen ähnlich sind wie beim Abbau mit Spülversatz.

„Das größte Interesse," führt Puschmann aus, „beansprucht ohne Zweifel die Frage: In welchem Umfange hat man in Oberschlesien hangende Flöze abgebaut nach vollendetem, mit Bruchbau erfolgtem Verhiebe von daruntergelagerten Flözen?" Es wird eine ganze Reihe von Fällen vorgeführt, deren Ergebnis in einer Tabelle zusammengestellt sind, und werden in den Schlußfolgerungen Puschmanns 4 Gruppen unterschieden: Gruppe I enthält die günstigen Fälle, wo überhaupt keine oder nur durch Höhenmessungen wahrnehmbare Einwirkungen vorhanden sind. Gruppe II enthält diejenigen Fälle, wo wohl äußerlich sichtbare Einwirkungen vorliegen, diese aber ohne jeden besonderen Einfluß sind. Gruppe III enthält diejenigen Fälle, wo die Einwirkungen bereits stärker hervortreten, teilweise recht umfangreich sind, aber noch eine gewisse Gleichmäßigkeit zeigen, während Gruppe IV endlich die beiden Fälle umfaßt, wo zu den regelmäßigen Erscheinungen außergewöhnliche Bruchwirkungen hinzutreten.

Die günstigen Erfahrungen in Gruppe I sind ausschließlich auf die große Mächtigkeit des die beiden Flöze trennenden Gebirgsmittels zurückzuführen. Gruppe I lehrt, daß eine bedeutende Mächtigkeit des Gebirgsmittels ohne Rücksicht auf seine Beschaffenheit und Neigung der liegenden Flöze immer einem Abbau unter den fraglichen Bedingungen günstig ist.

Gruppe II zeigt; daß die große Mächtigkeit des zwischen zwei Flözen liegenden Bergemittels, mag es nun aus Sandstein oder Schiefer bestehen, nicht immer jede Wirkung im höheren Flöz ausschließt. Gruppe I und II zusammengenommen zeigen, daß die große Mächtigkeit des Gebirgsmittels zwar eine Gewähr für den gefahrlosen Abbau des hangenden Flözes bietet, daß aber keine Grenze angegeben werden kann, bis zu der Wirkungen auftreten und über die hinaus sie unbedingt fehlen.

Gruppe III umfaßt Beispiele, in denen das Gebirgsmittel zwischen den beiden Flözen ganz erheblich schwächer ist als in Gruppe I und II. Die Einwirkungen in 3 Fällen der Gruppe III haben viel Übereinstimmendes. Namentlich liegen überall Knickungen an den Begrenzungsflächen und mehr oder weniger stark ausgeprägte Senkungen vor.

Lokale Brucherscheinungen sind außer unbedeutenden Vertikalrissen nicht vorhanden. Die Mächtigkeit der liegenden Flöze ist in allen drei Fällen für oberschlesische Verhältnisse gering, und trotzdem zeigen sich beträchtliche Veränderungen in der Lage der höheren Schichten.

Gruppe IV umfaßt 2 Fälle, wo die Wirkungen auf das hangende Flöz besonders stark hervortreten, und zwar sowohl als Senkungserscheinungen als hauptsächlich in Form von Brucherscheinungen. In beiden Beispielen fällt die verhältnismäßig geringe Mächtigkeit der trennenden Gebirgsmittel auf.

Nach Maßgabe der Erfahrungen läßt sich sagen, daß ein Abbau hangender Flöze nach vollendetem mit Bruchbau erfolgten Verhiebe von daruntergelagerten Flözen ohne erhöhte Gefahr ausführbar ist. Dies gilt dann, wenn das die beiden Flöze trennende Gebirgsmittel so mächtig ist, daß das überlagernde Flöz nicht zum Niederbrechen, sondern höchstens zum Durchbiegen gezwungen ist, und wenn genügend Zeit nach dem Verhiebe des Flözes verflossen ist. Die Erfahrungen lehren, daß bei geringer Mächtigkeit des Gebirgsmittels und normaler Mächtigkeit des liegenden Flözes vier Jahre zur Beruhigung der Gebirgsbewegung bei weitem nicht ausreichen, fünfzehn Jahre dagegen nachträgliche Wirkungen nicht mehr erwarten lassen. Die gemachten Erfahrungen ergeben, daß im allgemeinen der Verhieb hangender Flöze über bereits abgebauten Flözen sich einfacher und gefahrloser gestaltet, je größer das flöztrennende Gebirgsmittel ist, d. h. je weiter entfernt von dem eigentlichen Bruchgebiet der niedergegangenen Schichten das zu gewinnende Flöz liegt, wenn auch stets mit Ausnahmen hiervon zu rechnen ist. Die gemachten Erfahrungen lehren endlich, daß es nicht nur technisch möglich ist, hangende Flöze selbst in unmittelbarer Lage über den durch früheren Abbau totgebrochenen Schichten ohne Gefahr abzubauen, sondern daß ein derartiger Abbau auch wirtschaftlich erfolgreich ist. Es ist deshalb zu begrüßen, daß die oberschlesischen Werksverwaltungen immer mehr dazu übergehen, aus besonderen Gründen bisher nicht hereingewonnene Flöze trotz Verhiebes von darunter abgelagerten abzubauen und somit verloren geglaubtes Nationalvermögen zu retten.

VII. Einwirkungen des Kohlenabbaus auf die Tagesoberfläche.

1. Die Bodenverschiebungen.

a) Die Erfahrungen des Stadtvermessungsingenieurs Hillegaart.

Im Zwickauer Revier besteht bereits seit langer Zeit ein außerordentlich großes Interesse für die obertägigen Wirkungen des Kohlenabbaus. Eine diesbezügliche interessante Arbeit betreffend „Die Untersuchungen über den Einfluß des Bergbaus auf die Erd-

oberfläche im Zwickauer Steinkohlenrevier" wurde in der
Zeitschrift für Vermessungswesen (Organ des Deutschen Geometervereins) im Jahre 1910 vom Stadtvermessungsingenieur Hillegaart veröffentlicht. Wir erfahren aus dieser Abhandlung, daß in Zwickau
alljährlich Einwägungen des Höhenmarkennetzes stattfinden. Anläßlich der Ausführung der Neumessung der Stadt im Jahre 1902
zeigten sich Abweichungen einzelner Grenzzüge gegen die
Darstellung älterer Karten. Diese Abweichungen ließen auf
starke wagerechte Verschiebungen schließen.

Das Königliche Finanzministerium stimmte einer Anregung
der Stadt Zwickau zu, die Untersuchung der Verschiebungen
im ganzen Zwickauer Revier auf Kosten des Staates durchzuführen. Die durch diese staatlichen Arbeiten in klarer Weise
festgestellten wagerechten Verschiebungen traten im Verhältnisse
zu den Senkungen am stärksten auf an den Grenzen des Abbaugebietes. Die wagerechten Verschiebungen erstreckten sich
weit über die Grenzen des eigentlichen Abbaugebietes
hinaus in Gebiete, die vom Abbau gar nicht berührt wurden. Diese
Verschiebungen zeigten sich im stärksten Abbaugebiete
nur ganz gering. Die Richtungen der Verschiebungen
waren verschieden; außerhalb des Abbaugebietes verschoben sich die Punkte ganz natürlich sämtlich in der
Richtung auf das Abbaugebiet zu, innerhalb des Abbaugebietes wechselte die Richtung. Ein Vergleich mit den Senkungen
der einzelnen Punkte ergab, daß meist die Punkte stärkster Senkung
eine verhältnismäßig geringe Verschiebung zeigten, und umgekehrt Punkte mit starker Verschiebung nur wenig sich gesenkt haben.

b) Die Mitteilungen des Bergrats Illner. In dem bereits vielfach
erwähnten Gutachten betreffend die Frage des Kohlenabbaus
unter der Stadt Zwickau führt Bergrat Illner im Kapitel über
„die Einwirkungen des bisherigen Kohlenabbaus auf die
Tagesoberfläche" unter anderem folgendes an: „Ungleichmäßige
Senkungen setzen Verschiebungen der Tagesoberfläche
voraus, und daß solche im fraglichen Gebiete stattgefunden haben, zeigt
Fig. 118, die auf staatlicher Vermessung beruht, und nach der die nördlich
des großen Senkungstales gelegenen Fixpunkte allein in der Zeit von
1902 bis 1904 in der Richtung der Böschung des nördlichen Talrandes
so abgerutscht sind, daß sich das Gebäude des Landgerichtes um
107 mm, die Marienkirche um 98 mm, die Katharinenkirche um
76 mm und das Gewandhaus um 170 mm verschoben haben. Gleichzeitig läßt aber auch Fig. 118 erkennen, wie auch schon Stadtvermessungsingenieur Hillegaart in seinen in der Zeitschrift für Vermessungswesen 1910 veröffentlichten „Untersuchungen über den Einfluß des Bergbaus auf die Erdoberfläche im Zwickauer Steinkohlenrevier" hervorgehoben hat, daß die wagerechten Verschiebungen im Verhältnis zur
Senkung am stärksten an den Grenzen des Abbaugebietes auftreten.

sich weit über diese hinaus in Gebiete erstrecken, die vom Bergbau gar nicht unterfahren sind, und daß andererseits an einzelnen Stellen im stärksten Senkungsgebiete diese wagerechten Verschiebungen nur ganz gering sind. Eine Abhängigkeit der Richtung dieser Verschiebungen von der Gestaltung der Erdoberfläche oder von der Richtung der das Abbaugebiet durchziehenden Verwerfungen ist nicht erkennbar. Meist zeigen aber die Punkte stärkster Senkung eine verhältnismäßig geringe Verschiebung und umgekehrt Punkte mit starker Verschiebung nur eine geringe Senkung. Da nun die Richtung der

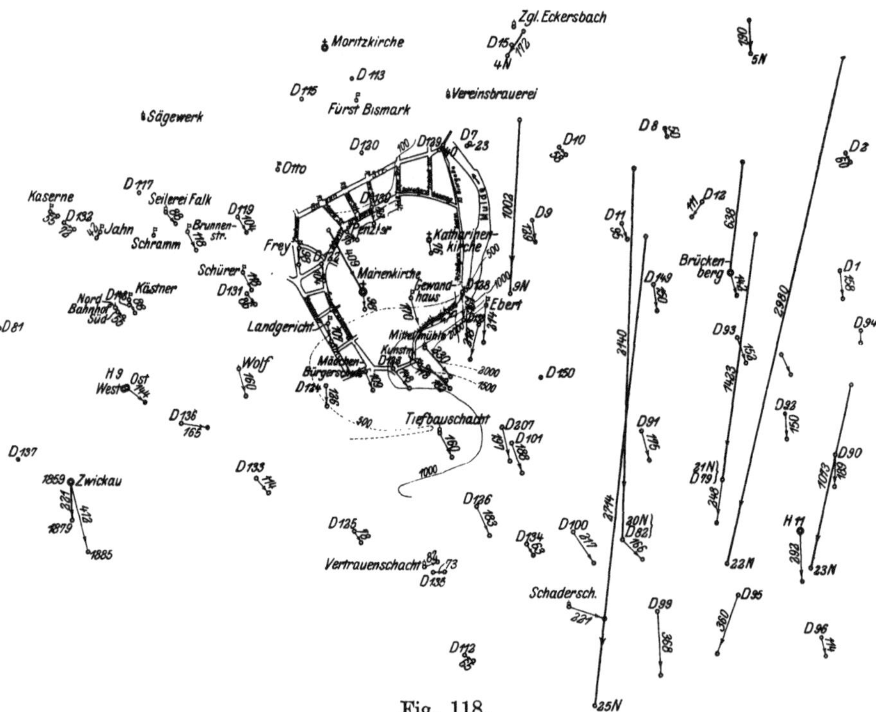

Fig. 118.

Verschiebungen infolge Kohlenabbaues im Stadtgebiete Zwickau in Sachsen.

Verschiebung nur abhängig von der Senkung sein kann, diese also jener vorausgehen mußte, trat die Verschiebung ein durch Nachzug der Erdschichten nach der Senkungsstelle. Infolgedessen wirkt auch dieser Nachzug weit über die Grenzen des Senkungsgebietes hinaus, und zwar umso weiter und stärker, je größer die Tiefe des Senkungsgebietes ist. Wie nun die so gut wie keine Risse oder Beschädigungen aufweisenden Häuser der südlichen Vorstadt beweisen, kann, wie neben Tittel auch Hillegaart ganz zutreffend ausführt, eine rein lotrechte — nicht plötzliche, sondern langsam und ohne große Erschütterung eintretende — Senkung nicht zur Beschädigung oder gar zum Einsturz von Häusern führen. Erst ein seitliches Ausweichen oder eine Neigung der Hauswände ruft den Schaden hervor. Der Nachzug ist deshalb als gefährlicher wie die Senkung zu erachten.

c) Die Erfahrungen der Landmesser Overhoff, Rothkegel und Köndgen. Landmesser Overhoff hat in der Gemarkung Wiemelhausen in der Nähe von Bochum Messungen vorgenommen und Verschiebungen einzelner Punkte um 3,75 m und 6,63 m innerhalb eines Zeitraumes von 20 Jahren festgestellt.

Ähnliche Ergebnisse zeigten die in der Nähe von Wattenscheid vorgenommenen Messungen des Landmessers Rothkegel. In der Zeitschrift für Vermessungswesen 1903 hat Rothkegel über Verschiebungen von Vermessungspunkten in einer Abhandlung „Über Verschiebungen von trigonometrischen und polygonometrischen Punkten" bis zum Betrage von 3,38 m berichtet.

In derselben Zeitschrift hat der Landmesser Köndgen über ausgedehnte Messungen berichtet in einer Abhandlung „Seitliche Verschiebungen infolge Bergbaus im Stadtgebiet Essen". Köndgen hat Verschiebungen bis zu 30 cm in der Altstadt und solche bis zu 72 cm in der Neustadt festgestellt, welche innerhalb 40 Jahren aufgetreten sind. Die bis 1860 bzw. 1864 erbauten Häuser wurden um 30 cm aus der alten Baufluchtlinie zurück- bzw. vorgerückt. Besonders stark äußerte sich der Einfluß des Bergbaues am städtischen Schlacht- und Viehhof. Dort machte sich die Verschiebung dadurch zuerst bemerkbar, daß die starken gußeisernen Säulen der Hallen Brüche zeigten, so daß sie schnellstens durch schmiedeeiserne Träger ersetzt werden mußten. Auch wurde in der Nähe des Schlacht- und Viehhofes ein ganzer Baublock von 320 m Länge und 70 m Breite derart verschoben, daß einzelne Besitzer im Jahre 1903 bereits 72 cm von der ursprünglichen Breite der Baufläche eingebüßt hatten.

d) Die Mitteilungen von Ingenieur Sarnetzky. Im Jahre 1910 hielt der Landmesser Ingenieur Sarnetzky in Essen in der 27. Hauptversammlung des Deutschen Geometervereins einen Vortrag „Über den Einfluß des Bergbaues auf Messungsergebnisse", welcher in den „Allgemeinen Vermessungsnachrichten" (23. Jahrgang, 1912) und in der „Deutschen Straßen- und Kleinbahnen-Zeitung" (1911, Nr. 46 und 47) veröffentlicht wurde. Ingenieur Sarnetzky führt unter anderem folgendes aus: „Was nun die Verschiebungen in der wagerechten Ebene anbelangt, so kann nach den Ausführungen des Professors Dr. Schuhmacher in Bonn (Zeitschrift des Rhein.-Westfälischen Landmesservereins 1903) jeder Eigentümer verlangen, daß sein Grundstück in seine ursprüngliche Lage zurückgebracht wird. Nun, solange das Grundstück unbebaut ist, wäre gegen diese alte römische Rechtsauffassung nichts einzuwenden. Jedes Industriegebiet ist jedoch mit obertägigen Anlagen dicht verbaut. Nehmen wir einmal an, daß sich die Einflußzone des Bergbaues auf die Fläche A B C D (Fig. 119) erstrecke. Dabei sei der Eigentümer der Fläche E F G H in die Lage versetzt, eine Verkleinerung von zwei Seiten zu erfahren. Außerdem sei ein Haus M im angedeuteten Sinne verschoben worden. Nach Professor Dr. Schuhmacher könnte nun der Eigentümer von E F G H verlangen, daß seine früheren Grenzen wiederhergestellt werden. Die Wiederherstellung des geradlinigen Grenzzuges E F könnte ohne Schwierigkeiten erfolgen; wesentlich anders liegt aber der Fall mit dem Grenzzuge G H. Was soll hier mit der Fläche des verschobenen Gebäudes geschehen? Soll vielleicht der Eigentümer der Fläche E F G H gezwungen werden

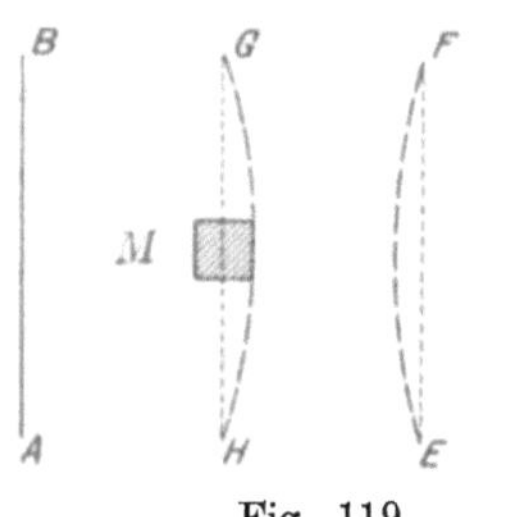

Fig. 119.

können, die Gebäudefläche, weil sie bebaut, von seinem Nachbar erwerben zu müssen? Dieser Eigentümer hat gegen die Verschiebung nichts vorkehren können, sie ist vom Einfluß eines Dritten herrührend, d. i. vom Bergbau. Infolgedessen müßte letzterer zunächst dem Eigentümer der Fläche E F G H Ersatz leisten für die Grenzverminderung. In zweiter Linie wäre es billig, daß er sich an den Eigentümer der Fläche A B C D mit einer Forderung wendet wegen der ihm zugefügten Flächenvermehrung. Zweifellos würden derartige Fälle zu langwierigen Verhandlungen und Prozessen Anlaß geben, deren Kosten zu dem Werte der Fläche in keinem Verhältnis stehen.

Sarnetzky meint weiter: „Es liegt kein greifbarer Grund vor, die Wahrheit der Bodenverschiebungen nicht offen zu bekennen und die materiellen Irrtümer auf ihr Mindestmaß zu beschränken. Allerdings ist dabei erforderlich, daß der Staat hierzu doch einmal Stellung nimmt und zwar dergestalt vielleicht, daß er für die Bergbaugegenden ein Gesetz erläßt, wonach bei Grenzveränderungen infolge Bergbaues nicht die alte Grenzlage wiederhergestellt, sondern die neue Ermittlung in den Kataster eingetragen wird. Dann wäre es aber notwendig, die Prüfung der Messungen nur Personen zu übertragen, die sich mit der Materie der Bergschäden genügend befaßt und auf dem laufenden erhalten haben, damit sie jeweilig in der Lage sind, auch ein sachgemäßes Urteil zu fällen, ob diese oder jene Differenz auf den Bergbau zurückzuführen ist oder aber auf Umstände, unabhängig vom Bergbau."

e) Die Erfahrungen im Ostrau-Karwiner Revier. Die Tatsache der horizontalen Bodenverschiebungen (Bodenwanderungen) ist auch bei vielfachen Messungen auf der Montanbahn des Ostrau-Karwiner Reviers wiederholt beobachtet worden. Im März des Jahres 1908 wurde in der Schnellzugstrecke Schönbrunn—Witkowitz—M. Ostrau—Oderfurt seitens des Oberstaatsbahnrates Ing. Richard Wawerka eine seitliche Verschie-

bung des in einer Geraden gelegenen
ca. 5 m hohen Bahndammes konstatiert. Die in der Richtung von Süd
nach Nord gelegene Bahnstrecke
kreuzte den östlichen Rand des
Schiebungsgebietes einer Senkungsmulde, welche durch die in Abständen
von 40 m vom Bahndamm in westlicher Richtung betriebenen Abbaue
hervorgerufen worden war. Die auf der
Bahnstrecke hervorgerufene Senkungsmulde hatte eine Länge von ca. 1050 m,
deren lotrechtes Senkungsmaximum
ca. 60 cm betrug. Der Bahnkörper
erlitt, wie bereits erwähnt wurde, außer
der lotrechten Absenkung auch eine
seitliche Hinausschiebung in
westlicher Richtung gegen das
Muldentiefste, welches einige 100 m
vom Bahnkörper entfernt gelegen war.
Die seitliche Hinausschiebung hat ein
Maximum von 30 cm erreicht und
war mit Rücksicht auf den Umstand,
daß die Bahnstrecke ursprünglich in
einer Geraden gelegen war, sogar mit
freiem Auge feststellbar.

**f) Die Erfahrungen im Aachener
Kohlenbecken.** Auch im Aachener
Revier wurden Bodenverschiebungen infolge bergbaulicher Einflüsse festgestellt; dem Professor
Gustav Schimpff von der Technischen Hochschule in Aachen verdankt
der Verfasser die Mitteilungen über
einen Fall der Senkung und Verschiebung der Eisenbahnstrecke Aachen-
Düsseldorf, welcher vom Oberbahnmeister Lichtblau in Saarbrücken im
August 1902 beobachtet wurde. Wie
aus Fig. 120 hervorgeht, nahmen die
Senkungen und Verschiebungen in
km 12,4 ihren Anfang und reichten
bis km 14,4, woraus hervorgeht, daß
die Bahnlinie die Senkungsmulde des
Geländes vollständig durchquert hat.
Aus dem Umstande, daß außer den
beobachteten Senkungen auch Verschie-

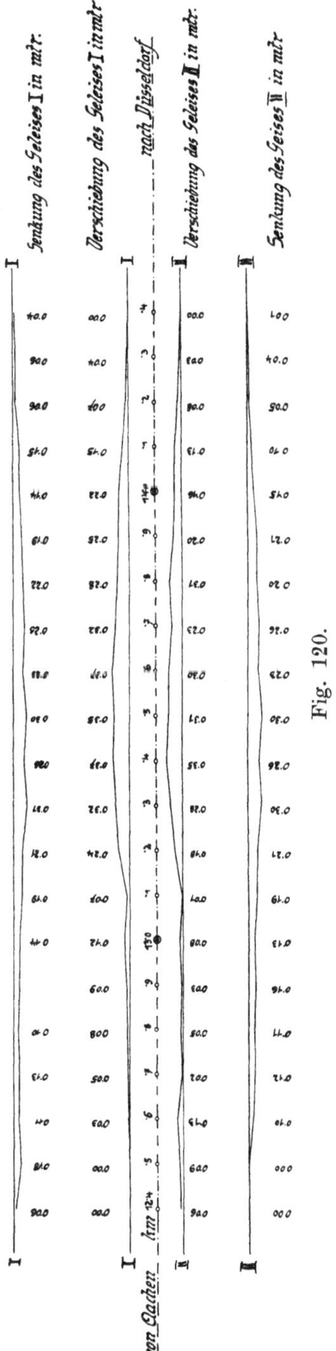

bungen der beiden Bahngleise aufgetreten sind, geht unzweifelhaft hervor, daß der Bahnkörper in das Schiebungsgebiet der Senkungsmulde zu liegen kam. Mit Rücksicht auf die nach der linken Bahnseite eingetretene Verschiebung. beider Gleise ist der sichere Schluß zulässig, daß das Muldentiefste des Geländes sich links der Bahn befinden mußte, daß also die Abbaue und damit auch das Gebiet der lotrechten Absenkung links der Bahn gelegen sein mußten. Der von Südwesten nach Nordosten sich erstreckende Bahnkörper schneidet den östlichen Rand der Senkungsmulde im Schiebungsgebiete. Der Bahnkörper hat an jener Stelle die größte Verschiebung erlitten, wo auch die größte lotrechte Senkung eingetreten ist, und zwar beiläufig in km 12,5. Dort beträgt die größte wagerechte Verschiebung h = 0,35 m und die größte lotrechte Absenkung s = 0,30 m, so daß für den Ver-

$$\text{schiebungswinkel tg } \varepsilon' = \frac{0,30}{0,35} = 0,85 \text{ und } \varepsilon' = 40^0\ 20'\ \text{herauskom-}$$

men; es hat also die Verschiebung unter einem Winkel $\varepsilon' = 40^0\ 20'$ stattgefunden.

2. Die Bodenpressungen und Bodenzerrungen.

a) Die Erfahrungen des Ingenieurs Sarnetzky. In der bereits erwähnten Arbeit von Ing. Sarnetzky (Allgemeine Vermessungsnachrichten 1911) führt der genannte Fachmann einige klassische Beispiele von Schienen-Pressungen und -Zerrungen an, welche durch bergbauliche Bodensenkungen erzeugt worden sind. Die Gleisstelle in Fig. 121 wurde von Sarnetzky zwei Jahre lang einer besonderen Beobachtung unterzogen.

Fig. 121. Kurzer Knick, hervorgerufen durch Pressung.

Nachdem beide Schienen um ein Stück gekürzt wurden und das Gleis auf diese Weise wieder betriebsfähig hergestellt worden war, wurden links und rechts von ihm zwei Pfählchen A und B in den Boden geschlagen mit darauf befindlichen Nägeln, welche sich genau in der Verbindungslinie der Schienenstöße gegenüberstanden. Nach Verlauf von je einem Jahre ungefähr traten an derselben Stelle die nämlichen Gleisdeformationen auf. Verband man aber wieder die beiden Nägel durch eine Schnur, so zeigte es sich, daß die Pfählchen jährlich um rund 80 mm dem Gleisstoß vorangeeilt waren. Hieraus ergibt sich für jede Gleisanlage die wichtige Tatsache, daß das Gleis höchstens nur jene Schiebungen ausführen kann, die die Stoß- lücken bzw. der Spielraum der Schraubenbolzen in den Schraubenlöchern einer Stoßkonstruktion zulassen; das daneben liegende Erdreich aber wandert ohne jegliches Hindernis.

Zu den Figg. 122, 123, 124 und 125 sei noch besonders erwähnt, daß sie die Deformation derselben Anschlußgleise vorstellen, nur ist der Standpunkt des Photographen immer ein anderer gewesen.

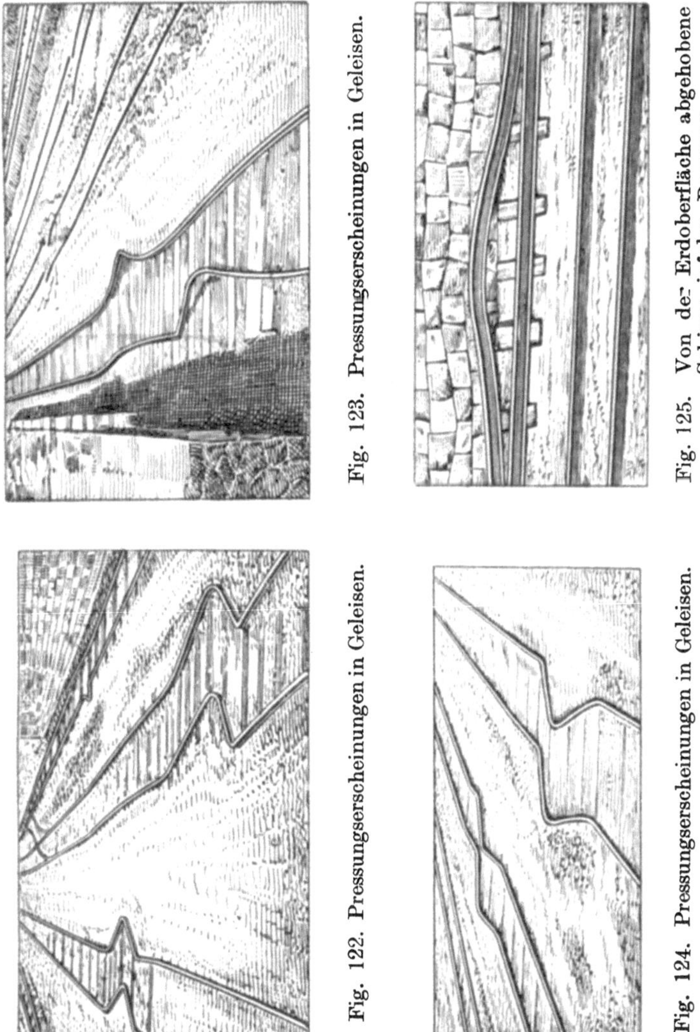

Fig. 123. Pressungserscheinungen in Geleisen.

Fig. 125. Von der Erdoberfläche abgehobene Schiene infolge Pressung.

Fig. 122. Pressungserscheinungen in Geleisen.

Fig. 124. Pressungserscheinungen in Geleisen.

Auffällig ist aber, daß auf den Figuren das danebenliegende Gleis der Staatseisenbahn unversehrt erscheint. Der Grund hierfür ist folgender. Die Anschlußgleise sind lange Zeit außer

Betrieb gewesen und deshalb sind die Unterhaltungsarbeiten unterblieben. Die Wirkung des Bergbaues konnte sich somit ungestört entfalten. Das Staatseisenbahngleis befand sich aber unausgesetzt im Betriebe, es mußten daher hier selbst die kleinsten Anzeichen einer Deformation immer wieder beseitigt werden. Wenn aber kleine Verbiegungen beseitigt werden, können sie zu großen nicht heranwachsen. Bei den Straßenbahnanlagen bietet im allgemeinen die Straßenbettung einen derartigen Widerstand, daß die Lösung der Spannung nicht in einem einzigen, größeren Knick erfolgen kann, sondern sie gewährt nur Raum für die Bildung kleinerer Verbiegungen. In einem solchen Falle sagt man dann, das Gleis zeige schlangenförmige Windungen. Auch Bordsteine werden in die Höhe oder zur Seite gedrückt. Bei Rohranlagen werden die Rohrenden in die Bleiverdichtung der Muffen hineingepreßt und mitunter größere Rohrstücke vollständig abgedrückt. Selbst Gebäude bleiben nicht verschont. Ziegelsteine werden abgeblättert, und an verputzten Häusern entstehen Blasen, Erhöhungen und Buckel im Putz. Einen anderen schlagenden Beweis für die Bodenverschiebungen liefern die Spurstangen der Straßenbahngleise (Fig. 126).

Sie werden in den durch die Pfeile gekennzeichneten Bewegungsrichtungen verbogen. An der konkaven Seite liegen die dazwischenbefindlichen Pflastersteine fest an, während sich an der konvexen Seite größere Fugen bilden. Die größte Breite einer solchen Pflasterfuge wurde mit 130 mm gemessen. Dabei waren die Pflastersteine stellenweise schon so hochgekantet, daß die Motoren der Straßenbahn aufsetzten und eine Umpflasterung daher vorgenommen werden mußte. Außerhalb des Gleises stößt sich das Pflaster an den Ecken A, B, C und D der Laschen (Fig. 126), weiter seitwärts dagegen kann die Bewegung ungehindert stattfinden. Die Folge hiervon ist, daß die Pflasterfugen an den Laschen gekrümmt erscheinen (Fig. 127).

Auf Fig. 127 sieht man sowohl die Kurvenfugen im Pflaster außerhalb des Gleises, wie auch die außergewöhnlich großen Fugen an den Spurstangen wieder. Bezüglich der Bergschäden an Gleisanlagen sei noch folgendes erwähnt: Größere Deformationen werden nur hervorgerufen, wenn sich die Bodenbewegung in der Längsrichtung der Gleise vollzieht oder aber gegen diese geneigt ist. In diesem Falle ist die schädigende Komponente diejenige, welche in die Längsrichtung der Gleise fällt. Ist die Bodenbewegung dagegen normal zur Schiene gerichtet, so wird die ganze Anlage einfach verschoben, und an Stelle einer Geraden wird sich höchstens eine langgestreckte Kurve bilden. In vorhandenen Kurven kann jedoch auch diese letztere Art der Schiebung recht unangenehme Folgen zeitigen. Mitunter wird ferner die Behauptung aufgestellt, daß Pressungen in den Straßenbahnschienen auf ihr Wandern unter dem Betriebe zurückzuführen seien. Dieser Einwand wird aber dadurch glatt widerlegt, daß Pressungen z. B. auf Hügeln entstanden sind, wo sich nämlich die größten Senkungen gezeigt hatten, und da ist es doch ausgeschlossen, daß Schienen durch den Betrieb einen Hügel von beiden Seiten hinaufwandern. Dagegen sind die Einwirkungen der Erhöhung der Temperatur auf die Deformationen nicht ohne Einfluß, und zwar vor allen Dingen dann, wenn Gleise dem neuen Grundsatze zufolge ohne oder mit unzureichenden Lücken verlegt werden. In einer Tiefe von 70—90 mm unter der Erdoberfläche, d. h. in der halben Höhe der im Boden eingebetteten Schienen, beträgt die Bodentemperatur in hiesiger Gegend (Essen) im Winter etwa —3⁰ Celsius und im Sommer + 17⁰ Celsius. Der Temperaturunterschied beläuft sich also auf 20⁰ Celsius. Da nun die Schiene die Wärme ihrer Umgebung hat und die Längenausdehnung von Stahl und Walzeisen bei 100⁰ Celsius Temperaturerhöhung ungefähr $^1/_{800}$ der Länge, mithin bei etwa 20⁰ etwa

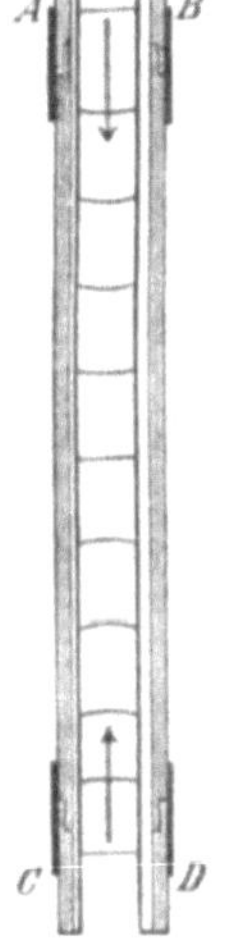

Fig. 126. Durchbiegung
der Spurstangen
infolge Pressung.

Fig. 127. Erweiterung
der Pflasterfugen an den
Spurstangen.

$^1/_{4000}$ beträgt, so folgt, daß Deformationen in diesen Schwankungen ebenfalls bedingt sein müssen. Die Ansicht einiger Techniker, daß die Temperatur auf eingebettete Straßenbahnschienen überhaupt keinen Einfluß habe, ist also irrig, wenngleich letzterer auf sie bedeutend geringer ist wie auf Schienen der Staatseisenbahngleise. Diese sind der Lufttemperatur von allen Seiten zugänglich, jene aber nur mit der Oberfläche des Schienenkopfes; zudem wirkt einer Erhöhung bzw. Erniedrigung jedesmal die innere Wärme entgegen. Wenn daher die Straßenbahnschienen ohne Lücken verlegt werden, so ist man sich von vornherein darüber einig, die durch die Temperaturschwankungen hervorgerufenen geringen Spannungen in den Schienen und die Bildung langgestreckter Windungen einfach in den Kauf zu nehmen gegenüber dem großen Vorteil, die Stöße sowohl auf die Betriebsmittel wie auch auf die Stoßkonstruktion der Gleise beseitigt zu haben.

Wichtig ist die Frage, wie groß ist die Kraft, welche derartige Deformationen hervorbringen kann. Nun, eine Formel hat sich bis jetzt noch nicht aufstellen lassen. Einmal gestatten die Zechen nicht einen Einblick in ihre Grubenbilder bzw. eine Bereisung der Abbaue, zum andermal sind die Momente bei den vorhandenen Beobachtungen stets zu wechselseitig gewesen. Die Ergründung der Natur ist eben eine schwere Wissenschaft und geht nicht so schnell vonstatten. Man ist noch nicht in der Lage, weder die Beschleunigung, noch die Geschwindigkeit, noch die durch die Schiebung geleistete Arbeit auch nur annähernd zu bestimmen, weil das Wesen der Gebirgsschichten noch nicht im entferntesten wirklich ergründet ist. Trotzdem drängt sich aber das Gefühl der Ehrfurcht auf, wenn man die Kraft zu würdigen versteht, welche erforderlich ist, solche Deformationen überhaupt hervorzubringen. Ein jeder wird ohne weiteres zugeben, daß eine ungeheure Kraft nötig ist, wenn eine 18 m lange Schiene um 1—2 mm in der Längsrichtung verkürzt erscheinen soll, ohne doch Verbiegungen hervorzurufen. Dabei ist aber festgestellt worden, daß der Druck, welcher durch Bodenbewegungen erzeugt worden ist, eine ebenso lange Schiene nicht um 1—2 mm, sondern um 11 mm gekürzt hatte, ohne daß die leisesten Spuren von Verbiegungen erkennbar waren. Eine Schiene vermag eben eine große Menge von Druck in Form von Spannung aufzunehmen, und erst, wenn die Elastizitätsgrenze überschritten ist, zeigen sich Deformationen.

Ferner ist festgestellt worden, daß in der Schwanenkampstraße und Stoppenbergerstraße in Essen die Baufluchtlinien, welche anfangs gerade waren, eine Durchbiegung von 0,60 m auf 180 m Länge, bzw. von 0,72 m auf 320 m Länge durch die Schiebungen erlitten haben. Es haben ganze Häuserkomplexe in gewisser Hinsicht einen Transport erfahren.

Aus diesen wenigen, aber schwerwiegenden Momenten kann man ohne weiteres die Folgerung ziehen, daß auch Vermessungspunkte, wie Grenzsteine, Polygonpunkte usw., einer Änderung durch die primäre Schiebung unterworfen sind. Gemäß der Veränderungen der Biegungskurve findet in der Mitte der Einflußzone keine Bewegung statt, desgleichen keine an ihrem Rande. Dagegen wächst sie zwischen beiden zu einem bestimmten Höchstwert an. Hieraus ergibt sich, daß sie eine ungleichmäßige ist. Wollte man die Größe der Bewegung graphisch darstellen, so würde eine Kurve entstehen, die Ähnlichkeit mit der Sinoide hat. Der Unterschied zweier nicht allzuweit entfernter Messungspunkte wird daher gegen die einer früher ausgeführten Messung im allgemeinen keine größeren Abweichungen aufweisen. Hierin liegt der Grund, daß sich bei denjenigen Landmessern, welche nur kleinere Messungen durchführen, die Ansicht gebildet hat, daß Schiebungen infolge von Bergbau ein Unding seien. Etwa vorgefundene Unterschiede werden von ihnen auf mangelhafte Arbeit, das Nichtmehrgeradestehen der Grenzsteine oder auf materielle Irrtümer zurückgeführt. Derselbe Landmesser würde

aber eines Besseren belehrt werden, wenn er eine Arbeit an un-
verrückt gebliebene Punkte angeschlossen hätte.

„Von großer Bedeutung“, führt Sarnetzky unter anderem
an, „sind die lotrechten Senkungen in kulturtechnischer Hinsicht.
Sie rufen in dem ge-
sunkenen Gelände Was-
seransammlungen,
Versumpfungen und
Vorflutstörungen
hervor. So wurde im
Jahre 1876 zu Oberhau-
sen in der Nähe des Köln-
Mindener Bahnhofes
ein ungefähr 35 Morgen
großes Grundstück
in ein vollständiges
Wasserbecken um-
gewandelt. Sind die
Kohlenflöze recht steil,
also nahezu 90° gegen
die Horizontale geneigt,
und reicht der Abbau
bis nahe an die Erdober-
fläche heran, so dehnen
sich die lotrechten Sen-
kungen nicht auf Mul-
den aus, sondern nur
auf einen engbegrenz-
ten Raum, deren Wir-
kung auf die Erdober-
fläche mit freiem Auge
wahrnehmbar ist. Ein
solcher Tagesbruch
entstand z. B. im Jahre
1909. Der Durchmes-
ser betrug ungefähr
7 m und seine Tiefe
gegen 9 m. Kleinere
Tagesbrüche zeigen die
Figuren 128, 129 und
130.

Fig. 128. Erweiterung der Pflasterfugen an den
Spurstangen und Krümmung derselben an den
Laschen.

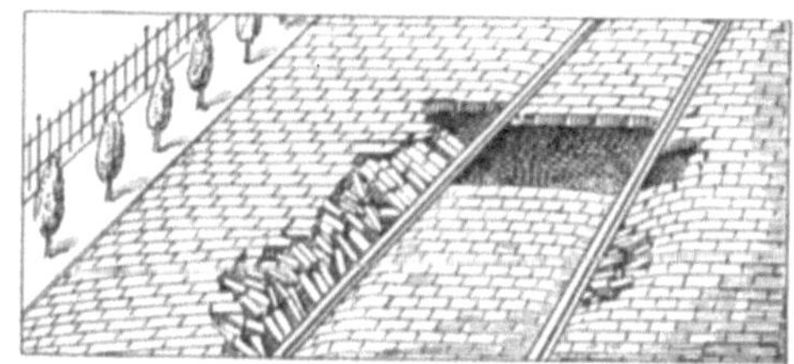

Fig. 129. Tagesbruch.

Fig. 130. Tagesbruch.

Wie gefährlich der-
artige Tagesbrüche sein können, zeigen folgende 2 Beispiele.

In Westfalen verschwanden vor den Augen eines Landmannes
seine zwei pflügenden Pferde nebst dem Ackerpflug in eine sich bildende
Einkesselung. Anfangs des Jahres 1906 machte ein Landmann, der
morgens in den Stall kam, zu seiner Überraschung die Wahrnehmung,

daß sein Pferd verschwunden war. Über Nacht hatte sich in der Ecke des Stalles eine tiefe Erdspalte gebildet, in die das Pferd versunken war."

Sarnetzky berichtet unter anderem auch noch weiter: „In einer benachbarten Gemeinde befindet sich ein Bolzen (Fixpunkt), unter dem Bergbau erst in größerer Entfernung umgeht, für den aber nach jedem Nivellement höhere Koten erzielt werden. Dabei wurden die Nivellements zu den verschiedensten Jahreszeiten und nach verschiedenen Witterungsverhältnissen ausgeführt. Die Möglichkeit, daß die Hebung erfolgt ist durch den hydrostatischen Druck nach langanhaltendem Regen, ist also ausgeschaltet; zudem ist die Hebung bedeutend größer, als sie der Wasserdruck überhaupt hervorbringen könnte." Fig. 131 zeigt ein Bild über eine Erweiterung der Schienenstosslücken infolge Zerrung.

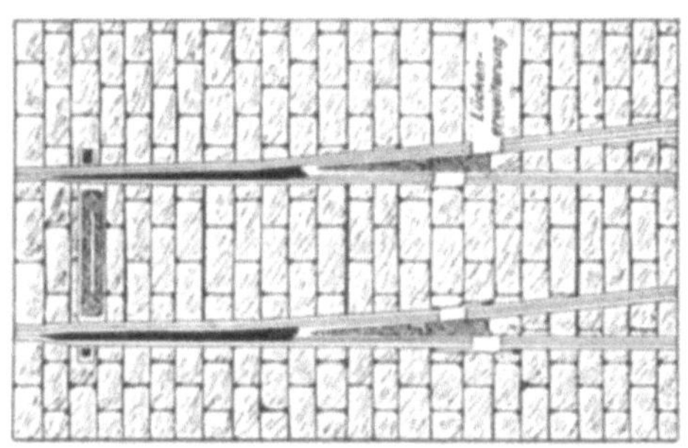

Fig. 131. Erweiterung der Schienenstoßlücken infolge Zerrung

b) Die Erfahrungen des Dr.-Ing. Franz Goetz. In ausführlicher Weise berichtet Dr.-Ing. Franz Goetz in seiner Dissertation über die „Ausbildung der Straßenbahnanlagen mit Rücksicht auf die Bodenbewegungen im Senkungsgebiete des Rheinisch-westfälischen Kohlenbergbaues". Dr. Goetz behandelt auch die Theorie von Korten, er hebt die Arbeiten von Overhoff, Rothkegel und Köndgen hervor und kommt dann auf das Kapitel „Straßenbahn und Bodenbewegung" zu sprechen. Dr. Goetz berichtet, daß die Staatsbahnverwaltung seit vielen Jahren fortlaufende Höhenmessungen ausführt, um für die sich ergebenden Senkungen die Bergbaugesellschaften ersatzpflichtig machen zu können. Ebenso finden fortgesetzt Messungen bei den verschiedenen Privatbahnen und namentlich bei den zahlreichen Straßenbahnen statt. Die bergbauliche Wirkung ist verschieden, je nachdem es sich um Gleise handelt, welche auf eigenem Bahnkörper freiliegen, oder um solche Bahnen, bei denen die Gleise im Straßenkörper fest eingebettet sind. Bei den Bahnen auf eigenem Bahnkörper ist es möglich, die durch die Senkungen geänderten Neigungsverhältnisse durch Aufholungen der Gleise und Aufmauerungen der Widerlager von gesenkten Brücken zu verbessern. Auch lassen die Schienenstoßlücken (Dilatationen) eine gewisse Beweglichkeit des Oberbaues zu. Bei denjenigen Bahnen jedoch, deren Gleise im Straßenkörper eingebettet sind, ist eine Verbesserung der Neigungsverhältnisse durch Aufholung des Geleises mit

Rücksicht auf die anschließenden Straßenflächen im verbauten Stadtgebiete nicht zulässig. Auch ist eine Beweglichkeit des Oberbaues infolge der bei Straßenbahngleisen oftmals fehlenden Schienenstoßlücken nur in sehr geringem Maße vorhanden. Jede auftretende Bodenbewegung läßt sich, führt Dr. Goetz aus, zunächst 1. als Wirkung einer lotrechten Senkung und 2. einer wagerechten Verschiebung auffassen. Für die Betrachtung der Verhältnisse beim Gleis wird die wagerechte Verschiebung zweckmäßig in zwei Komponenten zerlegt, von denen die eine rechtwinklig zur Richtung des Gleises, die andere in der Richtung des Gleises angenommen wird. Somit kann also jede mögliche Bodenbewegung zusammengesetzt gedacht werden aus folgenden drei Komponenten: 1. die lotrechte Senkung, 2. die wagerechte Verschiebung rechtwinklig zur Richtung des Gleises und 3. die wagerechte Verschiebung in der Richtung des Gleises.

Ad 1. Dr. Goetz führt aus, daß ein vollkommen lotrechtes Absinken des Bodens nur auf kurzen Strecken in Form von Tagesbrüchen erfolgen kann oder bei Überschneidung zweier Senkungsmulden. Im ersten Falle verschwindet der Gleisunterbau mit dem gesunkenen Boden zusammen und die Gleise liegen hohl. Das Befahren der Gleisanlage ist solange ausgeschlossen, als nicht der entstandene Hohlraum ausgefüllt und der Unterbau wiederhergestellt worden ist. Ein nennenswerter dauernder Einfluß auf die Bahnanlagen ist aber nach Behebung des Tagesbruches nicht anzunehmen, ebenso nicht bei Überschneidung zweier Senkungsmulden.

Ad 2. Bezüglich der rechtwinklig zur Richtung des Gleises auftretenden Verschiebung wird bemerkt, daß das fest mit der Straße verbundene Gleis den Bewegungen des Straßenkörpers folgen muß, also mit diesem nach der Seite verschoben wird. Die Verschiebungen machen sich in den meisten Fällen noch nicht einmal dem Auge bemerkbar, da sie im allgemeinen nur geringfügig sind und infolge der vorhandenen vielen Krümmungen der Straßenbahnen nicht in die Erscheinung treten können. Nur bei geringer Mächtigkeit des Deckgebirges und engbegrenzten, der Form von Tagesbrüchen sich nähernden seitlichen Verschiebungen tritt ein unvermitteltes Ausbiegen des Gleises ein, wobei dann eine Zerstörung des Gleisgefüges erfolgen kann. Auch ist eine Störung der Gleisanlage möglich, wenn die Verschiebung zufällig auf einen großen Gleisbogen etwa senkrecht zur Bogenmitte einwirkt. Im allgemeinen ist jedoch der Einfluß der seitlichen Verschiebung auf die Länge des Gleises und somit auch auf die Konstruktion der Gleisstöße nur ein unbedeutender.

Ad 3. Anders dagegen liegt der Einfluß der wagerechten Bodenbewegungen in der Richtung der Gleisachse. Infolge des starren Zusammenhanges der einzelnen Schienen kann das Gleis Bewegungen in dieser Richtung nur im geringen Maße ausführen. Andererseits sind es aber wieder die zwischen den Schienen und der Straßendecke auftretende Reibung und die Spurstangen, welche die Schienen verbinden und das Erdreich zwischen den Schienen festhalten, daß eine

Bewegung des Bodens sich sofort auf das Gleis übertragen muß. Daher entsteht bei Bodenbewegungen in der Längsrichtung des Gleises unter allen Umständen eine Störung der Gleisanlage. Dieselbe äußert sich. verschieden, je nachdem das Gleis in **gezerrten** oder in **gepreßten** Bodenschichten liegt.

a) Bodenschichten, welche sich in **gezerrtem** Zustande befinden, werden natürlich in den mit ihnen verbundenen Gleisen ebenfalls Zerrungserscheinungen hervorrufen. Zunächst macht sich diese Zerrung an den schwächsten Stellen des Gleises, an den Stößen, bemerkbar. Es werden die einzelnen **Schienen so weit auseinandergezogen,** als es die Konstruktion der Stöße zuläßt. Geht die wagerechte Verschiebung des Bodens noch weiter, oder läßt die Verlaschung die Entstehung von Stoßlücken nicht zu, so staut sich der Boden an den Spurstangen wellenförmig auf und bei gepflasterten Straßen entstehen stark zusammengepreßte Pflasterfugen auf der einen Seite der Spurstangen, während auf der anderen Seite sich breite Lücken im Pflaster bilden. Die Spurstangen halten den Druck nicht aus, sondern verbiegen sich und rufen dadurch **Spurverengungen** hervor. Infolge der fortwirkenden Bodenverschiebung verbiegen sich die Laschenbolzen oder die Befestigungsbolzen der Spurstangen, und schließlich erfolgt ein Abscheren der Bolzen und somit eine Trennung des Gleises an irgendeiner Stoßstelle. Durch die Verschiebung der Schienen innerhalb des Straßenkörpers wird der Zusammenhang zwischen den Schienen und der Straße gelockert, so daß die Tagewässer ungehindert in den Unterbau gelangen können, besonders an den weit auseinandergezerrten Stoßstellen.

b) Befindet sich das Gleis innerhalb der Bodenschichten, die sich in **Pressung** befinden, so werden die Schienen so lange gegeneinandergeschoben, bis die etwa noch vorhandenen Stoßlücken vollständig verschwunden sind, falls eine Verlaschung eine solche Bewegung zuläßt. Bei fortdauernder Pressung tritt dann auch hier ein Aufstauen der Bodenmassen an den Spurstangen und ein Verbiegen der Spurstangen ein. Im weiteren Verlauf weichen die Schienen nach der Seite aus und das ganze Gleis nimmt ein **schlangenförmiges** Aussehen an (Fig. 132).

Fig. 132. Durch Pressung schlangenförmig verbogenes Gleis in Altenessen.

Hierbei können derartige Verbiegungen entstehen, daß ein Befahren des Gleises infolge der vielen kleinen Krümmungen unmöglich wird. Hat das Gleis bei seiner seitlichen Verbiegung einen Widerstand an der es umgebenden Straßenbefestigung gefunden, so krümmen sich die

Schienen nach oben derart, daß die Schienenmitten hohl liegen und die Stöße sich immer tiefer in die Bettung hineinarbeiten. Treten die Bewegungen lange genug auf, so werden die Schienen unbrauchbar, da bei den starken Verbiegungen in wagerechter und lotrechter Richtung ein Geraderichten ausgeschlossen ist.

Dr. Goetz erörtert in seiner Dissertation noch einige Beispiele aus der Praxis und berichtet eingehend über die Schäden an der Linie Essen—

Fig. 133. Durch Pressung verworfenes Gleis in Altenessen. Der Zustand vor der Verwerfung ist aus Fig. 134 ersichtlich.

Fig. 134. Durch Pressung beschädigtes Gleis in Altenessen. Die Verwerfung ist aus Fig. 133 ersichtlich.

Horst—Emscher. Bereits nach einjähriger Betriebsdauer zeigte das Gleis eine schlechte Lage, die Stoßlücken hatten ihre normalen

Fig. 135. Beschädigtes Straßenpflaster in Altenessen. Besonders bemerkbar ist die Abweichung der Pflasterfugen vom Gleis.

Werte von 4 mm verloren und waren an manchen Stellen bis zu 30 mm vergrößert, an anderen Stellen aber vollständig verschwunden. Die Schienenenden zeigten starke bleibende Durchbiegungen, die Stöße bogen sich noch während des Befahrens stark durch und drangen in die Unterbettung ein. Die Stoßverbindungen waren gelockert, die Laschen an ihren Anlageflächen in weitgehendem Maße eingeschlagen und die Laschenbolzen teilweise verbogen und seitlich sowie oben stark an-

Fig. 136. Durch Pressung
ausgeknicktes Gleis
(Wagenhalle Kraftwerk Essen).

Fig. 137. Durch Pressung
verbogenes Gleis.
Kraftwerk Essen.

gefressen. Die gerade Richtung des Gleises war gestört. Die Schienen zeigten Ausbiegungen nach der Seite, besonders an Stößen, wo die Dilatationen verschwunden waren. Die Spurweiten wiesen Vergrößerungen und Verringerungen von 3—5 mm auf gegenüber der normalen Weite von 1000 mm. Trotz vielfacher, kostspieliger Regulierungen mußte im Jahre 1903 nach 10 jähriger Betriebsdauer an eine vollständige Auswechselung des Gleises gedacht werden, welche Arbeiten jedoch mit Rücksicht auf die schwebenden Prozeßverhandlungen zwischen Bergbau und Eisenbahn erst im Jahre 1905 vorgenommen wurden.

Fig. 133 gibt eine Aufnahme der verworfenen Strecke, während Fig. 134 das Gleis vor der Verwerfung darstellt und die infolge der bergbaulichen Einwirkung zerstörte

Fig. 138. Durch Pressung seitlich verschobenes Gleis. (Einfahrt zur Wagenhalle Kraftwerk Essen.)

Pflasterung erkennen läßt. Bei diesen Verwerfungen blieben die Stoßlücken fest geschlossen.

Dr.-Ing. Goetz kommt auch auf die vielfach festgestellten Brüche von Gasrohrleitungen zu sprechen und erwähnt auch die wiederholt beobachtete Ineinanderpressung der Rohre, welche in einem gegebenen Falle bei einer Wasserleitung von 200 mm lichter Weite 90 mm betragen hat. Ebenso wurden auch Auseinanderzerrungen von Rohrleitungen festgestellt. Dr. Goetz zeigt in Fig. 135 die Ansicht eines beschädigten Straßenpflasters, welches die Abweichungen der Pflasterfugen von der normalen Lage in der Nähe des Gleises deutlich erkennen läßt.

Fig. 139. Durch Pressung seitlich ausgeknicktes Gleis, eine Schiene ist gebrochen. Kraftwerk Borbeck.

Diese Erscheinung läßt sich daraus erklären, daß die Straßenbefestigung sich mit den Bodenmassen verschiebt, während das Gleis der Bewegung nicht folgen kann.

In Fig. 136 ist ein in der Wagenhalle des Kraftwerkes in Essen durch Bodenpressung ausgeknicktes Gleis dargestellt.

Fig. 140. Durch Pressung seitlich verschobenes Gleis in Borbeck.

Fig. 141. Durch Pressung seitlich verschobenes Gleis in Borbeck. Der Betrieb wird durch Umsteigen aufrecht erhalten.

Fig. 137 stellt ein durch Bodenpressung verbogenes Gleis im Kraftwerk in Essen dar.

In Fig. 138 ist ein durch Bodenpressung deformiertes Gleis ersichtlich gemacht.

In Fig. 139 ist eine interessante Gleisdeformation zu ersehen, welche einen Schienenbruch zur Folge hatte.

In Fig. 140 und 141 sind seitlich verschobene Gleise ersichtlich, welche ebenfalls durch Bodenpressungen verursacht sind.

Fig. 142. Durch Pressung seitlich verschobenes Gleis in Borbeck.

Fig. 143. Durch Pressung verbogenes Gleis. Kraftwerk Essen.

Fig. 144. Gerissener, geschweißter Stoß bei einteiligem Oberbau.

Die Fig. 142 und 143 bieten interessante Bilder über die Wirkungen der Bodenspannungen an den Gleisen der elektrischen Straßenbahnen.

In Fig. 144 ist ein Schienenriß ersichtlich, welcher durch Bodenzerrung am ehemals geschweißten Schienenstoß verursacht wurde.

In Fig. 145 ist die durch Bodenzerrung verursachte Wirkung an einem verlaschten Schienenstoß ersichtlich. Es ist eine 90 mm lange Stoßlücke entstanden, welche in der Fahrschiene durch ein Paßstück ausgefüllt wurde. An der Leitschiene ist die Lücke noch sichtbar.

In Fig. 146 ist ein durch Bodenverschiebung abgesprengter Pfeilerkopf einer Mauer dargestellt.

In Fig. 147 erkennen wir ein durch Bergbau beschädigtes Straßenpflaster und verkantete Entwässerungskasten in der Essen-Horster Straße in Altenessen.

Dr. Goetz macht ferner einige Vorschläge, den Oberbau derart zu konstruieren, daß er den Einwirkungen des Bergbaues nach Möglichkeit gewachsen sein soll. Bezüglich des Schienenmaterials empfiehlt er Schienen aus Bessemerstahl zu verwenden mit 75—85 kg/mm² Zugfestigkeit und 10—15% Dehnung. Das Haupterfor-

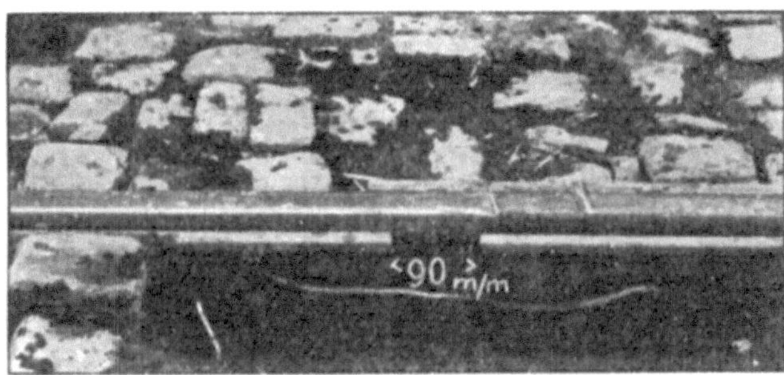

Fig. 145. Gerissener, verlaschter Stoß bei zweiteiligem Oberbau. Die 90 mm lange Lücke in der Fahrschiene ist durch einen Schienenabschnitt ausgefüllt, an der Leitschiene dagegen ist die Lücke unausgefüllt.

Fig. 146. Durch seitliche Verschiebung abgesprengter Pfeilerkopf einer Mauer. Kraftwerk Essen.

Fig. 147. Beschädigtes Straßenpflaster und verkantete Entwässerungskasten in Altenessen.

dernis des Materiales ist die große Dehnbarkeit und Elastizität mit Rücksicht auf die bedeutenden Spannungen, welche auftreten können. Auch bezüglich der Wahl des Oberbausystems äußert sich Dr. Goetz und erwähnt die zwei Gruppen von Stoßkonstruktionen: 1. den geschweißten Stoß und 2. den verlaschten Stoß. Mit Rücksicht auf die vielfach erörterten bergbaulichen Wirkungen verwirft Dr. Goetz begreiflicherweise den geschweißten Stoß im Bergbaugebiete. Dr. Goetz kommt auch auf die an allen anderen Anlagen einer Stadt infolge bergbaulicher Wirkungen entstehenden Schäden zu sprechen und teilt auch unter anderem mit, daß das städtische Gaswerk in Essen mit einem jährlichen Gasverlust von 2 Millionen m³ rechnet, welcher infolge Beschädigung der Rohre durch die bergbaulichen Bodenbewegungen verursacht wird.

Die vorgeführten Erörterungen des Dr. Goetz bieten den unwiderleglichen Beweis der in den durch Bergbau bewegten Bodenmassen hervorgerufenen Bodenspannungen, wie Pressungen und Zerrungen. Dr. Goetz gebührt das große Verdienst, diesen Oberbauwirkungen seine besondere Aufmerksamkeit gewidmet zu haben. Dr. Goetz hat dadurch der Fachwelt besondere Dienste geleistet, indem er nicht nur die an den Bahngleisen auftretenden Deformationen in augenfälliger Weise vorgeführt hat, sondern er hat auch damit gleichzeitig die mit diesen Gleisschäden zusammenhängende äußerst kostspielige Bahnerhaltung in treffender Weise erläutert.

c) Die Erfahrungen des Dr.-Ing. Direktor Nolden. In der Zeitschrift „Elektrische Kraftbetriebe und Bahnen" 1913 ist seitens des Direktors der Kreis-Ruhrorter Straßenbahn (Duisburg—Meiderich) Dipl.-Ing. Nolden eine hochinteressante Abhandlung erschienen über die „Einwirkung des Bergbaues auf Gebäude, öffentliche und besonders Straßenbahn-Anlagen sowie Maßnahmen zur Minderung der Schäden".

Nolden untersucht a) die direkten und indirekten Schäden und b) die Abhilfemittel zur Minderung der Schäden infolge bergbaulicher Einwirkungen. Zu den direkten Einwirkungen des Bergbaues zählt Nolden vor allem die Bodensenkungen, die Bildung mehr oder weniger weitreichender Mulden, Tagebrüche und die damit gleichzeitig eintretenden Störungen im Gleisbau, im Pflaster, in den Entwässerungsanlagen und Kanälen sowie schließlich die Versumpfung des Geländes. Nolden zählt alsdann einige von den vielen indirekten Schäden auf, welche vom Bergbau veranlaßt werden, indem er anführt, daß die Straßenentwässerung unbrauchbar wird, daß ferner die Gleise locker werden usw. Bezüglich der Schäden an der elektrischen Ausrüstung der Wagen wird bemerkt, daß beim Durchfahren der unter Wasser stehenden Strecken Kurzschlüsse, starker Lagerverschleiß und schnelle Zahnradabnutzung verursacht werden.

Direktor Nolden gibt einleitend der Ansicht Ausdruck, daß der Bergbau durch Wertverminderung des Haus- und Grundbesitzes sehr oft erhebliche Vermögensschäden verursacht, die durch die wirtschaftliche Entwicklung der betreffenden Gegend nicht ausgeglichen werden. Nolden kommt auf die eigentümlichste Folgeerscheinung des Bergbaubetriebes zu sprechen, welche lange nicht richtig erkannt wurde, und deren Bedeutung noch heute von einigen Gutachtern sogar nicht beachtet oder wenigstens nicht unterstützt wird. Es ist dies die Bodenwanderung in wagerechter Richtung. Seit geraumer Zeit beobachtet man schon bei selbst geringen Senkungen auch Längsänderungen der Gas- und Wasserleitungs- und Gleisanlagen, welche man zuerst durch die größere Länge der Muldenlinien gegenüber der

Fig. 148. Hochgesprungene Schiene im Pressungsgebiet.

geraden Verbindungslinie zwischen zwei Punkten zu erklären suchte. Die Nachrechnung bewies jedoch, daß die Mehrlänge der Senkungskurve praktisch vernachlässigt werden kann, und die Schienen derartige geringe Mehrlängen durch die Zugspannungen erleiden können. Da die Bewegung der hangenden Gebirgsschichten allseitig nach dem Hohlraum hinstrebt, werden die Bodenpartikelchen aus dem Umkreis des auszufüllenden Hohlraumes sich gegeneinander bewegen, also Pressungserscheinungen zeitigen. In der Muldenmitte heben sich die Kräfte aus den entgegengesetzten Richtungen gegenseitig auf, so daß dort die Verschiebung den

Fig. 149. Gleise im Pressungsgebiet. Das vorhandene Gleis wurde in der Kurve erheblich zur Seite gepreßt, als mit der Auskofferung für ein zweites Gleis begonnen wurde.

Wert Null hat. Am Rande des Einflußgebietes entfernen sich die Bodenteile von den stehenbleibenden Zonen nach der Muldenmitte zu, so daß dort Zerrungserscheinungen ausgelöst werden. Zwischen dem inneren Pressungs- und dem äußeren Zerrungsgebiete besteht eine Übergangszone, in welcher weder Zerrung noch

Pressung zwischen den Bodenteilchen besteht, jedoch sehr erhebliche Bodenwanderung nach der Muldenmitte zu stattfindet. Je nachdem nun ausgedehnte Bauwerke, Rohr- oder Gleisanlagen usw. auf der einen oder anderen Seite der Muldenmitte liegen oder über die Zonen ver-

Fig. 150. Pflasterlücken neben den Spurstangen auf dem Depothof, wo Schienen-wanderung durch den Betrieb nicht in Frage kommen kann. Nähe der Markscheide.

schieden gerichteter Kräfte hinweggreifen, werden die wandernden Bodenmassen auf die darin eingebetteten Teile der Anlage zu wirken bestrebt sein, so daß je nach der Ausdehnung und Widerstandsfähigkeit der Anlagen ganz verschiedene Wirkungen eintreten können. Ebenso wie die Bauwerke die Bodensenkung mitmachen müssen, müssen dieselben auch die wagerechten Verschiebungen erfahren. Nolden bringt nun einige klassische Beispiele von Gleisen vor, welche je nach ihrer Lage im Pressungs- und Zerrungsgebiete einer Senkungsmulde auch verschiedene Schäden erlitten haben. Es wird ein Beispiel (Fig. 148) einer hochgesprungenen Schiene

Fig. 151. Gleiskurve S, neugebaut 1907.
Erste Pressungserscheinung am 27. März 1909.
Zerdrückter Bürgersteig.

im Pressungsgebiete vorgeführt. In Fig. 149 ist ein Gleis ersichtlich, welches im Pressungsgebiet (Muldenmitte) in der Kurve erheblich zur Seite gepreßt wurde, als mit der Auskofferung für ein zweites Gleis begonnen worden ist.

Daß die bergbaulichen Bodenbewegungen sehr starke Einflüsse auf die Gleise ausüben können, hat hauptsächlich seinen Grund in dem Bestande der Spurstangen der Straßenbahnen. Diese Stangen bieten durch ihre breite Fläche (etwa 9—10 cm hoch) den in der Richtung der

Gleisachse wirkenden Bodenkräften einen ziemlich widerstandsfähigen Angriffspunkt, besonders wenn man in Betracht zieht, daß etwa alle 2,5 m eine solche Spurstange vorhanden ist. Die zwischen zwei aufeinanderfolgenden Spurstangen vorhandene Bodenmasse, die als ein Bodenvorsprung anzusehen ist, besitzt eine hinreichend innige Verbindung mit den darunter befindlichen Bodenmassen, um dieselben Bewegungen mitzumachen und etwaige Widerstände mit ziemlicher Kraft zu überwinden. Sobald

Fig. 152. Gleiskurve S. Neue Ausbiegung und abermalige Zerstörung des Bürgersteiges am 4. November 1909.

der Boden unter einem Straßenbahngleis in Bewegung gerät, legen sich alle die zwischen den Spurstangen vorhandenen Erdvorsprünge gegen die in der Bewegungsrichtung benachbarte Spurstange und schieben mit dieser das Gleis vorwärts, wobei dieselbe häufig um 1—3 cm in der Richtung der Bewegung durchgebogen wird. Auf diese Art entstehen die eigenartigen Pflasterspalten neben den Spurstangen, die ein charakteristisches

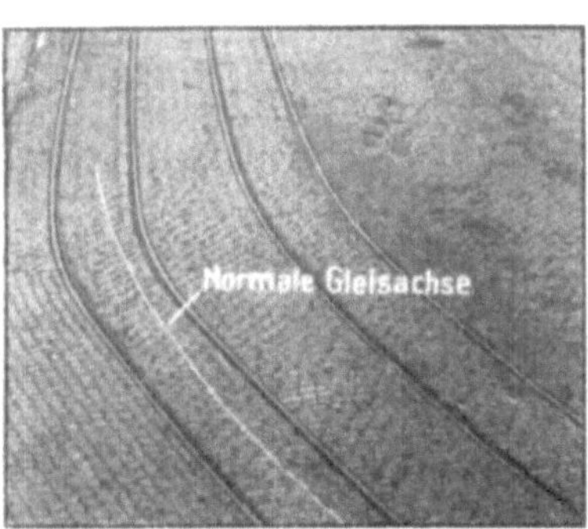

Fig. 153. Gleiskurve S am 19. Aug. 1913, nachdem seit 1909 auf 200 m Länge im ganzen 700 mm herausgeschnitten sind. Beginn neuer Deformation.

Fig. 154. Verengung der Staatsbahnspur durch die Wanderung des Straßenbahngleises infolge Bergschäden.

Kennzeichen bei Gleisanlagen für die im Bergbaugebiet eintretenden Bodenwanderungen darstellen (Fig. 150).

In Fig. 150 sind solche Pflasterspalten deutlich zu erkennen, dieselben erreichen häufig eine Breite von 70—80 mm. In Fig. 151, 152

Fig. 156. Quer zur Straßenachse gepreßter Bordstein. Nähe der Muldenmitte.

→ Richtung der Bodenwanderung 100 m bis zur Muldenmitte.

Fig. 155. Mast 100. Nördlich von Kurve S. Zerdrückter Mastsockel, zerstörter Bordstein.

und 153 werden Wirkungen an den Gleisbögen und Bordsteinen vorgeführt. In Fig. 154 ist eine Verengung der Gleisspur dargestellt, in Fig. 155 ist ein zerdrückter Leitungsmastsockel zu ersehen, der in der Nähe der in den Fig. 151, 152, 153 ersichtlichen Gleiskurve S gestanden hat. Bei einer Pressung in der Richtung quer zur Straßenachse kanten die Bordsteine um (Fig. 156), in der Richtung der Straßenachse pressen sich diese Bordsteine hoch (Fig. 157).

In Fig. 158 wird ein Haus dargestellt, bei welchem die oberen Etagen über das Untergeschoß hinausgedrückt wurden, so daß eine Schiefstellung der Eisensäulen die Folge war.

Fig. 159 gibt die Erklärung für das Umkanten der Bordsteine.

Fig. 157. In der Längsrichtung gepreßter Bordstein. Zersplitterung der Steinbauten.

Nolden erwähnt ferner die bei Rohrkanälen, Wasser- und Gasleitungsrohren auftretenden Bergschäden und bemerkt, daß sich insbesondere auch an der Markscheide zwischen zwei Kohlenfeldern ganz erhebliche Zerrungen bemerkbar machen, welche die Gebäude, Rohrleitungen, Kabel und

Gleise auseinanderziehen. „Also gerade an dieser Stelle“, bemerkt Nolden, „wo die Senkungslinie wieder in die ursprüngliche Höhe übergeht, wo also das Nivellement wenig oder gar keine Änderung zeigt, treten die vielen Beteiligten unerwarteten Zerstörungen auf.“

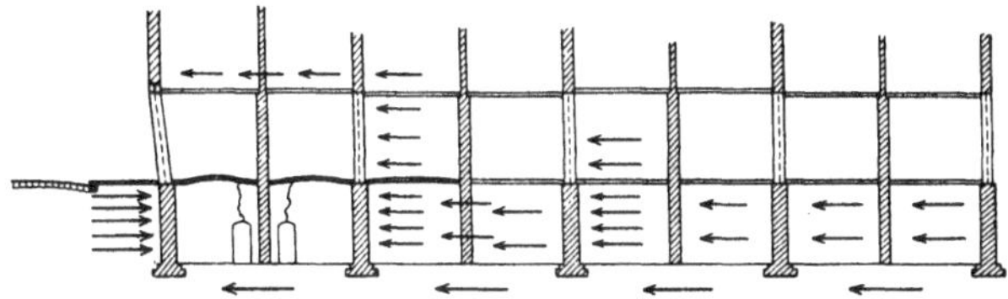

Fig. 158. Erklärung für das Schiefstellen der Eisensäulen in dem Eckhaus.

Fig. 159. Erklärung für das Umkanten der Bordsteine im Pressungsgebiet nach Korten.

In Fig. 160 und 161 ist ein Doppelhaus dargestellt, welches mit einer gemeinsamen Giebelwand fast genau auf einer Markscheide steht, und bei welchem sich die beiden Frontmauern um 15 cm auseinandergezerrt haben. In Fig. 162 ist ein Gleis ersichtlich, bei welchem am Muldenrand, also im Zerrungsgebiete, eine 95 mm messende Stoßlücke aufgetreten ist. In den Fig. 163 und 164 sind gezerrte Gleiswechsel ersichtlich, an denen deutlich erkennbare Stoßlücken und Pflasterspaltungen neben den Spurstangen aufgetreten sind. Nolden schlägt als Hauptregel die Unterteilung langer Bauwerke vor, und zwar in Stücke von etwa 20—40 m Länge, je nach der Intensität der über Tage auftretenden Bergschäden. Man verankere diese Stücke in sich kreuz und quer durch lange Anker von 40—50 mm Durchmesser mit Stahlgußankerplatten oder durch Walzeisen, Schienen oder durch Ausführung in Eisenbeton, so daß diese Einzelstücke sowohl Zug- als auch Druckkräften gut widerstehen können.

d) Die Erfahrungen im Ostrau-Karwiner Revier. Im Ostrau-Karwiner Revier haben die mit der Bahnerhaltung betrauten Ingenieure immer wieder Gelegenheit, die bergbaulichen Oberbauwirkungen insbesondere an der Montanbahn dieses Reviers zu beobachten. Aus den Berichten des in den 70er Jahren des vorigen Jahrhunderts tätig gewesenen bestbekannten Streckenvorstandes Ing. Alois Postulka geht hervor, daß der genannte Fachmann an den beginnenden Pressungen und Zerrungen der Schienenstränge auch die beginnenden Bewegungen des Bahnkörpers selbst festgestellt hat. Der genannte Fachmann, welcher den Eisenbahnsenkungen im Ostrauer Revier die vollste Aufmerksamkeit widmete, hat für die Beobachtung und Behebung dieser Oberbauwirkungen verschärfte Gleisbegehungen

angeordnet. Da nach erfolgter Beobachtung der in der Muldenmitte
aufgetretenen Schienenpressungen und an den Muldenrändern
erzeugten Schienenzerrungen unmittelbar auch die Behebung
dieser Übelstände erfolgt ist, konnte eine Entartung dieser Erscheinungen

Fig. 161. Starke Zerrung über der Markscheide. Vorderfront des Doppelhauses.

Fig. 160. Starke Zerrung über der Markscheide
ohne Bodensenkung. Rückfront des Doppelhauses.

nicht beobachtet werden. Es ist im Interesse einer guten Bahnaufsicht gelegen, diesen Erscheinungen die größte Aufmerksamkeit zu schenken. Der Bahnaufsichtsbehörde sollte aus
diesem Grunde der Stand der Abbaue in der Nähe der Bahn bekannt sein, damit rechtzeitig Vorkehrungen getroffen werden
können, den eintretenden Übelständen abzuhelfen. Es ist im dringendsten Interesse der Verkehrssicherheit gelegen, die recht-

zeitige Behebung der Oberbaumängel zu veranlassen, weil ein Anwachsen derselben eine große Gefahr mit sich bringen würde.

Der äußerst verdienstvollen Betätigung des auf dem Bahnsenkungsgebiete hervorragenden Fachmanns, des Sektionsvorstandes Oberstaatsbahnrates Ing. Richard Wawerka, ist es zu verdanken, daß trotz der besonders in den letzten Jahren fortgeschrittenen Abbautätigkeit unter den Bahnstrecken des Ostrauer Reviers eine Gefährdung des Zugverkehrs nicht eingetreten ist.

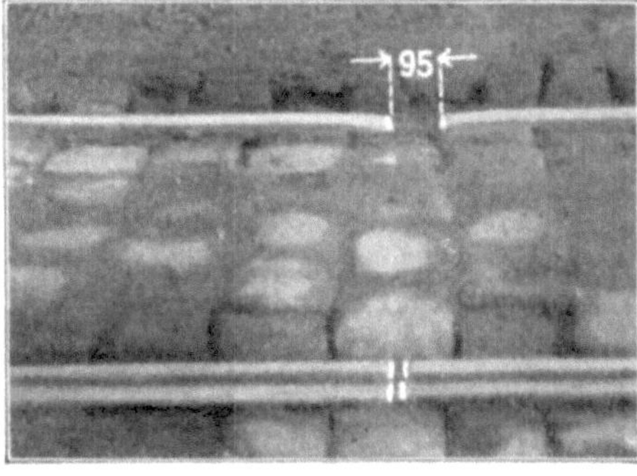

Fig. 162. Stoßlücke von 95 mm am Muldenrand; gleichzeitig sind die stark zerschlagenen Schienenköpfe deutlich erkennbar.

In einem Gutachten des verdienstvollen Baurats Ing. Julius Kajaba

Fig. 163. Infolge Bergbau stark gezerrter Gleiswechsel mit deutlich erkennbaren Stoßlücken und Pflasterspalten neben den Spurstangen. Herzstücke mußten erneuert werden.

Goldreich, Bodenbewegungen. 16

ist unter aderem angeführt: „Das Gelände bewegt sich von allen Seiten gegen die tiefste Stellung der Senkung; was im Gelände sich befindet, wird hierbei mitgenommen. Es wurde z. B. am Jaklowetzflügel der M.-Ostrau-Dombrauer Montanbahn eine Wanderung des Ober- baues, das ist eine Verlängerung des Gleises auf 0, m Länge in einer Abbaustelle beobachtet, die über 400 m lang war. Bei dieser Wanderung des Oberbaues gegen die tiefste Stelle des Gleises entsteht an dieser Stelle bei bedeutenderen Senkungen eine gewaltige Pressung an den Schienenköpfen, während der anschließende Oberbau beiderseits dieser

Fig. 164. Infolge Bergbau stark gezerrter Gleiswechsel. Pflasterspalten — in Richtung — der Zerrung hinter Weichenkasten und Spurstangen.

Stelle so gewaltig gezogen wird, daß sich die Schrauben und Bolzen- löcher auswetzen und schließlich die stärksten Laschen reißen, wenn nicht rechtzeitig nachgeholfen wird. Dieser Pressung muß alle Auf- merksamkeit gewidmet werden, weil bei steigenden Tagestemperaturen die Ausdehnung der Schienen im gleichen Sinne wirkt, wodurch die Pressung so vermehrt wird, daß bei bedeutenderen Senkungen Schienen- paare bis 30 cm seitlich hinaufgedrückt werden. Dies bildet selbstver- ständlich die bedeutendste Gefahr für die Sicherheit des Verkehrs. Es ist daher unerläßlich, daß man den Schienenwanderungen gegen das Zentrum der Mulde sorgfältige Aufmerksamkeit schenkt und diese Pressungen und Ausbiegungen sofort nach ihrer Wahr- nehmung behebt."

3. Die Emschergenossenschaft.

Die große Bedeutung der Frage des Schutzes der Tages- oberfläche in reichsdeutschen Bergbaugebieten erhellt auch insbesondere aus der im Jahre 1904 erfolgten Gründung der Emschergenossen- schaft, welche zum Zwecke der Regulierung der Emscher und ihrer Nebenläufe auf Grund eines Gesetzes geschaffen wurde. Einem Artikel des Regierungsbaumeisters Helbing (Westdeutsche Wochenschau 1909) sei folgendes entnommen:

„Das Niederschlagsgebiet der Emscher liegt mit einer Größe von etwa 800 qkm zwischen demjenigen der Lippe und der Ruhr. Bekannt ist das Gebiet als der wichtigste Teil des rheinisch-westfälischen Industriebezirks. Auf verhältnismäßig kleiner Fläche liegen hier dicht zusammen die Städte Oberhausen, Essen, Gelsenkirchen, Bochum, Herne, Recklinghausen, Dortmund und Hörde. Zwischen diesen Städten liegen ausgedehnte, ebenfalls stark bevölkerte Landgemeinden. Von Dortmund bis zum Rhein gleicht das Gebiet, insbesondere in seinem mittleren Teile, einer einzigen, weit ausgedehnten Stadt. Die Gesamtbevölkerungszahl beläuft sich zurzeit auf 1,95 Millionen, während sie im Jahre 1870 noch rund eine ¼ Million betrug. Besonders in den letzten Jahren war das Wachstum der Bevölkerung einzelner Gegenden ganz außerordentlich. So ist z. B. die Bevölkerung der Gemeinde Hamborn, der zurzeit größten Landgemeinde der Monarchie, in den letzten 14 Jahren von 12 800 auf 74 000 gestiegen. Diese außerordentliche Bevölkerungszunahme verdankt das Gebiet dem Aufblühen seiner Industrie. Liegen doch hier dicht beieinander weltberühmte Werke, wie Phönix, Rheinische Stahlwerke, Gutehoffnungshütte, Krupp, Gewerkschaft Deutscher Kaiser mit ihren weit verzweigten Betrieben, Bochumer und Hörder Verein, Union in Essen und Dortmund u. a. m. Der Grund zu dem Aufblühen waren die außerordentlich günstigen Verhältnisse in bezug auf die Rohprodukte. Über 160 Schachtanlagen fördern die Kohlen ans Tageslicht, mit denen die Natur den Schoß des Gebietes so reich gesegnet hat. Unternehmen wie die Bergwerksgesellschaft Hibernia, die Gelsenkirchener Bergwerks-Aktien-Gesellschaft und die Harpener Bergbau-Gesellschaft haben hier ihre ausgedehnten Betriebe.

Dieses Anhäufen von Wohnungen und industriellen Werken mußte natürlich zu eigenartigen Zuständen führen. Die Anlagen zur Beseitigung der Abwässer hielten mit der Zunahme der Bevölkerung und dem Anwachsen der Industrie nicht gleichen Schritt. Gar nicht oder schlecht geklärt werden die Abwässer den Bachläufen und von diesen der Emscher zugeführt; aber weder die Nebenbäche noch die Emscher selbst sind geeignet, als Sammelkanal zu dienen. Sehr gering ist das Quer- und Längsgefälle des Emschergebiets. Zahlreiche Windungen hindern den glatten Abfluß des Wassers. Schwarz und schlammig fließt das Wasser der Emscher träge dem Rheine zu, die Ufer sind flach; kommt Hochwasser, so werden weite Flächen überschwemmt, der Schlamm lagert sich ab, geht in Fäulnis über und verpestet weithin die Gegend. Krankheitsepidemien sind die Folge. Die Abflußverhältnisse, die schon von Natur übel genug waren, haben sich durch den Einfluß des Bergbaues noch wesentlich verschlechtert. Allenthalben sind Senkungen eingetreten, die teilweise das Maß von 4 m bereits erreicht haben. Weitere Senkungen bis zu 5 m sind in den nächsten 25 Jahren verschiedentlich noch zu erwarten. Die natürliche Vorflut ist infolgedessen vielerorts aufgehoben, nur durch ausgedehnten Polderbetrieb kann vielfach eine Entwässerung noch durchgeführt werden. Zahlreich sind die Versuche, die seit Jahrzehnten gemacht werden, die Mißstände zu beseitigen. Große Kosten, nach überschläglicher Berechnung in den letzten 15 Jahren vor Gründung der Emschergenossenschaft etwa 6 Millionen Mark, wurden zu diesem Zweck bereits aufgewendet. Einen durchgreifenden Erfolg haben alle Versuche nicht gezeitigt; es fehlte der einheitliche Wille. Nur durch umfassende, das gesamte Emschergebiet in sich begreifende Maßnahmen konnte Abhilfe geschaffen werden. Immer mehr brach sich diese Erkenntnis Bahn, und es traten daher Ende des vorigen Jahrhunderts die Vertreter der Stadt- und Landkreise des Emschergebietes zu einer Kommission zusammen, die die Aufstellung eines generellen Projektes für die Entwässerung des Emschergebietes zum Ziele hatte. Ein diesbezüglicher Entwurf, der außer der Vorflutregulierung der Emscher und ihrer Nebenläufe auch die Abwasserreinigung im ganzen Emschergebiet umfaßt, wurde aufgestellt und die Baukosten für die Emscher und ihre Nebenbäche zu etwa 30 Millionen, diejenigen für die Nebenbäche und Kläranlagen zu etwa 10 Millionen Mark ermittelt. Es fragte sich, wie kann die Durchführung eines derartigen Unternehmens gesichert werden. Die Lösung fand sich durch die Gründung der Emschergenossenschaft, einer Organisation, die sämtlichen Beteiligten die Gewähr gibt, daß die Höhe der Beiträge, die sie anteilig zu den Gesamtkosten beizutragen haben, dem Umfange ihres Interesses sowohl als auch dem Einflusse entspricht, den sie auf die Verwaltung der Genossenschaft auszuüben in der Lage sind. Das die Emschergenossenschaft begründende Gesetz fand am 14. Juli 1904 die Genehmigung der Krone und ist in der preußischen Gesetzsammlung von 1904 auf S. 175 derselben veröffentlicht worden.

Nachdem die Aufbringung der notwendigen Mittel gesichert war, wurden die Sonderentwürfe aufgestellt, und es wurde daraufhin der Baubeginn der Arbeiten schon im Jahre 1906 ermöglicht.“

VIII. Allgemeine Betrachtungen über die bergbauliche Beeinflussung obertägiger Bauwerke.

a) Die Beeinflussung obertägiger Bauwerke innerhalb einer Senkungsmulde. Je nach der verschiedenen Lage eines Gebäudes innerhalb der Senkungsmulde wird dasselbe verschiedenen Beanspruchungen ausgesetzt und es soll nun der Versuch gemacht werden, für die verschiedenen möglichen Fälle das Verhalten der Gebäude zu erörtern. Auf den Achsen $X_1 X_1$ und $X_2 X_2$ seien die zur Senkungsmulde a b′ c′ d (Fig. 165) gehörigen Verschiebungs- und Spannungsflächen ersichtlich gemacht.

1. Das Haus H_1 soll innerhalb des lotrechten Senkungsgebiets, jedoch außerhalb des Pressungsbereichs liegen. Die Fundamente erfahren gleichgroße Absenkungen s. Das Gebäude erleidet weder eine Verschiebung, noch liegt es innerhalb einer Spannungszone. Es ist dies die günstigste Lage eines Bauwerkes innerhalb der Senkungsmulde. Hierbei ist jedoch die Voraussetzung ge-

troffen, daß die Senkungsmulde a b′ c′ d einen Fallschnitt größter Senkungsmaße darstellt. Der vorliegende Fall der Senkung des Hauses H_1 wird bei entsprechend solider Bauausführung keinen nachteiligen Einfluß auf das Gebäude ausüben.

2. Das Haus H_2 soll innerhalb des lotrechten Senkungsgebietes, jedoch innerhalb des Pressungsbereiches gelegen sein. Durch den Senkungsprozeß werden folgende Beanspruchungen der Fundamente bewirkt: 1. Die Fundamente erfahren gleichgroße Absenkungen s. 2. Die rechtsseitigen Fundamente erfahren Pressungen p_1. Diese Pressungen geben den Anlaß zu außerordentlichen Beanspruchungen der Fundamente, welch letztere entsprechend gesichert werden müssen. Die rechtsseitigen Fundamente werden sich in der in Fig. 159 angedeuteten Art von den aufgehenden Mauern zu trennen versuchen. Es wird eine Verstärkung der Fundamentmauern bewirkt werden müssen, damit diese Mauern den auf sie einwirkenden Druckkräften einen entsprechenden Widerstand entgegenzusetzen vermögen. Auch werden sich die rechtsseitigen Fundamente in der Richtung der Pressung von dem aufgehenden Mauerwerk abzutrennen versuchen.

3. Die Fundamente des Hauses H_3 werden die in Fig. 165 ersichtich gemachten, in der gleichen Richtung wirkenden Pressungen p_2 und p_3 aufnehmen müssen, wobei $p_3 > p_2$, wie aus den zugehörigen Ordinaten der Pressungsfläche ersehen werden kann. Die Fundamente erleiden gleichgroße Absenkungen s. Es wird das Bestreben einer Trennung der Fundamente von den aufgehenden Mauern hervorgerufen durch die Pressungen p_2 und p_3, wie dies in Fig 159 angedeutet ist. Es ist deshalb auch eine entsprechende Verankerung erforderlich, welche die Fundamente mit den aufgehenden Mauern verbindet, also eine Verbindung im lotrechten Sinne, welche eine Trennung der Fundamente von den oberen Mauerteilen verhindert. Infolge der im Boden wirkenden Kräfte ist im Bergbaugebiete der Ausführung der Fundamente die allergrößte Sorgfalt zu widmen, weil diese im Boden befindlichen Mauern dem unmittelbaren Einflusse der Bodenkräfte ausgesetzt sind, während die übrigen Gebäudebeanspruchungen lediglich Folgewirkungen der Fundamentschäden sind.

Wir ersehen, daß auch im Gebiete der lotrechten Absenkung, welches das Gebiet der schadlos stattfindenden Senkung darstellt, für die Ausführung der Fundamentmauern die größte Sorgfalt angewendet werden muß. Allgemeine Regeln für die Ausführung der Fundamentmauern aufzustellen ist nicht leicht möglich; jedenfalls wird auch eine gegenseitige Verankerung der Fundamentmauern von großem Vorteil sein.

4. Das Haus H_4 soll zum Teil in das Gebiet der lotrechten Absenkungen $C′ c′$, zum Teil in das Schiebungsgebiet $c′ d$ zu liegen kommen, und zwar soll sich dieses Bauwerk im Gebiete der Pressungen befinden, wie dies in Fig. 165 angedeutet erscheint.

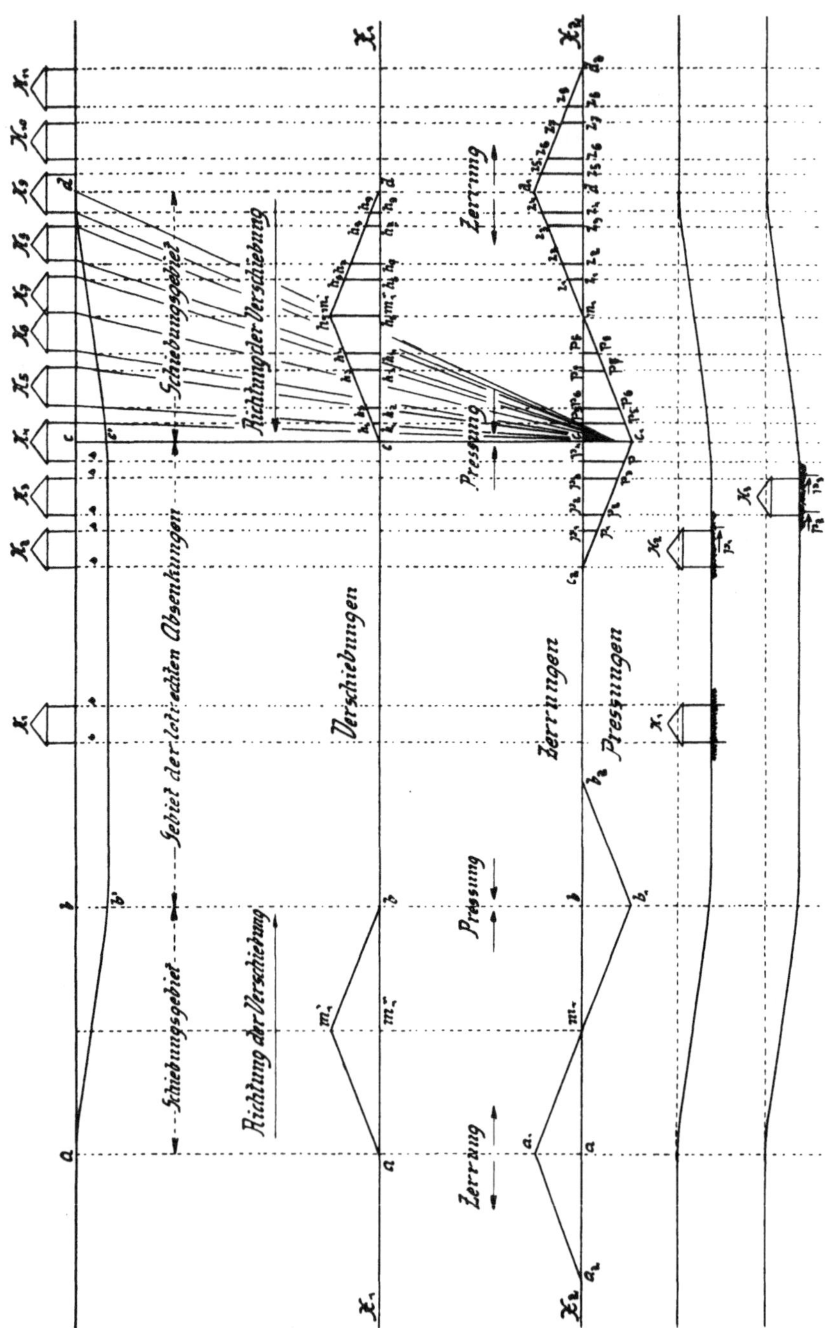

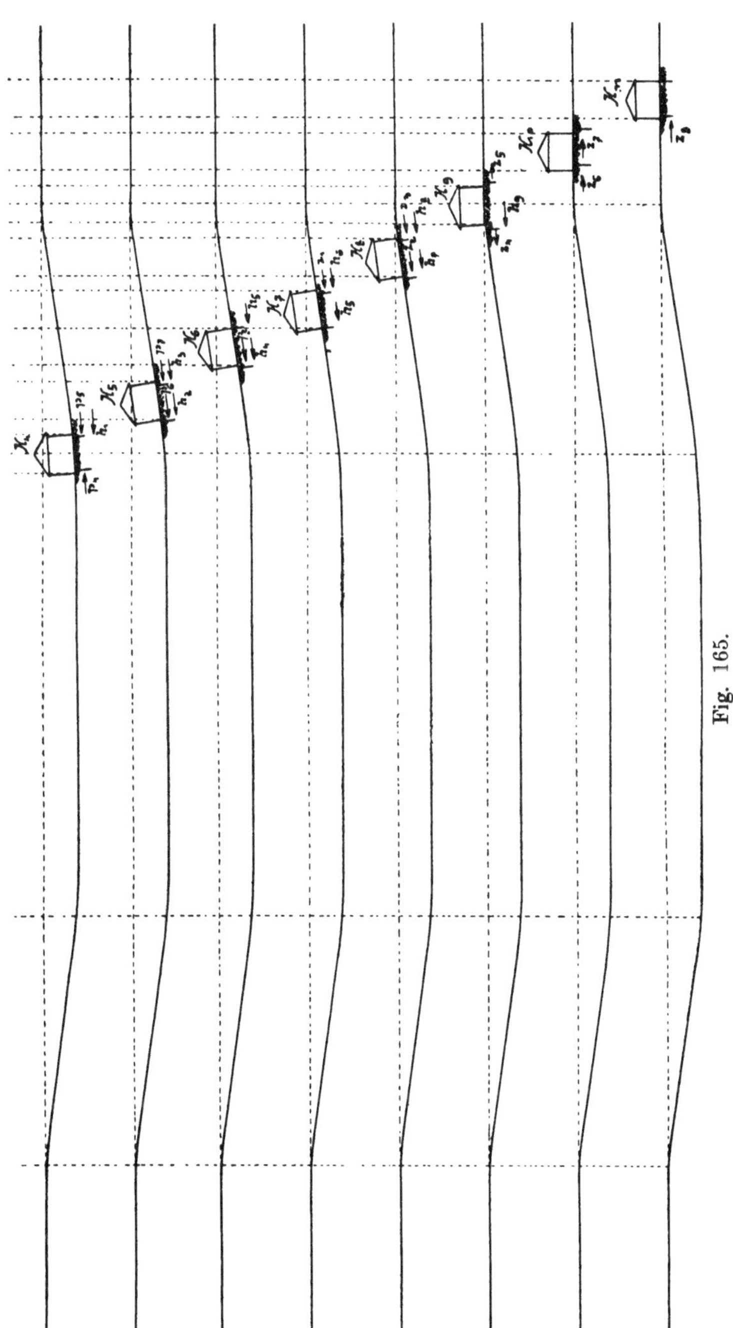

Fig. 165.

a) Die Fundamente erleiden ungleichgroße Absenkungen s und v_1, wobei $s > v_1$.[1]) b) Die rechtsseitigen Fundamente erleiden die in der Verschiebungsfläche ersichtlichen Verschiebungen h_1, und c) die Fundamente werden gepreßt durch die Spannungen p_4 und p_5, welche jedoch diesmal die einander entgegengesetzten Richtungen besitzen. Die in a) angeführten ungleichgroßen lotrechten Senkungsmaße s und v_1 bewirken eine im Sinne der größeren Absenkung wirkende Drehung des Bauwerkes. Es wird sich deshalb empfehlen, einen Fundamentrost herzustellen, der eine gegenseitige starre Verbindung der Fundamentmauern bewirken soll. Die in b) angeführte, in der Richtung gegen das Muldentiefste stattfindende Verschiebung der rechtsseitigen Fundamentmauern gibt Anlaß, die Fundamente in gewissen Höhenabständen miteinander fest zu verankern. Endlich erfahren die Fundamente die in c) erwähnten, gegeneinander gerichteten Pressungen p_4 und p_5, welche die Fundamentmauern von dem aufgehenden Mauerwerk in der angedeuteten Weise abzutrennen versuchen, weshalb auch eine in lotrechter Richtung geführte Verankerung der Fundamente mit den aufgehenden Mauern notwendig sein wird. Es ist klar, daß infolge der im vorliegenden Falle ungleichgroßen lotrechten Senkungsmaße und Verschiebungen die Ausführung von Kellergewölben vermieden wird, da dieselben gegen Bewegungen in der angeführten Weise sehr empfindlich sind und Schaden erleiden müssen.

5. Das Haus H_5 liegt ebenfalls in der Pressungszone des Schiebungsgebietes und unterscheidet sich von H_4 dadurch, daß die Fundamente die gleichgerichteten Pressungen p_6 und p_7 erleiden und die in gleicher Richtung wirkenden Verschiebungen h_2 und h_3 erfahren. H_5 erfährt ferner die ungleichgroßen Absenkungen v_2 und v_3.[2])

6. Das Haus H_6 liegt derart, daß die linksseitigen Fundamente die Pressungen p_8 und Verschiebungen h_4, während die rechtsseitigen Fundamente nur die Verschiebungen h_5 erleiden. Die Fundamente erfahren die ungleichgroßen lotrechten Absenkungen v_4 und v_5.

7. Das an H_6 angrenzende Haus H_7 liegt im Schiebungsgebiet $c'd$, jedoch in der Zerrungszone. Das Bauwerk erleidet in seinen linksseitigen Fundamenten keine Spannungen, es erfährt dort Verschiebungen h_5. Die rechtsseitigen Fundamente werden durch z_1 gezerrt und durch h_6 verschoben. Die Fundamente erfahren die ungleichgroßen lotrechten Absenkungen v_5 und v_6.

8. Das Haus H_8 wird in seinen Fundamenten die gleichgerichteten Zerrungen z_2 und z_3 erleiden und die Verschiebungen h_7 und h_8 mitmachen müssen. Die Fundamente erfahren die ungleichgroßen Absenkungen v_7 und v_8.

9. Das Haus H_9 ist so situiert, daß es die in entgegengesetzten Richtungen wirkenden Zerrungen z_4 und z_5 aufnehmen muß, die

---

[1]) s bezeichnet das Senkungsmaß der linksseitigen Hausfundamente.
  v_1 „   „   „   „ rechtsseitigen   „
[2]) v_2 „   „   „   „ linksseitigen   „
  v_3 „   „   „   „ rechtsseitigen   „

linksseitigen Fundamente werden durch h_9 verschoben. Die linksseitigen Fundamente erfahren die lotrechte Absenkung v_9, die rechtsseitigen Fundamente erleiden keine Senkung.

10. Das Haus H_{10} erleidet die in derselben Richtung wirkenden Zerrungen z_6 und z_7, von Verschiebungen bleibt das Haus verschont.

11. Endlich ist die Lage des Hauses H_{11} dadurch charakteristisch, daß nur die linksseitigen Fundamente die Zerrungen z_8 aufzunehmen haben.

Die vorgeführte graphische Darstellung läßt ersehen, daß die Zone der Pressungen sich in zwei Gebiete teilen läßt, welche gegeneinandergerichtete Spannungen aufweisen. Die Pressungsfläche $c_2 c_1 m_1$ besteht aus den Spannungsdreiecken $c_2 c c_1$ und $c c_1 m_1$. Die Spannungen des ersteren Dreiecks sind gegen den Muldenrand gerichtet, jene des letzteren Dreiecks haben ihre Richtung gegen die Muldenmitte. Die Grenze $c c_1$ zwischen den beiden Dreiecken ist zugleich die ideelle Stelle der Richtungsänderung der Pressungen. Die Grenze $c c_1$ ist der geometrische Ort aller Punkte, welche die größten Pressungen erleiden, die von allen Seiten gegen c wirken und dort einen Zustand des Gleichgewichts hervorrufen, welcher eine Bewegung in wagerechter Richtung bzw. Verschiebung der Punkte unmöglich macht. In c ist auch die Verschiebung gleich Null, wie aus dem Verschiebungsdreieck $c m_1' d$ ersehen werden kann.

Ebenso wie das Gebiet der Pressungen läßt auch jenes der Zerrungen eine Teilung in zwei Zonen zu. In der Zerrungsfläche $m_1 d_1 d_2$ stellt $d d_1$ die Grenze dieser Zonen dar, welche gegeneinandergerichtete Zerrungen aufweisen. $d d_1$ ist der Ort der Richtungsänderung der Spannungen und zugleich der geometrische Ort aller Punkte, welche die größten Zerrungen erleiden, die von allen Seiten gegen d wirken und dort einen Zustand des Gleichgewichts hervorrufen, welcher eine Bewegung in wagerechter Richtung bzw. Verschiebung der Punkte unmöglich macht. In d ist auch die Verschiebung gleich Null, wie aus dem Verschiebungsdreieck $c m_1' d$ hervorgeht.

Die wagerechten Verschiebungen nehmen an den Orten der größten Pressungen und Zerrungen ihren Anfang. Zwischen den Orten der größten Pressungen und Zerrungen nehmen die wagerechten Verschiebungen zu, bis letztere an jenen Stellen ihren größten Wert erreichen, an welchem die Spannungen gleich Null sind. Während die Spannungen ihre Richtungen an den Stellen der größten Pressungen und Zerrungen verändern, bleibt die Richtung der wagerechten Verschiebungen konstant gegen das Muldentiefste hin verlaufend.

Es ist noch die Frage zu beantworten, wie die Entwicklung der Verschiebungen und Spannungen in ihrem zeitlichen Verlauf vor sich geht. Die Verschiebungen der seitlichen Bodenschichten und die sich diesen entgegenstellenden Widerstände der mittleren Bodenmassen sind für die Entwicklung der Bodenspannungen

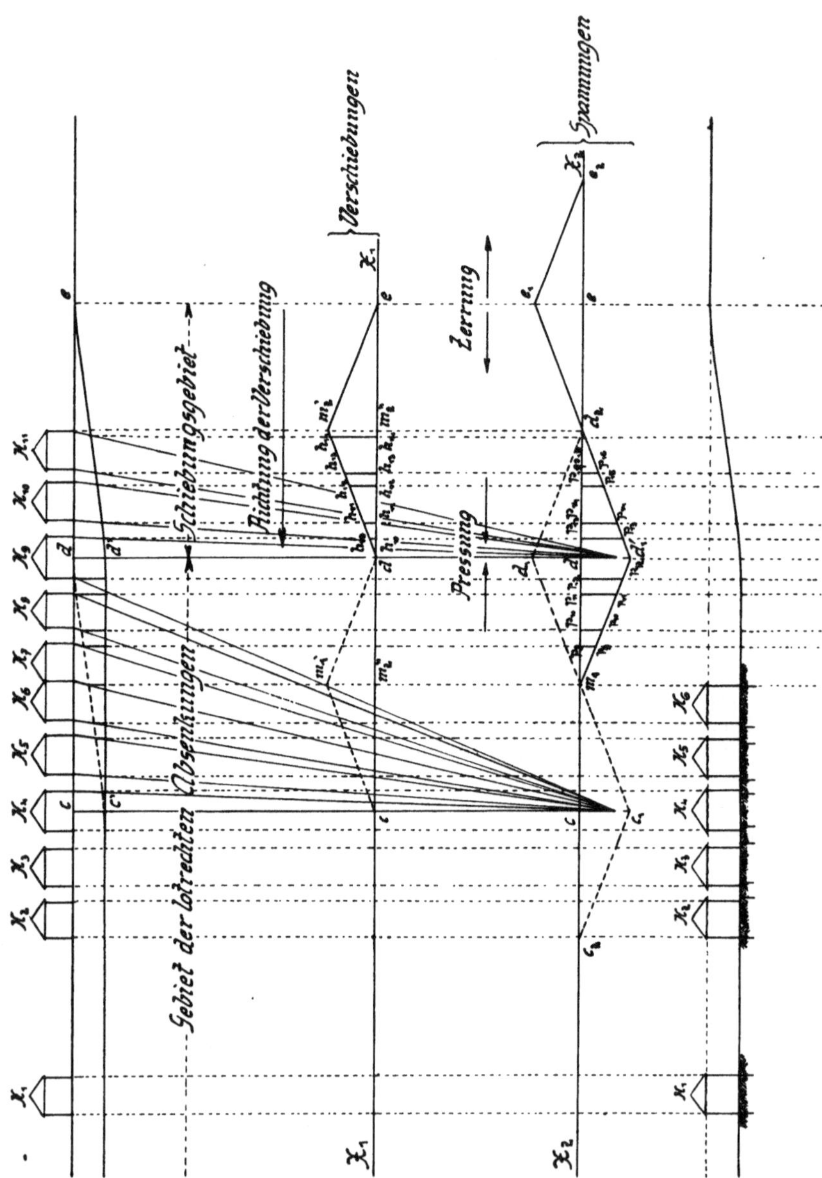

veranlassend; es folgt auf die Zeit der Bodenspannungen jene
der Verschiebungen. Es werden zu Beginn der Bodensenkung die im
Verschiebungsgebiete befindlichen Bauwerke Verschiebungen und
hiernach Spannungen aufzunehmen haben. Sowohl die Verschiebungen

als auch die Spannungen des Bodens sind für die Gebäudeschäden veranlassend. Es werden die durch die Bodenverschiebung entstandenen Schäden jenen vorausgehen, welche durch die Spannungen verursacht werden.

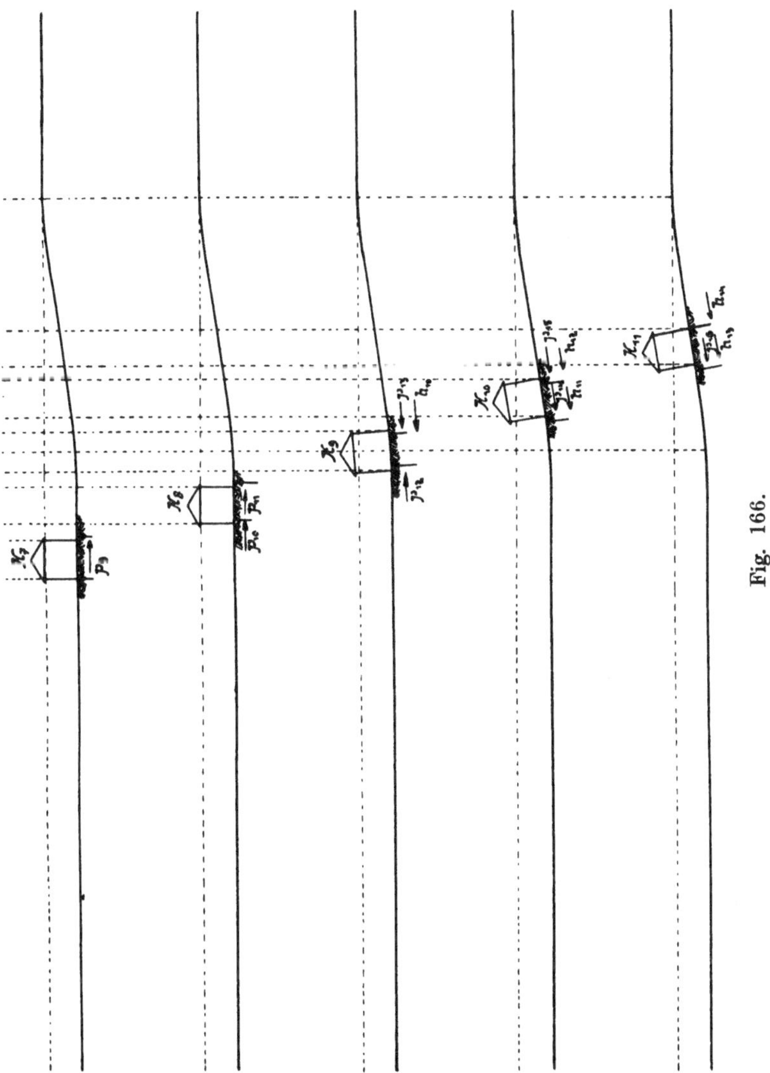

Fig. 166.

b) Die Beeinflussung obertägiger Bauwerke bei fortschreitendem Abbau. α) Der Abbaufortschritt in derselben Abbaurichtung. Es soll nun das Verhalten der behandelten Häusergruppe erörtert werden, wenn die Senkungsmulde a b c d durch den Abbaufortschritt eine Erweiterung erfährt, so zwar (Fig. 166), daß ein neues Schiebungsgebiet d′ e erzeugt wird, während das ehemalige Schiebungsgebiet c′ d zu einem Gebiete der lotrechten Absenkungen geworden ist. Auf der Achse $X_1 X_1$ sei die Verschiebungsfläche d m_2′ e und auf der Achse $X_2 X_2$ die Spannungsfläche m_1 d_1′ d_2 e_1 e_2 ersichtlich gemacht, welche dem Abbaufortschritte entsprechen. Die der ersten Abbauwirkung entsprechenden Schiebungs- und Spannungsflächen seien durch gestrichelte Linien dargestellt. Aus der graphischen Darstellung ist ersichtlich, daß die Richtung der Verschiebung dieselbe geblieben ist. Die vorgeführte graphische Darstellung wurde der Deutlichkeit der Zeichnung halber so gewählt, daß das neu erzeugte Schiebungsgebiet d′ e angrenzend an das alte Schiebungsgebiet c′ d gewählt wurde, so daß der den Schiebungsflächen c m_1′ d und d m_2′ e gemeinschaftliche Punkt d keine Verschiebung erleidet. Aus diesem Grunde bleiben die Punkte des ehemaligen Schiebungsgebietes von neuen Verschiebungen verschont. Würde jedoch das neuerzeugte Verschiebungsgebiet zum Teil noch in das ehemalige Schiebungsgebiet hineinreichen, so würden die beiden Schiebungsgebieten gemeinschaftlichen Punkte neuerliche Verschiebungen erleiden, es würden dann die gesamten Verschiebungsmaße in der graphischen Darstellung zu ermitteln sein.

Die ähnlichen Folgerungen gelten auch für die Spannungen, welche, im Falle die beiden Schiebungsgebiete zum Teil gemeinschaftliche Zonen besäßen, eine Vergrößerung sowohl im Gebiete der Pressungen als auch jenem der Zerrungen erfahren würden. Die Gebäude H_1, H_2, H_3, H_4, H_5 und H_6 kommen außerhalb der für das neuerzeugte Schiebungsgebiet geltenden Verschiebungs- und Spannungsflächen zu liegen. Die Gebäude H_1, H_2 und H_3 erleiden überhaupt keine weitere Bewegung, während H_4, H_5 und H_6 ungleichmäßige lotrechte Absenkungen erleiden. Die hier ungleichmäßigen lotrechten Absenkungen der Gebäude H_4, H_5 und H_6 sind insofern charakteristisch, als diese Bauwerke weder Verschiebungen noch Spannungen erfahren.

Man kann deshalb keineswegs immer behaupten, daß die Tatsache der ungleichmäßigen lotrechten Absenkungen eines Bauwerkes für den Eintritt von Verschiebungen und Spannungen veranlassend ist. Es wird auf diesen Umstand deshalb mit Nachdruck hingewiesen, weil normalerweise die Zone der ungleichmäßigen lotrechten Absenkungen zugleich das Schiebungsgebiet darstellt, in welchem Verschiebungen und Spannungen des Bodens hervorgerufen werden. In der graphischen Darstellung Fig. 166 fällt das Gebiet c′ d′, in welchem ungleichmäßige lotrechte Absenkungen auftreten in die Zone der rein lotrechten Absenkungen.

Dieser anscheinende Widerspruch wird jedoch sofort aufgeklärt, wenn man bedenkt, daß es eigentlich unrichtig definiert ist, daß im Schiebungsgebiete die Punkte ungleichmäßige lotrechte Absenkungen erfahren. Im Schiebungsgebiete bewegen sich die Punkte nicht lotrecht nach abwärts, sondern in den in der graphischen Darstellung angedeuteten Bewegungsrichtungen. Wenn man nun nach erfolgter Bewegung die Punkte miteinander vergleicht, so haben sie ungleiche Maße der lotrechten Absenkung erfahren, was jedoch nicht den Schluß zuläßt, daß diese Punkte sich in lotrechter Richtung nach abwärts bewegt haben. Es werden hier ungleichmäßige lotrechte Absenkungen eintreten, wie selbe im Kapitel der reinen elastischen Durchbiegung erörtert wurden.

Die Häusergruppe H_4, H_5 und H_6 erfährt jedoch rein lotrechte Absenkungen, welche verschiedene Maße betragen. Durch die ungleichmäßigen lotrechten Absenkungen erfahren die Bauwerke eine Drehung und müssen ebenfalls Schaden erleiden.

Es sollen nun jene Schäden bei den Gebäuden H_2, H_3, H_4, H_5 und H_6 als bleibend angenommen werden, welche an demselben durch den ersten Bewegungsprozeß hervorgerufen wurden, wie dies an den Fundamenten in der graphischen Darstellung angedeutet erscheint.

Die Gebäude H_7 und H_8 erfahren Pressungen, H_9, H_{10} und H_{11} erleiden Pressungen und Verschiebungen. Während gelegentlich des ersten Bewegungsprozesses die Objekte H_7, H_8, H_9, H_{10} und H_{11} in ihren Fundamenten Zerrungen erlitten, werden die Bauwerke beim Abbaufortschritt Pressungen in ihren Fundamenten aufzunehmen haben. Die Richtungen der Verschiebungen bleiben unverändert.

β) Der Abbaufortschritt in der entgegengesetzten Abbaurichtung. Es soll nun die weitere Annahme getroffen werden, daß nach Beendigung der vorgeführten Abbauwirkungen ein Abbau derart stattfindet, daß ein Schiebungsgebiet c′ d″ (Fig. 167) erzeugt werde, in welchem die Richtung der Verschiebungen im entgegengesetzten Sinne zu den in den Schiebungszonen c′ d und d′ e stattgehabten Verschiebungen hervorgerufen wird. Es soll also nun d′ d″ die Grenze der lotrechten Absenkungen darstellen, so daß d″ c′ das neue Schiebungsgebiet bezeichnet, während d′ e in das Gebiet der lotrechten Absenkungen zu liegen kommt und nach der Senkung die Terrainform d″ e′ annimmt.

Während also im Stadium der bereits behandelten Abbauwirkungen der Abbau links von c c′ bzw. d d′ betrieben worden sein mußte, soll nun rechts von d′ d″ Abbau stattfinden, welcher die im folgenden behandelten Wirkungen hervorrufen soll. Der neuerlich hervorgerufenen Abbauwirkung entsprechen die Verschiebungsfläche a m₁‴ d und die Spannungsflächen c₂ c₁′ m₁ d₁″ d₂. Die zu den früheren Abbauwirkungen gehörigen Verschiebungs- und Spannungsflächen seien mit gestrichelten Linien dargestellt.

Aus der graphischen Darstellung ist ersichtlich, daß an Stelle des zuerst erzeugten Schiebungsgebietes nunmehr ein Gebiet der Verschiebungen getreten ist, in welchem die Richtung der Verschiebungen entgegengesetzt zu jener ist, welche ursprünglich vorhanden war. Diesem Umstande wurde in der graphischen Darstellung dadurch Rechnung getragen, daß nunmehr die Verschiebungsfläche a m_1''' d auf der Achse $X_1 X_1$ nach abwärts aufgetragen wurde, während die früheren Verschiebungsflächen nach aufwärts aufgetragen erscheinen.

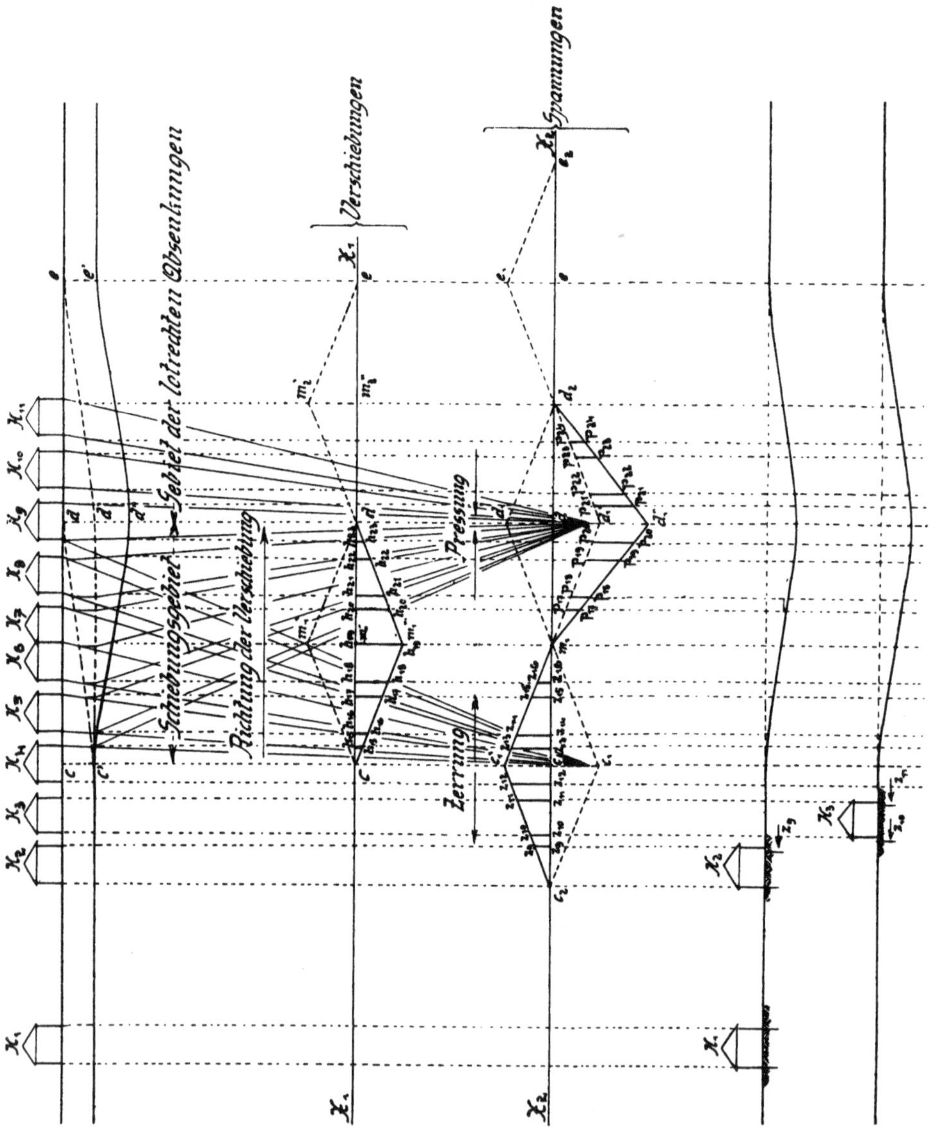

Der nun in Rede stehenden Abbauwirkung entspricht die Spannungsfläche $c_2\,c_1{}'\,m_1\,d_1{}''\,d_2$. Es ist zu ersehen, daß an Stelle des anläßlich der ersten Abbauwirkung entstandenen Pressungsgebietes

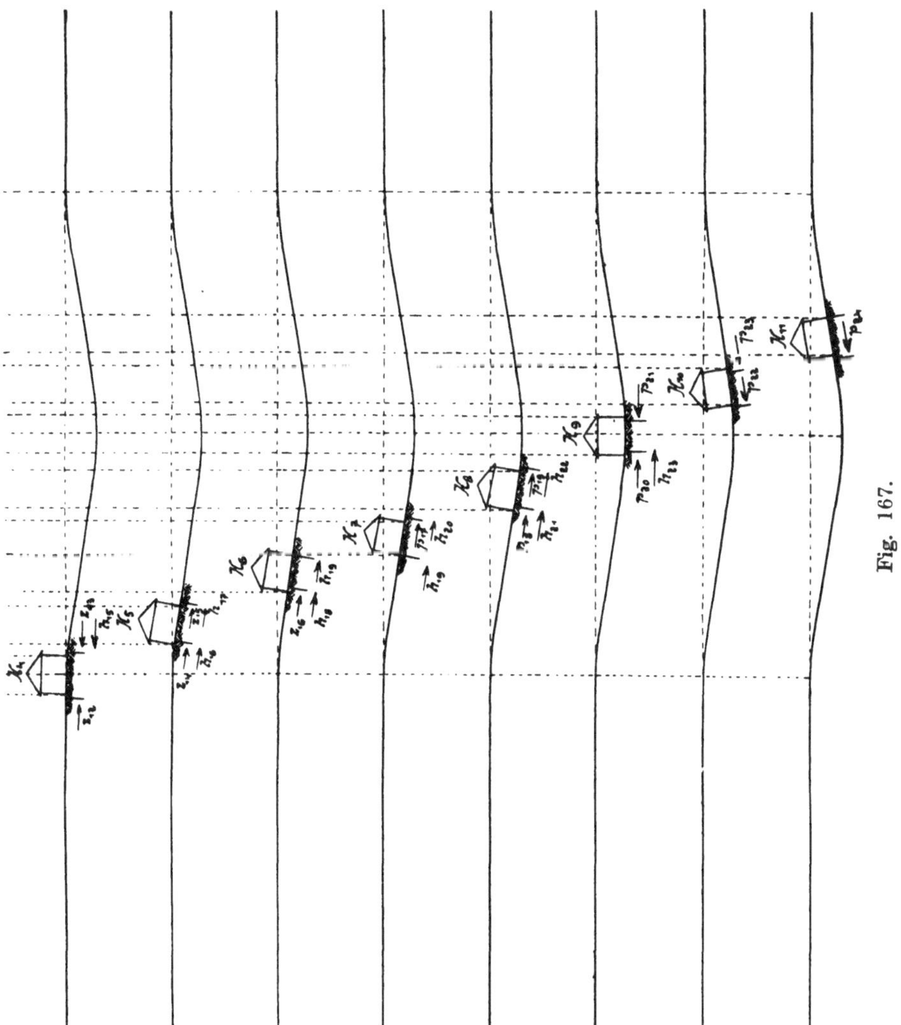

Fig. 167.

$c_2\,m_1$ nunmehr ein Zerrungsgebiet erzeugt wird. An Stelle des gelegentlich der zweiten Abbauwirkung hervorgerufenen Pressungsgebietes $m_1\,d_2$ tritt nun neuerlich eine Pressungszone, welche nunmehr durch die Fläche $m_1\,d_1{}'\,d_2\,d_1{}''\,m_1$ dargestellt wird.

Wenn nun neuerlich die Häusergruppe H_1 bis H_{11} einer

Betrachtung unterzogen wird, so ersieht man, daß H_1 durch den in Rede stehenden dritten Bewegungsprozeß nicht berührt wird. Hingegen gelangen H_2 und H_3 in das Gebiet der Zerrungen, ohne selbst eine Bewegung zu erleiden. Die Bauwerke H_4, H_5 und H_6 erleiden Zerrungen und Verschiebungen, H_7, H_8 und H_9 werden gepreßt und verschoben, H_{10} und H_{11} werden in ihren Fundamenten nur Pressungen erleiden.

Wenn wir nun die gegenseitigen Lagen der durch den Bewegungsprozeß der verschiedenen Abbauwirkungen beeinflußten Gebäude miteinander vergleichen, so ersehen wir, daß im ersten Falle der Abbauwirkung die Bauwerke H_4, H_5, H_6, H_7, H_8 und H_9 eine in der graphischen Darstellung (Fig. 165) ersichtliche geneigte Lage annehmen, im zweiten Abbaufalle haben die Bauwerke H_4, H_5, H_6, H_7 und H_8 wieder die normale Lage angenommen, wie dies in Fig. 166 ersichtlich gemacht erscheint. Die Gebäude H_9, H_{10} und H_{11} sind nun geneigt in ähnlicher Weise, wie es die Objekte H_4 bis H_9 anläßlich der ersten Abbauwirkung erfahren haben. Gelegentlich der dritten Abbauwirkung (Fig. 167) behielten H_1, H_2 und H_3 ihre Lage weiter, während H_4, H_5, H_6, H_7 und H_8 eine Neigung erhielten, welche jener der ersten Abbauwirkung entgegengesetzt gerichtet ist. Eine typische Lage hat nun H_9, bei welchem die Fundamente in entgegengesetzter Richtung zueinander gedreht sind. H_{10} und H_{11} behielten ihre vom zweiten Bewegungsprozesse herrührende geneigte Lage.

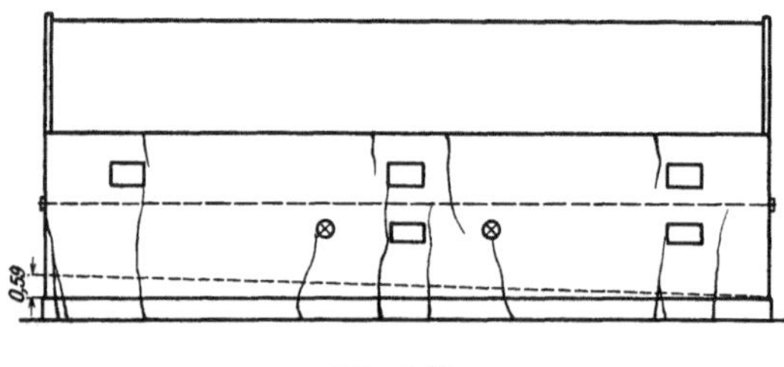

Fig. 168.

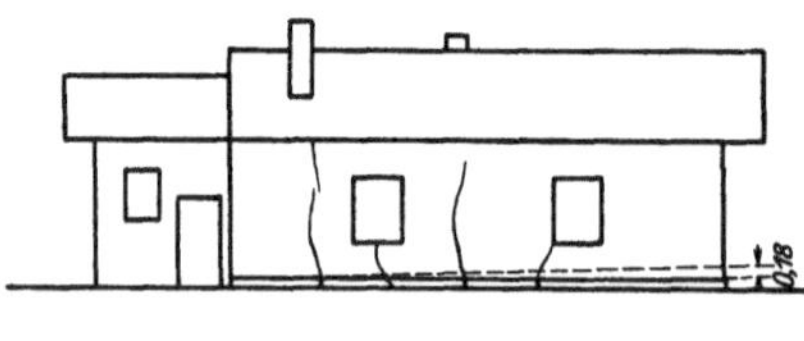

Fig. 169.

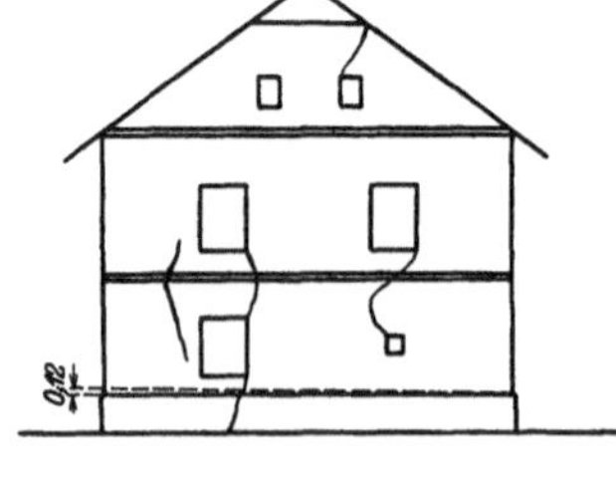

Fig. 170.

In den Fig. 168, 169 und 170 sind Gebäude skizziert, welche in einer Entfernung von zirka 20 m von einer gesenkten Montanbahnstrecke des Ostrau-Karwiner Reviers erbaut sind. An den Gebäuden sind die verschiedenen Maße der Fundamentsetzungen durch die Neigung der ursprünglich wagerechten Fundamentsockel gegen die Horizontale ersichtlich gemacht. Die Folge dieser Gebäudesenkungen waren Mauerrisse, welche in den erwähnten Figuren angedeutet sind.

Die vorgeführten Erörterungen erfolgten unter der Annahme, daß die einzelnen Abbauwirkungen nacheinander zum Vorschein gelangen, so daß das Schiebungsgebiet d' e (Fig. 167) erst nach vollständiger Ausbildung des Schiebungsgebietes c' d sich entwickelt. Es wurde ferner auch angenommen, daß das Schiebungsgebiet c' d" sich erst dann ausbildet, nachdem d' e zur vollständigen Entwicklung gelangt war. Es kann sich jedoch auch der Fall ereignen, daß die Abbaue so betrieben werden, daß die Schiebungsgebiete d' e und c' d" gleichzeitig zur Entwicklung gelangen. Es kann auch geschehen, daß die Schiebungsgebiete c' d und c' d" zu gleicher Zeit entstehen, in welchen beiden Gebieten entgegengesetzte Richtungen der Verschiebungen vorherrschen. Die zwischen c und d fallenden Bauwerke H_4, H_5, H_6, H_7, H_8 und H_9 werden zeitweise die Richtung der Verschiebung und Neigung nach links und zeitweise nach rechts aufweisen, und die in Betracht kommenden Bodenschichten werden abwechselnd Pressungen und Zerrungen erleiden.

Die vorgeführten Betrachtungen erweisen, daß jene Bauart eines Gebäudes im Bergbaugebiete zu empfehlen sein wird, welche eine durch das ganze Bauwerk hindurchgehende Verankerung darstellt. Mit der Zunahme der Grundfläche eines Gebäudes wächst auch die Größe der durch die Bodenverschiebungen und Bodenspannungen eintretenden Beanspruchungen desselben. Mit der Zunahme der verbauten Flächenausdehnung ist die Möglichkeit immer wahrscheinlicher, daß ein Gebäude in die verschiedenen Zonen der obertägigen Wirkungen zu liegen kommt, und es wird sich deshalb empfehlen, in Bergbaugebieten statt ausgedehnter Gebäude vorteilhafter einzelne kleine Bauwerke zu errichten und bei großen, öffentlichen Anstalten wie Spitälern u. dgl. das Pavillonsystem zur Anwendung zu bringen. Auch werden hohe Gebäude nicht empfehlenswert sein, weil mit der Zunahme der Gebäudehöhe das Gefahrsmoment für den Bestand derselben wachsen muß. Da es von vornherein nicht bestimmt ist, in welchen Zonen der Senkungsmulden die obertägigen Bauwerke zu liegen kommen werden, so muß ein derartiges Gebäude so beschaffen sein, daß es in der Lage ist, allen möglichen Einwirkungen einen entsprechenden Widerstand zu leisten.

Bei Erörterung der für Bergbaugebiete zu empfehlenden Bauweisen muß man von folgenden Gesichtspunkten die Sachlage betrachten: 1. Das Bauwerk muß den obertags entstandenen Bewegungen soweit als möglich folgen können, und 2. soll das Bauwerk diese Bewegungen soweit als möglich schadlos mitmachen.

Es entsteht nun die Frage, ob es möglich ist, diesen beiden Bedingungen gleichzeitig zu entsprechen, und ob nicht etwa die eine Bedingung der andern Bedingung entgegenwirkt, oder ob endlich die Erfüllung der einen Bedingung gleichzeitig die Erfüllung der andern Bedingung bereits in sich birgt.

Verschiebungen
Spannungen
Zerrung
Pressung
Pressung
Zerrung
Pressung
Pressung
Zerrung

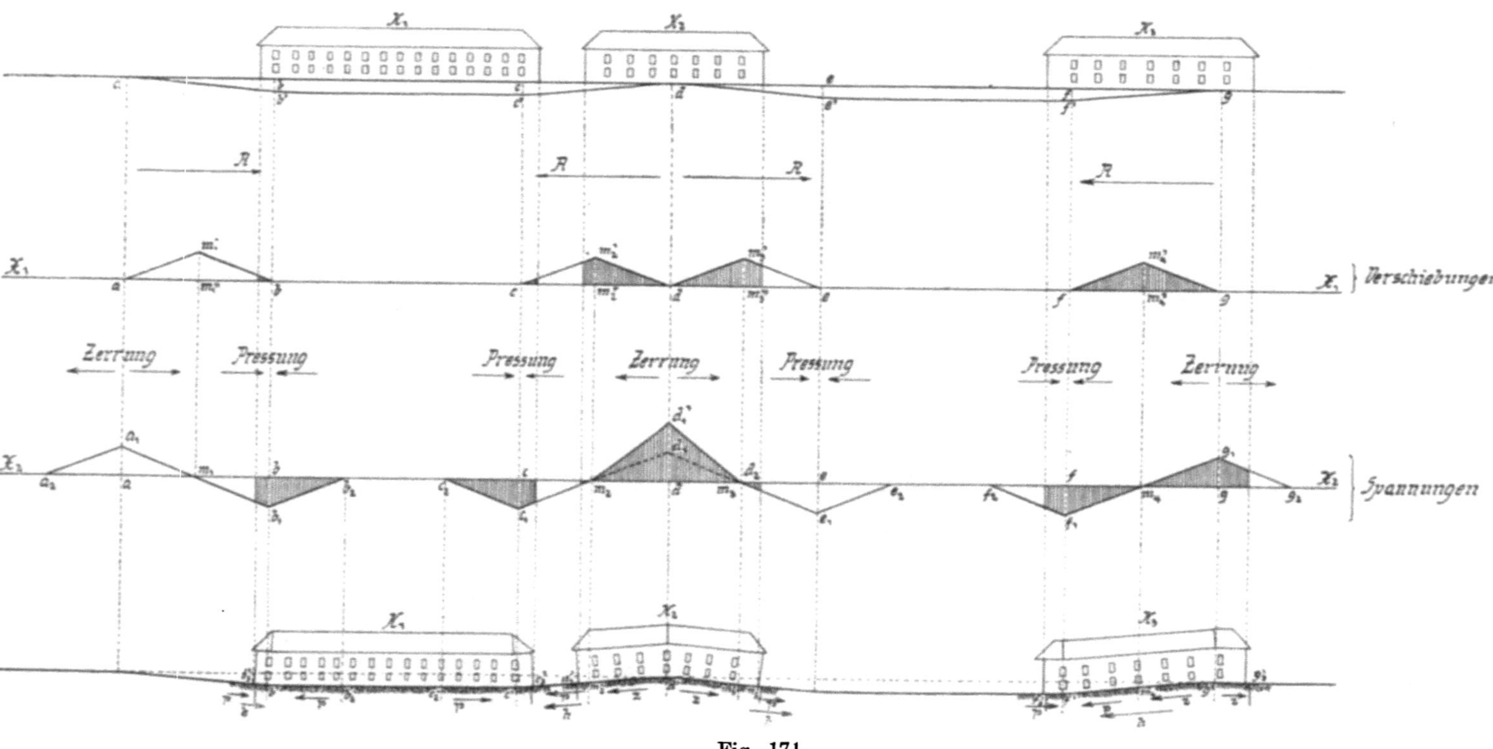

Fig. 171.

Die unter 1. angeführte Bedingung wird von einem Gebäude um so schwerer erfüllt werden, je größer dessen Ausdehnung ist und in je ungünstigere Lagen dasselbe in bezug auf die Senkungsmulde sich befindet. Würde eine Gebäude in die Mitte der Mulde zu liegen kommen, so könnte es trotz größerer Ausdehnung bei entsprechender Konstruktion unbeschädigt absenken. Wenn das Gebäude H_1 (Fig. 171) über die Zone der lotrechten Absenkungen nach allen Seiten hin in die seitlichen Verschiebungszonen reichen würde, so müßten die Seitenteile Bewegungen erleiden, welche eine Trennung des Zusammenhanges mit dem ausgedehnten Mittelteile zur Folge haben könnten. An dem Gebäude H_1 lassen sich folgende Zonen unterscheiden: 1. die Zone $(b_2' c_2')$ der lotrechten Absenkungen außerhalb der Spannungsgebiete, 2. die Zonen $(b_2' b'$ und $c_2' c')$ der lotrechten Absenkungen innerhalb der Pressungsbereiche, 3. die Zonen $(b' b_3'$ und $c' c_3')$ der Verschiebungsgebiete. In der zuerst angeführten Zone wird das Gebäude lotrechte Absenkungen erfahren, ohne Schaden erleiden zu müssen. In den darangrenzenden Zonen werden die Fundamente gepreßt, und endlich werden die beiden äußersten Gebäudeteile gepreßt, in zueinander entgegengesetzten Richtungen verschoben und geneigt gestellt.

Es kann ferner ein ausgedehntes Gebäude auch so liegen, daß es teils in das lotrechte Absenkungsgebiet, teils in das Verschiebungsgebiet und teils in die von Senkungen unbeeinflußte Zone zu liegen kommt, wie dies durch das Gebäude H_3 bezeichnet sein soll. Dieses Gebäude besitzt bereits eine gegenüber H_1 bedeutend ungünstigere Lage, da der ausgedehnte mittlere Teil im Gebiete der Verschiebungen, Zerrungen und Pressungen zu liegen kommt. An dem Gebäude H_3 lassen sich folgende Zonen unterscheiden: 1. die Zone $(f_3 f')$ der lotrechten Absenkungen innerhalb des Pressungsgebietes, 2. die Schiebungszone $(f' g)$ innerhalb der Pressungs- und Zerrungsgebiete, 3. die Zone $(g' g_3')$ des bewegungslosen Geländes innerhalb des Zerrungsgebietes. Der mittlere Teil des Gebäudes wird geneigt gestellt und gegen den linksseitigen Teil verschoben.

Die ungünstigste Lage kann jedoch ein ausgedehntes Gebäude erhalten, wenn es über einen unzureichend bemessenen Kohlenschutzpfeiler zu liegen kommt und eine so große Ausdehnung besitzt, daß es in die verschiedenen Zonen der entstehenden Senkungsmulden zu liegen kommt, wie dies durch das Haus H_2 dargestellt sein soll. Es wurde bereits eingehend erörtert, daß die über einem ungenügend bemessenen Kohlenpfeiler befindlichen Bodenmassen sehr ungünstig beeinflußt werden. An dem Gebäude H_2 können folgende Zonen unterschieden werden: 1. die Zonen $(n_1' m_2'$ und $m_3' n_2')$ der Schiebungsgebiete, die innerhalb der Pressungsgebiete, und 2. die Zonen $(m_2' d'$ und $d' m_3')$ der Schiebungsgebiete, die innerhalb der Zerrungsgebiete zu liegen kommen. Das Gebäude wird in zwei entgegengesetzten Richtungen geneigt und verschoben, die Fundamente werden teilweise gepreßt und teilweise gezerrt.

17*

In der Bedingung 1.[1]) wird vom Gebäude verlangt, daß es den Bodenbewegungen so gut als möglich folgen solle. Würde es sich um eine einfache Stützmauer u. dgl. handeln, so könnte dieser Bedingung dadurch entsprochen werden, daß diese Mauer aus einzelnen, selbständigen, einige Meter messenden Teilen hergestellt wird, welche satt aneinanderstoßen. Auf diese Weise wird die Mauer in der Lage sein, mit ihren einzelnen Bestandteilen den Bodenbewegungen zu folgen. Während eine solche Mauer nur verhältnismäßig geringe Schäden erleiden wird, so muß z. B. eine durchgehend in einem Stücke hergestellte Mauer bedeutende Schäden erfahren, weil die einzelnen Mauerteile sich nicht selbständig bewegen können. Es wird in der Praxis von großem Vorteil sein, solche Mauern in einzelnen kleineren Teillängen zu erbauen. Es wurde bereits erwähnt, daß in Bergbaugebieten von der Erbauung ausgedehnter Gebäude Abstand genommen werden solle. Im Falle der Möglichkeit sollte statt eines einzigen großen Gebäudes die Erbauung einzelner kleinerer Gebäude vorgezogen werden. Der Bedingung 1. wird also am besten dadurch entsprochen, wenn man die Gebäude möglichst klein und, wenn es angängig erscheint, auch die Gebäudeteile aus einzelnen stumpf aneinanderstoßenden Teilen erbaut, welche den Setzungsprozeß selbständig mitzumachen vermögen.

In der Bedingung 2.[1]) wird verlangt, daß das Bauwerk den Bewegungsprozeß möglichst schadlos mitmachen soll. Wenn also einerseits durch entsprechende Maßnahmen in der Bauart der Forderung Rechnung getragen wird, daß ein Bauwerk den Bewegungsprozeß soweit als möglich mitmacht, so ist die Forderung der gleichzeitigen Schadlosigkeit nicht allein von der Bauart, sondern auch von der Abbauart abhängig. Man kann keineswegs vom Bergbaubetriebe verlangen, daß er den Abbau für jedes obertägige Bauwerk so einrichtet, daß dasselbe schadlos bleibe, umsomehr als der Bergbau nach den gesetzlichen Bestimmungen ohnehin verpflichtet ist, den obertägigen Schaden zu ersetzen. Es wurde bereits eingehend erörtert, daß es am vorteilhaftesten für den Bestand eines obertägigen Bauwerkes erscheint, wenn der Abbau unter demselben begonnen und in radialen Richtungen nach allen Seiten hin rasch fortgesetzt wird. Was dem zu schützenden Bauwerke von Vorteil ist, kann dem benachbarten Bauwerke zu Schaden werden und deshalb kann die Abbaumethode sich nur von Rücksichten der schadlosen Erhaltung solcher Bauwerke leiten lassen, deren Bestand aus öffentlichen Rücksichten unbedingt geboten erscheint. Auch werden die Kosten eines solchen Bauwerkes von wesentlicher Bedeutung sein.

Die Abbaumethode hat ihren ganz bedeutenden Einfluß auf die zu wählende Bauart eines Bauwerkes. Wenn zum Beispiel die Möglichkeit gegeben wäre, daß der Abbau unterhalb eines kleinen Gebäudes begonnen und nach allen Seiten hin durchgeführt wird, dann wäre die durch das ganze Bauwerk hindurchgehende Verankerung das beste Mittel,

---

[1]) Seite 257.

um den Bewegungsprozeß möglichst unbeschädigt mitmachen zu
können. Wird jedoch ein ausgedehntes Bauwerk an den Rand der
Mulde zu liegen kommen, oder reicht es infolge seiner großen Ausdehnung über verschiedene Gebiete der Bodenbeanspruchungen, dann
wäre eine durch das ganze Gebäude hindurchgehende Verankerung
nicht vorteilhaft, weil es auf diese Weise den verschiedenen Bewegungen zu folgen minder geeignet wird. Es wäre in diesem Falle die
Verankerung sogar ein Nachteil, während dieselbe im ersten Falle
von Vorteil ist. Um jedoch für alle möglichen Senkungsfälle Vorsorge

Fig. 172. Bergschäden an einem Gebäude.

zu treffen, ist vom Neubau weitausgedehnter zusammenhängender
Bauwerke im Bergbaugebiete Abstand zu nehmen und nur mit dem
Baue kleiner, gut verankerter Bauwerke vorzugehen. Es ist Sache
des Baumeisters, im gegebenen gesonderten Falle, eine für das Bauwerk
vorteilhafte Bauweise zu erstreben, und es ist nicht möglich, eine für
alle Fälle gültige Bauweise festzulegen.

Sowie die Schienen des Eisenbahnoberbaues die Pressungen
und Zerrungen in einem gewissen Zeitraum als innere Spannungen
aufnehmen, so muß das auch für die Bodenmassen gelten. Lockere,
angeschüttete Bodenmassen, welche eine Zusammenpressung erleiden
können, werden im Zeitpunkte der Bodenpressungen eine Zusammenpressung erfahren, solange als die Möglichkeit hierzu gegeben
erscheint. Ist jedoch eine weitere Zusammenpressung des Bodens
nicht mehr möglich, so wird der Boden die anwachsenden Pressungen

als innere Spannungen aufnehmen.   Derselbe Umwandlungsprozeß
wird sich auch bei den Zerrungen des Bodens geltend machen, welche
für die Dauer eines Hindernisses gegen diese Lockerung des Bodens
sich in innere Bodenspannungen verwandeln.   Beim Eisenbahnoberbau
bilden diese Hindernisse die Stoßkonstruktionen, wie Laschen und
Schraubenbolzen, welche dem Bewegungsprozeß der Schienen hinderlich im Wege stehen.   Diese inneren Spannungen des Bodens kommen
dann sichtbar zur Wirkung, wenn ihnen kein entsprechender Widerstand entgegensteht.   So wird z. B. in einer offenen Baugrube,
welche in einem in Senkung befindlichen Boden ausgehoben wurde, den
Spannungen die Möglichkeit gegeben, zur Wirkung nach außen hin zu

Fig. 173.   Bergschäden an einem Gebäude.

kommen.   Es wird auf die Bölzung solcher Gruben ein Hauptaugen-
merk zu lenken sein, sowie es sich insbesondere empfehlen wird, die
Fundamentarbeiten möglichst rasch zur Ausführung zu bringen, um den
entstehenden Spannungen einen entsprechenden Widerstand entgegenzusetzen, welcher durch den Erdaushub ausgeschaltet worden war.
Die inneren Bodenspannungen werden auch dann zur Wirkung
kommen können wenn in den Kellerräumen eines bestimmten
Gebäudes die Mauern nicht ausreichend bemessen wurden.
In diesem Falle wird die Richtung einer Trennung der Kellermauern
von den aufgehenden Mauern hervorgerufen. Um den Bodenspannungen
einen entsprechenden Widerstand leisten zu können, erscheint es ratsam,
im Keller nicht zu ausgedehnte Räume anzulegen, vielmehr soll eine
Unterteilung derselben durch Zwischenmauern erfolgen, welche als
Anker zwischen den Hauptmauern zu wirken hätten.

Die Wirksamkeit der Bodenspannungen wird also am besten an offenen Baugruben in Senkung befindlicher Bergbaugebiete zu beobachten sein. Diese nach außen hin sichtbare Tätigkeit der Spannungen wird überall dort festgestellt werden können, wo eine Unterbrechung der Bodenmassen vorhanden ist, an welcher den Spannungen ein Widerstand nicht entgegensteht und dieselben ihre Tätigkeit nach außen hin voll entfalten können. Es werden also die Ufer von Flüssen die bequemsten und besten Beobachtungsstellen der Bodenspannungen sein. Die Veränderung der Flußläufe in den Bergbaugebieten und insbesondere die fortwährenden und andauernden Zerstörungen der Flußufer sind unwiderlegliche Beweise für die Tätigkeit der Bodenspannungen. Die sich im Laufe der Zeit vielfach ergebende Notwendigkeit der Regulierung von Flüssen hat nicht allein ihren Grund in den Senkungen, sondern auch in den Zerstörungen, welche die Flußufer durch die Bodenspannungen erleiden. Die große Bedeutung der durch den Kohlenabbau bewirkten Änderung der Abflußverhältnisse wird später noch erläutert. Es wurde auf das klassische Beispiel der Gründung der Emscher-Genossenschaft hingewiesen, um in überzeugender Weise darzutun, von welcher Bedeutung die bergbaulichen Wirkungen auf die Tagesoberfläche werden können; es wurde damit bewiesen, welche ungeheuren Kosten mit der nachteiligen Beeinflussung der Tagesoberfläche verbunden sind.

Die Mitteilungen der beim Baue des Rhein-Herne-Kanales betroffenen Bergwerksbesitzer, welche berechneten, daß die Ausführung des Spülversatzes unter den Schleusen des Kanales einen Betrag von mindestens 37 760 000 M. erfordern werden, beweisen die gewaltige Belastung der Bergwerksbetriebe durch die ihnen auferlegten Maßnahmen zum Schutze der Tagesoberfläche. Dabei muß jedoch bemerkt werden, daß trotz dieser Maßnahmen die obertägigen Schäden nicht gänzlich hintangehalten werden können, und die obertags entstehenden Schäden ebenfalls vom Bergbau bezahlt werden müssen. In den vorgeführten Kapiteln über die obertägigen Einwirkungen des Kohlenabbaues kann jedoch auch ersehen werden, daß der Bergbau die obertägigen Anlagen aller Art sehr bedeutend und nachteilig beeinflußt. Die Montanbahn des Ostrau-Karwiner Reviers hat in den letzten Jahren sehr bedeutende Kosten für Gleisaufholungen verausgabt, welche infolge nachteiliger bergbaulicher Beeinflussung der Höhenverhältnisse bewirkt werden mußten. Außer diesen notwendigen Sanierungsarbeiten werden auch durch diese Arbeitsdurchführungen Betriebsstörungen verursacht. Die bereits mehrfach erwähnte Denkschrift der durch den Bau des Rhein-Herne-Kanales betroffenen Bergwerksbesitzer befürchtet außer der durch den Kohlenabbau eintretenden unmittelbaren Schädigung des Kanals noch die mittelbare, die durch Unterbrechung des Kanalbetriebes infolge von Bergbauschäden hervorgerufen werden kann und die geeignet sein kann, „selbst das finanzkräftigste und blühendste Unternehmen zu gefährden". Der dem Kanalbesitzer zu ersetzende Einnahmeausfall wird auf mindestens 23 000 M. für jeden Tag der Betriebsunterbrechung berechnet.

Der Kohlenabbau hat obertägige Wirkungen zur Folge, die einen Eingriff in die Rechte der Obertagsbesitzer bedeuten, welchen der volle Anspruch auf Schadenersatz zukommt. Ohne in die bezüglichen Rechtsverhältnisse der einzelnen Staaten eingehen zu wollen, kann bemerkt werden, daß im allgemeinen in den Gesetzen an dem Grundsatz festgehalten wird, daß der Bergbau verpflichtet ist, den obertags hervorgerufenen Schaden voll und ganz zu ersetzen. Die obertägigen Einwirkungen des Bergbaues geben jedoch auch in ihrer äußersten Folge

Fig. 174. Bergschäden an einem Gebäude.

zur Lösung von Rechtsfragen Anlaß, die immer zahlreicher werden, je weiter die Erkenntnis dieser Erscheinungen fortschreitet, deren Charakter durch die sich mehrenden Erfahrungen immer mehr erkannt wird.

Soll etwa der Gegensatz zwischen unter- und obertägigen Besitzern der Anlaß dazu sein, den Bergbaubetrieb in seiner Entwicklung zu hemmen? Soll im Zeitalter des Wettstreites der Industriestaaten mit zunehmendem Kohlenverbrauche der Bergbau daran gehindert werden, sich in seiner Entwicklung voll zu entfalten? Soll der Bergbau etwa gezwungen werden, unter verbauten Stadtgebieten sehr bedeutende Kohlenschätze zu belassen, deren unausgenutzter Bestand eine Verschwendung des Nationalvermögens bedeuten würde?

Die große Bedeutung des Bergbaubetriebes und insbesondere des Kohlenabbaues ist wohl außer Frage, und es muß bedacht werden, daß es neben den vielfachen Interessengegensätzen auch vielfache und wichtige Interessengemeinschaften zwischen den untertägigen und obertägigen Besitzern gibt, welche veranlassend sein sollten, sich gegenseitig zu stützen und zu fördern. Diese Interessengemeinschaften können zwischen dem Bergbau und öffentlichen Zwecken dienenden Obertagsunternehmungen vorhanden sein, diese Gemeinschaften in den gegenseitigen Interessen können zwischen dem Bergbau und dem obertägigen Privatmann zur Geltung kommen. Die Erkenntnis dieser gegenseitigen Interessen wird gewiß dazu beitragen, entstehende Gegensätze zu beseitigen.

Fig. 175. Bergschäden an einem Gebäude.

In den meisten Bergbaugebieten ist die glückliche Tatsache zu verzeichnen, daß die obertägigen Bodenbewegungen allmählich vor sich gehen, was entweder durch die vorhandenen geologischen Verhältnisse bedingt wird, oder durch Maßnahmen, welche im Bergbaubetriebe selbst getroffen werden. Die gegenseitigen und öffentlichen Interessen des Bergbaues und der Eisenbahnen müssen für beide veranlassend sein, im gegenseitigen Einvernehmen die in Betracht kommenden Fragen der Wahrung der öffentlichen Verkehrssicherheit einer gedeihlichen Lösung zuzuführen.

Wenn nun vom privaten Obertagsbesitzer und seinen Interessengegensätzen mit dem Bergbau gesprochen werden soll, so ist es klar, daß der Bergbau verpflichtet sein muß, jeden Obertagsschaden voll zu ersetzen. Doch soll der Oberflächenbesitzer nicht Forderungen erheben, welche das Maß des gerechten Anspruches überschreiten bzw. mit Rücksicht auf den ursächlichen Zusammenhang jeder Berechtigung entbehren.

Wie übertrieben die Forderungen sind, welche mitunter von den Geschädigten erhoben werden, ergibt eine von den Zechenbesitzern zusammengestellte Übersicht, welche wir dem bedeutsamen Buche über „Gerichts- und Verwaltungsgeologie"[1]) von Geh. Bergrat Prof. Dr. P. Krusch entnehmen.

Name der Zeche	Name des Klägers	Geforderter Betrag M.	Endgültig zuerkannte bzw. anerkannte Entschädig. M.
Caroline Holzwickede	H & B.	11 325	3 300
	S. K.	2 200	109.50
Concordia	Wwe. M.	7 861	3 800
Constantin der Große	Wwe. P. Bochum	2 500	—
Deutscher Kaiser	A. S.	10 233	4 030
Dorstfeld	Sch. W.	20 626	1 500
	L.	40 695	6 142
Essener Bergwerksverein „König Wilhelm"	S. E. G. A.-Ges. Darmstadt	25 558	2 200
Friedrich der Große	H. E.	250 685	26 647
Ver. Helene & Amalie	H.	29 271	2 500
Zeche Shamrock I/II	W. u. Gen.	25 115	—
Zeche Kaiserstuhl	H. M. jr.	255 568	75 589
Johann Deunelsberg	S. E. G. A.-G. Darmstadt	24 903	2 790
Kölner Bergw.-Verein.	E. Str.	18 065	1 193
Königsborn	Sch. W.	24 260	3 000
Königsgrube	C. S.	9 870	—
Mont Cenis	B. & Co. Böninghaus.	15 000	2 300
Neuessen	S. E. G. A.-G. Darmstadt	17 999	1 947
Neumühl	Erben D. M.	54 970	5 000
Rheinpreußen	Erben L.	30 000	8 855
Ver. Sälzer u. Neuack	E. Str.	37 120	1 514

Von weitgehendem Interesse ist die folgende, dem Kruschschen Buche entnommene, für das rheinisch-westfälische Kohlenrevier geltende Aufstellung der Bergschäden von 1909 und die Beteiligungsziffer im Kohlensyndikat:

Gesellschaft	Bergschäden in Mark	Beteiligung in Tonnen
Gelsenkirchener Bergwerks-A.-G.	1 120 000	8 698 000
Harpener Bergbau A.-G.	517 478	7 240 000
Dahlbusch	232 965	1 210 000
Kölner Bergwerksverein	57 539	904 438
Tremonia	54 491	294 981
Eintracht Tiefbau	41 042	582 000
Dorstfeld	30 000	840 000
Kaiser Friedrich	21 415	240 000
Deutschland	13 443	325 500
	2 088 355	20 334 919

[1]) Verlag von Ferdinand Enke. 1916.

Es ergibt sich daraus ein Bergschaden von 10 Pf. für die Tonne und das Jahr. Die obige Aufstellung bezieht sich nur auf einen Teil der Zechen. Berücksichtigt man, daß in dem genannten Jahre im ganzen 82 Mill. Tonnen Steinkohlen gefördert wurden, so kann man mit Bergschäden in der Höhe von etwa 8 Mill. Mark rechnen.

Es wurde bereits erwähnt, daß mit der fortschreitenden Erkenntnis der durch den Kohlenabbau hervorgerufenen obertägigen Folgewirkungen auch die zu lösenden Rechtsfragen immer zahlreicher werden, welche zwischen dem Bergbau und den Obertagsbesitzern zur Geltung kommen können. Die Tatsache, daß außer den lotrechten Absenkungen der Oberfläche auch nicht unwesentliche w a g e r e c h t e

Fig. 176.　Bergschäden an einem Gebäude.

V e r s c h i e b u n g e n stattfinden können, kann zu Grundstreitigkeiten zwischen Obertagsbesitzern Veranlassung geben, deren Besitzgrenzungen Verschiebungen erfahren haben.

Die unter wichtigen öffentlichen Bauwerken etwa bestehenden B e s i t z g r e n z e n zwischen zwei oder mehreren Bergwerksbesitzern können Hindernisse bilden für einen geplanten zweckmäßigen Abbau unter diesen Bauwerken. Der Bestand derartiger B e r g w e r k s b e s i t z g r e n z e n kann hindernd wirken gegen den unter einem Bauwerk geplanten raschen Abbau, welcher dasselbe vor Schäden soweit als möglich verschonen soll. Die Anordnung dieser Abbaumethode hat eine Einigung der Bergwerksbesitzer zur Voraussetzung, welche Einigung den gleichzeitigen Abbau der in verschiedenem Besitze befindlichen Flöze zum Zwecke haben würde. Der an Bergbaubesitzgrenzen befindlichen D e m a r k a t i o n s p f e i l e r kann ein nicht zu unterschätzendes

Hindernis bilden für die Ausbildung gleichmäßiger obertägiger Bodensenkungen, welche von bedeutendem Nachteil für etwa vorhandene Obertagsanlagen sein können. Aus diesen Gründen kann die Verlegung besonders schutzbedürftiger Obertagsanlagen aus den Bergbaubesitzgrenzgebieten notwendig werden, es kann aber auch die eventuelle Frage erörtert werden, diese Besitzgrenzen zu verlegen bzw. Demarkationspfeiler zum Abbau zu bringen.

Fig. 177. Bergschäden im Innern eines Gebäudes einer Bergwerksanlage.

Die in der Nähe der Bergbaubesitzgrenzen befindlichen obertägigen Gebiete sind aber auch deshalb von besonderem Interesse, weil in diesen Zonen der Obertagsbesitzer vor die Frage gestellt sein kann, bei welcher Bergwerksunternehmung er die Ersatzleistung für Oberflächenschäden geltend zu machen hat. Würden die obertägigen Bergbauwirkungen innerhalb lotrechter Ebenen von den Grenzen der abgebauten Flöze obertags sich äußern, so wäre die Bergbaubesitzgrenze zugleich

die Grenze der Gebiete, innerhalb welcher die einzelnen Gewerkschaften den Schadenersatz zu leisten hätten.   Da jedoch diese
Wirkungen des Kohlenabbaues innerhalb geneigter Ebenen von der
Abbaugrenze aus obertags zum Vorscheine gelangen, so können die
Oberflächenbewegungen des einen Bergbaues über dem Bergbaubesitze

Fig 178. Bergschäden im Innern eines Gebäudes einer Bergwerksanlage.

des Nachbar-Bergbaues zu Wirkung kommen. Aus diesem Grunde wäre
die Festlegung von Schadenersatzgrenzen nötig, welche die benachbarten Bergbaue einvernehmlich festlegen könnten. Die Grenzen
der obertägigen Schadenersatzgebiete würden für den einen Bergbau
oberhalb des Bergbaubesitzes des Nachbars zu liegen kommen und
würden die äußerste Erstreckung jenes Bereiches bezeichnen, innerhalb
dessen die Schadenersatzpflicht der betreffenden Gewerkschaft zu
gelten hätte.

Besonders interessant können sich die Verhältnisse gestalten, wenn, wie in gewissen Gebieten Belgiens, das Recht des Kohlenabbaues nicht nur für bestimmte Flächenausdehnungen verliehen wird, sondern auch nur bis zu einer bestimmten Tiefe der Gebirgsschichten reicht. Diese Rechtsverhältnisse haben zur Folge, daß in lotrechter Richtung übereinander mehrere Bergwerksbesitzer Abbaurechte für die übereinandergelagerten Flöze besitzen. Wenn schon die Feststellung der bergbaulichen Ursache von obertägigen Schäden in der Nähe der Besitzgrenzen benachbarter Bergwerksbesitzer mit umfangreichen Erhebungen verbunden ist, so ist die Sachlage noch bedeutend schwieriger in jenem Falle, wo für die verschiedenen Tiefen der Gebirgsschichten auch verschiedene Gewerkschaften in Betracht kommen.

Der Bergbau bietet eine reiche Quelle der verschiedensten Interessengegensätze, welche umso zahlreicher werden, je weiter die Aufklärung des Bodenbewegungsproblems fortschreitet, je mehr es gelingt, den Charakter der obertägigen Folgewirkungen zu erforschen. Wenn dieser Fortschritt in der Erkenntnis dieser durch den Bergbau veranlaßten Wirkungen einerseits dem Obertagsbesitzer die Mittel an die Hand gibt, seinen berechtigten Ansprüchen zur Anerkennung zu verhelfen, so ermöglicht diese Klarstellung der schädigenden Einflüsse den Bergbaubesitzer, Maßnahmen zu treffen, um die obertägigen Wirkungen zu verhüten bzw. zu mildern.

Die Erforschung und Aufklärung der bergbaulichen Einwirkungen hat dazu geführt, daß die unter verbauten Stadtgebieten zum Schutze obertägiger Bauwerke belassenen Kohlenpfeiler nachträglich abgebaut wurden, bzw. werden sie in der Zukunft noch zum Abbaue gelangen. Die Zulassung des Abbaues der in vielen Fällen sehr bedeutende Kohlenschätze beinhaltenden Pfeiler hat den Bergwerksgesellschaften große Vorteile gebracht und wird auch in Zukunft noch von großem Nutzen für sie sein.

Es ist also die Aufklärung des Bodenbewegungsproblemes mit Vorteilen für alle beteiligten Interessenten verbunden. Insbesondere ist die fortschreitende Erkenntnis der durch den Kohlenabbau bewirkten Oberflächenerscheinungen im Interesse der öffentlichen Sicherheit gelegen, deren Wahrung ohne Rücksicht auf die Entschädigungsfrage unbedingt geboten erscheint.

IX. Bemerkungen zur Frage des Kohlenabbaues unter der Stadt Zwickau[1]).

1. Das Gutachten des Bergrates Friedrich Illner zu Görlitz.

Der Erzgebirgische Steinkohlen-Aktienverein in Zwickau hat den Bergrat Illner zur Erstattung eines Gutachtens aufgefordert, das der genannte Fachmann im Monate Dezember 1911 abgegeben hat. Bergrat Illner gliedert sein Gutachten wie folgt:

---

[1]) Die Bemerkungen stammen a. d. J. 1914. S. a. Montan. Rdsch. 1916 „Der Kohlenabbau unter verbauten Stadtgebieten" von Ing. A. H. Goldreich.

1. Die geologischen Verhältnisse im Bereiche der Stadt Zwickau.

2. Der bisher an den Grenzen der inneren Stadt umgegangene Bergbau und die daraus auf die Flözverhältnisse unter der inneren Stadt zu ziehenden Schlüsse.

3. Die Einwirkungen des bisherigen Kohlenabbaues auf die Tagesoberfläche.

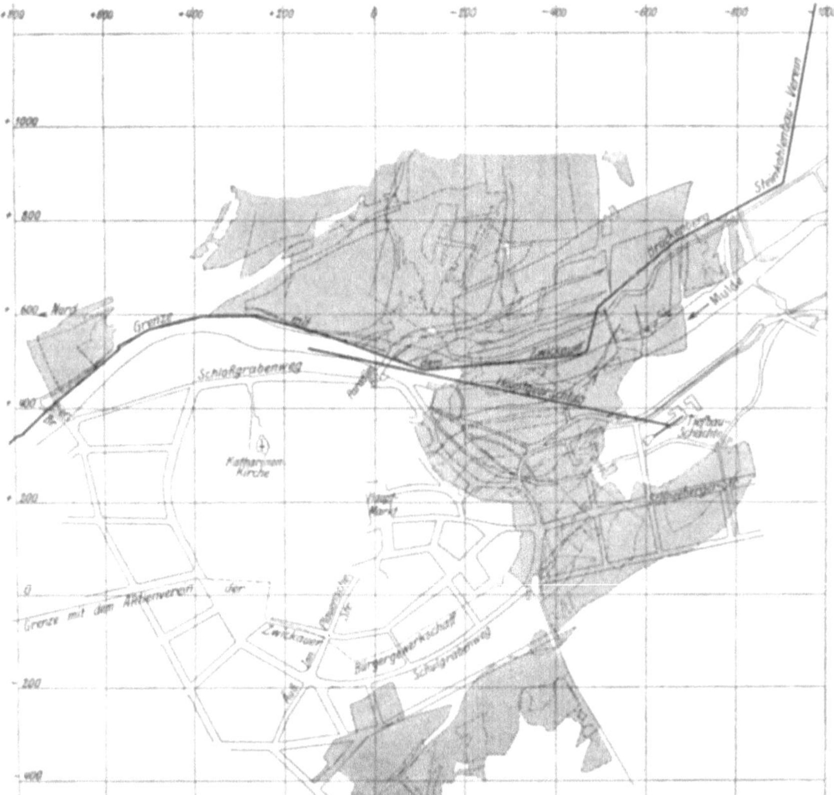

Fig. 179. Stadtgebiet von Zwickau. Die bisher betriebenen Abbaue (schraffiert) am Rande des Stadtinnern. (Aus dem Gutachten des Bergrates Illner.)

4. Kritische Erörterungen der Einwirkungen des bisherigen Kohlenabbaues.

5. Allgemeine Folgerungen aus den kritischen Erörterungen.

6. Die bisherigen Ergebnisse mit dem Spülversatzverfahren.

7. Allgemeine Folgerungen für einen Spülversatzabbau: a) unter der ganzen inneren Stadt, b) unter der inneren Stadt mit Ausnahme der Feste für die Marienkirche, und c) außerhalb der inneren Stadt.

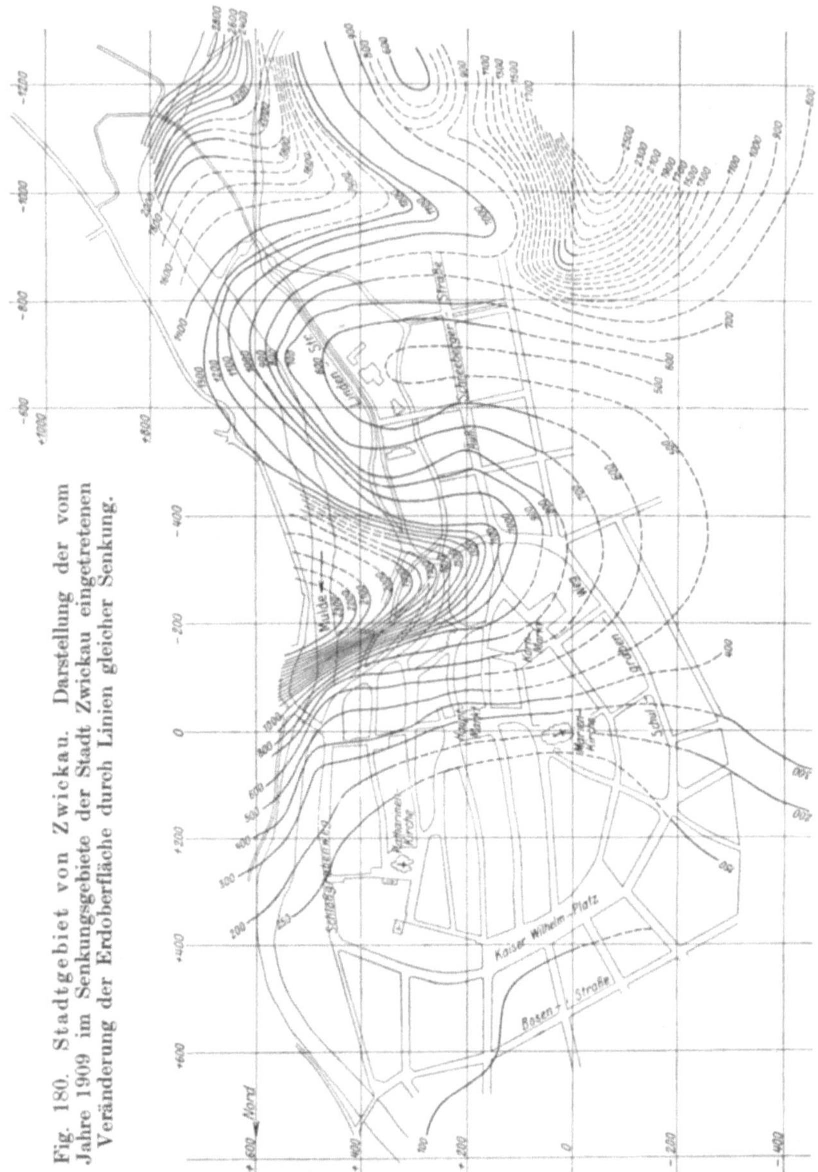

Fig. 180. Stadtgebiet von Zwickau. Darstellung der vom Jahre 1909 im Senkungsgebiete der Stadt Zwickau eingetretenen Veränderung der Erdoberfläche durch Linien gleicher Senkung.

8. Schlußfolgerungen aus den vorstehenden bergtechnischen Erörterungen.

9. Wirtschaftliche Erörterungen.

Bezüglich der Einwirkungen des bisherigen Kohlenabbaues (Fig. 179) stellt Bergrat Illner fest, daß die sichtbaren Überzugswirkungen durch

die an der Grenze der inneren Stadt betriebenen Abbaue einem Böschungswinkel von 75⁰ entsprechen. Die Einwirkungen des bisherigen Kohlenabbaues hat Illner auf einer Karte durch Linien gleicher Senkung er-

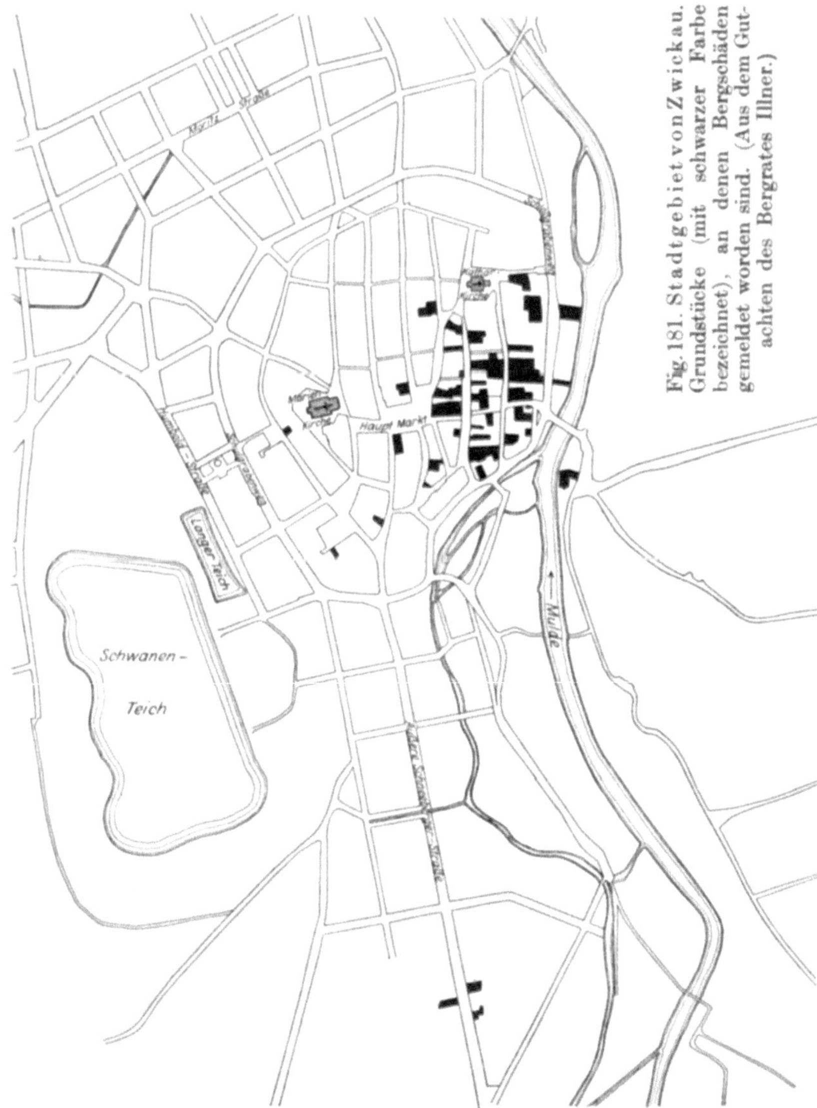

Fig. 181. Stadtgebiet von Zwickau. Grundstücke (mit schwarzer Farbe bezeichnet), an denen Bergschäden gemeldet worden sind. (Aus dem Gutachten des Bergrates Illner.)

sichtlich gemacht (Fig. 180). Auf einem Lageplane der Stadt Zwickau
sind ferner die Grundstücke bezeichnet, deren Besitzer Bergschäden
angemeldet haben (Fig. 181). Es ist aus diesen Darstellungen die durch
die Erfahrung immer wieder bewiesene Tatsache zu ersehen, daß nicht

die Stellen der größten Absenkungen, sondern die **Ränder der obertägigen Senkungsmulden die eigentlichen Schadenszonen**
bedeuten.

Nicht die Größe der Absenkungen ist für die Beschädigung eines
Gebäudes maßgebend, sondern das **gegenseitige Verhältnis der
Maße der Fundamentsetzungen**, welche am Muldenrande ungleichmäßig sind und deshalb den Schaden hervorrufen. In äußerst
interessanter Weise sind die im Bereiche der Stadt Zwickau stattgefundenen **wagerechten Verschiebungen** dargestellt, welche für die Ränder der Senkungsmulden charakteristisch sind (Fig. 118, Seite 216).

Da an den Grenzen der inneren Stadt Zwickau drei verschiedene
Gewerkschaften den Abbau betreiben, sind drei Senkungsgebiete vor-

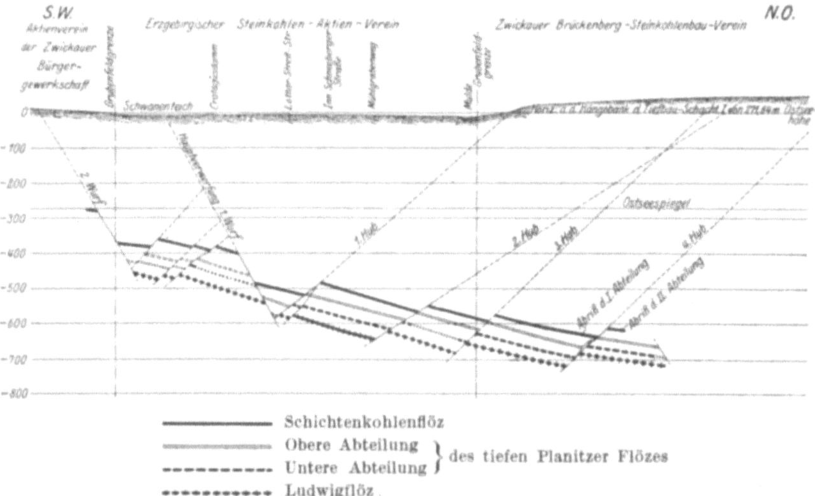

———————————	Schichtenkohlenflöz
———————————	Obere Abteilung } des tiefen Planitzer Flözes
– – – – – – –	Untere Abteilung }
••••••••••••	Ludwigflöz

Fig. 182. Geologischer Querschnitt durch das Stadtgebiet von Zwickau. (Aus dem
Gutachten des Bergrates Illner.)

handen, an deren Grenzen Verschiebungen in entgegengesetzten Richtungen hervorgerufen werden. Die in der Nähe der Senkungsgrenzlinien befindlichen Bauwerke müssen abwechselnd in verschiedenen Richtungen sich bewegen und sind zweifellos die am ungünstigsten gelegenen
Gebäude der Stadt. Illner hat nun unter Annahme einer größten
Setzung von 7% der Flözmächtigkeit und einem Grenzwinkel von 75°
auf verschiedenen Karten die Senkungsgebiete dargestellt, welche sich
unter den Annahmen ergeben, daß 1. der Abbau am Rande der inneren
Stadt vorgenommen wird, daß 2. der Abbau unter der ganzen inneren
Stadt betrieben wird und daß endlich 3. der Abbau unter der inneren
Stadt mit Ausnahme des für die Marienkirche belassenen Sicherheits-
pfeilers betrieben wird.

Illner behandelt ferner in ausführlicher Weise die bisherigen Ergebnisse in Spülversatzabbau und erörtert die von Oberbergrat **Buntzel**

veröffentlichen Beobachtungen, welche sich auf Senkungsfälle in Oberschlesien beziehen. Die Ergebnisse Buntzels sind zweifellos
von hervorragender Bedeutung, diese Resultate sind richtung-
gebend für die Anwendung des Spülverfahrens, dessen Wirkungen
sich als äußerst vorteilhaft erwiesen haben.

In den allgemeinen Folgerungen aus den bisherigen Ergebnissen
mit dem Spülversatzverfahren hinsichtlich der Tagesoberfläche kommt
Illner zu der unwiderleglichen Schlußfassung, daß die Beschädigungen
an der Tagesoberfläche nicht von dem absoluten Maße der Senkung ab-
hängen, sondern vielmehr von deren mehr oder weniger großen Un-
gleichförmigkeit. (Vergleiche hierzu die Fig. 118 auf S. 216.)

Illner führt unter anderm an: „Um also beim Spülversatzabbau
einen Tagesgegenstand bestens zu sichern, darf er nicht mit einem
Sicherheitspfeiler umgeben werden, in dem er von den Grenzlinien
der umliegenden Abbaufelder immer wieder getroffen und nach den
verschiedenen Richtungen hin und her gezogen wird, sondern es muß
mit dem Verhieb unmittelbar unter ihm begonnen und dieser
dann mit breiter Front nach allen Seiten stetig und möglichst
schnell unter ihm selbst fortgesetzt werden, um so für seine
Grundfläche ein einziges, gemeinsames Senkungsgebiet zu schaffen.
Der Tagesgegenstand liegt dann von vornherein im Muldentiefsten.“

Illner wollte sicherlich auf die ungünstigen Wirkungen eines unzureichend bemessenen Kohlenschutzpfeilers hinweisen,
sonst wäre seinen Ausführungen nicht voll beizupflichten. Der ausreichend bemessene Kohlenschutzpfeiler schützt das in
Frage kommende Gebäude, sein Bestand schädigt jedoch die
benachbarten Bauten, wie dies bereits erörtert wurde. Der unzureichend bemessene Sicherheitspfeiler schädigt die zu
schützende Oberfläche selbst, und auf diesen Umstand wollte
Bergrat Illner sicherlich aufmerksam machen, schon aus dem Grunde,
weil die in der Praxis belassenen Sicherheitspfeiler sich fast ausnahmslos
als unzureichend erwiesen haben.

Auf Grund eingehender Erörterungen kommt Bergrat Illner zu
den Folgerungen für einen Spülversatzabbau a) unter der ganzen
inneren Stadt Zwickau, b) unter der inneren Stadt mit Ausnahme der
Feste für die Marienkirche, c) außerhalb der inneren Stadt.

Illner schlägt den Abbau unter der kostbaren Marienkirche vor,
und zwar unter diesem Bauwerke beginnend. Zur Erhaltung der Vorflut
sollen gleichzeitig auch in anderen Teilen der inneren Stadt weitere
Abbaugebiete in Angriff genommen werden, welche zirka 100 m von
den Grenzen des Sicherheitspfeilers dieser Kirche entfernt bleiben müssen, um jede Einwirkung der Nachbarabbaue auf die Kirche auszuschließen. Unter der Marienkirche ist das Schichtenkohlenflöz nicht
vorhanden, sondern nur das Planitzer Flöz und das Ludwigflöz, deren
summarische Mächtigkeit zirka 8 m betragen soll. Illner schlägt nun
auch vor, daß gleichzeitig mit dem Abbaue unter der Kirche auch das
in der näheren Umgebung befindliche Schichtenkohlenflöz abgebaut

werden soll, um die Überzugswirkungen dieses Abbaues mit den Senkungen infolge des Abbaues unter der Kirche selbst eintreten zu lassen. Unmittelbar im Anschlusse an den Abbau unter der inneren Stadt soll auch an der Westgrenze derselben der Abbau der noch anstehenden Flöze der Zwickauer Bürgergewerkschaft durchgeführt werden, um auf diese Weise ein gemeinsames Senkungsgebiet an der Westgrenze zu schaffen und zu verhindern, daß durch die früheren oder späteren Abbaue dieser Feldesteile in der Nähe der Marienkirche mehrere Senkungsgebiete entstehen, deren Überzugswirkungen die Kirche immer wieder treffen würden, wobei ein Hin- und Her-

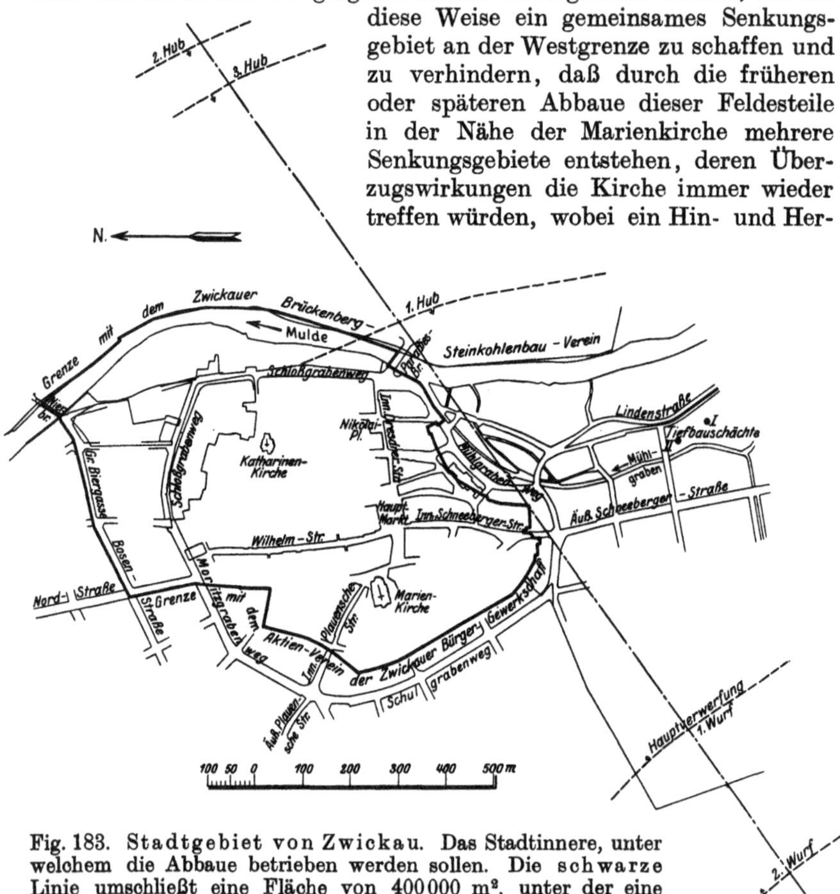

Fig. 183. Stadtgebiet von Zwickau. Das Stadtinnere, unter welchem die Abbaue betrieben werden sollen. Die schwarze Linie umschließt eine Fläche von 400000 m², unter der eine Kohlenmenge von 600000 Karren gleich 300000 t anstehen könnten. (Aus dem Gutachten des Bergrates Illner.)

ziehen der Kirche eintreten könnte. Gegebenenfalls müßte an der Feldesgrenze seitens der Bürgergewerkschaft ein 50 m breiter Streifen unabgebaut stehen gelassen werden, um Überzugswirkungen an der Kirche auszuschließen. An der Ostgrenze sind erhebliche Einwirkungen durch den noch auszuführenden Abbau des Zwickauer-Brückenberg-Steinkohlen-Vereines aus dem Grunde unter der Voraussetzung von gutem Versatzbau nicht mehr zu erwarten, da nur noch das 2,70 m Kohlen führende und 3,2 m mächtige Ludwigflöz abzubauen sind und

zwischen diesem Abbaugebiete und der inneren Stadt ein ausreichend breites Berechtigungsfeld des Erzgebirgischen Steinkohlen-
Aktienvereines liegt.

„Wird der Abbau in dieser Weise unter und um die innere Stadt
Zwickau getrieben,“ führt Illner aus, „so sind daselbst nur Senkungen,
und zwar gleichmäßige, keinesfalls Risse oder gar Grenzlinien zu erwarten.“ Den Abbau unter der inneren Stadt mit Ausnahme der Feste

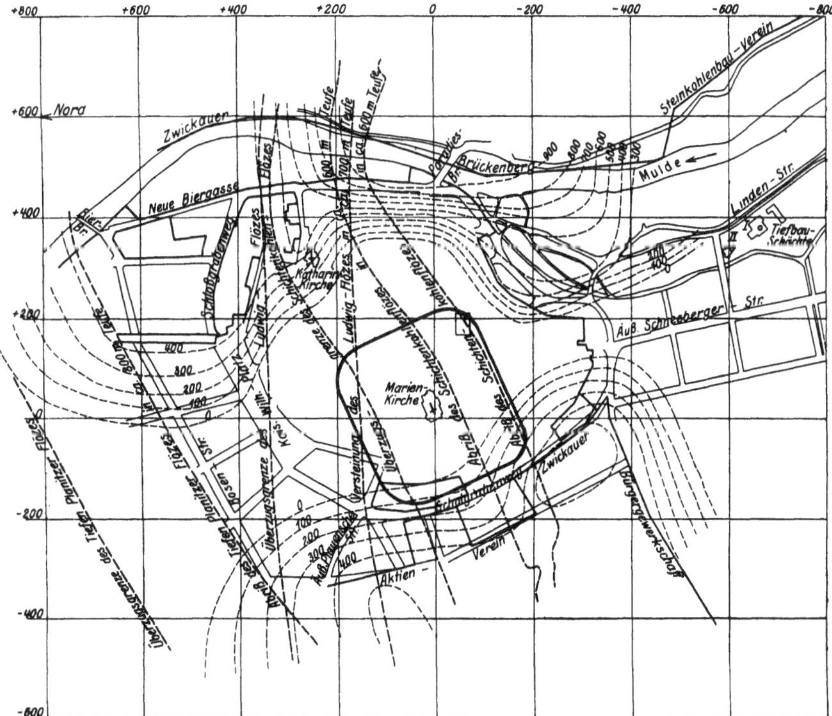

Fig. 184. Stadtgebiet von Zwickau. Der geplante Kohlenpfeiler zum Schutze
der Marienkirche ist durch einen schwarzen Linienzug angedeutet.
(Aus dem Gutachten des Bergrates Illner.)

für die Marienkirche hält Illner aus dem Grunde für nachteilig, weil
der jetzt vorgesehene Sicherheitspfeiler zum Schutze der Kirche nicht
ausreicht und erweitert werden müßte. Würde nun ein Abbau unter
der inneren Stadt überhaupt nicht zugelassen werden, aber der bisher
um die südliche innere Stadt betriebene Bergbau in den den Gewerkschaften zustehenden Gerechtsamen fortgesetzt werden, so würden sich
zwei getrennte Senkungsgebiete ausbilden, das eine im Osten, das andere
im Westen der inneren Stadt.

Illner führt weiter aus, daß bei einer solchen beschränkten Abbauweise die nachteiligen Einwirkungen an der Tagesoberfläche größer

werden als in dem Falle, wo ohne Stehenlassen irgendeines Sicherheitspfeilers die Kohlen unter der ganzen Stadt Zwickau abgebaut werden.
In seinen Schlußfolgerungen aus den bergtechnischen Erörterungen
führt Illner aus: Die für die Sicherheit der inneren Stadt
günstigste Abbauweise ist demnach die, welche den vollständigen Verhieb der Flöze unter der Stadt vorsieht,
sobald der Abbau in der Weise geführt wird, wie dies eingehend erörtert worden ist.

In den wirtschaftlichen Erörterungen gibt Bergrat Illner der Meinung Ausdruck, daß für den Erzgebirgischen Steinkohlen-Aktienverein
die Abbauverhältnisse unter den in Betracht kommenden Gewerkschaften am günstigsten liegen und deshalb ist dieser der gegebene Erwerber und Betreiber des Abbaues unter der inneren Stadt Zwickau.

2. Bemerkungen zum Gutachten des Bergrates Illner[1]).

Wenn wir die mit einer besonderen Gründlichkeit vorgehenden
Ausführungen Illners einer näheren Kritik unterziehen, so lassen sie
sich in folgende Gesichtspunkte zusammenfassen: Der am Rande der
inneren Stadt Zwickau betriebene Abbau hat seine schädlichen Einwirkungen auf das Stadtinnere.

a) Der unter gewissen Sicherheitsvorkehrungen geführte Kohlenabbau unter der inneren Stadt vermag diese schädlichen Einwirkungen
zu mildern bzw. auszuschließen. Dieser Abbau gibt die Möglichkeit,
die kostbare Marienkirche vor schädlichen Einwirkungen zu schützen,
wenn α) der vorgeschriebene Sicherheitspfeiler erweitert wird oder
β) der Abbau unter der Kirche unmittelbar begonnen und nach allen
Seiten hin rasch fortgesetzt wird.

b) Die wirtschaftlichen Verhältnisse sprechen für die Zulassung
des Abbaues unter dem Stadtinnern und kommt in dieser Beziehung
der Erzgebirgische Steinkohlen-Aktienverein in erster Linie in Betracht.

Illner stützt seine Schlußfassungen auf die bisherigen Wirkungen
der am Rande der Stadt betriebenen Abbaue, welche unter einem Böschungswinkel von 75° zur Wirkung gelangten. Bergrat Illner weist
ferner auf die durch die Erfahrung vielfach erwiesene Tatsache hin, daß
nicht das absolute Maß der Senkung für den Bestand der obertägigen
Bauwerke von ausschlaggebender Bedeutung ist, vielmehr sind die ungleichmäßigen Senkungen, also das gegenseitige Verhältnis der Senkungsmaße zueinander für das obertägige Bauwerk entscheidend. Aus diesem
Grunde sind die Muldenränder die eigentlichen Schadenszonen für die
Oberfläche, es sind dies jene Gebiete, welche das eigentliche Abbaugebiet überragen, es sind dies die in meiner Theorie bezeichneten Schiebungszonen der obertägigen Senkungsmulden.

Als Beweis für die Richtigkeit dieser Behauptungen weist Illner
auf die Tatsache hin, daß an den Orten der größten Senkungen in
Zwickau die obertägigen Bauwerke keinen Schaden erlitten haben, wäh-

---

[1]) Die Bemerkungen (Kap. 2 u. 3) stammen aus dem Jahre 1914.

rend die Orte der kleinen Absenkungen der Oberfläche mit schädlichen
Folgen für die Bauwerke verbunden waren. Illner schlägt deshalb die
auch insbesondere von Oberbergrat Buntzel befürwortete Methode vor,
den Abbau unmittelbar unter den kostbarsten Bauwerken zu beginnen
und auf diese Weise die Form der Oberfläche so zu gestalten, daß die
sich entwickelnden Schiebungsgebiete außerhalb der zu schützenden
Bauten zu liegen kommen.

Illner weist ferner auf die vorteilhaften Wirkungen der Spülversatzmethode hin, welche eine wesentliche Herabminderung der Senkungsmaße bewirkt; es wird diese seitens des Fachmannes auf Grund der zahlreichen Erfahrungen mit 7% der Flözmächtigkeit berechnet. Mit
Hilfe des Grenzwinkels von 75° hat nun Illner die Linien gleicher
Senkung ermittelt, um auf diese Art ein Bild zu geben, wie sich die
Oberfläche gestalten wird, wenn 1. der Abbau an der Stadtgrenze fortschreiten wird, 2. wenn der Abbau unter der ganzen inneren Stadt
betrieben würde, und wenn 3. der Abbau unter der inneren Stadt mit
Ausnahme der Feste für die Marienkirche zugelassen würde.

Illner hat sich der äußerst mühevollen Arbeit gewidmet, die unter den verschiedenen Voraussetzungen zu
gewärtigenden Abbauwirkungen zeichnerisch zur Darstellung zu bringen und es ist ihm meiner Ansicht nach vollständig gelungen, in überzeugender Weise seinen Schlußfolgerungen Ausdruck zu verleihen. Der Arbeit Illners ist
auch deshalb eine besondere Bedeutung beizumessen, weil
sie uns ein klassisches Beispiel liefert, welches die große Bedeutung des Studiums der Abbauwirkungen treffend beweist.

3. Der Zwickauer Kohlenabbau unter Berücksichtigung der neuesten Forschungen auf dem Gebiete der Bodenbewegungen im Kohlenrevier.

Es soll nun meinerseits der Versuch gemacht werden, die auf praktischen Erfahrungen beruhenden Schlußfolgerungen Illners zu prüfen,
indem ich die Richtigkeit derselben durch weitere Gründe be-
kräftigen kann, welche zur gedeihlichen Lösung der behandelten
Fragen beizutragen geeignet wären.

**a) Einwirkungen des bisherigen Kohlenabbaues auf die Tages-
oberfläche.** Illner hat die bisher an den Grenzen der inneren Stadt
betriebenen Abbaue zur Darstellung gebracht, welche von drei verschiedenen Gewerkschaften betrieben wurden. Wenn man nun die von diesen
an der Grenze des Stadtinneren betriebenen Abbauen herrührenden Wirkungen an der Oberfläche näher betrachtet, so reichen diese Bewegungen
des Geländes in das Stadtinnere weit hinein, weil diese Folgewirkungen
nicht innerhalb lotrechter Grenzebenen zur Wirkung kamen, sondern
unter Grenzwinkeln von ungefähr 75° zum Vorscheine gelangt sind. Man
kann also die unter dem Inneren der Stadt Zwickau belassene Kohle als einen Kohlenschutzpfeiler für das Stadt

innere betrachten, welcher sich als unzureichend erwiesen hat, wie dies durch die Wirkungen der an der Grenze des Stadtinneren betriebenen Abbaue zweifellos bewiesen erscheint. (Siehe Fig. 86, S. 130.)

Im Sinne der meinerseits entwickelten Theorie der Bodenbeanspruchungen stellen die in das Stadtinnere hineinreichenden Senkungsgebiete die sogenannten Schiebungsgebiete dar, welche an der Grenze des Abbaugebietes — also an der Grenze des Stadtinnern — beginnen und bis zum Rande der Senkungsmulde in das Stadtinnere sich erstrecken. Diese Schiebungsgebiete sind die eigentlichen Zonen der Bergschäden, weil sie die Gebiete der ungleichmäßigen Absenkungen und der Bodenspannungen darstellen. Die beschädigten Häusergruppen befinden sich in dem Stadtteile, der von den Ufern des Mulde-Flusses bis in das Stadtinnere sich erstreckt. Der im Osten des Stadtinnern beschädigte Häuserblock gehört dem Schiebungsgebiete der am Ostufer der Mulde betriebenen Abbaue an. Die Fundamente dieser beschädigten Gebäude haben die im Boden hervorgerufenen Spannungen, wie Pressungen und Zerrungen aufnehmen müssen und deshalb Schaden erlitten.

Es ist jedoch insbesondere auch zu betonen, daß die Widerstandsfähigkeit eines Gebäudes gegen eintretende Bodenbewegungen von dessen Herstellungsart abhängt, so daß es oft vorkommen kann, daß inmitten einer beschädigten Häusergruppe ein Bauwerk unbeschädigt bleibt, weil es besonders widerstandsfähig erbaut wurde. Aus diesem Grunde scheint auch die Katharinenkirche unbeschädigt geblieben zu sein, weil dieses Gebäude in der solchen Bauwerken zuteil werdenden, besonderen Sorgfalt errichtet worden ist. Auffallend ist es, daß die an der Südgrenze der Stadt betriebenen Abbaue nicht mehr jene Schäden zur Folge gehabt haben, wie die an der Ostgrenze betriebenen Abbaue, und die Erklärung ist in dem Umstande zu suchen, daß das Schichtenkohlenflöz mit Bergeversatz abgebaut wurde.

Durch die Ausführung eines Versatzes werden die obertägigen Senkungsmaße herabgemindert; die Herabminderung der obertägigen Senkungsmaße bewirkt gleichzeitig eine Herabminderung der im Schiebungsgebiete eintretenden Verschiebungen, und die Folge davon ist eine Herabminderung der in den bewegten Bodenmassen auftretenden Bodenspannungen, welche mit zu den Ursachen der Bergschäden gehören.

Auch die obere Abteilung des tiefen Planitzer Flözes ist an der südlichen Stadtgrenze mit Bergeversatz abgebaut, die untere Abteilung mit Spülversatz. An der Ostgrenze der Stadt hingegen ist das Schichtenkohlenflöz ohne Versatz, die obere Abteilung des tiefen Planitzer Flözes ohne Versatz und nur die untere Abteilung desselben mit Versatz abgebaut worden. An der Westgrenze der inneren Stadt kommen nur die Abbaue der unteren Abteilung des tiefen Planitzer Flözes in Betracht, welche teils mit Berge- und teils mit Spülversatz betrieben wurden. Diese mit Versatz betriebenen Abbaue haben für das Stadtinnere von Zwickau keine nachteiligen Folgen gehabt, welche durch Anmeldung von

Bergschäden zur Kenntnis gelangt wären. Die bezüglichen Abbauwirkungen sind außerhalb des Stadtinneren geblieben.

Ferner hat Illner die infolge der Abbaue erfolgten Verschiebungen zur Darstellung gebracht und es ist auffallend, daß trotz der ziemlich bedeutenden Geländeverschiebungen die Marienkirche, die Katharinenkirche, das Landgericht und das Gewandhaus keine sonstigen Schäden erlitten haben. Auch diese Tatsache ist ein Beweis, daß die genannten öffentlichen Gebäude besonders widerstandsfähig hergestellt worden und deshalb schadlos geblieben sind.

Andrerseits muß auf den Umstand hingewiesen werden, daß an den Stellen der größten Bodenverschiebungen die geringsten Bodenspannungen vorhanden sind, wie dies aus der Theorie der Bodenbeanspruchungen hervorgeht. Diese Stellen des spannungslosen Zustandes im Schiebungsgebiete sind von gezerrten und gepreßten Bodenschichten umgeben, wo diese Bodenspannungen der Verschiebung des Bodens entgegenwirken. Die bisherigen Einwirkungen des betriebenen Kohlenabbaues am äußeren Rande der inneren Stadt Zwickau lassen deutlich erkennen, daß die eigentlichen Schadenszonen die Ränder der obertägigen Senkungsmulden darstellen und daß die in der Mitte der Mulden auftretenden bedeutenden Senkungsmaße wohl eine bedeutende Absenkung der Bauwerke bewirken, welche jedoch den Senkungsprozeß schadlos mitzumachen in der Lage sind.

Die Ergebnisse lassen ferner erkennen, daß der Versatz der ausgekohlten Hohlräume eine wesentliche Herabminderung der Schadensgefahr im Schiebungsgebiete zu bewirken imstande ist. Die Ergebnisse liefern auch den Beweis, daß die Bauausführungsart für den Bestand der obertägigen Bauwerke im Bergbaugebiete von großer Bedeutung ist, da die mit besonderer Sorgfalt hergestellten öffentlichen Bauwerke von Schäden verschont geblieben sind.

b) Voraussichtliche Einwirkungen des an der Grenze des Stadtinnern fortschreitenden Kohlenabbaues. Wenn im vorstehenden die Einwirkungen des bisherigen Kohlenabbaues auf die Oberfläche erörtert wurden, so sollen nun die von den fortschreitenden Abbauen an der inneren Stadtgrenze zu erwartenden Wirkungen behandelt werden, für deren Beurteilung die angeführten Erfahrungen helfend zur Verfügung sind. Nach den Mitteilungen Illners werden folgende Abbaue an den Grenzen der inneren Stadt noch betrieben werden:

1. Das Schichtenkohlenflöz östlich des Schloßgrabenweges und des nördlichen Teiles des Mühlgrabenweges, und zwar unter der Mulde und dem Mühlgraben und westlich des südlichen Teiles des Schloßgrabenweges.

2. Die obere Abteilung des tiefen Planitzer Flözes im Osten der inneren Stadt unter der Mulde von etwa 100 m im Süden der Paradiesbrücke bis zur Bierbrücke und im Nordosten in dem dem Erzgebir-

gischen Steinkohlen-Aktien-Verein gehörigen, zwischen Mulde, große Biergasse, Schloßstraße, Schloßgrabenweg, innere Leipziger Straße, Katharinenstraße, Katharinen-Kirchhof und Schloßgäßchen gelegenen Stadtteil. Im Westen der inneren Stadt ist dieses Flöz im Felde der Zwickauer Bürgergewerkschaft noch wenig gebaut und steht daher noch von der Teichstraße bis zur Rosenstraße wohl vorwiegend abbauwürdig an.

3. Die mittlere Abteilung des tiefen Planitzer Flözes dürfte wohl nur im Osten der inneren Stadt bauwürdig sein.

4. Die untere Abteilung des tiefen Planitzer Flözes steht im Südosten der inneren Stadt noch südöstlich der höheren Bürgerschule und von da ab östlich der inneren Stadt ebenso wie die obere Abteilung des tiefen Planitzer Flözes an. Im Westen ist das Flöz von der Teichstraße bis zur Schumannstraße mit Ausnahme unter der Amtsgerichtsstraße östlich der Humboldstraße noch nicht abgebaut, ferner überhaupt noch nicht nördlich der Schumannstraße.

5. Das Ludwigflöz ist bisher nur im Süden der inneren Stadt, und zwar von der Lothar-Streitstraße bis zur Lindenstraße abgebaut worden, steht also sonst im Osten, Süden und Westen bis zur Versteinungsgrenze an.

Für den Fall, daß die unter der inneren Stadt noch anstehenden Flözteile unverritzt bleiben und die an der Stadtgrenze noch anstehenden Flözfelder abgebaut werden, hat Bergrat Illner die Senkungsgebiete zur Darstellung gebracht, welche obertags zum Vorscheine gelangen würden. Entsprechend den noch zum Abbaue gelangenden Flözgebieten hat Illner unter der Voraussetzung eines Spülversatzabbaues die sich im Osten, Süden, Westen und Nordosten entwickelnden Senkungsmulden durch Linien gleicher Senkung dargestellt. Unter der Annahme der maximalen Einsenkung im Maße von 7% der Flözmächtigkeit und eines Grenzwinkels von 75^0 hat Illner diese Schichtenlinien konstruiert und es ist zu ersehen, daß das Stadtinnere von diesen Wirkungen in Mitleidenschaft gezogen und auch der für die Marienkirche zu belassende Sicherheitspfeiler beeinflußt wird.

Illner hat unter der Voraussetzung von durch die Erfahrung ergebenen Werten die in Rede stehenden Senkungszonen ermittelt, er hat seine Schlußfassungen auf Annahmen gestützt, um auf diese Weise seinen Schlußfolgerungen auch einen darstellerischen Ausdruck zu verleihen. Man kann dieser Methode zur Erörterung der in Behandlung befindlichen Fragen aus dem Grunde zustimmen, weil die getroffenen Annahmen der Erfahrung entnommen sind und es auf andere Art gar nicht möglich erscheint, die Erörterung der wichtigen Fragen in die Wege zu leiten. Entsprechend den einzelnen Abbaugebieten werden zweifellos Senkungsmulden obertags sich ausbilden und jede derselben wird eine Zone der lotrechten Absenkungen und eine solche der Verschiebungen aufweisen. Die den einzelnen Senkungsgebieten entsprechenden Schiebungsgebiete werden zweifellos sich in das Stadtinnere erstrecken und es ist mit Sicherheit zu erwarten, daß durch diese geschaffenen Schadenszonen die Bauwerke der inneren Stadt in Mitleidenschaft gezogen werden.

Es kann dem entgegengehalten werden, daß durch die Ausführung des Spülversatzes die schädigenden Wirkungen der Schiebungsgebiete wesentlich herabgesetzt werden, wie dies durch die im Süden der inneren Stadt bereits betriebenen Abbaue erwiesen erscheint, welche, wie bereits erwähnt wurde, ohne besondere Nachteile für das Stadtinnere gewesen sind.

Bei Betrachtung der von Illner ersichtlich gemachten, beschädigten Häusergruppen ist zu erkennen, daß in unmittelbarer Nachbarschaft der Paradiesbrücke die beschädigten Bauwerke und im Norden beiläufig bei der Katharinenkirche und im Süden beim Mühlgrabenweg die Grenzen der Schadensbereiche sich befinden. Bei Vergleich der dargestellten Abbauflächen ist zu ersehen, daß die in Rede stehende Schadenszone gerade der größten abgebauten Fläche entspricht, mit anderen Worten, die Flözfelder haben unter der Schadenszone ihre größte Flächenausdehnung. Mit der Größe der abgebauten Fläche wird der Gebirgsdruck immer mehr entfesselt. Diese Entfesselung des Gebirgsdruckes hat die Absenkung der Firstgesteinsschichten zur Folge, welche die obertägigen Folgeerscheinungen bewirkt. Dieser Entfesselung des Gebirgsdruckes wirkt der Versatz der ausgekohlten Hohlräume entgegen, und weil die im Osten des Stadtinneren betriebenen Abbaue eine besonders große Ausdehnung besaßen und außerdem auch nicht versetzt worden sind, konnte der Gebirgsdruck sich dort sehr bedeutend geltend machen; die Absenkungen obertags waren groß, weshalb auch die im Schiebungsgebiete eingetretenen Bodenspannungen bedeutend waren und die Bauwerke beschädigten.

Die im Süden der inneren Stadt betriebenen Abbaue hatten bei weitem nicht die Flächenausdehnung von jenen im Osten, außerdem wurden diese Abbaue noch versetzt und deshalb ist es bisher zu großen Schäden dort noch nicht gekommen. Wären die Abbaue nicht versetzt worden, dann hätten sich obertags wahrscheinlich unangenehme Folgewirkungen gezeigt. Ungeachtet des ausgeführten Versatzes der ausgekohlten Hohlräume wäre im Falle bedeutender Flächenausdehnung der Abbaue der Gebirgsdruck endlich so groß geworden, daß in den sich entwickelnden Schiebungsgebieten Schäden obertags nicht zu vermeiden gewesen wären.

Es kann angenommen werden, daß bei der großen Ausdehnung der Flözfelder, welche am Rande der inneren Stadt noch zum Abbaue gelangen sollen, ungeachtet des geplanten Spülversatzes eine Beschädigung der Oberfläche nicht vermieden werden kann. Der Sicherheitspfeiler der Marienkirche würde von Schiebungsgebieten nach allen Seiten hin umgeben sein. Diese Schiebungsgebiete würden an den Muldenrändern die Zonen der

Zerrungen und gegen die Muldenmitte zu die Zonen der Pressungen aufweisen. Die Verschiebungen würden gegen das Muldentiefste zu gerichtet sein und es würden vom Sicherheitspfeiler beginnend nach allen Richtungen hin Verschiebungen des Geländes eintreten, welche ihre Höchstmaße dort erreichen, wo die Bodenspannungen die geringsten Werte besitzen. (Fig. 85, Seite 124.)

Am Rande des Sicherheitspfeilers würden außer den Bodenverschiebungen noch Zerrungen des Geländes auftreten, welche die Bauwerke beschädigen würden. Der Sicherheitspfeiler für die Marienkirche würde eine Kuppe des Geländes bilden, er würde nach allen Seiten hin von Schadenszonen umgeben sein. Wenn wir nun voraussetzen, daß der Sicherheitspfeiler selbst unberührt bleiben würde, so würde der Bestand der Marienkirche gesichert sein, es würde nur die Umgebung derselben Schaden erleiden. Es ist jedoch durch die Erfahrung erwiesen, daß der bestehende Sicherheitspfeiler nicht geeignet war, die Kirche vor Verschiebungen zu schützen und es ist deshalb auch zu erwarten, daß die Kirche durch die folgenden Abbaue abermals Verschiebungen erleiden würde, welche gegen die verschiedenen Senkungsgebiete gerichtet sein würden. Es könnte vorkommen, daß die Kirche einmal in nördlicher, ein anderes Mal in südlicher Richtung verschoben würde. Es ist sehr fraglich, ob die Kirche diese Verschiebungen schadlos mitmachen würde, es ist vielmehr das Gegenteil zu erwarten.

Nehmen wir an, daß der Sicherheitspfeiler der Marienkirche geeignet sein würde, dieselbe vor Schäden zu bewahren, so müssen wir bedenken, daß der Bestand dieses Kohlenschutzpfeilers zur logischen Folge hat, daß die den Pfeiler umgebenden Bauwerke Schaden erleiden müssen. Würde man in der Nähe der Marienkirche außerhalb des Sicherheitspfeilers liegende Bauwerke vor Schaden schützen wollen, so müßte man für diese Bauwerke abermals Sicherheitspfeiler stehen lassen. Würde man jedoch den Abbau unter diesen Bauwerken so betreiben wollen, daß dieselben möglichst schadlos bleiben, so wäre dies nicht durchführbar, weil der Bestand des Kohlenpfeilers der Marienkirche hinderlich im Wege stünde.

Unter der Annahme eines Grenzwinkels von 75^0 und einer Teufe von 500 m würde der dem Pfeiler benachbarte Schadensbereich (s. Fig. 186, 187 u. 188) $ac = bd = 500\,\mathrm{tg}\,(90^0 - \varepsilon) = 500\,\mathrm{tg}\,(90^0 - 75^0) = 500\,\mathrm{tg}\,15^0 = 500 \cdot 0{,}26795 = 133{,}77$ m rund 140 m betragen. In einem Umkreise von 140 m vom Sicherheitspfeiler würden im vorliegenden Falle alle Bauwerke in das Schiebungsgebiet und zu Schaden gelangen. Das Maß von 140 m wurde unter Annahme eines Grenzwinkels von 75^0 berechnet; um jedoch vollständig sicher vorzugehen, müssen wir jenen möglichen Grenzwert dieses Winkels in Betracht ziehen, welcher sich erfahrungsgemäß ergeben könnte. Oberbergrat Buntzel hat in seinem veröffentlichten Abbaufall unter der Kirche in Oberschlesien einen Grenzwinkel von $48^{1}/_{2}{}^{0}$ festgestellt. Wenn wir nun einen äußersten Grenzwinkel von rund 45^0 für die obertägigen Abbauwirkungen annehmen, so ergibt sich für den in Rede stehenden Schadensbereich die Größe a c = 500 tg ($90^0 - 45^0$) = 500 tg 45^0 = 500 m. Demnach ist die Möglichkeit nicht ausgeschlossen, daß das den Kohlenpfeiler umgebende Schiebungsgebiet sogar 500 m im Umkreise betragen kann. Die den Kohlenpfeiler umgebende Schadenszone kann diese bedeutende Ausdehnung annehmen, welche für die liegenderen Abbaue um so größer wird.

Berücksichtigen wir nun, daß der für die Marienkirche belassene Sicherheitspfeiler nicht ausreichend bemessen ist, da die Kirche durch die bisher betriebenen Abbaue selbst bereits in Mitleidenschaft gezogen wurde, so gestalten sich die Verhältnisse wesentlich anders, wie dies in Fig. 86, Seite 130 erörtert worden ist.

Es ist einzusehen, daß der Bestand eines unzureichend bemessenen Kohlenschutzpfeilers für die zu schützende Oberfläche nicht nur zwecklos wäre, sondern daß vielmehr durch einen derartigen Pfeiler eine Schadenszone auf der zu sichernden Oberfläche unmittelbar geschaffen würde. Der Sicherheitspfeiler der Marienkirche hat sich als unzureichend bereits erwiesen und es ist bei Annäherung der Abbaue der noch unverritzten Flözfelder mit Sicherheit zu erwarten, daß sich dieser Pfeiler auch fernerhin als nicht genügend erweisen wird. Die liegenderen Abbaue würden die Schadenswirkungen noch vergrößern und es könnte schließlich geschehen, daß der Sicherheitspfeiler die eigentliche Gefahrzone der Oberfläche sein würde.

Würde man sich auf Grund dieser Erfahrungen für die liegenderen Abbaue zu einer Erweiterung des Sicherheitspfeilers entschließen, so würden die Verhältnisse sich ändern, es würden die ungünstigen Wirkungen sich nicht mehr im Schutzgebiete selbst befinden, sondern in dessen Umgebung gerückt werden, wie.dies in Fig. 87, Seite 132 erläutert worden ist.

c) Einwirkungen der Abbaue unter den zu schützenden Bauwerken. Wenn wir nun die Verhältnisse einer Betrachtung unterziehen, welche im Falle der Unterbauung von Bauwerken eintreten, so haben wir den Fall, wie wir ihn in Fig. 91, Seite 143 und Fig. 92, Seite 145 bereits erörtert haben.

Die Verschiebungsflächen treten vollständig außerhalb des Abbaugebietes, die Spannungsflächen kommen nur zum kleinen Teile in die Abbauzone zu liegen, so daß das Abbaugebiet wohl die Zone der größten Senkungen aufweist, aber von Verschiebungen vollständig, von Spannungen zum größten Teile verschont bleibt. Gelingt es uns, die bei geringmächtigen und flachen Abbauen auftretende Ausbildung von flachen Senkungsmulden auch bei mächtigen und steilen Abbauen zu erzielen, dann können wir es erreichen, daß die in der Zone der lotrechten Absenkung (b c) Fig. 91 und 92 befindlichen Bauwerke sich gleichmäßig und schadlos nach abwärts senken.

Ein ausgezeichnetes Mittel, die Ausbildung dieser flachen Mulden zu erreichen, ist der Spülversatz, wie dies die vielfachen Erfahrungen hinlänglich erweisen. Wir können jedoch auch Vorkehrungen treffen, welche die Bauwerke geeignet machen, den gleichmäßigen Senkungsprozeß möglichst unbeschädigt mitzumachen. Der Prozeß der ungleichmäßigen Senkungen ist selbstverständlich weitaus unangenehmer als jener der gleichmäßigen Senkungen, doch kann es auch Bauwerke geben, welche den gleichmäßigen Prozeß der Abwärtsbewegung nicht unbeschädigt mitmachen können.

Den Prozeß der gleichmäßigen und gleichzeitigen lotrechten Absenkungen kann ein widerstandsfähiges Gebäude ohne schädliche Einwirkungen mitmachen. Die Marienkirche ist ein äußerst solid hergestelltes Bauwerk und es kann angenommen werden, daß diese Kirche gleichmäßige Absenkungen auch ohne besondere Vorkehrungen unbeschädigt mitzumachen imstande wäre. Man könnte hier einwenden, daß vor dem Abbaue unter der Marienkirche eine Verankerung derselben vorgenommen werden sollte, in ähnlicher Weise, wie selbe Buntzel in dem von ihm veröffentlichten Senkungsfalle der Kirche in Oberschlesien erörtert hat (siehe Fig. 96 und 97, Seite 157). Um diese Frage der Verankerung gutachtlich zu behandeln, erscheint es vor allem notwendig, den Zweck dieser Vorkehrungen zu erörtern bzw. zu untersuchen, welcher Erfolg einer solchen nachträglichen Vorkehrung im Bausysteme eines Gebäudes beschieden sein würde.

Wie bereits erörtert wurde, scheidet sich die obertägige Senkungsmulde in die über dem Abbaue gelegene Zone der lotrechten Absenkungen und in jene an den Muldenrändern gelegene Zone der Verschiebungen. Während die erstgenannte Zone von Bodenspannungen zum großen Teile verschont bleibt, ist die Zone der Verschiebungen zugleich jene der Bodenspannungen, welche in Pressungen und Zerrungen des Bodens zur Wirkung kommen. Die Zone der lotrechten Absenkungen ist zugleich jene der gleichmäßigen Absenkung der Oberfläche, welche zum größten Teile von Bodenspannungen verschont bleibt. Hingegen bedeuten die an den Muldenrändern befindlichen Zonen der Bodenverschiebungen und Bodenspannungen die eigentlichen Schadenszonen der obertägigen Bauwerke.

Wenn nun ein obertägiges Bauwerk an den Rand der Senkungsmulde zu liegen kommt, so müssen dessen Fundamente Bodenpressungen und Zerrungen aufzunehmen imstande sein. Zu diesem Zwecke ist die Verankerung der Fundamente ein ausgezeichnetes Mittel, sie wird ein Bauwerk widerstandsfähiger machen gegen diese im Boden zur Wirkung gelangenden Spannungen, welche die Bauwerke nachteilig beeinflussen.

Die Verankerung der Kirche in Oberschlesien war eine Vorkehrung, welche für den Fall vorgesehen war, daß durch eine ungeahnte, nicht vorhergesehene Störung im Abbaubetriebe die Kirche doch zeitweise in eine Zone der Bodenverschiebungen zu liegen kommen kann. Man könnte auch für die Marienkirche diese Verankerung vorsorgen, um für alle Fälle gesichert zu sein.

Die Bauwerke in Kohlengebieten sollen geeignet sein 1. dem Bodenbewegungsprozeß leicht zu folgen, sie sollen auch 2. befähigt sein, diesen Prozeß möglichst unbeschädigt mitzumachen.

Um der Bedingung 1. zu entsprechen, sollen im Bergbaugebiete nur möglichst kleine Gebäude erbaut werden, weil Gebäude kleinerer Ausdehnung geeigneter erscheinen, den Bodenbewegungen zu folgen, als große Gebäude, welche die ungleichmäßigen Senkungen nicht mitzumachen vermögen, ohne daß deren Zusammenhang gestört wird.

Der Bedingung 2. wird durch die Verankerung entsprochen, welche die Bodenspannungen aufnehmen soll. Die durch ein großes Bauwerk hindurch gehende Verankerung kann jedoch der unter 1. gestellten Bedingung widersprechen, weil die leichte Beweglichkeit einzelner Teile des Gebäudes dadurch gemindert werden kann. Es ist ratsam, im Bergbaugebiete kleine und gut verankerte Bauwerke zu errichten, weil dann allen Bedingungen entsprochen wird.

Die in Oberschlesien unterbaute Kirche hat ein beiläufiges Flächenausmaß von 650 m², die Marienkirche mißt zirka 1800 m². Was also für die oberschlesische Kirche als Sicherheitsmaßnahme für den Fall gedacht gewesen sein konnte, wenn dieselbe an den Muldenrand zu liegen gekommen wäre, kann für die Marienkirche in Zwickau nicht in Betracht kommen, es könnte im Gegenteil für dieses Bauwerk die Verankerung ein Nachteil werden.

4. Folgerungen in Angelegenheit der Frage des Kohlenabbaues unter der Stadt Zwickau[1]).

Die vorgeführten Erörterungen lassen erkennen, daß mit der fortschreitenden Erkenntnis der durch den Kohlenabbau hervorgerufenen obertägigen Wirkungen die Frage des Kohlenabbaues unter verbauten Stadtgebieten immer mehr geklärt wird. Als man den Folgewirkungen des Bergbaues noch fremd gegenüberstand, wurden zum Schutze obertägiger Anlagen Kohlenpfeiler stehen gelassen, welche in lotrechten Ebenen nach abwärts reichten, weil man der Meinung war, daß die bergbaulichen Folgeerscheinungen innerhalb lotrechter Ebenen zur Geltung kommen.

Die Erfahrungen haben erwiesen, daß diese Pfeiler nicht in der Lage waren, die Oberfläche vor Schaden zu schützen und man hat deshalb diese Pfeiler erweitert und noch immer haben sich in den allermeisten Fällen die Schutzmaßnahmen für die Oberfläche nicht ausreichend gezeigt. Es hat sich herausgestellt, daß die Wirkungen des Kohlenabbaues nicht innerhalb lotrechter Ebenen, sondern innerhalb geneigter Ebenen zum Vorschein kommen und man hat diese Pfeiler in geneigten Ebenen nach abwärts bemessen, um dem Schutze der Oberfläche möglichst Rechnung zu tragen.

Die neueren Erfahrungen und Forschungen auf dem Gebiete der Bodensenkungen in Kohlengebieten lassen erkennen, daß die bergbau-

---

[1]) Diese Folgerungen stammen a. d. Jahre 1914. S. Montan. Rdsch. 1916 „Der Kohlenabbau unter verbauten Stadtgebieten" v. Ing. A. H. Goldreich.

lichen Wirkungen nicht allein in lotrechten Absenkungen bestehen, sondern daß auch erhebliche Bodenverschiebungen stattfinden, welche die Wanderung der Bodenschichten auch in wagerechter Richtung erweisen. Die neuesten Erfahrungen führen endlich zur Erkenntnis der Tatsache der Bodenspannungen, welche als die Hauptursache der obertägigen Schäden anzusehen sind.

Es sei bei dieser Gelegenheit darauf verwiesen, daß bei Beurteilung einer durch Kohlenabbau obertags hervorgerufenen Senkungsmulde die Erörterung der Frage des Entwicklungsprozesses dieser Mulde notwendig erscheint. Die Senkungsmulde kann die Folgewirkung der Auskohlung eines einzigen, nach allen Richtungen hin rasch abgebauten Flözfeldes sein, dessen lotrechte Feldesgrenzen die Zone der gleichmäßigen, lotrechten Absenkungen in der Mulde bezeichnen. Die Senkungsmulde kann aber auch als das Endergebnis einer Reihe von Mulden entstanden sein, welche sich in verschiedener Weise entwickelt haben können. Es kann also ein Bauwerk sich in der Mitte einer Senkungsmulde befinden und während des Senkungsprozesses empfindliche Schäden aus dem Grunde erlitten haben, weil es vorübergehend in den Zonen der Verschiebungen und Spannungen von Mulden gelegen war, deren Entwicklung endlich zur Schlußmulde geführt hat. Die Verschiebungen und Spannungen der Bodenschichten treten an den Muldenrändern auf, und zum Schutze der Oberfläche muß man verhüten, daß diese Muldenränder in zu schützende Bereiche gelangen. Von dieser wichtigen Erkenntnis ausgehend müssen wir auch die Abbaufrage in Zwickau behandeln, wir müssen nutzbringend die vielfachen Erfahrungen zur Anwendung bringen, um auf diese Weise die entstehenden Interessengegensätze zu beseitigen.

Der an der Stadtgrenze bereits betriebene Abbau hat seine schädlichen Einwirkungen schon gezeitigt, der an der Stadtgrenze noch in Aussicht stehende Abbau wird seine nachteiligen Wirkungen aus all den Gründen noch hervorbringen, welche bereits hinlänglich erörtert wurden. Die in Rede stehenden Erwägungen sind nun dafür veranlassend, die Frage des Kohlenabbaues von zwei Gesichtspunkten aus zu erörtern, und zwar seien behandelt 1. der Abbau unter der ganzen inneren Stadt Zwickau und 2. der Abbau unter der inneren Stadt mit Ausnahme der Feste für die Marienkirche.

a) Der Abbau unter der ganzen inneren Stadt. Gemäß der gegebenen Ausführungen ist der Schutz obertägiger Bauwerke bei entsprechenden geologischen Verhältnissen am besten dadurch gewährleistet, daß mit dem Abbaue unter denselben unmittelbar begonnen wird. Es wären danach jene Bauwerke ins Auge zu fassen, deren Schutz unbedingt notwendig erscheint. Die idealste Durchführung des Abbaues wäre jene, wenn es gelingen würde, das ganze Stadtinnere Zwickaus zur gleichmäßigen und gleichzeitigen Absenkung zu bringen, so daß die obertägigen Bauwerke in das Gebiet der lotrechten Absenkungen zu liegen kommen und von Verschiebungen und Spannungen verschont bleiben. Es ist jedoch leicht einzusehen, daß die einheitliche, gleichmäßige und rasche Durchführung des Abbaues eines Flözfeldes von

400000 m² nicht leicht möglich ist, um so mehr als es auch notwendig
erscheint, diesem Abbau eine Ausfüllung der erzeugten Hohlräume
rasch nachfolgen zu lassen, um der Entfesselung des Gebirgsdruckes
entsprechend entgegen zu treten.

Wenn man mit Feldesabschnitten von zirka 150 m² rechnet, so
entsprechen der abzubauenden Fläche zirka 2666 Abschnitte, welche
gleichzeitig zum Abbaue gelangen müßten. Weil jedoch die Möglichkeit
für diesen idealen Abbaufall nicht gegeben erscheint, müssen wir
jene Fläche in Betracht ziehen, welche in erster Linie für den obertägigen Schutz in Betracht kommt; es ist dies die Fläche, auf welcher
die Marienkirche sich befindet.

Es müßte also unter der Marienkirche mit dem Abbaue begonnen
werden, und um denselben rasch fortsetzen zu können, müßten benachbarte Flözfelder gleichzeitig in der Weise zum Abbaue vorbereitet werden,
daß die obertägigen Wirkungen rasch aufeinander folgen, um der Entwicklung von selbständigen Schiebungsgebieten entsprechend entgegenzu-
treten. Um jedoch auf alle Fälle zu verhindern, daß die Marienkirche in
ein Schiebungsgebiet der benachbarten Flözfelder zu liegen kommt, ist
für den Abbau unter dieser Kirche ein Flözfeld ins Auge zu fassen,
welches in einzelnen Abschnitten jedoch unbedingt gleichzeitig geraubt
und verspült werden müßte. Es muß für diese Zwecke ein Flözfeld
derartiger Ausdehnung angenommen werden, daß die Wirkungen der
benachbarten Abbaue die zu schützende Fläche nicht erreichen können.

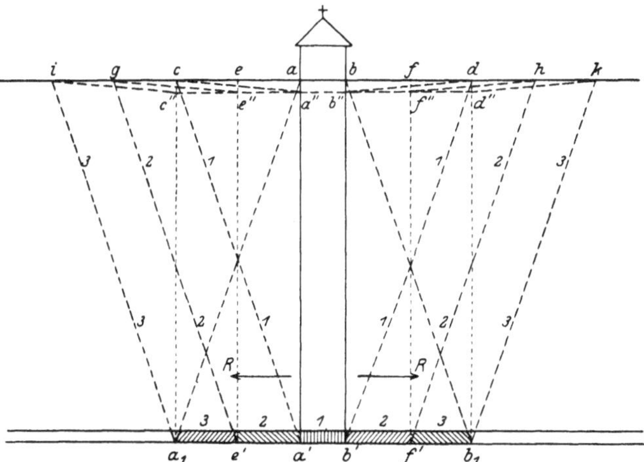

Fig. 185. Abbau des Kohlenpfeilers unter der Marienkirche in Zwickau. Darstellung
der obertägigen Senkungsmulden für die im raschen Tempo nacheinander zum
Abbau gelangenden Flözfelder 1, 2 und 3.

Wir müssen vor allem den für den Bestand der Kirche notwendigen
Sicherheitspfeiler festlegen, und zwar in der Art, daß wir uns von den
äußersten Fundamenten unter 75° geneigte Grenzlinien a a₁ und b b₁
(Fig. 185) gezogen denken, welche jenes Flözfeld begrenzen, dessen un-

verritzter Bestand für den Schutz der Kirche notwendig wäre. Um die Kirche in das Muldentiefste zu bekommen, müßte der Flözteil a′ b′ des Sicherheitspfeilers (Stabilitätspfeilers) zuerst rasch abgebaut werden, welcher die Entwicklung der obertägigen Senkungsmulde c a″ b″ d zur Folge hätte. Von den Abbaustößen a′ und b′ müßte der Abbau so rasch nach allen Seiten hin (Richtung R) fortgesetzt werden, daß die in den einzelnen Abbaustadien sich entwickelnden Senkungswellen b″ d, f″ h, a″ c und e″ g keine Zeit zu ihrer vollständigen Entwicklung erhalten und auf diese Weise obertags keine besondere Schadenswirkung zur Folge haben können.

Durch den raschen Abbau des Sicherheitspfeilers soll bewirkt werden, daß die innerhalb der Grenzrichtungen a_1 i und b_1 k sich entwickelnde Senkungsmulde i c″ e″ a″ b″ f″ d″ k zum Vorschein gelangt, welche keinerlei schädlichen Einfluß auf die Kirche ausüben soll. Auf diese Art könnte die Kirche auch vollständig außerhalb des Gebietes der Bodenspannungen gelangen.

Bei einer Annahme eines Grenzwinkels von 75^0 ist bei einer Teufe des Abbaues H = 500 m für den Bestand der Marienkirche ein Kohlenpfeiler erforderlich, welcher sich über die äußersten Fundamente um das Maß b_1 b′ Hctg 75^0 = 133 · 98 m = a_1 a′ rund 140 m erstrecken würde.

In westlicher Richtung ist jedoch für den Erzgebirgischen Steinkohlen-Aktienverein nur ein Flözfeld von der beiläufigen Breite von 100 m vorhanden, während die anschließenden Flözfelder sich im Besitze der Zwickauer Bürgergewerkschaft befinden.

Um also den für die Marienkirche erforderlichen Schutzpfeiler in einheitlicher Weise zum Abbaue zu bringen, wäre das Einvernehmen beider Gewerkschaften unbedingt erforderlich. Es muß einvernehmlich die gegen Westen gerichtete Abbaufront innerhalb des Sicherheitspfeilers beibehalten werden, um die Entwicklung von Schiebungsgebieten mit entgegengesetzter Verschiebungsrichtung zu verhindern.

Es ist nun die Frage, auf welche Art die den Schutzpfeiler der Marienkirche umgebenden Abbaue zu betreiben sein werden, damit auf diese Weise die obertägigen Schäden soweit als möglich vermieden werden können. Die Abbaue außerhalb des Pfeilers für die Marienkirche können die Kirche nicht mehr beeinflussen, wenn der Sicherheitspfeiler ausreichend bemessen wurde. Es wäre gewiß vorteilhaft, wenn die Abbaurichtung auch außerhalb des Sicherheitspfeilers beibehalten würde. Da es aber daran liegen kann, für den Abbau möglichst viele Felder gleichzeitig zur Verfügung zu haben, so wird es gut sein, beginnend von den Rändern des Sicherheitspfeilers (Fig. 186) in a_1 und b_1 gleichzeitig und mit derselben Abbaurichtung mit dem Abbaue des Stabilitätspfeilers a′ b′ zu beginnen. Durch den Abbau des Stabilitätspfeilers wird die lotrechte Absenkung der Kirche von a b nach a″ b″ stattfinden, während durch den gleichzeitig in a_1 und b_1 begonnenen Abbau angrenzend an die Kirche die Schiebungsgebiete a c″ und b d″ erzeugt werden.

Die durch die angrenzend an den Sicherheitspfeiler betriebenen Abbaue hervorgerufenen Schiebungsgebiete a c″ und b d″ weisen Tendenzen der Verschiebung in entgegengesetzten Richtungen zu jenen auf, welche durch die vom Abbaue a′ b′ herrührenden Schiebungsgebiete c a″ und b″d bedingt sind.

Es wird ratsam sein, das Abbautempo des Stabilitätspfeilers a′ b′ gleich jenem zu regeln, welches beim Abbaue der Nachbarfelder a₁ g′ und b₁ h′ eingehalten wird, um auf diese Weise den nach entgegengesetzten Richtungen zielenden Verschiebungen entgegen zu treten. Auf diese Art könnte eine möglichst gleichmäßige Absenkung der Oberfläche erzielt und dadurch würden nachteilige Schäden vermieden werden können.

In Fig. 186 wurden die im Sicherheitspfeiler und außerhalb desselben gleichzeitig abzubauenden Flözfeldesteile mit gleichen Ziffern bezeichnet, so daß hierdurch angedeutet erscheint, daß die Flözfelder a′ b′, a₁ g′ und b₁ h′ (1) gleichzeitig zum Abbaue gelangen. Angrenzend an den Stabilitätspfeiler a′ b′ werden im Sicherheitspfeiler die beiden Feldesteile a′ e′ und b′ f′ (2) gleichzeitig mit den außerhalb des Sicherheitspfeilers liegenden Feldern g′ i′ und h′ k′ (2) im gleichen Tempo abgebaut, so daß die zugehörigen Schiebungsgebiete g e″ und f″ h, n i″ und k″ o nicht genug Zeit zur Entwicklung besitzen, da inzwischen die Abbaue der Felder a₁ e′, f′ b₁, l′ i′ und k′ m′, welche mit 3 bezeichnet sind, bereits in Angriff genommen wurden und oberhalb derselben schadlose, lotrechte Absenkungen erfolgen. In Fig. 186 wurden die zu den einzelnen Flöz-

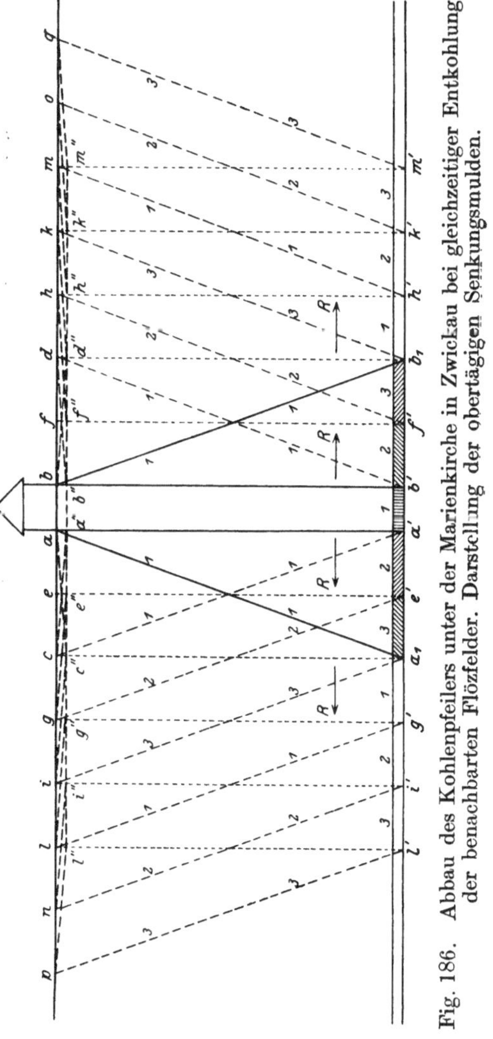

feldern gehörigen Grenzrichtungen mit denselben Zahlen bezeichnet wie die Felder selbst.

Die Abbauart ist derart gewählt, daß infolge der an mehreren Angriffspunkten begonnenen und rasch fortgeführten Abbaue die denselben entsprechenden Schiebungsgebiete nicht genügend Zeit zur Entwicklung erhalten sollen. Diesem Grundsatze könnte dadurch entsprochen werden, daß unterhalb des Gebietes, auf welchem ein Schiebungsgebiet sich voraussichtlich entwickeln wird, zur Zeit der Entwicklung desselben bereits Abbau betrieben wird, so daß oberhalb dieses Abbaues ein Gebiet der lotrechten Absenkung entsteht, welches den Verschiebungen entgegenwirkt. Da die im Gebiete der lotrechten Absenkungen auftretenden Senkungen größer sind, als im Schiebungsgebiete, so werden die ersteren die letzteren überwiegen.

Die weiteren Angriffspunkte der dem Sicherheitspfeiler der Marienkirche benachbarten Abbaue könnte man entsprechend den obertags bestehenden wichtigeren Bauwerken auswählen und auf diese Weise eine möglichst schadlose Absenkung dieser Bauwerke hervorrufen. Ein solcher Angriffspunkt wäre auch unter der Katharinenkirche zu wählen, um auch dieses Gebäude entsprechend zu schützen. Aus Sicherheitsrücksichten könnte man auch einen flacheren Grenzwinkel von 60° oder 50° zugrunde legen, um auf diese Weise mit voller Sicherheit auch für den schadlosen Bestand der zu schützenden Bauwerke vorsorgen zu können.

An den Besitzgrenzen der einzelnen Gewerkschaften ist es bei gleichzeitigem Abbau schwer festzustellen, welcher Betrieb die nicht gänzlich zu vermeidenden Schäden verursacht hat. Es wäre deshalb eine Vereinbarung der Nachbargewerkschaften untereinander vorteilhaft, welche die Festlegung eines Schadensbereiches zum Zwecke hätte, für welchen die einzelnen Gewerkschaften auf den Bereichen ihrer Nachbarn die Zahlung der Bergschäden zu übernehmen hätten.

b) Der Abbau unter der inneren Stadt mit Ausnahme des Sicherheitspfeilers für die Marienkirche. Es könnte auch die Frage erörtert werden, ob es ratsam wäre, den Abbau unter der inneren Stadt mit Ausnahme des Sicherheitspfeilers zu betreiben, welcher für den schadlosen Bestand der Marienkirche unverritzt stehen zu bleiben hätte. Die Vorschreibung eines Sicherheitspfeilers für die Marienkirche würde bezwecken, dieselbe vor jeder wie immer gearteten Bewegung zu schützen.

Der bestehende Sicherheitspfeiler hat diesen Zweck nicht erfüllt, es wäre also dessen Vergrößerung nach allen Richtungen hin erforderlich. Angrenzend an den Sicherheitspfeiler ist die Entstehung von Schiebungsgebieten die unbedingte Folge und angrenzend an die schadlos bleibende Kirche würden die ihr benachbarten Gebäude Schaden erleiden. Durch den Bestand dieses Sicherheitspfeilers ist die Möglichkeit ausgeschlossen, im Bergbaubetriebe Maßnahmen zu treffen, um die der Kirche benachbarten Bauwerke vor Schaden zu bewahren.

Im Falle der Belassung eines Sicherheitspfeilers unter der Marienkirche ist es nicht möglich, einen Abbau unter dem Oberflächenringe
(dc) (-Schadenszone Fig. 187) durchzuführen und deshalb wird auf dieser

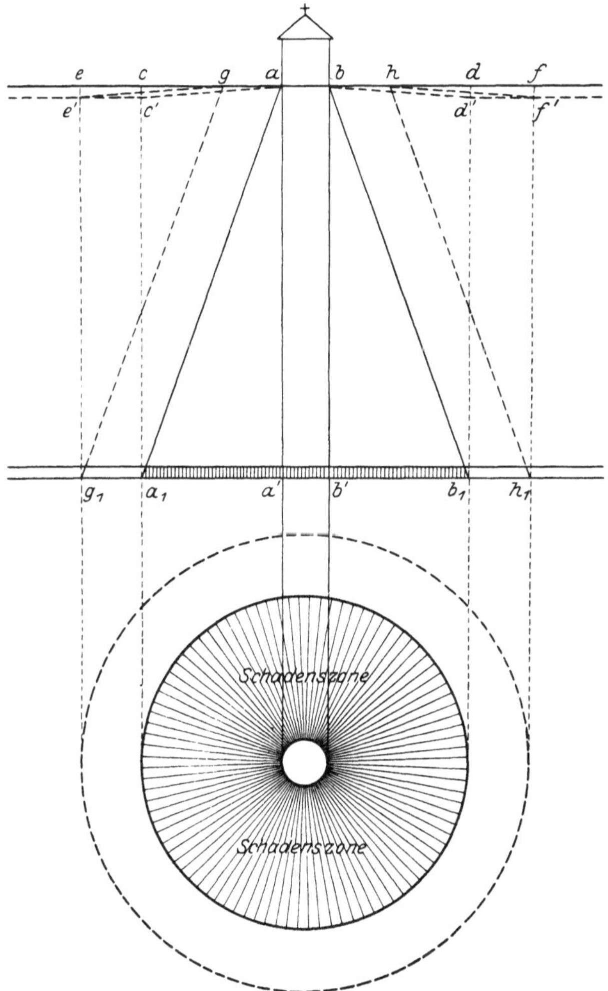

Fig. 187. Belassung eines Kohlenschutzpfeilers' unter der Marienkirche in
Zwickau. Darstellung der durch den Bestand des Schutzpfeilers entstehenden
Schadenszone.

in Betracht kommenden Fläche ein Bereich sein, welcher für die auf
derselben befindlichen Bauwerke mit Schaden unbedingt verbunden ist.
Bei der Annahme eines Grenzwinkels von 75^0 wird dieser Ring
(Schadenszone) eine Breite von zirka 140 m besitzen, für die liegenderen

Abbaue wird die Ringfläche und damit auch die unvermeidliche Schadenszone immer größer.

Je kleiner der Grenzwinkel der Abbauwirkungen für die Bemessung des Sicherheitspfeilers auf Grund der Erfahrungen angenommen werden muß, desto größer ist die in der Nachbarschaft des zu schützenden Bauwerkes zu erwartende Schadenszone. Bei einem möglichen Grenzwinkel von 45^0 erhält der Schadensring einen Halbmesser von 500 m, wie dies bereits erörtert wurde.

Die Marienkirche wird, wie bereits erwähnt wurde, von Schiebungsgebieten nach allen Seiten hin umgeben sein und die die Kirche unmittelbar umgebenden Bodenschichten werden Zerrungen erleiden, welche in den äußersten Fundamenten ihre größten Werte erreichen. Aus diesem Grunde muß der Kohlenpfeiler für die Marienkirche entsprechend erweitert werden, damit die Fundamente von Spannungen vollständig verschont bleiben. Es werden also die Grenzlinien $a\,a_1$ und $b\,b_1$ nicht von den äußersten Fundamenten an gezogen werden, sondern es werden noch rings um die Kirche Sicherheitszonen zu belassen sein, so daß für die Ermittlung der Sicherheitspfeiler die Grenzen $g\,g_1$ und $h\,h_1$ anzunehmen sein werden, um die Kirche von Spannungen vollständig zu verschonen.

Die Marienkirche würde inselartig im Senkungsgebiet emporragen; rings umgeben von gezerrten und gepreßten Bodenschichten würde diese Kirche trotz des Sicherheitspfeilers die stete Sorge bilden, ob durch die Nachbarabbaue nicht eine Wirkung auf das Bauwerk ausgeübt werden könnte. Aber selbst vorausgesetzt, daß der für die Marienkirche belassene Sicherheitspfeiler mit äußerster Vorsicht in Dimensionen bemessen würde, welche für dieses kostbare Bauwerk vollständig ausreichen, so ist zu bedenken, daß der Bestand dieses Schutzpfeilers die Schädigung der Nachbargebäude zur unbedingten Folge haben muß. Je größer dieser Schutzpfeiler bemessen wird, desto größer wird die Schadenszone der Umgebung, weil mit der Abnahme des Grenzwinkels eine Zunahme des Schadensgebietes verbunden ist.

Man kann den Abbauen unter der inneren Stadt mit Ausnahme der Feste für die Marienkirche nicht befürworten, weil diese Kirche dann rings von Gefahrzonen umgeben sein würde, in welchen eine Schädigung der Oberfläche nicht verhindert werden könnte. Es können hingegen gegen den vollständigen Abbau unter der inneren Stadt unter den gegebenen Voraussetzungen keine Bedenken geltend gemacht werden.

c) **Wirtschaftliche Erörterungen.** Die bergrechtlichen Verhältnisse Sachsens bilden den Grund für die Notwendigkeit der Erörterung der Frage des Kohlenabbaues unter der inneren Stadt Zwickau. Wären für die Verleihung des Abbaurechtes in Sachsen auch jene Grundsätze maßgebend, welche in den Gesetzen der meisten Staaten festgelegt erscheinen, so würden jene Interessengegensätze nicht in Betracht kommen, welche einer Einigung zwischen den Grundbesitzern Zwickaus und den Kohlengewerkschaften hinderlich im Weg stehen.

Stellen wir uns vor, es würde in allen Staaten Europas das unterirdische Abbaurecht mit der Notwendigkeit der Erwerbung des Oberflächenbesitzes verbunden sein, es würde also in allen Staaten die Erwerbung des Bergbaubesitzes auch die Besitzergreifung der die Flözfelder überlagernden Oberfläche zur notwendigen Voraussetzung haben! Es würde in diesem Falle der Kohlenbergbau sicherlich nicht jenen Grad der Entwicklung erreicht haben, welche für die modernen Industriestaaten notwendig erscheint.

Aus diesen Gründen hat die Gesetzgebung fast aller Staaten den Bergbaubesitz vom Oberflächenbesitz unabhängig gemacht und nur an den letzteren die Bedingung geknüpft, für die Sicherheit der Tagesoberfläche, Sorge zu tragen, sowie für die eintretenden Schäden Ersatz zu leisten.

Das Bergrecht Sachsens hat also gewissermaßen rein individuellen Charakter und rings umgeben von Staaten mit wesentlich anderen bergrechtlichen Verhältnissen steht Sachsen im Konkurrenzkampfe mit der Kohlenindustrie der Nachbargebiete, welche den höchsten Grad der Entwicklung bereits erreicht haben. [1])

Im Zeitpunkte der höchsten Blüte dieser Kraft und Rohstoff liefernden Kohlenindustrie ist in einem Kohlengebiete Sachsens die Frage des Abbaues in Erörterung und fast hat es den Anschein, als wollte es infolge der sich entgegenstellenden Hindernisse nicht möglich sein, diese Frage zu lösen.[1]) Es handelt sich um ein vorläufiges Nationalvermögen von zirka drei Millionen Tonnen Kohle, welche unter der inneren Stadt Zwickau unverritzt in der Erde gelagert sind.[1]) Bis an den Rand der inneren Stadt ist der Bergbau bereits vorgedrungen, betrieben von drei verschiedenen Bergwerksbesitzern, von denen einer um das Abbaurecht unter dem inneren Stadtgebiete sich bewirbt und zu diesem Zwecke bisher erfolglos bemüht ist, den Nachweis zu liefern, daß der Abbau auf Grund der besten und kostspieligsten Abbaumethode mit Spülversatz der ausgekohlten Räume jede Gefahr für die Oberfläche ausschließt.

Der Erzgebirgische Steinkohlen-Aktienverein verpflichtet sich im Sinne des Gesetzes, für alle obertags eventuell eintretenden Schäden vollen Ersatz zu leisten. Die genannte Gewerkschaft trifft Maßnahmen, welche den zahlreichen Erfahrungen entsprechend geeignet erscheinen, die obertags eintretenden Folgewirkungen wesentlich zu mildern; die Gewerkschaft will auch ihre Abbautechnik entsprechend den Erfahrungen derart einrichten, daß die Oberfläche mit ihren kostbaren Bauwerken so weit als möglich von schädlichen Folgen verschont bleibe.

Da Gründe der öffentlichen Sicherheit gegen den viel behandelten Abbau nicht ins Treffen geführt werden können, kommen nur Gründe in Betracht, welche die Schäden an kostbaren Bauwerken zur Grundlage haben. Der Stadtrat Zwickau fordert den Nachweis, daß das von der Gewerkschaft zur Anwendung gelangende Abbauverfahren

---

[1]) Die Ausführungen stammen aus dem Jahre 1914.

auf Grund von bezüglichen Ergebnissen die Garantie biete, daß die Oberfläche nicht nachteilig beeinflußt werde.

Erfahrungen in dieser Hinsicht liegen in vielen Gebieten und auch im Zwickauer Revier selbst vor und es besteht kein begründeter Anlaß, den in der lehrreichen Schrift des Erzgebirgischen Steinkohlen-Aktienvereines gegebenen Ausführungen mit Mißtrauen zu begegnen. Der Kohlenabbau unter Zwickau sichert dem Oberflächenbesitzer nicht nur den Ersatz für alle etwa eintretenden Schäden, dieser Kohlenabbau sichert ihm auch einen bedeutenden Vorteil durch den Anteil an dem zu erwartenden Gewinne der geförderten Kohle.

Der Kohlenabbau unter Zwickau bietet ferner für die Stadtbewohner die Möglichkeit der Entwicklung verschiedener Industrien, er bietet Arbeitsgelegenheit für eine ganze Reihe von Jahren und ist deshalb der Abbaufrage eine große wirtschaftliche Bedeutung zuzuerkennen, welcher die maßgebenden Interessenten auf die Dauer sich nicht werden verschließen können.

Der Kohlenabbau unter der inneren Stadt Zwickau würde zweifellos einen wohltätigen Einfluß in wirtschaftlicher Bedeutung ausüben und da in betriebstechnischer Hinsicht keine besonderen Bedenken gegen diesen Abbau geltend gemacht werden können, kann empfohlen werden, die gedeihliche Lösung der Frage baldigst im Sinne der Verleihung der Abbaurechte zur Entscheidung zu bringen.

X. Berechnung der bergbaulichen Pressungen und Zerrungen von Dr. R. Lehmann.

In einer beachtenswerten Abhandlung über die „Bewegungsvorgänge bei der Bildung von Pingen und Trögen"[1] hat Markscheider Dr. R. Lehmann seine Erfahrungen und die Beobachtungen des Markscheiders Janus über die bergbaulichen Erdbewegungen mitgeteilt.

Dr. Lehmann erörtert eine Gebietsteilung der über dem abgebauten Hohlraum absinkenden Erdmassen, welche in zueinander entgegengesetzten Richtungen drehende Bewegungen durchzuführen bestrebt sind, wodurch Pressungen und Zerrungen entstehen, deren Größe Dr. Lehmann zu berechnen versucht.

---

[1] Glückauf, Jahrgang 1919.

XI. Untersuchungen des Einflusses der bergbaulichen Bodensenkungen auf die Untergrundwasser-Verhältnisse.

Von Professor Ing. Dr. B. Stočes.

a) Stehendes Grundwasser. Der Grundwasserspiegel einer großen, zusammenhängenden, ruhenden Grundwasseransammlung wird durch eine räumlich nur beschränkte Geländesenkung im allgemeinen nicht berührt, wenn von dem Einflusse der verschiedenen Kapillarität und Durchlässigkeit der gesenkten Erdschichten auf den Grundwasserspiegel abgesehen wird. Senkt sich die Erdoberfläche, so nähert

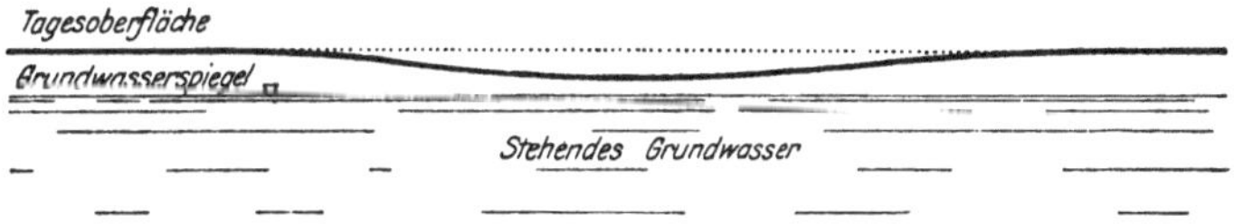

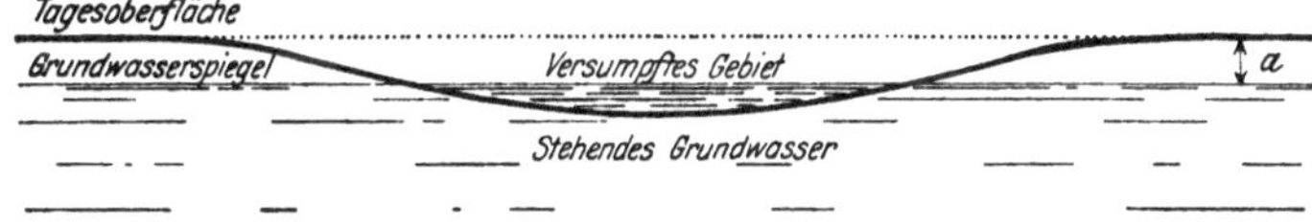

Fig. 188. Muldenförmige Senkung der Tagesoberfläche und seine Annäherung zum Untergrundwasserspiegel.

sie sich dem Grundwasserspiegel; aus diesem Grunde steigt in dem gesenkten Gelände die Feuchtigkeit, weil die Kapillarität keine so große Höhe wie früher zu überwinden hat (Fig. 188.)

Senkt sich die Erdoberfläche um einen größeren Betrag, als der Abstand a zwischen ihr und dem Untergrundwasserspiegel beträgt, so bildet sich im gesenkten Gelände ein Sumpf oder Teich, wie dies in Fig. 189 dargestellt ist.

Fig. 189. Versumpfung der gesenkten Tagesoberfläche durch stehendes Grundwasser.

b) Fließendes Grundwasser (Grundwasserstrom). Anders gestalten sich die Verhältnisse beim fließenden Grundwasser, wie dies in Fig. 190 angedeutet wurde. Es sammelt sich in der Mitte des gesenkten Geländes das Wasser, dessen Spiegel beinahe wagerecht wird, weil die Geschwindigkeit des fließenden Wassers hier sehr klein ist und das zutage tretende Wasser nur einen kleinen Teil und eine Fortsetzung des langsam fließenden Grundwasserstromes darstellt. Infolgedessen stellt, sich im entstandenen Teiche die Spiegelfläche so ein, daß ihre Lage etwa das arithmetische Mittel der ehemaligen Ein-

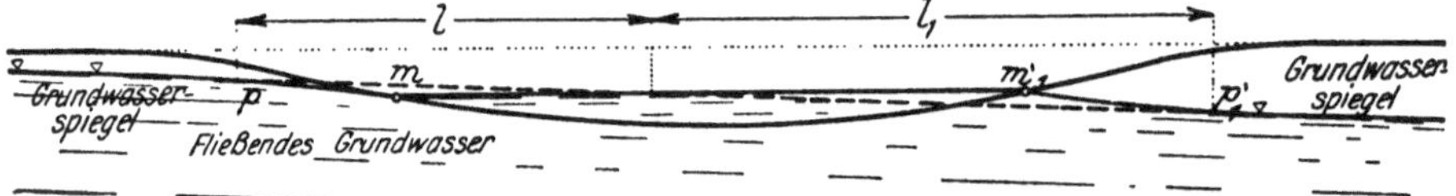

Fig. 190. Versumpfung der gesenkten Tagesoberfläche
bei fließendem Grundwasser.

fluß- und Ausflußhöhe darstellt. Es sinkt also in der Einflußpartie des Teiches der Wasserspiegel bei m gegenüber der ursprünglichen Höhenlage während er in der Ausflußpartie bei m_1 steigt. Der Grundwasserspiegel schmiegt sich parabolisch an die Punkte m und m_1 an, so daß in der Einflußhälfte die Senkung des Grundwasserspiegels sich noch weiter hinaus fortsetzt bis zum Punkte p und ebenfalls eine Hebung des Wasserspiegels in der Abflußhälfte über dem Punkte m_1 bis zum Punkte p_1 sich bemerkbar macht.

Es findet also in der Einflußhälfte eine Senkung des Grundwasserspiegels statt, welche schon vor dem Einfluß in den Teich beginnt; es tritt ferner eine Hebung des Grundwasserspiegels in der Ausflußhälfte ein, welche auch noch eine gewisse Länge über die Abflußstelle hinaus festgestellt werden kann. Es ist selbstverständlich, daß die beschriebenen Senkungs- und Hebungsvorgänge des Grundwasserspiegels auch die Umgebung des Grundwasser-Ein- und Ausflusses der bergbaulichen Senkungsmulde beeinflussen.

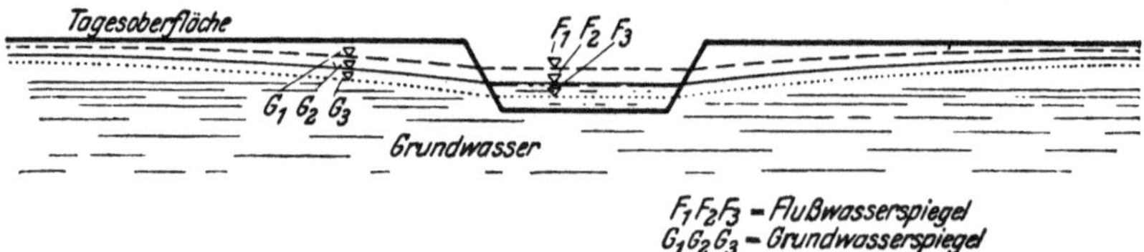

Fig. 191. Veränderung der Höhenlage des Grundwasserspiegels
bei steigendem und fallendem Flußwasserspiegel.

c) Oberirdischer Wasserstrom (Flußlauf). Die Lage des Grundwasserspiegels und des Wasserspiegels eines benachbarten Flusses befinden sich in gegenseitiger Abhängigkeit. Bei sinkendem Flußwasserspiegel sinkt auch der benachbarte Grundwasserstrom, steigt das Flußwasser, so steigt auch der Grundwasserspiegel, wie dies in Fig. 191 angedeutet ist; die Schwankungen des Flußwasserspiegels sind jedoch größer, als jene des Grundwasserspiegels.

Der Kohlenabbau unter einem Flußbette hat also Veränderungen der Grundwasserverhältnisse auch in der Umgebung des Flusses zur Folge.

Wenn ein Flußbett unterbaut wird, so entsteht an der betreffenden Stelle eine muldenförmige Vertiefung; es tritt eine Vergrößerung des Flußquerschnittes ein, wodurch eine Verkleinerung der Geschwindigkeit des fließenden Wassers stattfindet. Diese Verkleinerung der Geschwindigkeit ist mit einer Verflachung des Flußgefälles verbunden. Da aber der Flußquerschnitt beim Punkte p_1 (Fig. 192) und die dortigen Gefällverhältnisse gleichbleiben, so muß dort und auch flußabwärts von p_1 der Wasserstand unverändert bleiben.

Fig. 192. Veränderung des Wasserspiegels eines unterbauten Flusses.

Die früher erwähnte Verflachung des Gefälles macht sich nur bis zum Punkte p_1 fühlbar. Wir müssen also vom Punkte p_1 flußaufwärts das neue Gefälle ermitteln, das den geänderten Verhältnissen entspricht. Es ändert sich zwar das Gefälle von Ort zu Ort; der Einfachheit halber aber sei das Gefälle als eine Gerade eingezeichnet, die fast wagerecht verläuft.

Im ganzen Bereiche der gesenkten Flußstrecke ist eine Senkung des Flußwasserspiegels bemerkbar und zwar am größten ist sie in der Nähe der Einflußstelle (m) in den gesenkten Flußteil, und am kleinsten an der Stelle p_1 des Abflusses aus der gesenkten Flußstrecke. An der Einflußstelle m schmiegt sich der alte Wasserspiegel dem durch die Flußsenkung neu entstandenen Wasserspiegel an. Von einem Punkte p beginnend nimmt die Senkung des Flußwasserspiegels rasch zu bis zu einem gewissen Höchstwert, der beim Punkte m erreicht wird, um dann fast arithmetisch bis zum Punkte p_1 abzunehmen.

Diese Senkung des Flußwasserspiegels hat einen Einfluß auf die Lage des benachbarten Grundwasserspiegels, wie dies in Fig. 191 angedeutet wurde.

Der beschriebene Vorgang würde sich abspielen, wenn die Sohle des Flusses anläßlich der Senkung sich nicht verändern würde. Sobald aber an einer Stelle des Flußbettes eine Vertiefung eintritt und die Wassergeschwindigkeit sich verkleinert, beginnt der Fluß an dieser Stelle zu akkumulieren, das heißt, die eingetretene Vertiefung mit Ablagerungen auszufüllen. Die Bodensenkungen infolge des Kohlenabbaues sind meist nur langsam fortschreitend, wogegen die Erosionsresp. Akkumulationstätigkeit im Flußbett rege ist; aus diesem Grunde findet ein verhältnismäßig rascher Ausgleich der Folgen der Unterbauung und jener der Akkumulationstätigkeit statt, vorausgesetzt, daß es sich nur um eine kurze unterbaute Flußstrecke handelt.

Es wird nämlich durch die Ablagerung das gesenkte Flußbett wieder so gehoben, daß auf diese Weise die ursprünglichen Verhältnisse bald wieder hergestellt werden.

Durch die Senkung des Flußbettes wird zwischen den Punkten p und m (Fig. 192) die Geschwindigkeit des Wassers vergrößert. Infolgedessen wächst auch die Erosionstätigkeit des Flusses an dieser Stelle, wodurch das Flußbett hier stärker erodiert wird. Die Erosionsprodukte werden dann in der Flußmulde abgelagert, so daß sich die Wirkungen des Abbaues langsam gegen den Strom aufwärts verschieben.

Wir wollen nun untersuchen

a) den Einfluß des Maßes der Bodensenkung und

b) den Einfluß der Länge der gesenkten Flußstrecke

auf die Lage des Flußwasserspiegels.

Das Maß der Bodensenkung hat bei gleichbleibender aber unbedeutender Länge des unterbauten Flußteiles keinen überragenden Einfluß auf die Lage des Flußwasserspiegels (Fig. 194 und 195).

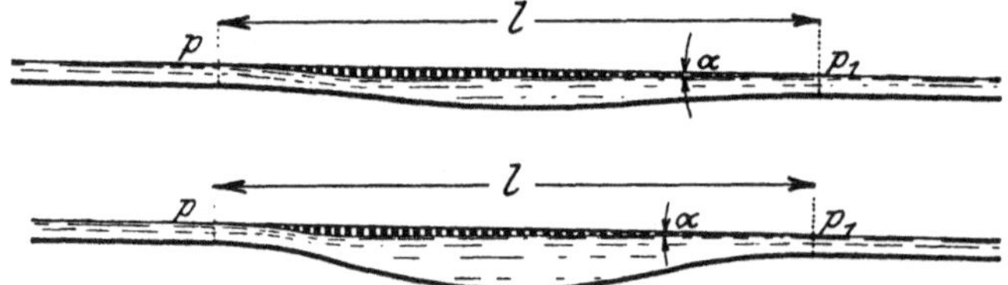

Fig. 193 und 194. Die Senkung des Wasserspiegels hängt nur in geringem Maße von der Tiefe der Senkungsmulde ab.

Die Lage des gesenkten Wasserspiegels hängt von der Größe des Winkels α ab, den das alte und neue Flußgefälle miteinander bilden.

Wird die Länge einer unterbauten Flußstrecke bedeutend, so wird auch bei gleichbleibendem Winkel α der Abstand zwischen dem alten Wasserspiegel und dem gesenkten Flußspiegel in der Einflußpartie bedeutend. (Vergl. Fig. 195.)

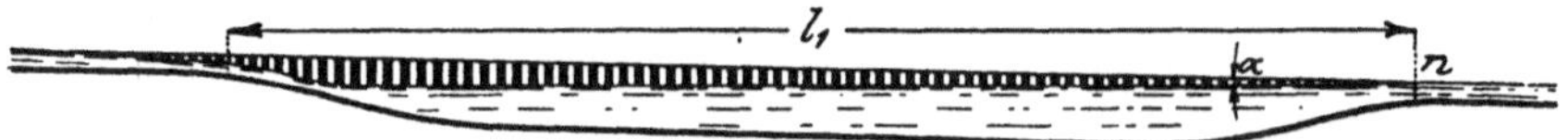

Fig. 195. Das Maß der Senkung des Wasserspiegels ist hauptsächlich von der Länge der unterbauten Strecke abhängig.

Die Länge einer unterbauten Flußstrecke hat auf die Lage des Wasserspiegels einen viel bedeutenderen Einfluß als das Maß der Senkung des Flußbettes.

Es ist hier auch zu berücksichtigen, daß in allen Fällen die Senkung des Wasserspiegels viel kleiner ist, als die Senkung des Flußbettes. Wir beobachten in einer gesenkten Flußstrecke trotz des absoluten Sinkens, eine relative Hebung des

Wasserspiegels. Da nicht nur das Flußbett selbst, sondern auch dessen Umgebung sich senkt und zwar in größerem Maße als der Wasserspiegel des Flusses — so können wir auch eine relative Hebung des Grundwasserspiegels im ganzen unterbauten Gelände beobachten, das heißt in solchen unterbauten Flußstrecken werden der Wasserspiegel des Flusses und der Grundwasserspiegel an den Flußufern sich der Erdoberfläche nähern, wodurch Sümpfe an Ufern entstehen können.

Es senken sich also der Flußwasser- und Grundwasserspiegel nicht im gleichen Maße, wie das Gelände; das muß immer berücksichtigt werden. Es kann stellenweise auch eine absolute — nicht nur eine relative — Hebung des Grundwasserspiegels eintreten, wie dies in Fig. 190 angedeutet ist, wo in der Strecke l_1 eine absolute Hebung des Wasserspiegels eingezeichnet erscheint.

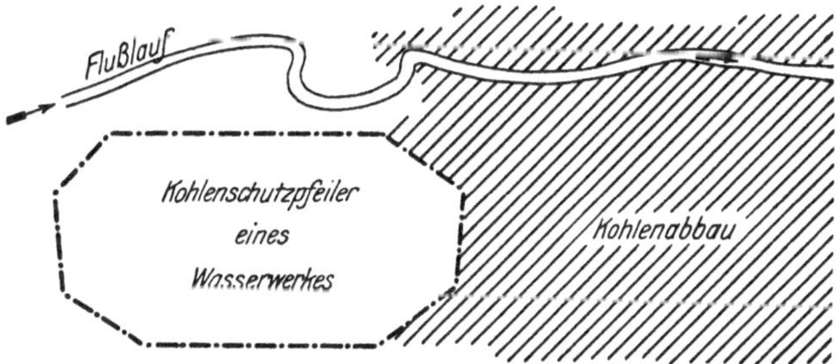

Fig. 196. Senkung des Grundwasserspiegels in einem Kohlenschutzpfeiler.

Es muß immer bedacht werden, daß die Längen der unterbauten Flußstrecken die Maße der Absenkungen ganz ungeheuer überwiegen, welche Tatsache in den Figuren nicht zum Ausdrucke gebracht werden konnte.

Wie wichtig das Studium der Änderung des Grundwasserspiegels im unterbauten Gelände ist, soll aus der Darstellung in Fig. 196 entnommen werden, wo angrenzend an ein Wasserwerks-Schutzgebiet der Kohlenabbau betrieben worden ist. Die Senkung des Wasserspiegels des in dem Gelände befindlichen Flußlaufes reicht über das unterbaute Gelände flußaufwärts hinaus, wie dies in Fig. 192 erläutert worden ist. Die Senkung des Flußwasserspiegels (Fig. 191) bewirkte auch eine Senkung des Grundwasserspiegels in dem nicht unterbauten Gelände. Diese Senkung des Grundwasserspiegels war mit einer Vergrößerung der Saughöhe der Pumpen verbunden, welche Saughöhe bis 7 m gestiegen ist, so daß eine weitere Vergrößerung derselben die Unmöglichkeit des weiteren Pumpbetriebes — ungeachtet des Schutzgebietes — verursacht hätte, wenn nicht rechtzeitig die entsprechenden Maßnahmen getroffen worden wären.

XII. Schlußbetrachtungen über die Feststellung von Bergschäden an Gebäuden.

Wir haben festgestellt, daß die Einwirkungen des Kohlenabbaues auf das natürliche Gelände charakteristisch sind. Diese bergbaulichen Einflüsse äußern sich in einer muldenförmigen Gestaltung der Tagesoberfläche; die in der Mulde feststellbaren Senkungsmaße des Geländes finden ihre Höchstgrenze in der Mächtigkeit des abgebauten Flözes, wenn nicht durch eine hügelige Geländeform oder durch sonstige Einflüsse eine Vergrößerung der Senkungen hervorgerufen wird. Es muß auch die Lage der Senkungsmulde in bezug auf jene der unterirdischen Abbaue aus der Erfahrung erklärt werden können. Es ist nun die überaus wichtige Frage zu beantworten, ob die bergbaulich beeinflußten Bauwerke ebenfalls gewisse charakteristische Merkmale aufweisen, durch deren Feststellung auf die bergbauliche Ursache der Schäden mit Sicherheit geschlossen werden könnte.

Kolbe führt in seinem Buche über die „Translokation der Deckgebirge durch Kohlenabbau" [1]) aus, daß die bergbaulichen Risse in der Regel durch die Fundamente der Gebäude ins Kellermauerwerk nach den zunächst gelegenen Kellerfenstern zu in steiler oder schräger Richtung führen und von hier aus in die darüber liegenden Fensterpartien bis in die Hauptgesimse reichen. Die am häufigsten beobachteten Formen der Rißbildungen bei den Fensteröffnungen gehen aus Fig. 197 a—h hervor.

Es ist nun die Frage, in welcher Weise sich die verschiedenen anderen möglichen Einflüsse von Bodenbewegungen auf die obertägigen Bauwerke geltend machen und ob tatsächlich die von Kolbe angeführten Risse charakteristische Folgeerscheinungen des Bergbaubetriebes darstellen. In den „Allgemeinen Betrachtungen über die bergbauliche Beeinflussung obertägiger Bauwerke" (S. 244) haben wir die verschiedenen möglichen Lagen von Gebäuden in bezug auf die bergbaulichen Senkungsmulden eingehend erörtert; es sind entsprechend der Ausbildung und Erweiterung der Senkungsmulden die verschiedenen Lagen der Bauwerke in den Mulden schematisch zur Darstellung gebracht. Wohl kann die Neigung eines Gebäudes in bezug auf die örtliche Lage der Abbaue sehr oft ein charakteristisches Merkmal einer

---

[1]) Oberhausen, Rheinl.: Richard Kühne Nachf. 1903.

bergbaulichen Beeinflussung darstellen, es bleibt hierbei jedoch noch immer die Frage offen, ob die eingetretenen Bauschäden als eine Folge dieser Neigung, also als bergbaulichen Ursprungs bezeichnet werden können.

Kolbe führt ausdrücklich aus, daß sich „bestimmte Normen für die Beurteilung der einzelnen durch den unterirdischen Bergbau hervorgerufenen Beschädigungen nicht aufstellen lassen. Solche Beschädigungen werden vielmehr bei jedem Bauwerk anders in die Erscheinung treten, da sie nach der Richtung, Form und Art ihres Auftretens von der Grundrißdurchbildung, von der Struktur der verwen-

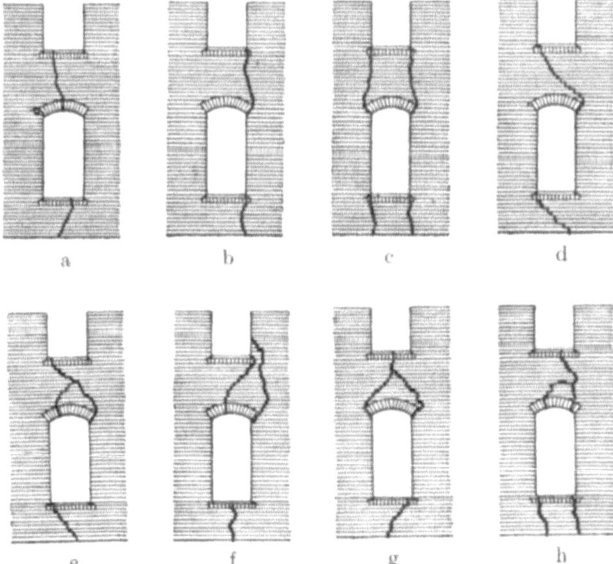

Fig. 197.   Bergbauliche Rißbildungen bei den Fensteröffnungen.

deten Baumaterialien, von den Spannweiten der Gewölbe, Eisen, Balken und sonstigen Konstruktionsteilen, ferner auch von der Art der Fundamente und der Beschaffenheit des Baugrundes abhängig sind."

Es können in einem zu Rutschungen neigenden Gelände 1. durch den natürlichen Einfluß (Regengüsse) oder 2. durch ein künstliches Anschneiden der Bodenschichten — wie durch Bauten von Gebäuden, Eisenbahnen, Straßen u. dgl. — Bodenbewegungen hervorgerufen werden. Solche Bewegungen können ziemlich rasch und auch katastrophal verlaufen; sie können auch mildere Formen annehmen. Die hierdurch hervorgerufenen Schäden an Gebäuden werden nicht gesetzmäßig entstehen, sie werden die mannigfaltigsten Schadenformen an den beeinflußten Gebäuden annehmen können. Die Bauwerke erleiden Verschiebungen, die einen ursächlichen Zusammenhang mit den ausgelösten Bodenwanderungen erkennen lassen. Auch bei der bergbaulichen Senkungsmulde werden Bodenverschiebungen hervorgerufen, auch hier kann unter Umständen der Verlauf ziemlich rasch sein, er nimmt aber meist einen langen Zeitraum in Anspruch, der sich auf Jahrzehnte erstrecken kann.

Wir werden in Rutschungsgebieten ähnliche Rißbildungen an Gebäuden feststellen können, wie sie die bergbaulich beeinflußten Bauwerke aufweisen.

Fig. 198. Teilansicht des Amtsgebäudes der Stadtgemeinde in Břeclav (Lundenburg) in der Tschechoslowakei.   An fast allen Fenstern des einstockhohen Hauses sind Rißbildungen vorhanden.

Wenn bergbauliche Einflüsse mit natürlichen oder künstlich erzeugten Geländerutschungen gleichzeitig wirken, so ist es meist ganz unmöglich, eine Trennung der Schäden nach ihren Ursachen durchzuführen.

Es können 3. in Bergbaugebieten Bewegungen des Geländes und der Fundamente eines Gebäudes eintreten, welche durch die Erbauung dieses Gebäudes selbst hervorgerufen worden sind. Dies ist der Fall, wenn ein Gebäude auf nicht tragfähigen Erdschichten fundiert wird, bzw. wenn die Fundierung nicht entsprechend fachmännisch zur Durchführung gelangt ist. Es kann beispielsweise ein nicht tragfähiger Baugrund durch Pilotagen verdichtet und tragfähig gemacht werden; er kann gegebenenfalls durch solche Pilotagen auch durchstoßen und die Gründung bis auf die tragfähigen Bodenschichten geführt werden.

Es können beispielsweise auch Betonplatten für die gleichmäßige Übertragung des Gebäudegewichtes auf dem Baugrund hergestellt werden. Es ist klar, daß trotz aller Vorsicht bei solchen Gründungs-

Fig. 199. Teilansicht des Beamtenwohnhauses der Kuffnerschen Zuckerfabrik A.-G. in Břeclav, Masarykplatz. Unter den Fensteröffnungen sind Rißbildungen sichtbar.

arbeiten eine ungleichmäßige Verteilung der Gebäudelast eintreten kann; es ist sicherlich auch möglich und kommt häufig vor, daß beispielsweise schwimmsandführende Bodenschichten — auf welchen ein Gebäude fachmännisch fundiert wurde — durch Nachbarbauten oder durch sonstige Einflüsse in Bewegung geraten. In diesem Falle kommt es zu Bodenverschiebungen, welche die Gebäudemauern nachteilig beeinflussen und Rißbildungen hervorrufen, welche den bergbaulichen Einflüssen ähnlich sind. Durch eine ungleichmäßige Belastung des Baugrundes, wie sie beispielsweise durch die verschiedenartige Fundierung einzelner Gebäudeteile eintreten kann, können örtliche Einbruchsmulden innerhalb des Gebäudegrundrisses hervorgerufen werden, welche ebenfalls die von Kolbe für den Kohlenabbau beschriebenen Rißformen aufweisen werden.

Es können schließlich 4. auch durch die Veränderungen der Grundwasserverhältnisse Bewegungen von Bodenschichten und ein Abfließen von Sandschichten eintreten, wodurch Senkungen und Verschiebungen von Gebäuden entstehen.

In meiner Heimatstadt in Břeclav (Lundenburg) in der Tschechoslowakei habe ich an einer ganzen Reihe von Gebäuden Rißbildungen

Fig. 200. Gesamtansicht des Erdgeschosses des Beamtenwohnhauses der Kuffnerschen Zuckerfabrik A.-G. in Břeclav, Masarykplatz. Unter sämtlichen Fenstern des Erdgeschosses sind Rißbildungen vorhanden.

festgestellt, welche den Bergschäden vollkommen gleichen, und ich muß hier offen gestehen, daß diese Tatsache auf mich einen mächtigen Eindruck gemacht hat. Ich habe zahlreiche Erhebungen gepflogen und festgestellt, daß diese Rißbildungen als charakteristisch für das südmährische Sumpfgebiet bezeichnet werden.

Von besonderem Interesse ist das Schaubild des Gebäudes in Fig. 200. Durch die zahlreichen Hochwässer des Thayaflusses steigt das Grund-

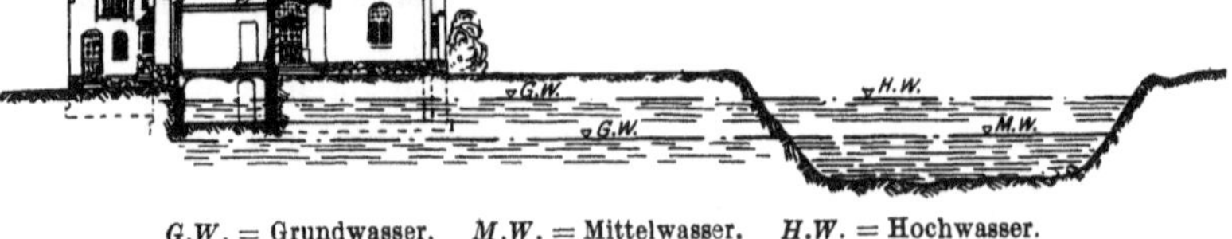

G.W. = Grundwasser.   M.W. = Mittelwasser.   H.W. = Hochwasser.

Fig. 201. Charakteristisches Querprofil durch das Gelände im Bereiche des Thayaflusses in Břeclav.

wasser, beim Fallen desselben bringt es die Schwimmsandschichten in Bewegung und verursacht Gebäuderisse, die man im Kohlenrevier als Bergschadenrisse bezeichnen könnte. (Fig. 201).

Wir müssen also die interessante und bedeutsame Tatsache feststellen, daß die verschiedenen Arten von Bodenbewegungen die obertägigen Bauwerke in ähnlicher Art beeinflussen. Mag auch die bergbauliche Beeinflussung des natürlichen Geländes an und für sich charakteristisch sein, die bergbauliche Gebäudebeeinflussung ist es nicht, wie aus der Erfahrung reichlich hervorgeht. Es ist deshalb jeder einzelne Schadensfall gesondert zu behandeln und nicht möglich, rezeptmäßig ein fachmännisches Urteil abzugeben.

Der Kohlenabbau wird nach verschiedenen Methoden betrieben, es werden gewissermaßen gesetzmäßig Hohlräume in den Erdmassen geschaffen; die Folgeerscheinungen können im einzelnen Fall gesetzmäßig (muldenförmig) am natürlichen Gelände in Erscheinung treten. Wenn gleichzeitig mehrere Bodenbewegungsprozesse verschiedenen Ursprungs zusammenwirken, dann werden sich die den einzelnen Ursachen zukommenden Teilwirkungen wohl nur sehr schwer erforschen lassen.

Die Aufgabe wird noch wesentlich erschwert, wenn auf dem natürlichen Gelände sich Bauwerke befinden, deren Schäden nach den verschiedenen Ursachen der Geländebewegungen festgestellt werden sollen.

Der menschliche Geist vermag wohl die großen Gesetze unseres Erdenseins innerhalb gewisser Grenzen zu erfassen; programmgemäß stellt uns die Natur die schwierigsten Probleme und macht uns dadurch das Leben interessant und lebenswert.

Lehrbuch der Bergbaukunde mit besonderer Berücksichtigung des Steinkohlenbergbaues. Von Prof. Dr.-Ing. e. h. **F. Heise,** Direktor der Bergschule zu Bochum, und Prof. Dr.-Ing. e. h. **F. Herbst,** Direktor der Bergschule zu Essen. In 2 Bänden.

Erster Band: Gebirgs- und Lagerstättenlehre. Das Aufsuchen der Lagerstätten (Schürf- und Bohrarbeiten). Gewinnungsarbeiten. Die Grubenbaue. Grubenbewetterung. Fünfte, verbesserte Auflage. Mit 580 Abbildungen und einer farbigen Tafel. (645 S.) 1923. Gebunden RM 11.—

Zweiter Band: Grubenausbau. Schachtabteufen. Förderung. Wasserhaltung. Grubenbrände. Atmungs- und Rettungsgeräte. Dritte und vierte, verbesserte und vermehrte Auflage. Mit 695 Abbildungen. (678 S.) 1923. Gebunden RM 11.—

Kurzer Leitfaden der Bergbaukunde. Von Prof. Dr.-Ing. e. h. **F. Heise,** Direktor der Bergschule zu Bochum, und Prof. Dr.-Ing. e. h. **F. Herbst,** Direktor der Bergschule zu Essen. Zweite, verbesserte Auflage. Mit 341 Textfiguren. (236 S.) 1921. RM 5.20

Ⓦ **Grundzüge der Bergbaukunde** einschließlich Aufbereitung und Brikettieren. Von Dr.-Ing. e. h. **Emil Treptow,** Geh. Bergrat, Professor i. R. der Bergbaukunde an der Bergakademie Freiberg, Sachsen. Sechste, vermehrte und vollständig umgearbeitete Auflage.

I. Band: **Bergbaukunde.** Mit 871 in den Text gedruckten Abbildungen. (646 S.) 1925. Gebunden RM 18.—

II. Band: **Aufbereitung und Brikettieren.** Mit 324 in den Text gedruckten Abbildungen und XI Tafeln. (348 S.) 1925. Gebunden RM 21.—

Tiefbohrwesen, Förderverfahren und Elektrotechnik in der Erdölindustrie. Von Dipl.-Ing. **L. Steiner,** Berlin. Mit 223 Textabbildungen. (350 S.) 1926. Gebunden RM 27.—

Verfahren und Einrichtungen zum Tiefbohren. Kurze Übersicht über das Gebiet der Tiefbohrtechnik. Von Ingenieur **Paul Stein.** Zweite, gänzlich umgearbeitete Auflage. Mit 20 Textfiguren und 1 Tafel. (37 S.) 1913. RM 1.20

Diamantbohrungen für Schürf- und Aufschlußarbeiten über und unter Tage. Von Dipl.-Bergingenieur **Georg Glockemeier.** Mit 48 Textfiguren. (58 S.) 1913. RM 2.—

Ⓦ **Technische Gesteinskunde.** Leitfaden für Ingenieure des Tief- und Hochbaufaches, der Forst- und Kulturtechnik, für Steinbruchbesitzer und Steinbruchtechniker. Von Ing. Dr. phil. **Josef Stiny.** Mit 27 Abbildungen. (335 S.). 1919. (Technische Praxis, Band XXIV.) RM 2.—

Ⓦ **Grundzüge der Gesteinsbohrtechnik.** Handbuch für Bergwerks- und Steinbruchbesitzer, Bauunternehmer, Eisenbahn- und Straßenbauer, Maschinen- und Bergingenieure. Von Dipl.-Ing. **Desiderius Ernyei.** Mit 77 Abbildungen. (206 S.) 1919. (Technische Praxis, Band XXV.) RM 2.—

Ging Ende 1924 von der Waldheim-Eberle A.-G. (Wien) in meinen Verlag über.

Lehrbuch der Bergwerksmaschinen (Kraft- und Arbeitsmaschinen). Von Dr. **H. Hoffmann,** Ingenieur in Bochum. Mit 523 Textabbildungen. (380 S.) 1926. Gebunden RM 24.—

Aus dem Inhalt: (Hauptkapitel.) Thermodynamik. — Die Brennstoffe und ihre Verbrennung. — Allgemeines über Dampfkesselanlagen. — Die Feuerungen der Dampfkessel. — Dampfkesselbauarten und Dampfkesselzubehör. — Berechnung von Rohrleitungen. — Allgemeines über Kolbenmaschinen. — Die Regelung der Kraftmaschinen. — Die Dampfmaschinen. — Die Kondensation des Abdampfes von Dampfmaschinen und Dampfturbinen. Wasserrückkühlanlagen. — Die Dampfturbinen. — Verwertung des Abdampfes von Dampfkraftmaschinen.— Schachtförderanlagen. — Die Dampffördermaschinen. — Die Kolbenpumpen. — Kreiselpumpen. Turbopumpen. — Kolbenkompressoren. — Turbokompressoren. — Druckluftantriebe. — Hochdruckkompressoren. Preßluftlokomotiven. — Kältemaschinen. — Ventilatoren. — Die Verbrennungsmaschinen. — Elektrische Kraftübertragung im Bergbau. — Meßkunde. — Namen- und Sachverzeichnis.

Die Bergwerksmaschinen. Eine Sammlung von Handbüchern für Betriebsbeamte. Unter Mitwirkung zahlreicher Fachgenossen herausgegeben von Diplom-Bergingenieur **Hans Bansen.**

Es liegen vor:

Dritter Band: Die Schachtfördermaschinen. Zweite, vermehrte und verbesserte Auflage, bearbeitet von **Fritz Schmidt** und **Ernst Förster.**

I. Teil: Die Grundlagen des Fördermaschinenwesens von Privatdozent Dr. **Fritz Schmidt,** Berlin. Mit 178 Abbildungen im Text. (217 S.) 1923. RM 8.40

III. Teil: Die elektrischen Fördermaschinen. Von Prof. Dr.-Ing. **Ernst Förster,** Magdeburg. Mit 81 Abbildungen im Text und auf einer Tafel. (161 S.) 1923. RM 6.—

Sechster Band: Die Streckenförderung. Von Dipl.-Berging. **Hans Bansen.** Zweite, vermehrte und verbesserte Auflage. Mit 593 Textfiguren. (456 S.) 1921. Gebunden RM 18.—

Im Laufe des Jahres 1926 werden erscheinen:

Dritter Band: Die Schachtfördermaschinen. Zweite Auflage.

II. Teil: Die Dampffördermaschinen. Bearbeitet von Dr. **Fritz Schmidt.**

Kran- und Transportanlagen für Hütten-, Hafen-, Werft- und Werkstatt-Betriebe. Von Dipl.-Ing. **C. Michenfelder,** Direktor der Ingenieur-Akademie Wismar. Zweite, umgearbeitete und vermehrte Auflage. Mit 1097 Textabbildungen. Erscheint Ende Mai 1926.

Die Drahtseilbahnen (Schwebebahnen) einschließlich der Kabelkrane und Elektrohängebahnen. Von Prof. Dipl.-Ing. **P. Stephan.** Vierte, verbesserte Auflage. Mit 664 Textabbildungen und 3 Tafeln. (584 S.) 1926. Gebunden RM 33.—

Hebe- und Förderanlagen. Ein Lehrbuch für Studierende und Ingenieure. Von Dr.-Ing. e. h. **H. Aumund,** ordentl. Professor an der Technischen Hochschule Berlin. Zweite, vermehrte Auflage. In vier Bänden.

Erster Band: **Allgemeine Anordnung und Verwendung.** Mit 414 Abbildungen im Text. (464 S.) 1926. Gebunden RM 33.—

Im Sommer 1926 erscheint:

Zweiter Band: **Anordnung und Verwendung für Sonderzwecke.** Erzung zu Band I. Mit 306 Abbildungen im Text.

Berechnung elektrischer Förderanlagen. Von Dipl.-Ing. **E. G. Weyhausen** und Dipl.-Ing. **P. Mettgenberg.** Mit 39 Textfiguren. (94 S.) 1920. RM 3.—

Die Drahtseile als Schachtförderseile. Von Dr.-Ing. **Alfred Wyszomirski.** Mit 30 Textabbildungen. (98 S.) 1920. RM 3.—

Einführung in die Markscheidekunde mit besonderer Berücksichtigung des Steinkohlenbergbaues. Von Dr. **L. Mintrop,** Leiter der Berggewerkschaftlichen Markscheiderei, ord. Lehrer an der Bergschule zu Bochum. Zweite, verbesserte Auflage. Mit 191 Textfiguren und 5 mehrfarbigen Tafeln in Steindruck. (223 S.) 1916. Unveränderter Neudruck. 1923.
Gebunden RM 6.75

Zahlentafeln der Seigerteufen und Sohlen bezw. zur Berechnung der Katheten eines rechtwinkligen Dreieckes aus der Hypothenuse und einem Winkel. Nebst einem Anhang für die Verwandlung von Stunden in Grade. Von Dr. **L. Mintrop,** Markscheider, ord. Lehrer an der Bergschule in Bochum. Sechste Auflage. (46 S.) 1922. RM 1.—

Beobachtungsbuch für markscheiderische Messungen. Herausgegeben von **G. Schulte** und **W. Löhr,** Markscheider der Westfäl. Berggewerkschaftskasse und ord. Lehrer an der Bergschule zu Bochum. Vierte, verbesserte und vermehrte Auflage. Mit 18 Textfiguren und 15 ausführlichen Messungsbeispielen nebst Erläuterungen. (152 S.) 1922. RM 2.50

Das Sprengluftverfahren. Von Bergassessor **Leopold Lisse.** Mit 108 Textabbildungen. (116 S.) 1924. RM 5.—

Die wissenschaftlichen Grundlagen der nassen Erzaufbereitung. Von Dipl.-Bergingenieur **Josef Finkey,** a. o. Professor der Aufbereitungskunde an der Montan. Hochschule zu Sopron. Aus dem ungarischen Manuskript übersetzt von Dipl.-Bergingenieur **Johann Pocsubay,** Assistent an der Montan. Hochschule in Sopron. Mit 44 Textabbildungen und 31 Tabellen. (294 S.) 1924. RM 10.—; gebunden RM 11.—

Anleitung zur Bestimmung von Mineralien. Von **N. M. Fedorowski,** Professor an der Bergakademie in Moskau. Übersetzung der letzten (zweiten) russischen Auflage. Mit 15 Textabbildungen. (144 S.) 1926.
RM 7.50